全国职业院校建筑类专业教材

QUANGUO ZHIYE YUANXIAO

# 建筑工程计量与计价

JIANZHULEI ZHUANYE JIAOCAI

蔡胜红◎主编

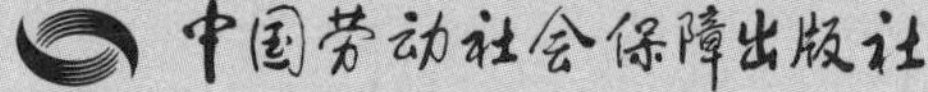
中国劳动社会保障出版社

**图书在版编目（CIP）数据**

建筑工程计量与计价 / 蔡胜红主编 . -- 北京：中国劳动社会保障出版社，2024
全国职业院校建筑类专业教材
ISBN 978-7-5167-6031-4

Ⅰ. ①建… Ⅱ. ①蔡… Ⅲ. ①建筑工程 - 计量 - 职业教育 - 教材②建筑造价 - 职业教育 - 教材 Ⅳ. ①TU723.3

中国国家版本馆 CIP 数据核字（2024）第 091227 号

**中国劳动社会保障出版社出版发行**
（北京市惠新东街 1 号　邮政编码：100029）

*

保定市中画美凯印刷有限公司印刷装订　　新华书店经销
787 毫米 ×1092 毫米　16 开本　20.75 印张　457 千字
2024 年 7 月第 1 版　　2024 年 7 月第 1 次印刷
**定价：49.00 元**

营销中心电话：400-606-6496
出版社网址：http://www.class.com.cn
http://jg.class.com.cn

# 前言

近年来，我国建筑行业进入了新的发展阶段。基于对当前建筑行业技能型人才需求及职业院校教学实际的调研分析，我们组织开发了这套全国职业院校建筑类专业教材，分为“建筑施工”“建筑设备安装”“建筑装饰”和“工程造价”四个专业方向。教材的编审人员由教学经验丰富、实践能力强的一线骨干教师和来自企业的设计、施工人员组成。

在本次教材开发工作中，我们主要做了以下几方面工作：

第一，突出教材的实用性。在“适用、实用、够用”的原则下，根据建筑行业相关企业的工作实际和相关院校的教学需要安排教材结构和内容，设计了大量来源于生产、生活实际的案例、例题、练习题和技能训练，引导学生运用所学知识分析和解决实际问题，教材体系合理、完善，贴近岗位实际与教学实际。

第二，突出教材的先进性。根据当前建筑行业对岗位知识与技能的实际需求设计教学内容，贯彻新标准。例如，在相关教材中全面贯彻《混凝土结构施工图平面整体表示方法制图规则和构造详图（现浇混凝土框架、剪力墙、梁、板）》（22G101—1）和《建设用砂》（GB/T 14684—2022）等最新图集和国家标准，《建筑 CAD》以新版的 AutoCAD 软件作为教学软件载体等。此外，新材料、新设备、新技术、新工艺在相关教材中也得到了体现。

第三，突出教材的易用性。充分保证教材的印刷质量，全部主教材均采用双色或四色印刷，图表丰富，营造出更加直观的认知环境；设置了“想一想”和“知识拓展”等栏目，引导学生自主学习；教材配套开发了习题册参考答案和电子课件，可登录技工教育网（http://jg.class.com.cn）在相应的书目下载。

本套教材在编写过程中，得到了智能制造与智能装备类技工教育和职业培训教学指导委员会及一批职业院校的大力支持，教材的编审人员做了大量的工作，在此，我们表示诚挚的谢意！同时，恳切希望用书单位和广大读者对教材提出宝贵意见和建议。

编者

本教材为全国职业院校建筑类专业教材，按建筑工程计量与计价方法的认知规律及实际操作程序分为三篇，共十四章，第一、二章阐述了建筑工程计价原理与计价方法理论，从第三章开始介绍具体的建筑面积计算方法、分部分项工程计量与计价方法、措施项目计量与计价方法及工程造价的计算方法。教材依据最新的国家计量与计价相关规范，如《建筑工程建筑面积计算规范》（GB/T 50353—2013）、《房屋建筑与装饰工程工程量计算规范》（GB 50854—2013）、《建设工程工程量清单计价规范》（GB 50500—2013）以及新的国家建筑标准设计图集（22G101 系列图集）等规范，章节内容的编排以工作过程为导向，常用项目具体计量与计价方法的介绍均采用“方法阐述 + 实例演示”的形式，课后再配以“技能训练”，具体直观、简明适用。

本教材由蔡胜红任主编，曾凡伟、刘凤萍任副主编，伍盛勇、张娴参加编写。

目录
CONTENTS

# 第一篇

# 建筑工程计价方法概述

本篇第一章介绍了建筑工程造价的含义和计价方法。在了解工程造价与建设工程项目各阶段的关系基础上，讲述建筑工程造价的计价方法及建筑安装工程费用的构成，以此建立起工程造价的计算思路。第二章介绍了建筑工程定额的内容及应用方法。在理解定额的概念和内容的基础上，讲述定额的直接套用及换算套用方法，重点为定额的换算套用。第三章介绍了建筑面积的计算方法。建筑面积是计算工程造价指标的重要基础数据，在理解建筑面积的概念及计算基本原理的基础上，第三章用实例的形式详细诠释了国家标准《建筑工程建筑面积计算规范》（GB/T 50353—2013）中关于建筑物各部分建筑面积的具体计算方法。

# 第一章 建筑工程造价概述

**学习目标**

了解工程造价的含义、建设工程项目的划分及各阶段对应的工程造价；理解建筑工程造价计价的基本方法，以及定额计价和清单计价两种工程计价模式的联系与区别；掌握建筑安装工程费用的构成及内容，并在此基础上建立起工程造价的计算思路。

## 第一节 工程造价相关概念及计价方法

### 一、工程造价的含义

依据国家标准《工程造价术语标准》（GB/T 50875—2013）的定义，工程造价（project costs）是指工程项目在建设期预计或实际支出的建设费用。

依据中国建设工程造价管理协会的定义，“工程造价”中的“造价”既有“成本（cost）”的含义，也有“买价（price）”的含义。

第一种含义指进行某项工程预期支付或实际支付的全部固定资产投资费用，即“投资或建设成本”。这一含义是从投资者（业主）的角度来定义的。从这个意义上说，工程造价就是工程投资费用，建设项目工程造价就是建设项目固定资产投资。

第二种含义指工程价格，即为建成一项工程，预计或实际在土地、设备、技术劳务以及承发包市场等交易活动中所形成的建筑安装工程价格和建设工程总价格。通常把工程造价的第二种含义只认定为工程承发包价格。它是在建筑市场通过招投标，由需求主体（投资者）和供给主体（建筑商）共同认可的价格。

### 二、建设工程项目划分及项目建设各阶段工程造价

#### 1. 建设工程项目的组成划分

为了便于对体积庞大的工程项目产品进行计价，我们将建设项目的整体依据其组成，科学地进行分解，依次划分为若干个单项工程、单位工程、分部工程和分项工程，如图 1-1 所示。

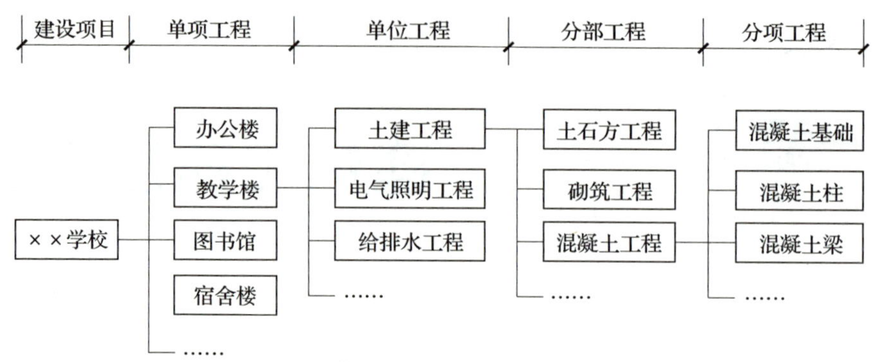


图 1-1　建设工程项目划分

（1）建设项目

建设项目是指按一个总体规划或设计进行建设的，由一个或若干个互有内在联系的单项工程组成的工程总和。一个建设项目可以由一个或多个单项工程组成，经济上实行独立核算，行政上实行统一管理，管理上具有独立组织形式。例如，×× 小区、×× 学校、×× 工厂等都是建设项目。建设项目在其初步设计阶段以建设项目为对象编制总概算，确定项目造价，竣工验收后编制决算。

（2）单项工程

单项工程是指具有独立的设计文件，建成后能够独立发挥生产能力或使用功能的工程项目。单项工程是建设项目的组成部分。例如，一所学校的教学楼、办公楼、图书馆等都是单项工程。单项工程的造价是通过编制单项工程综合概预算确定的。

（3）单位工程

单位工程是指具有独立的设计文件，能独立组织施工，但不能独立发挥生产能力或使用功能的工程项目。单位工程是单项工程的组成部分。例如，一栋教学楼中的土建工程、给排水工程、电气照明工程等都是单位工程。单位工程的造价是以单位工程为对象编制确定的。

（4）分部工程

分部工程是单位工程的组成部分，是指按结构部位、路段长度、施工特点或施工任务划分的若干项目单元。例如，按不同的工种、不同的结构和部位，房屋的土建工程可分为土石方工程、桩与地基基础工程、砌筑工程、混凝土及钢筋混凝土工程等。

（5）分项工程

分项工程是分部工程的组成部分，是指按不同施工方法、材料、工序及路段长度等划分的若干项目单元。例如，桩基础工程可分为钢筋混凝土预制桩、人工挖孔灌注桩、钻孔灌注桩、沉管灌注桩、砂石灌注桩、旋喷桩等。

### 2. 项目建设各阶段的工程造价

工程造价活动贯穿于项目建设全过程。建设项目从项目建议书到竣工验收的整个周期，都需要工程造价活动对投资进行确定与控制。不同建设阶段工程造价的表现不同，从投资决策阶段的投资估算到建设实施阶段的工程结算，以及到最后竣工验收阶

段的竣工决算，工程造价活动是一个由表及里、由粗到细的过程。项目建设各阶段造价之间的关系如图 1–2 所示。

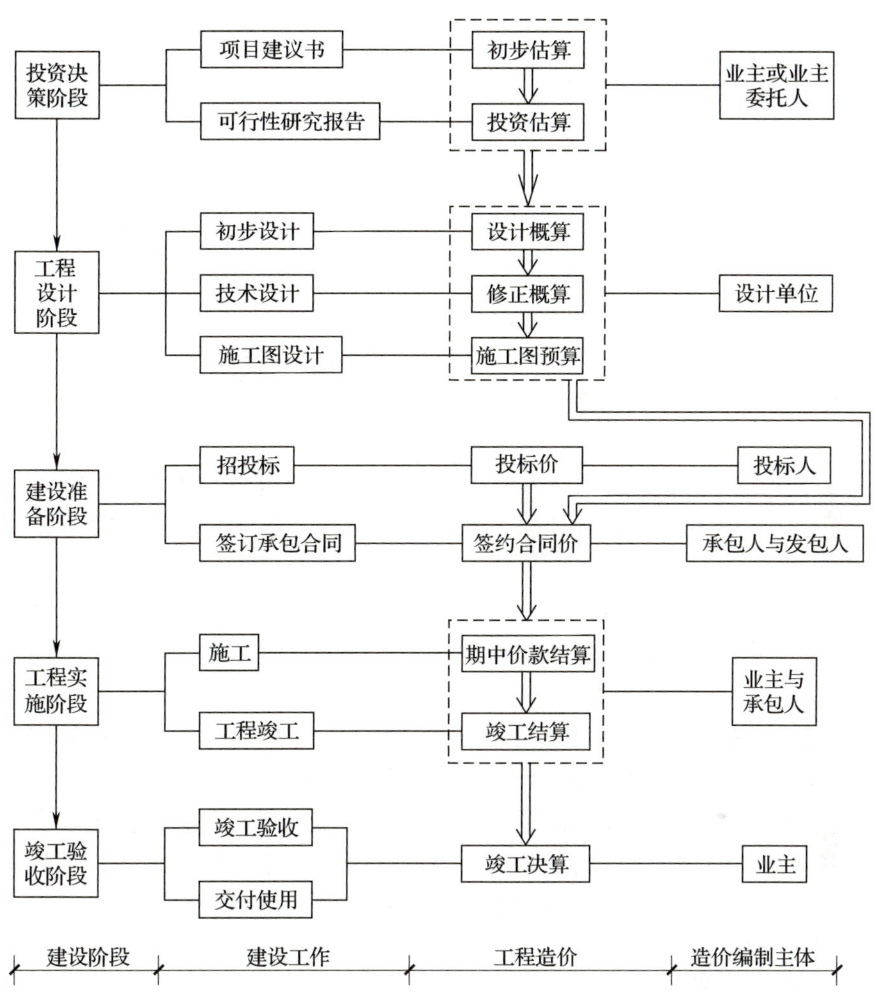


图 1–2　项目建设各阶段造价之间的关系

### （1）投资决策阶段

此阶段造价的表现形式主要是投资估算。投资估算是以方案设计或可行性研究文件为依据，按照规定的程序和方法对拟建项目所需要投资及其构成进行预测和估计。投资估算是建设项目决策的一个重要依据，对工程造价起指导和总体控制作用。

### （2）工程设计阶段

此阶段造价的表现形式主要是设计概算、修正概算和施工图预算。一般工业与民用建筑项目设计按初步设计和施工图设计两个阶段进行，称为“两阶段设计”；对于技术上复杂而又缺乏设计经验的项目，可按初步设计、技术设计和施工图设计三个阶段进行设计，称为“三阶段设计”。

设计概算是以初步设计文件为依据，按照规定的程序、方法和依据，对建设项目总投资及其构成进行的概略计算。设计概算的成果文件称为设计概算书。初步设计是工程设计控制投资的关键环节，经批准的设计概算是工程造价控制的最高限额，也是控制工程造价的主要依据。

修正概算是指在采用三阶段设计的技术设计阶段，根据技术设计的要求，对初步设计总概算进行的修正调整。

施工图预算是以施工图设计文件为依据，按照规定的程序和方法，在工程施工前对工程项目的费用进行的预测和计算。业主或其委托单位编制的施工图预算，可作为招标的最高投标限价。

（3）建设准备阶段

在为建设做准备而进行的招投标与承包合同签订阶段，造价的表现形式主要是投标价和签约合同价。

投标价是指投标人投标时响应招标文件要求所报出的对已标价工程量清单汇总后标明的总价。投标价是投标书的一个重要组成部分，它也是工程造价的一种表现形式，是投标人根据自己的消耗水平和市场因素综合考虑后确定的工程造价。

签约合同价是发承包双方在工程合同中约定的工程造价，包括分部分项工程费、措施项目费、其他项目费、规费和税金的合同总金额。签约合同价是确定施工进度款和结算款的依据。

（4）工程实施阶段

此阶段造价的表现形式主要是工程结算。工程结算包括施工过程中的期中价款结算即工程进度款的支付结算，以及工程竣工阶段的竣工结算。

工程进度款是指发包人在合同工程施工过程中，按照合同约定对付款周期内承包人完成的合同价款给予支付的款项，也是合同价款期中结算支付。

竣工结算是指发承包双方根据国家有关法律、法规规定和合同约定，在承包人完成合同约定的全部工作后，对最终工程价款的调整和确定。竣工结算价反映的是工程项目的实际造价。工程结算文件一般由承包单位编制，由发包单位审查，也可以委托工程造价咨询机构进行审查。

（5）竣工验收阶段

此阶段造价的表现形式主要是竣工决算。竣工决算是指以实物数量和货币形式，对工程建设项目建设期的总投资、投资效果、新增资产价值及财务状况进行的综合测算和分析。竣工决算以实物和货币为计量单位，是综合反映项目从筹建开始到竣工交付使用为止的全部建设费用的总结性文件。竣工决算文件一般由建设单位编制，上报相关主管部门审查。

估算确定项目计划投资额，概算确定项目建设投资限额，合同价是承发包工程的交易价格，结算反映承包工程的实际造价，最后以决算形成固定资产价值。工程建设中各种表现形式的造价构成了一个有机整体，前者控制着后者，后者补充着前者，共同达到控制工程造价的目的。

## 三、建筑工程造价计价的基本方法

建筑工程造价计价方法有定额计价法和清单计价法两种。

### 1. 定额计价法

传统的定额计价法是一种不完全单价的计价形式，是采用国家、部门或地区统一规定的预算定额、单位估价表，按费用定额规定的计价程序和收费标准进行工程造价计价的模式。传统定额计价法计价的基本思路是，按照现行定额项目内容和工程量计算规则，对一个建设工程项目中的分部分项工程项目及措施项目进行列项，计算其定额工程量和定额项目单价，再将单价乘以相应的工程量计算出其费用，汇总得出分部分项工程费和措施费，其他措施项目费、其他项目费、税金按规定程序另行计算。

定额计价法是建立在以政府定价为主导的计划经济管理基础上的价格管理模式，它所体现的是政府对工程价格的直接管理和调控。

### 2. 清单计价法

清单计价法的全称是工程量清单计价法，是国际上通用的一种工程计价方法。清单计价法计价的基本思路是，将拟建工程的分部分项工程量清单、措施项目清单、其他项目清单的工程数量，分别乘以相应的综合单价，即可得出其清单合价，将合价汇总，再加上工程造价的其他费用（如税金），即可得出拟建工程的造价。

清单计价法计价中，综合单价包括人工费、材料费、施工机具使用费、企业管理费和利润，以及一定范围内的风险费用。我国现阶段计价规范规定，建设工程施工发承包应采用清单计价法。

# 第二节 建筑安装工程费用的构成及内容

## 一、建筑安装工程费用的构成

建筑安装工程费用是工程造价的重要组成部分，按照《住房城乡建设部 财政部关于印发〈建筑安装工程费用项目组成〉的通知》（建标〔2013〕44 号）的规定，建筑安装工程费用项目按费用构成要素组成，划分为人工费、材料费（包含工程设备费）、施工机具使用费、企业管理费、利润、规费和税金。其中，人工费、材料费、施工机具使用费、企业管理费和利润包含在分部分项工程费、措施项目费、其他项目费中。

根据《财政部 国家税务总局关于全面推开营业税改征增值税试点的通知》（财税〔2016〕36 号），自 2016 年 5 月 1 日起，在全国范围内全面推开营业税改征增值税试点，原建标〔2013〕44 号文件中的税金内容已由营业税改为增值税。

根据《关于停征排污费等行政事业性收费有关事项的通知》（财税〔2018〕4 号），原列入规费的工程排污费已经于 2018 年 1 月停征，故下文也将原建标〔2013〕44 号文件中建筑安装工程费用构成的相应内容作了改动。

按费用构成要素划分的建筑安装工程费用项目组成如图 1-3 所示。

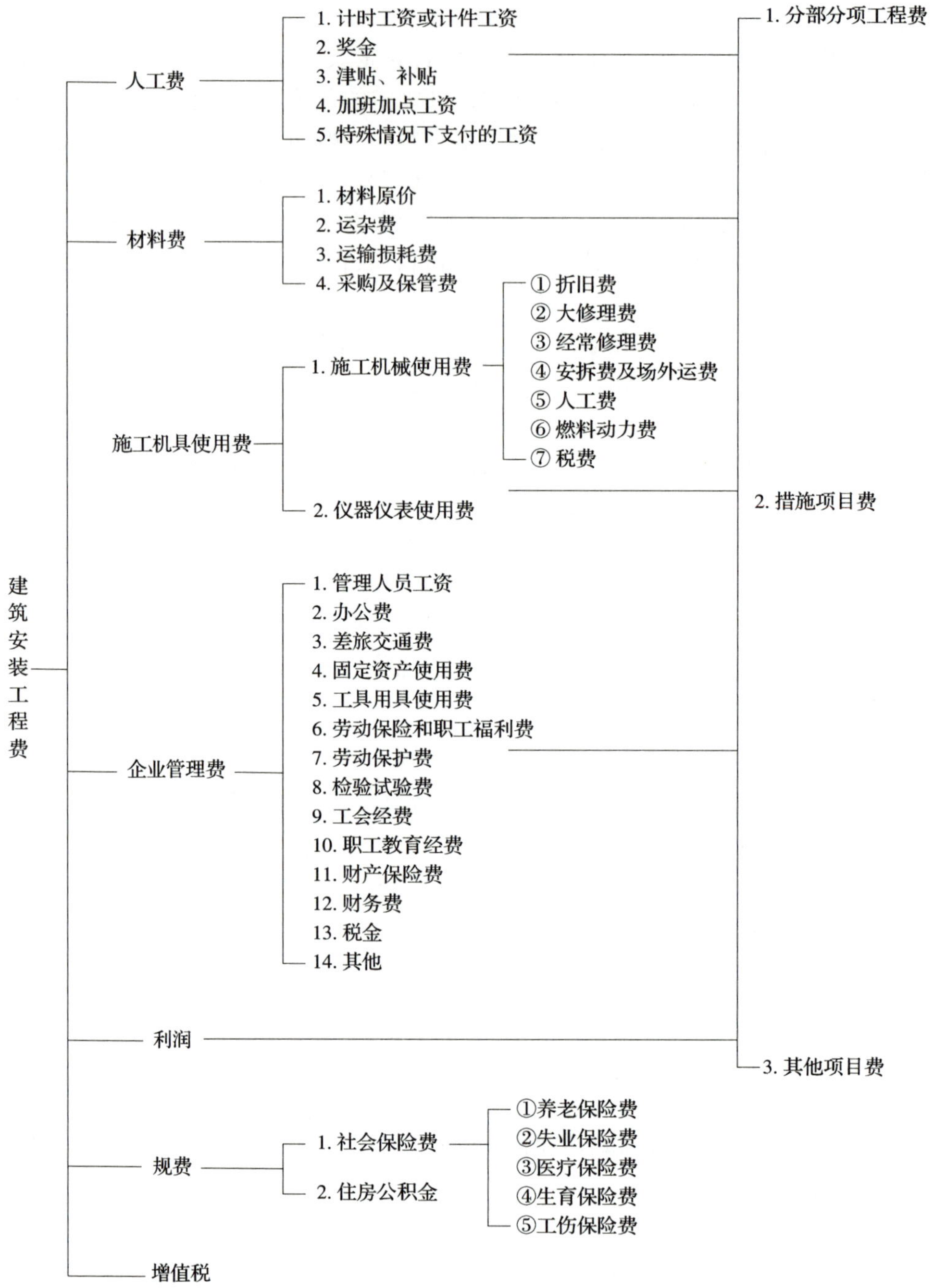

- 建筑安装工程费
  - 人工费
    - 1. 计时工资或计件工资
    - 2. 奖金
    - 3. 津贴、补贴
    - 4. 加班加点工资
    - 5. 特殊情况下支付的工资
  - 材料费
    - 1. 材料原价
    - 2. 运杂费
    - 3. 运输损耗费
    - 4. 采购及保管费
  - 施工机具使用费
    - 1. 施工机械使用费
      - ① 折旧费
      - ② 大修理费
      - ③ 经常修理费
      - ④ 安拆费及场外运费
      - ⑤ 人工费
      - ⑥ 燃料动力费
      - ⑦ 税费
    - 2. 仪器仪表使用费
  - 企业管理费
    - 1. 管理人员工资
    - 2. 办公费
    - 3. 差旅交通费
    - 4. 固定资产使用费
    - 5. 工具用具使用费
    - 6. 劳动保险和职工福利费
    - 7. 劳动保护费
    - 8. 检验试验费
    - 9. 工会经费
    - 10. 职工教育经费
    - 11. 财产保险费
    - 12. 财务费
    - 13. 税金
    - 14. 其他
  - 利润
  - 规费
    - 1. 社会保险费
      - ①养老保险费
      - ②失业保险费
      - ③医疗保险费
      - ④生育保险费
      - ⑤工伤保险费
    - 2. 住房公积金
  - 增值税

（人工费、材料费、施工机具使用费、企业管理费、利润 → 1. 分部分项工程费、2. 措施项目费、3. 其他项目费）

图 1–3　建筑安装工程费用项目组成（按费用构成要素划分）

为指导工程造价专业人员计算建筑安装工程造价，将建筑安装工程费用按工程造价形成顺序划分为分部分项工程费、措施项目费、其他项目费、规费和增值税，如图 1–4 所示。

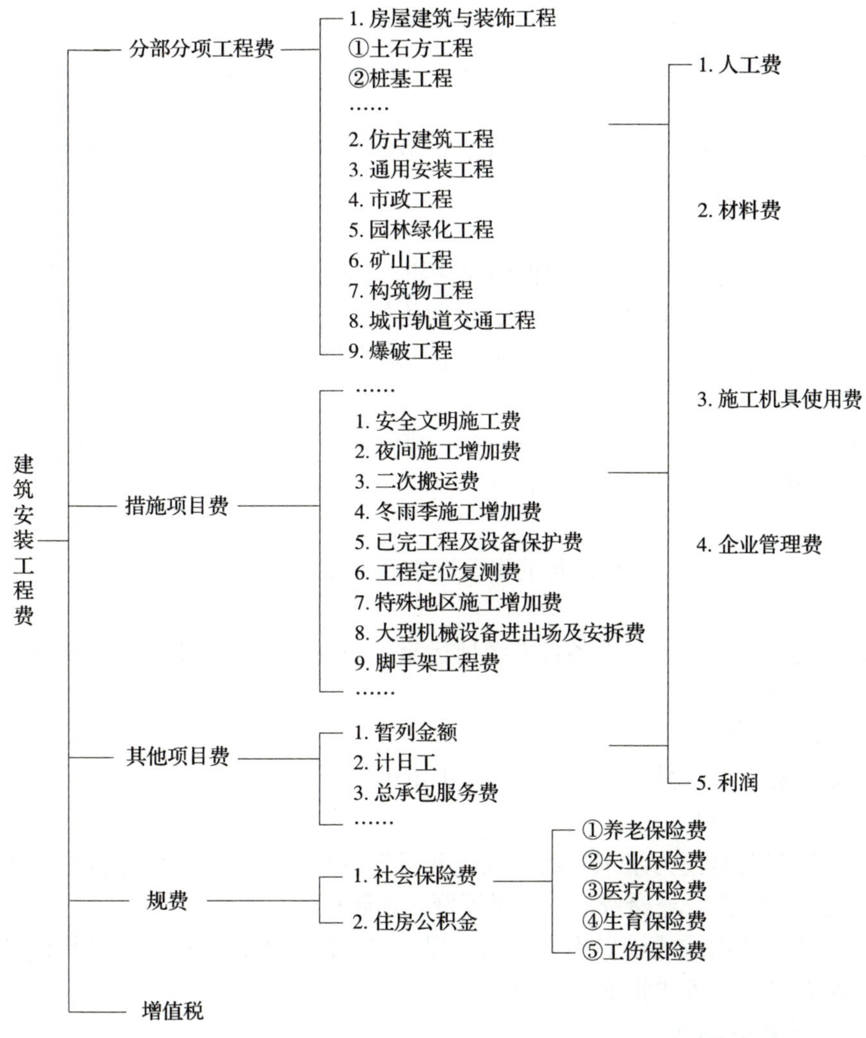

图 1–4　建筑安装工程费用项目组成（按造价形成划分）

## 二、按费用构成要素划分的建筑安装工程费用内容

### 1. 人工费

人工费是指按工资总额构成规定，支付给从事建筑安装工程施工的生产工人和附属生产单位工人的各项费用。内容包括以下方面：

（1）计时工资或计件工资

计时工资或计件工资是指按计时工资标准和工作时间或对已做工作按计件单价支付给个人的劳动报酬。

（2）奖金

奖金是指对超额劳动和增收节支支付给个人的劳动报酬，如节约奖、劳动竞赛奖等。

（3）津贴、补贴

津贴、补贴是指为了补偿职工特殊或额外的劳动消耗和因其他特殊原因支付给个人的津贴，以及为了保证职工工资水平不受物价影响支付给个人的物价补贴，如流动施工津贴、特殊地区施工津贴、高温（寒）作业临时津贴、高空津贴等。

（4）加班加点工资

加班加点工资是指按规定支付的在法定节假日工作的加班工资和在法定日工作时间外延时工作的加点工资。

（5）特殊情况下支付的工资

特殊情况下支付的工资是指根据国家法律、法规和政策规定，因病、工伤、产假、计划生育假、婚丧假、事假、探亲假、定期休假、停工学习、执行国家或社会义务等原因按计时工资标准或计时工资标准的一定比例支付的工资。

### 2. 材料费

材料费是指施工过程中耗费的原材料、辅助材料、构配件、零件、半成品或成品、工程设备的费用。内容包括以下方面：

（1）材料原价

材料原价是指材料、工程设备的出厂价格或商家供应价格。

（2）运杂费

运杂费是指材料、工程设备自来源地运至工地仓库或指定堆放地点所发生的全部费用。

（3）运输损耗费

运输损耗费是指材料在运输装卸过程中不可避免的损耗。

（4）采购及保管费

采购及保管费是指为组织采购、供应和保管材料、工程设备的过程中所需要的各项费用，包括采购费、仓储费、工地保管费、仓储损耗。

工程设备是指构成或计划构成永久工程一部分的机电设备、金属结构设备、仪器装置及其他类似的设备和装置。

### 3. 施工机具使用费

施工机具使用费是指施工作业所发生的施工机械、仪器仪表使用费或其租赁费。内容包括以下方面：

（1）施工机械使用费

施工机械使用费以施工机械台班耗用量乘以施工机械台班单价表示，施工机械台班单价应由下列七项费用组成：

1）折旧费。折旧费是指施工机械在规定的使用年限内，陆续收回其原值的费用。

2）大修理费。大修理费是指施工机械按规定的大修理间隔台班进行必要的大修理，以恢复其正常功能所需的费用。

3）经常修理费。经常修理费是指施工机械除大修理以外的各级保养和临时故障排除所需的费用，包括为保障机械正常运转所需替换设备与随机配备工具附具的摊销和维护费用、机械运转中日常保养所需润滑与擦拭的材料费用，以及机械停滞期间的维护和保养费用等。

4）安拆费及场外运费。安拆费是指施工机械（大型机械除外）在现场进行安装与

拆卸所需的人工、材料、机械和试运转费用，以及机械辅助设施的折旧、搭设、拆除等费用。场外运费指施工机械整体或分体自停放地点运至施工现场或由一施工地点运至另一施工地点的运输、装卸、辅助材料及架线等费用。

5）人工费。人工费是指向司机（司炉）和其他操作人员支付的费用。

6）燃料动力费。燃料动力费是指施工机械在运转作业中所消耗的各种燃料及水、电等费用。

7）税费。税费是指施工机械按照国家规定应缴纳的车船使用税、保险费及年检费等。

（2）仪器仪表使用费

仪器仪表使用费是指工程施工所需使用的仪器仪表的摊销及维修费用。

### 4. 企业管理费

企业管理费是指建筑安装企业组织施工生产和经营管理所需的费用。内容包括以下方面：

（1）管理人员工资

管理人员工资是指按规定支付给管理人员的计时工资、奖金、津贴、补贴、加班加点工资及特殊情况下支付的工资等。

（2）办公费

办公费是指企业管理办公用的文具、纸张、账表、印刷、邮电、书报、办公软件、现场监控、会议、水电、烧水和集体取暖降温（包括现场临时宿舍取暖降温）等费用。

（3）差旅交通费

差旅交通费是指职工因公出差、调动工作的差旅费、住勤补助费、市内交通费、误餐补助费、职工探亲路费、劳动力招募费、职工退休和退职一次性路费、工伤人员就医路费、工地转移费，以及管理部门使用的交通工具的油料、燃料等费用。

（4）固定资产使用费

固定资产使用费是指管理和试验部门及附属生产单位使用的属于固定资产的房屋、设备、仪器等的折旧、大修、维修或租赁费用。

（5）工具用具使用费

工具用具使用费是指企业施工生产和管理使用的不属于固定资产的工具、器具、家具、交通工具和检验、试验、测绘、消防用具等的购置、维修和摊销费用。

（6）劳动保险和职工福利费

劳动保险和职工福利费是指由企业支付的职工退职金、按规定支付给离休干部的经费，以及集体福利费、夏季防暑降温补贴、冬季取暖补贴、上下班交通补贴等。

（7）劳动保护费

劳动保护费是企业按规定发放的劳动保护用品的支出，如工作服、手套、防暑降温饮料，以及在有碍身体健康的环境中施工的保健费用等。

（8）检验试验费

检验试验费是指施工企业按照有关标准规定，对建筑以及材料、构件和建筑安装物进行一般鉴定、检查所发生的费用，包括自设试验室进行试验所耗用的材料等费用，不包括新结构、新材料的试验费，对构件做破坏性试验及其他特殊要求检验、试验的费用和建设单位委托检测机构进行检测的费用。此类检测发生的费用由建设单位在工程建设其他费用中列支。但对施工企业提供的具有合格证明的材料进行检测不合格的，该检测费用由施工企业支付。

（9）工会经费

工会经费是指企业按《中华人民共和国工会法》规定的全部职工工资总额比例计提的工会经费。

（10）职工教育经费

职工教育经费是指企业按职工工资总额的规定比例计提，为职工进行专业技术和职业技能培训、专业技术人员继续教育、职工职业技能鉴定、职业资格认定，以及根据需要对职工进行各类文化教育所发生的费用。

（11）财产保险费

财产保险费是指施工管理中使用财产、车辆等的保险费用。

（12）财务费

财务费是指企业为施工生产筹集资金或提供预付款担保、履约担保、职工工资支付担保等所发生的各种费用。

（13）税金

税金是指企业按规定缴纳的房产税、车船使用税、土地使用税、印花税等。

（14）其他

其他费用包括技术转让费、技术开发费、投标费、业务招待费、绿化费、广告费、公证费、法律顾问费、审计费、咨询费、保险费等。

### 5. 利润

利润是指施工企业完成所承包工程获得的盈利。

### 6. 规费

规费是指按国家法律、法规规定，由省级政府和省级有关权力部门规定必须缴纳或计取的费用。内容包括以下方面：

（1）社会保险费

社会保险费包括养老保险费、失业保险费、医疗保险费、生育保险费和工伤保险费，由企业按照规定标准为职工缴纳。

（2）住房公积金

住房公积金是指企业及其在职职工对等缴存的长期住房储蓄。

需要说明的是，在新的计价规范中已经删除了关于规费的计算规定的相关条款，在2018年版《广东省房屋建筑与装饰工程综合定额》（以下简称2018年广东省定额）中也已经将上述“五险一金”的内容纳入人工费，不再单独计算规费。

### 7. 增值税

增值税是指国家法律规定的应计入建筑安装工程造价内的增值税额，按照税前造价乘以增值税适用税率确定。

## 三、按造价形成划分的建筑安装工程费用内容

### 1. 分部分项工程费

分部分项工程费是指各专业工程的分部分项工程应予列支的各项费用。

（1）专业工程

专业工程是指按现行国家计量规范划分的房屋建筑与装饰工程、仿古建筑工程、通用安装工程、市政工程、园林绿化工程、矿山工程、构筑物工程、城市轨道交通工程、爆破工程等各类工程。

（2）分部分项工程

分部分项工程是指按现行国家计量规范对各专业工程划分的项目，如房屋建筑与装饰工程划分的土石方工程、桩基工程、砌筑工程、钢筋及钢筋混凝土工程等。

各类专业工程的分部分项工程划分见现行国家或行业计量规范。

### 2. 措施项目费

措施项目费是指为完成建设工程施工，发生于该工程施工前和施工过程中的技术、生活、安全、环境保护等方面的费用。内容包括以下方面：

（1）安全文明施工费

1）环境保护费。环境保护费是指施工现场为达到生态环境部门要求所需要的各项费用。

2）文明施工费。文明施工费是指施工现场文明施工所需要的各项费用。

3）安全施工费。安全施工费是指施工现场安全施工所需要的各项费用。

4）临时设施费。临时设施费是指施工企业为进行建设工程施工所必须搭设的生活和生产用的临时建筑物、构筑物和其他临时设施所产生的费用，包括临时设施的搭设、维修、拆除、清理或摊销等费用。

（2）夜间施工增加费

夜间施工增加费是指因夜间施工所发生的夜班补助、夜间施工降效、夜间施工照明设备摊销及照明用电等费用。

（3）二次搬运费

二次搬运费是指因施工场地条件限制而发生的材料、构配件、半成品等一次运输不能到达堆放地点，必须进行二次或多次搬运所发生的费用。

（4）冬雨季施工增加费

冬雨季施工增加费是指在冬季或雨季施工需增加的临时设施、防滑和排除雨雪措施，以及增加人工和防止施工机械效率降低等所发生的费用。

（5）已完工程及设备保护费

已完工程及设备保护费是指竣工验收前，对已完工程及设备采取的必要保护措施所发生的费用。

（6）工程定位复测费

工程定位复测费是指工程施工过程中进行全部施工测量放线和复测工作的费用。

（7）特殊地区施工增加费

特殊地区施工增加费是指工程在沙漠或其边缘地区、高海拔地区、高寒地区、原始森林等特殊地区施工增加的费用。

（8）大型机械设备进出场及安拆费

大型机械设备进出场及安拆费是指机械整体或分体自停放场地运至施工现场或由一个施工地点运至另一个施工地点所发生的机械进出场运输及转移费用，以及机械在施工现场进行安装、拆卸所需的人工费、材料费、机械费、试运转费和安装所需的辅助设施的费用。

（9）脚手架工程费

脚手架工程费是指施工需要的各种脚手架搭、拆、运输费用以及脚手架购置费的摊销（或租赁）费用。

措施项目及其包含的内容详见各类专业工程的现行国家或行业计量规范。

### 3. 其他项目费

（1）暂列金额

暂列金额是指建设单位在工程量清单中暂定并包括在工程合同价款中的一笔款项，用于施工合同签订时尚未确定或者不可预见的所需材料、工程设备、服务的采购，施工中可能发生的工程变更、合同约定调整因素出现时的工程价款调整，以及发生的索赔、现场签证确认等产生的费用。

（2）计日工

计日工是指在施工过程中，施工企业完成建设单位提出的施工图纸以外的零星项目或工作所需的费用。

（3）总承包服务费

总承包服务费是指总承包人为配合、协调建设单位进行的专业工程发包，对建设单位自行采购的材料、工程设备等进行保管，以及施工现场管理、竣工资料汇总整理等服务所需的费用。

### 4. 规费

规费定义同上述第二点按费用构成要素划分的建筑安装工程费用内容。

### 5. 增值税

增值税定义同上述第二点按费用构成要素划分的建筑安装工程费用内容。

# 第二章 建筑安装工程定额及应用

学习目标

理解建筑安装工程定额的概念和内容，并通过定额的直接套用和换算套用练习，熟练应用定额。

## 第一节 建筑安装工程定额的概念及内容

### 一、建筑安装工程定额的概念和分类

#### 1. 建筑安装工程定额的概念

建筑安装工程定额（简称工程定额）是指在正常施工条件下完成规定计量单位的合格建筑安装工程所消耗的人工、材料、施工机具台班、工期天数及相关费率等的数量标准。

#### 2. 建筑安装工程定额的分类

（1）按生产要素分类

工程定额按生产要素可分为劳动消耗定额、材料消耗定额和机械台班消耗定额。

（2）按用途分类

工程定额按其用途可分为施工定额、预算定额、概算定额、工期定额及概算指标等。

（3）按编制单位和执行范围分类

工程定额按编制单位和执行范围可分为全国统一定额、主管部门定额、地区统一定额及企业定额等。

（4）按专业分类

工程定额按专业可分为建筑工程定额、设备及安装工程定额。建筑工程包括一般土建工程、装饰装修工程、给排水工程、采暖通风工程、电气照明工程、构筑物工程等。设备及安装工程包括机械设备及安装工程、电气设备及安装工程、热力设备及安

装工程等。

## 二、建筑安装工程定额子目的构成

定额子目由表头和表格构成。其中，表头由工作内容及计量单位构成，表格由定额编号、子目名称、定额基价及其组成费用，以及定额人工费、材料费、机具费和管理费构成。

人工、材料、施工机械台班消耗量是定额中的主要指标，它以实物量来表示。为了方便使用，目前，各地区编制的预算定额同时也反映货币量指标，即反映人工费、材料费、施工机具使用费（以下简称机具费）及管理费标准。

定额基价反映完成定额项目规定的单位建筑安装产品，在定额编制基期所需的人工费、材料费、机具费或其总和。它一般由人工费、材料费、机具费构成，有的地方定额基价还包括管理费。

定额基价计算公式如下：

定额基价 = 人工费 + 材料费 + 机具费

或　定额基价 = 人工费 + 材料费 + 机具费 + 管理费

式中，人工费 = Σ（定额工日消耗量 × 工日单价）；

材料费 = Σ（材料消耗量 × 材料单价）+ 其他材料费；

机具费 = Σ（施工机械台班消耗量 × 台班单价）。

管理费按工程所在地标准执行，如 2018 年广东省定额中，管理费 =（人工费 + 机具费）× 管理费费率，其中“管理费费率”按“管理费费率参考表”计算，各分部工程管理费费率均不同。

实际上，各地方定额中，人工费的计算方法有可能同上述计算方法不一样，如 2018 年广东省定额中，人工费就没有工日消耗量，是直接以人工费的形式列入定额的。各时期的水平差异可以通过官方结算文件按价格指数调整。

在工程量清单计价中，人工费、材料费和机具费需按各地方主管部门的规定调价，规定中没有材料费单价的，可按当时市场价信息或合同约定的调价方式进行调价。

计算说明：

1. 本书中，例题与技能训练的计算过程取小数点后三位有效数字，计算结果取小数点后两位有效数字，但第八章和其他相应章节涉及钢筋或钢材的计量实例中，以“t”为单位的计算结果取小数点后三位有效数字。

2. 本书中，例题的计算过程采用 Excel 软件完成，其结果可能与手算或计算器的计算结果有一定误差。按照行业规定，正常范围（≤ 2%）的计算误差是允许的。

以 2018 年广东省定额为例，说明定额基价的计算过程，见表 2–1。

表 2–1　　　　　　　　　　预算定额项目基价计算示例

| 定额编号 | | | A1–5–14 | | 计算式 |
|---|---|---|---|---|---|
| 项目 | | 单位 | 单价（元） | 平板、有梁板、无梁板（10 $m^3$） | |
| 基价 | | 元 | — | 840.24 | 基价 = 466.03+221.37+14.65+138.19 = 840.24 |
| 其中 | 人工费 | 元 | — | 466.03 | |
| | 材料费 | 元 | — | 221.37 | 见材料费栏计算式 |
| | 机具费 | 元 | — | 14.65 | 见机具费栏计算式 |
| | 管理费 | 元 | — | 138.19 | 管理费 =（466.03+14.65）×28.75%=138.19 |
| 人工费 | | 元 | — | 466.03 | — |
| 材料费 | 预拌混凝土 | 元 /$m^3$ | — | （10.10） | 材料费 = 6.69×28.61+4.58×1.126+1.00×24.82= 221.37<br>注：此材料价格不包含消耗量带括号的未计价材料“预拌混凝土”的费用，未计价材料费用另计 |
| | 土工布 | 元 /$m^2$ | 6.69 | 28.610 | |
| | 水 | 元 /$m^3$ | 4.58 | 1.126 | |
| | 其他材料费 | 元 | 1.00 | 24.82 | |
| 机具费 | 混凝土振捣器（平板式） | 元 / 台班 | 11.72 | 1.25 | 机具费 =11.72×1.25=14.65 |

# 第二节　预算定额的应用

## 一、预算定额的直接套用

当实际分项工程的内容、施工条件与相应的预算定额子目相同时，可直接套用预算定额。实际工程中大多数分项工程可以直接套用预算定额。

［例 2–1］某工程用湿拌 M5 水泥石灰砂浆砌 3/4 标准灰砂砖外墙，工程量为 26.85 $m^3$，求其预算单价（包括人工费、材料费、机具费、管理费和利润）及合价。要求人工费按广州市 2022 年上半年人工价格指数（108.76）调价，管理费按（人工费 + 机具费）×15.14% 计算，利润按（人工费 + 机具费）×20% 计算，主材料单价按 2022 年 6 月信息价调价，主材料信息价为：湿拌 M5 水泥石灰砂浆 596 元 /$m^3$，标准灰砂砖 390.01 元 / 千块。其余费用按 2018 年广东省定额的规定计算。

解：此分项工程可以直接套用 2018 年广东省定额 3/4 混水砖外墙子目（定额编

号 A1-4-4，计量单位 10 $m^3$，见图 2-1），人工费和主材料费按结算文件调价，管理费和利润按定额规定计算，机具费和其他材料费不调价，仍按 2018 年广东省定额价格计算。

## 2　砖墙

工作内容：运料、淋砖、砂浆运输，砌砖、安放垫块、木砖、铁件等；砖旋、砖过梁、砖拱包括制作、安装及拆除模板。

计量单位：10 $m^3$

| 定额编号 | | | | | A1-4-2 | A1-4-3 | A1-4-4 | A1-4-5 |
|---|---|---|---|---|---|---|---|---|
| 子目名称 | | | | | 混水砖外墙 | | | 空花墙 |
| | | | | | 墙体厚度 | | | |
| | | | | | 1/4 砖 | 1/2 砖 | 3/4 砖 | |
| 基价（元） | | | | | 4 872.55 | 4 323.45 | 4 101.18 | 4 111.39 |
| 其中 | 人工费（元） | | | | 2 557.80 | 2 211.12 | 2 043.99 | 2 476.56 |
| | 材料费（元） | | | | 1 927.50 | 1 777.57 | 1 747.73 | 1 259.88 |
| | 机具费（元） | | | | — | — | — | — |
| | 管理费（元） | | | | 387.25 | 334.76 | 309.46 | 374.95 |
| **分类** | **编码** | **名称** | **单位** | **单价（元）** | **消耗量** | | | |
| 人工 | 00010010 | 人工费 | 元 | — | 2 557.80 | 2 211.12 | 2 043.99 | 2 476.56 |
| 材料 | 80050490 | 预拌水泥石灰砂浆 M5.0 | $m^3$ | — | — | （2.040） | （2.180） | （1.199） |
| | 80050510 | 预拌水泥石灰砂浆 M10 | $m^3$ | — | （1.179） | — | — | — |
| | 03019001 | 圆钉 综合 | kg | 5.36 | — | 0.230 | 0.370 | — |
| | 04010015 | 复合普通硅酸盐水泥 P.C 32.5 | t | 319.11 | — | 0.019 | 0.044 | — |
| | 04130001 | 标准砖 240 mm × 115 mm × 53 mm | 千块 | 310.92 | 6.151 | 5.583 | 5.433 | 4.000 |
| | 05030080 | 松杂板枋材 | $m^3$ | 1 180.62 | — | 0.011 | 0.017 | — |
| | 34110010 | 水 | $m^3$ | 4.58 | 1.230 | 1.130 | 1.100 | 0.810 |
| | 99450760 | 其他材料费 | 元 | 1.00 | 9.40 | 16.25 | 17.37 | 12.49 |

图 2-1　2018 年广东省定额混水砖外墙子目

计算过程如下：

（1）人工费

人工费按定额人工费 ×108.76/100 计算。

人工费 =2 043.99×1.087 6（元 /10 $m^3$）=2 223.04（元 /10 $m^3$）

（2）材料费

未计价材料 M5 水泥石灰砂浆和标准砖（灰砂砖）两种主材料按信息价调价，其他材料费按定额单价计算，则 10 $m^3$ 的 3/4 标准灰砂砖外墙的材料费计算见表 2–2。

表 2–2　　10 $m^3$ 的 3/4 标准灰砂砖外墙的材料费计算表

| 材料名称 | 材料单价（元） | 材料消耗量 | 材料合价（元） |
|---|---|---|---|
| M5 水泥石灰砂浆 | 596 | 2.18 $m^3$ | 1 299.28 |
| 圆钉　综合 | 5.36 | 0.37 kg | 1.98 |
| 32.5 复合普通硅酸盐水泥 | 319.11 | 0.044 t | 14.04 |
| 标准灰砂砖 | 390.01 | 5.433 千块 | 2 118.92 |
| 松杂板枋材 | 1 180.62 | 0.017 $m^3$ | 20.07 |
| 水 | 4.58 | 1.10 $m^3$ | 5.04 |
| 其他材料费 | 1 | 17.37 | 17.37 |
| 材料费合计（元 /10 $m^3$） | | | 3 476.70 |

（3）机具费

机具费 =0

（4）管理费

管理费按（人工费 + 机具费）× 15.14% 计算，则：

管理费 =（2 223.04+0）× 15.14%（元 /10 $m^3$）=336.57（元 /10 $m^3$）

（5）利润

利润按（人工费 + 机具费）× 20% 计算，则：

利润 =（2 223.04+0）× 20%（元 /10 $m^3$）= 444.61（元 /10 $m^3$）

则：

预算单价 = 人工费 + 材料费 + 机具费 + 管理费 + 利润 = 6 480.92（元 /10 $m^3$）

26.85 $m^3$ 的 3/4 标准灰砂砖外墙的合价 = 6 480.92 × 26.85/10（元）=17 401.27（元）

当实际工程材料的种类与定额相同，但是其价格的单位与定额不同时，则材料单价需要换算成与定额单位相同的单价后才能直接套用。

［例 2–2］某工程用湿拌 M7.5 水泥石灰砂浆砌 20 cm 厚蒸压加气混凝土砌块（砌块等级 B06、A3.5）内墙，工程量为 120 $m^3$，求其预算单价（包括人工费、材料费、机具费、管理费和利润）及合价。要求人工费按广州市 2022 年上半年人工价格指数（108.76）调价，管理费按（人工费 + 机具费）× 15.14% 计算，利润按（人工费 + 机具费）× 20% 计算，主材料单价调为：湿拌 M7.5 水泥石灰砂浆 599 元 /$m^3$，蒸压加气混凝土砌块（B06、A3.5 系列）287.46 元 /$m^3$。其余费用按 2018 年广东省定额的规定计算。

**解：**该分项工程可以套用 2018 年广东省定额蒸压加气混凝土砌块内墙子目（定额

编号 A1–4–52，计量单位 10 m³，见图 2–2），但是定额子目的砌块单位为千块，规格为 600 mm × 200 mm × 200 mm，消耗量为 0.396 千块，定额单价为 5 594.64 元 / 千块，而实际工程用砌块单价是 287.46 元 /m³，该单价不分规格，则套用该分项工程时需将实际工程用砌块单价换算成规格为 600 mm × 200 mm × 200 mm 的与定额单位一致的单价才可以套用定额，则该主材料单价 = 287.46 × 0.6 × 0.2 × 0.2 × 1 000（元 / 千块）= 6 899.04（元 / 千块）。

工作内容：运料、淋砌块、砂浆运输、砌筑块料、留洞。

计量单位：10 m³

| 定额编号 | | | | | A1–4–51 | A1–4–52 | A1–4–53 |
|---|---|---|---|---|---|---|---|
| 子目名称 | | | | | 蒸压加气混凝土砌块内墙 | | |
| | | | | | 墙体厚度 | | |
| | | | | | 10 cm | 20 cm | 25 cm |
| 基价（元） | | | | | 4 144.19 | 4 021.12 | 3 715.56 |
| 其中 | 人工费（元） | | | | 1 694.05 | 1 544.65 | 1 523.50 |
| | 材料费（元） | | | | 2 193.66 | 2 242.61 | 1 961.40 |
| | 机具费（元） | | | | — | — | — |
| | 管理费（元） | | | | 256.48 | 233.86 | 230.66 |
| **分类** | **编码** | **名称** | **单位** | **单价（元）** | **消耗量** | | |
| 人工 | 00010010 | 人工费 | 元 | — | 1 694.05 | 1 544.65 | 1 523.50 |
| 材料 | 80050500 | 预拌水泥石灰砂浆 M7.5 | m³ | — | （0.776） | （0.781） | （0.698） |
| | 03019021 | 圆钉 50 ~ 75 | kg | 3.54 | 0.220 | 0.190 | 0.170 |
| | 04010015 | 复合普通硅酸盐水泥 P.C 32.5 | t | 319.11 | 0.007 | 0.007 | 0.007 |
| | 04150001 | 蒸压加气混凝土砌块 600 mm × 100 mm × 200 mm | 千块 | 2 700.00 | 0.804 | — | — |
| | 04150010 | 蒸压加气混凝土砌块 600 mm × 200 mm × 200 mm | 千块 | 5 594.64 | — | 0.396 | — |
| | 04150020 | 蒸压加气混凝土砌块 600 mm × 250 mm × 250 mm | 千块 | 7 569.80 | — | — | 0.256 |
| | 05030080 | 松杂板枋材 | m³ | 1 180.62 | 0.008 | 0.010 | 0.009 |
| | 34110010 | 水 | m³ | 4.58 | 1.170 | 1.470 | 1.090 |
| | 99450760 | 其他材料费 | 元 | 1.00 | 5.04 | 5.69 | 5.08 |

图 2–2　2018 年广东省定额蒸压加气混凝土砌块内墙子目

人工费和主材料费按结算文件调价，管理费和利润按定额规定计算，机具费和其他材料费不调价，仍按 2018 年广东省定额价格计算。

计算过程如下：

（1）人工费

人工费按定额人工费 ×108.76/100 计算。

人工费 =1 544.65×1.087 6（元 /10 $m^3$）=1 679.96（元 /10 $m^3$）

（2）材料费

未计价材料 M7.5 水泥石灰砂浆和蒸压加气混凝土砌块两种主材料按信息价调价，其他材料费按定额单价计算，则 10 $m^3$ 的蒸压加气混凝土砌块内墙的材料费计算见表 2–3。

**表 2–3　　10 $m^3$ 蒸压加气混凝土砌块内墙的材料费计算表**

| 材料名称 | 材料单价（元） | 材料消耗量 | 材料合价（元） |
|---|---|---|---|
| M7.5 水泥石灰砂浆 | 599 | 0.781 $m^3$ | 467.82 |
| 圆钉 50 ~ 75 | 3.54 | 0.19 kg | 0.67 |
| 32.5 复合普通硅酸盐水泥 | 319.11 | 0.007 t | 2.23 |
| 蒸压加气混凝土砌块 600 mm×200 mm×200 mm | 6 899.04 | 0.396 千块 | 2 732.02 |
| 松杂板枋材 | 1 180.62 | 0.01 $m^3$ | 11.81 |
| 水 | 4.58 | 1.47 $m^3$ | 6.73 |
| 其他材料费 | 1 | 5.69 | 5.69 |
| 材料费合计（元 /10 $m^3$） | | | 3 226.97 |

（3）机具费

机具费 =0

（4）管理费

管理费按（人工费 + 机具费）×15.14% 计算，则：

管理费 =（1 679.96+0）×15.14%（元 /10 $m^3$）= 254.35（元 /10 $m^3$）

（5）利润

利润按（人工费 + 机具费）×20% 计算，则：

利润 =（1 679.96+0）×20%（元 /10 $m^3$）=335.99（元 /10 $m^3$）

则：

预算单价 = 人工费 + 材料费 + 机具费 + 管理费 + 利润 =5 497.27（元 /10 $m^3$）

120 $m^3$ 的蒸压加气混凝土砌块内墙的合价 =5 497.27×120/10（元）= 65 967.24（元）

## 二、预算定额的换算套用

编制预算时，当施工图中的分项工程项目不能直接套用预算定额时，就需要进行定额的换算。

### 1. 材料规格不同的换算

当实际工程材料的种类与定额相同，但规格不同时，应将定额的该种材料消耗量和单价换算成实际规格材料的消耗量和单价。材料规格不同时，如果定额材料以面积为单位，则消耗量仍保持不变；如果以块、个等为单位，则消耗量也需要改变。

**[例 2-3]** 某工程地面用 2 cm 厚湿拌 1∶2 水泥砂浆粘贴 500 mm × 500 mm 抛光瓷质砖，工程量为 80 $m^2$，求其预算单价（包括人工费、材料费、机具费、管理费和利润）及合价。已知人工费按广州市 2022 年上半年人工价格指数（108.76）调价，管理费按（人工费 + 机具费）× 17.73% 计算，利润按（人工费 + 机具费）× 20% 计算，主材料单价调为：湿拌 1∶2 水泥砂浆（地面砂浆）630 元 /$m^3$，500 mm × 500 mm 抛光瓷质砖 63.30 元 /$m^2$，其余费用按 2018 年广东省定额的规定计算。

**解：** 按 2018 年广东省定额的分项方法，地面 500 mm × 500 mm 抛光瓷质砖应套用周长在 2 100 mm 以内的楼地面陶瓷地砖子目（定额编号 A1-12-73，计量单位 100 $m^2$，见图 2-3），定额子目的陶瓷地砖规格为 400 mm × 400 mm 的瓷质抛光砖，消耗量为 102.5 $m^2$，套用定额时应将定额中 400 mm × 400 mm 瓷质抛光砖的单价换算成 500 mm × 500 mm 瓷质抛光砖的单价，消耗量仍为 102.5 $m^2$ 不变。

**5　陶瓷地砖**

工作内容：清理基层、备料、砂浆运输、浸润块料、刷水泥浆、抹结合层、铺贴、擦缝、清理净面。

计量单位：100 $m^2$

| 定额编号 | | | | | A1-12-70 | A1-12-71 | A1-12-72 | A1-12-73 |
|---|---|---|---|---|---|---|---|---|
| 子目名称 | | | | | 楼地面陶瓷地砖（每块周长，mm） | | | |
| | | | | | 600 以内 | 800 以内 | 1 300 以内 | 2 100 以内 |
| | | | | | 水泥砂浆 | | | |
| 基价（元） | | | | | 6 050.14 | 6 277.74 | 7 879.44 | 8 029.67 |
| 其中 | 人工费（元） | | | | 3 461.52 | 3 256.84 | 2 881.28 | 2 589.24 |
| | 材料费（元） | | | | 1 974.89 | 2 443.46 | 4 487.31 | 4 981.36 |
| | 机具费（元） | | | | — | — | — | — |
| | 管理费（元） | | | | 613.73 | 577.44 | 510.85 | 459.07 |
| **分类** | **编码** | **名称** | **单位** | **单价（元）** | **消耗量** | | | |
| 人工 | 00010010 | 人工费 | 元 | — | 3 461.52 | 3 256.84 | 2 881.28 | 2 589.24 |
| 材料 | 80010630 | 预拌水泥砂浆 1∶2 | $m^3$ | — | （2.020） | （2.020） | （2.020） | （2.020） |
| | 04010015 | 复合普通硅酸盐水泥 P.C 32.5 | t | 319.11 | 0.060 | 0.060 | 0.060 | 0.060 |

| 分类 | 编码 | 名称 | 单位 | 单价(元) | 消耗量 | | | |
|---|---|---|---|---|---|---|---|---|
| 材料 | 04010045 | 白色硅酸盐水泥 32.5 | t | 564.84 | 0.010 | 0.010 | 0.010 | 0.010 |
| | 07050010 | 瓷质抛光砖 300 mm × 300 mm | $m^2$ | 43.17 | — | — | 102.500 | — |
| | 07050020 | 瓷质抛光砖 400 mm × 400 mm | $m^2$ | 47.99 | — | — | — | 102.500 |
| | 07050090 | 瓷质耐磨砖 100 mm × 200 mm | $m^2$ | 18.75 | 102.000 | — | — | — |
| | 07050100 | 瓷质耐磨砖 200 mm × 200 mm | $m^2$ | 23.23 | — | 102.500 | — | — |
| | 34090010 | 白棉纱 | kg | 11.47 | 1.500 | 1.500 | 1.500 | 1.500 |
| | 34110010 | 水 | $m^3$ | 4.58 | 2.697 | 2.697 | 2.697 | 2.697 |
| | 99450760 | 其他材料费 | 元 | 1.00 | 8.03 | 8.03 | 8.03 | 8.03 |

注：1. 定额已综合考虑了施工现场对陶瓷块料的一般性开界、磨边。如陶瓷块料需磨斜边的，其费用应并入陶瓷块料的材料单价内。

2. 波打线如采用陶瓷块料，按所铺贴波打线块料的周长，套相应周长的子目，并按人工乘以系数 1.15，陶瓷块料用量乘以系数 1.02。

图 2–3　2018 年广东省定额楼地面陶瓷地砖子目

人工费和主材料费按结算文件调价，管理费和利润按定额规定计算，机具费和其他材料费不调价，仍按 2018 年广东省定额价格计算。

计算过程如下：

（1）人工费

人工费按定额人工费 ×108.76/100 计算。

人工费 =2 589.24 × 1.087 6（元 /100 $m^2$）=2 816.06（元 /100 $m^2$）

（2）材料费

未计价材料 1 : 2 水泥砂浆和 500 mm × 500 mm 的抛光瓷质砖两种主材料按信息价调价，其他材料费按定额单价计算，则 100 $m^2$ 陶瓷地砖的材料费计算见表 2–4。

表 2–4　　100 $m^2$ 陶瓷地砖的材料费计算表

| 材料名称 | 材料单价（元） | 材料消耗量 | 材料合价（元） |
|---|---|---|---|
| 1 : 2 水泥砂浆 | 630 | 2.02 $m^3$ | 1 272.60 |
| 32.5 复合普通硅酸盐水泥 | 319.11 | 0.06 t | 19.15 |
| 32.5 白色硅酸盐水泥 | 564.84 | 0.01 t | 5.65 |
| 瓷质抛光砖 500 mm × 500 mm | 63.30 | 102.5 $m^2$ | 6 488.25 |
| 白棉纱 | 11.47 | 1.5 kg | 17.21 |

续表

| 材料名称 | 材料单价（元） | 材料消耗量 | 材料合价（元） |
|---|---|---|---|
| 水 | 4.58 | 2.697 $m^3$ | 12.35 |
| 其他材料费 | 1 | 8.03 | 8.03 |
| 材料费合计（元 /100 $m^2$） | | | 7 823.24 |

（3）机具费

机具费 =0

（4）管理费

管理费按（人工费 + 机具费）× 17.73% 计算，则：

管理费 =（2 816.06+0）× 17.73%（元 /100 $m^2$）= 499.29（元 /100 $m^2$）

（5）利润

利润按（人工费 + 机具费）× 20% 计算，则：

利润 =（2 816.06+0）× 20%（元 /100 $m^2$）=563.21（元 /100 $m^2$）

则：

预算单价 = 人工费 + 材料费 + 机具费 + 管理费 + 利润 =11 701.80（元 /100 $m^2$）

80 $m^2$ 的 500 mm × 500 mm 瓷质抛光砖的合价 =11 701.80 × 80/100（元）=9 361.44（元）

## 2. 乘系数换算

当实际工程材料的种类与定额相同，但是出现做法与定额不完全相同、施工条件与定额考虑的情况不完全相同，或规模未超过定额规定的数值等情况时，应按定额说明对定额人工费、材料费、机具费等乘以系数进行换算。例如，2018 年广东省定额规定，机械挖湿土时，相应定额子目的人工费、机具费乘以系数 1.1；单位工程打（压）预制管桩在 1 000 m 以内时，其人工费、机具费乘以系数 1.25；砖砌圆弧形基础，套相应砖基础子目时，人工费乘以系数 1.1 等。

［例 2–4］某工程用湿拌 M10 水泥石灰砂浆砌 1/2 砖砌栏板（标准灰砂砖），已知栏板高度为 1 000 mm，混凝土小柱及压顶为 C25 普通预拌混凝土，工程量为 75 m，求其预算单价（包括人工费、材料费、机具费、管理费和利润）及合价。要求人工费按广州市 2022 年上半年人工价格指数（108.76）调价，管理费按（人工费 + 机具费）× 15.14% 计算，利润按（人工费 + 机具费）× 20% 计算，主材料单价调为：湿拌 M10 水泥石灰砂浆（砌筑砂浆）605 元 /$m^3$，C25 普通预拌混凝土 586 元 / $m^3$，标准灰砂砖 390.01 元 / 千块，其余费用按 2018 年广东省定额的规定计算。

**解：** 2018 年广东省定额规定，1/2 砖砌栏板高度按 900 mm 考虑，每增减 100 mm，按相应定额子目人工费、材料费、机具费增减 10%。本工程 1/2 砖砌栏板高度为 1 000 mm，增加 100 mm，则人工费、材料费、机具费应按定额 1/2 砖砌栏板子目（定额编号 A1–4–113，计量单位 100 m，见图 2–4）增加 10%。

工作内容：运料、淋砖、砂浆运输、砌筑、混凝土小柱、压顶捣制、模板制作、安装、拆除及回程运输。

计量单位：100 m

| 定额编号 | | | | | A1-4-112 | A1-4-113 | A1-4-114 |
|---|---|---|---|---|---|---|---|
| 子目名称 | | | | | 砖砌栏板 | | |
| | | | | | 厚度 | | |
| | | | | | 1/4 砖 | 1/2 砖 | 3/4 砖 |
| 基价（元） | | | | | 7 920.52 | 9 676.25 | 12 531.47 |
| 其中 | 人工费（元） | | | | 5 406.03 | 6 410.57 | 7 977.54 |
| | 材料费（元） | | | | 1 585.45 | 2 172.06 | 3 211.46 |
| | 机具费（元） | | | | 96.03 | 106.88 | 116.96 |
| | 管理费（元） | | | | 833.01 | 986.74 | 1 225.51 |
| **分类** | **编码** | **名称** | **单位** | **单价（元）** | **消耗量** | | |
| 人工 | 00010010 | 人工费 | 元 | — | 5 406.03 | 6 410.57 | 7 977.54 |
| 材料 | 80050510 | 预拌水泥石灰砂浆 M10 | $m^3$ | — | （0.510） | （1.970） | （3.048） |
| | 80210675 | 预拌混凝土 C20 | $m^3$ | — | （0.590） | （1.220） | （2.203） |
| | 03019021 | 圆钉 50 ~ 75 | kg | 3.54 | 20.890 | 21.320 | 21.458 |
| | 04130001 | 标准灰砂砖 240 mm × 115 mm × 53 mm | 千块 | 310.92 | 2.738 | 4.476 | 7.670 |
| | 05030080 | 松杂板枋材 | $m^3$ | 1 180.62 | 0.548 | 0.568 | 0.581 |
| | 34110010 | 水 | $m^3$ | 4.58 | 2.000 | 4.070 | 6.411 |
| | 99450760 | 其他材料费 | 元 | 1.00 | 4.06 | 15.68 | 35.44 |
| 机具 | 990401025 | 载货汽车 装载质量 6 t | 台班 | 552.75 | 0.120 | 0.130 | 0.130 |
| | 990605060 | 混凝土振捣器（插入式） | 台班 | 10.49 | 0.200 | 0.600 | 1.340 |
| | 990706010 | 木工圆锯机 直径 500 mm | 台班 | 28.17 | 0.980 | 1.020 | 1.102 |

图 2–4　2018 年广东省定额砖砌栏板子目

人工费和主材料费按结算文件调价，管理费和利润按定额规定计算，机具费和其他材料费不调价，仍按 2018 年广东省定额价格计算。

计算过程如下：

（1）人工费

人工费按定额人工费 ×1.1×108.76/100 计算。

人工费 =6 410.57×1.1×1.087 6（元 /100 m）=7 669.35（元 /100 m）

（2）材料费

定额 100 m 的 1/2 砖砌栏板中，未计价材料 M10 水泥石灰砂浆、C25 普通预拌混凝土，以及标准灰砂砖三种主材料应按信息价调价，其他材料费按定额单价计算，所有的材料消耗量均应乘以系数 1.1，则 100 m 的 1/2 砖砌栏板的材料费计算见表 2–5。

**表 2–5　　100 m 的 1/2 砖砌栏板的材料费计算表**

| 材料名称 | 材料单价（元） | 材料消耗量 | 材料合价（元） |
|---|---|---|---|
| M10 水泥石灰砂浆 | 605 | （1.97 × 1.1）$m^3$ | 1 311.04 |
| C25 普通预拌混凝土 | 586 | （1.22 × 1.1）$m^3$ | 786.41 |
| 圆钉 50 ~ 75 | 3.54 | （21.32 × 1.1）kg | 83.02 |
| 标准灰砂砖 | 390.01 | （4.476 × 1.1）千块 | 1 920.25 |
| 松杂板枋材 | 1 180.62 | （0.568 × 1.1）$m^3$ | 737.65 |
| 水 | 4.58 | （4.07 × 1.1）$m^3$ | 20.50 |
| 其他材料费 | 1 | 15.68 × 1.1 | 17.25 |
| 材料费合计（元 /100 m） | | | 4 876.12 |

（3）机具费

机具费应乘以系数 1.1，则：

机具费 =106.88 × 1.1（元 /100 m）=117.57（元 /100 m）

（4）管理费

管理费按（人工费 + 机具费）× 15.14% 计算，则：

管理费 =（7 669.35+117.57）× 15.14%（元 /100 m）=1 178.94（元 /100 m）

（5）利润

利润按（人工费 + 机具费）× 20% 计算，则：

利润 =（7 669.35+117.57）× 20%（元 /100 m）=1 557.38（元 /100 m）

则：

预算单价 = 人工费 + 材料费 + 机具费 + 管理费 + 利润 =15 399.36（元 /100 m）

75 m 的 1/2 砖砌栏板的合价 =15 399.36 × 75/100（元）=11 549.52（元）

# 第三章 建筑面积的计算

学习目标

理解建筑面积的概念及计算基本原理，掌握国家标准《建筑工程建筑面积计算规范》(GB/T 50353—2013)中关于建筑物各部分建筑面积的具体计算方法。

## 第一节 建筑面积的概念及计算基本原理

### 一、建筑面积的概念

建筑面积是指建筑物(包括墙体)所形成的楼地面面积。

建筑面积包括使用面积、辅助面积和结构面积。使用面积是指建筑物各层平面布置中可直接为生产或生活使用的净面积总和。辅助面积是指建筑物各层平面布置中为辅助生产或生活所占净面积的总和。使用面积和辅助面积的总和称为有效面积。结构面积是指建筑物各层平面布置中的墙体、柱等结构所占面积的总和。

### 二、建筑面积计算的基本原理

#### 1. 建筑面积计算规范的产生

根据住房和城乡建设部《关于印发2012年工程建设标准规范制订修订计划的通知》(建标〔2012〕5号)要求，住房和城乡建设部标准定额研究所规范编制组广泛调查研究，认真总结经验，在广泛征求意见的基础上，对原国家标准《建筑工程建筑面积计算规范》(GB/T 50353—2005)进行修订，出台了新的国家标准《建筑工程建筑面积计算规范》(GB/T 50353—2013)，于2014年7月1日起实施，适用于新建、扩建、改建的工业与民用建筑工程建设全过程的建筑面积计算。

#### 2. 建筑面积计算的基本原理

建筑面积计算的基本前提条件是：建筑物该部分是供给人们在其中进行生产、工作和生活等活动的，有保障人们安全或给人挡风遮雨的围护结构或围护设施，有可供人们站立的地板。

基于这种基本前提，建筑物的各个部分有计算全面积、计算一半面积和不计算面积三种情况，具体区分如下：

（1）计算全面积的范围

计算全面积的范围，应该是能充分保证人们在其中进行正常活动的建筑空间，即建筑物该部分能满足：

1）人们经常活动的建筑高度或层高、净高（结构层高 2.2 m 或结构净高 2.1 m 及以上）。

2）有挡风遮雨的围护结构，或虽无围护结构但在主体结构内的建筑空间，如建筑物架空层。这里的“围护结构”是指围合建筑空间的墙体、门、窗等。

3）有保证人们正常活动的永久顶盖。

（2）折算面积的范围

1）设计加以利用，但层高或净高不能完全满足人们正常活动的建筑空间（结构层高 2.2 m 以下或结构净高 2.1 m 以下），计算一半的建筑面积。

2）主体结构外有不能完全起挡风遮雨作用的围护设施的建筑空间（如挑阳台、走廊、架空走廊、车棚、室外楼梯等），或有顶盖的开敞空间（如门廊、雨篷），计算一半的建筑面积。

这里的“围护设施”是指为保障安全而设置的栏杆、栏板等围挡，如用栏杆、栏板围蔽的走廊、挑阳台等。

3）其他不能完全满足人们正常活动的建筑空间（如窗台与楼地面高差在 0.45 m 以下且结构净高 2.1 m 及以上的凸窗）。

（3）不计算建筑面积的范围

以下情况不计算建筑面积：

1）人们不经常在其中活动或不能供人们正常活动的建筑空间，如与室内不连通的变形缝等建筑部件、净高过低（如坡屋面净高在 1.2 m 以下等）的建筑空间。

2）公共道路的组成部分（如过街楼底层开放空间和通道等），或地面屋面的露天设施（如露台、花架等）。

3）突出在建筑物外不构成结构层的装饰性构配件（如勒脚、外墙装饰层等）。

4）为室内构筑物或设备服务的独立上人设施（如建筑物内的操作平台、上料平台等），或建筑物以外的构筑物或其他设施（如建筑物以外的地下人防通道，独立的烟囱、烟道等）。

## 第二节 建筑面积计算规范及详解

### 一、建筑面积计算的一般规定（3.0.1）

建筑物的建筑面积应按自然层外墙结构外围水平面积之和计算，结构层高在 2.20 m 及以上的，应计算全面积；结构层高在 2.20 m 以下的，应计算 1/2 面积。

解释：计算建筑面积时，在主体结构内形成的建筑空间，满足计算面积结构层高要求的均应按本条规定计算建筑面积。主体结构外的室外阳台、雨篷、檐廊、室外走

廊、室外楼梯等按相应条款计算建筑面积。当外墙结构本身在一个层高范围内不等厚时，以楼地面结构标高处的外围水平面积计算。

**名词释义：**

主体结构：接受、承担和传递建设工程所有上部荷载，维持上部结构整体性、稳定性和安全性的有机联系的构造。

结构层高：楼面或地面结构层上表面至上部结构层上表面之间的垂直距离。

［例 3–1］试计算图 3–1 中单层建筑物的建筑面积。

**解：**

该单层建筑物层高大于 2.2 m，则按外墙结构外围水平面积计算全面积。即：

$S$=10.5 × 8.5（$m^2$）=89.25（$m^2$）

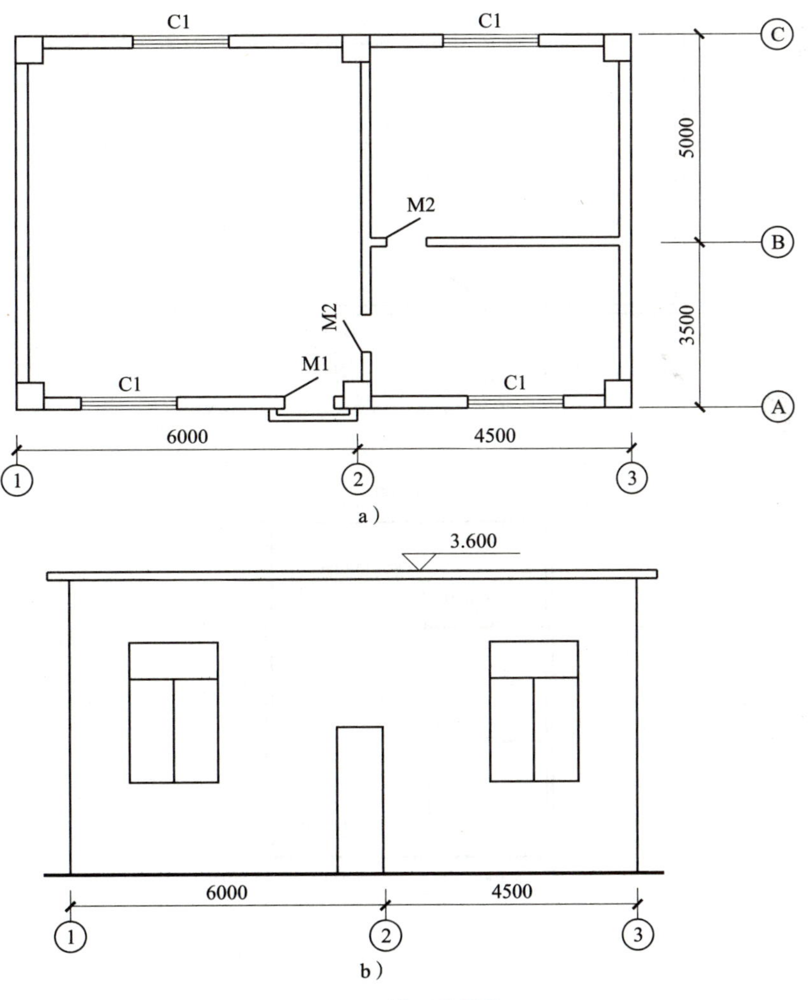


图 3–1　单层建筑物

a）平面图　b）立面图

## 二、建筑物内设有局部楼层（3.0.2）

建筑物内设有局部楼层时，对于局部楼层的二层及以上楼层，有围护结构的应按其围护结构外围水平面积计算，无围护结构的应按其结构底板水平面积计算，结构层高在 2.20 m 及以上的，应计算全面积，结构层高在 2.20 m 以下的，应计算 1/2 面积。

解释：建筑物内设有局部楼层时，该局部就构成多层建筑。因为局部楼层的首层已包含在主体建筑物内，所以只需另计二层及以上楼层的建筑面积。

计算局部楼层的建筑面积除了看层高是否达到 2.2 m 之外，还应区分是否有围护结构，有围护结构的按围护结构外围水平面积计算，无围护结构的则按其结构底板水平面积计算。

［例 3–2］某单层建筑物中局部为三层（见图 3–2），试计算该建筑物的建筑面积。

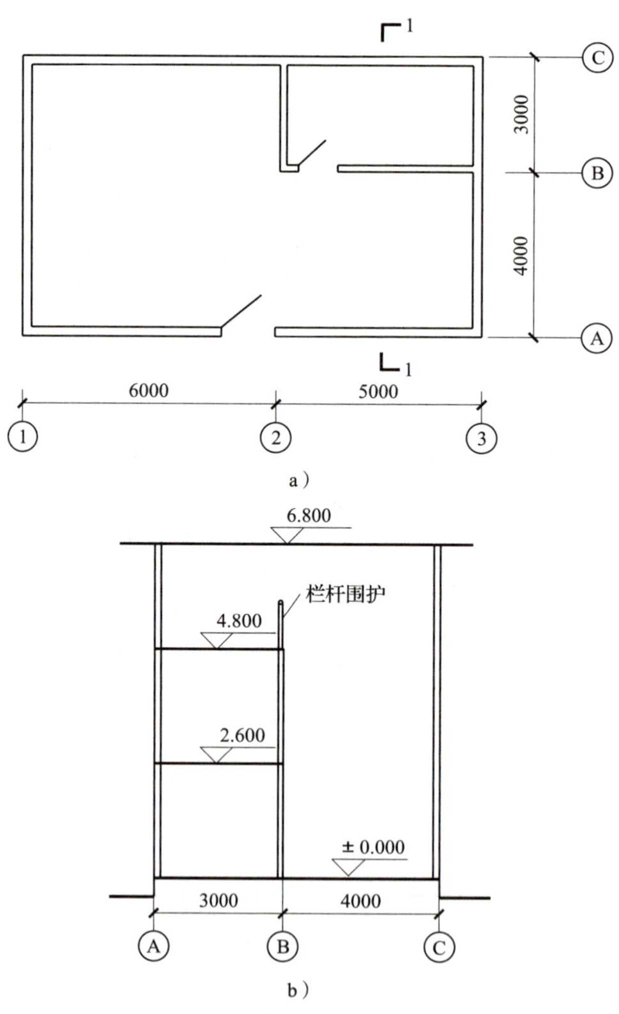


图 3–2　有局部楼层的建筑物

a）建筑平面示意图　b）1—1 剖面示意图

**解：**

该建筑物二层、三层均设有局部楼层，其首层层高大于 2.2 m，应计算全面积，局部二层有围护结构，其层高等于 2.2 m，应按围护结构计算全面积；局部三层无围护结构（有围护设施），其层高小于 2.2 m，应按结构底板计算一半面积；因为其首层部分已包含在主建筑物内，因此，只需另计二、三层的建筑面积，则：

$S$=11 × 7+5 × 3+1/2 × 5 × 3（m$^2$）= 99.5（m$^2$）

## 三、坡屋顶（3.0.3）

形成建筑空间的坡屋顶，结构净高在 2.10 m 及以上的部位应计算全面积，结构净高在 1.20 m 及以上至 2.10 m 以下的部位应计算 1/2 面积，结构净高在 1.20 m 以下的部位不应计算建筑面积。

解释：坡屋顶没有“结构层高”的概念，因此以“结构净高”作为其计算建筑面积的划分界线。

**名词释义：**

建筑空间：以建筑界面限定的、供人们生活和活动的场所。

结构净高：楼面或地面结构层上表面至上部结构层下表面之间的垂直距离。

［例 3–3］图 3–3 的建筑物中利用坡屋顶空间作为阁楼，试计算该建筑物的建筑面积。

**解：**

该建筑物首层层高大于 2.2 m，则首层部分计算全面积；阁楼部分空间形成坡屋顶，最高处结构净高为 3.2 m，最低处结构净高为 1.3 m，则以结构净高 2.1 m（即坡屋面板板底标高为 5.600 m）处为分界线，高于 2.1 m 部分计算全面积，低于 2.1 m 部分计算一半面积，则：

$S$=15.5 × 10+15.5 × 5.8+1/2 × 15.5 × 2.1 × 2（m$^2$）=277.45（m$^2$）

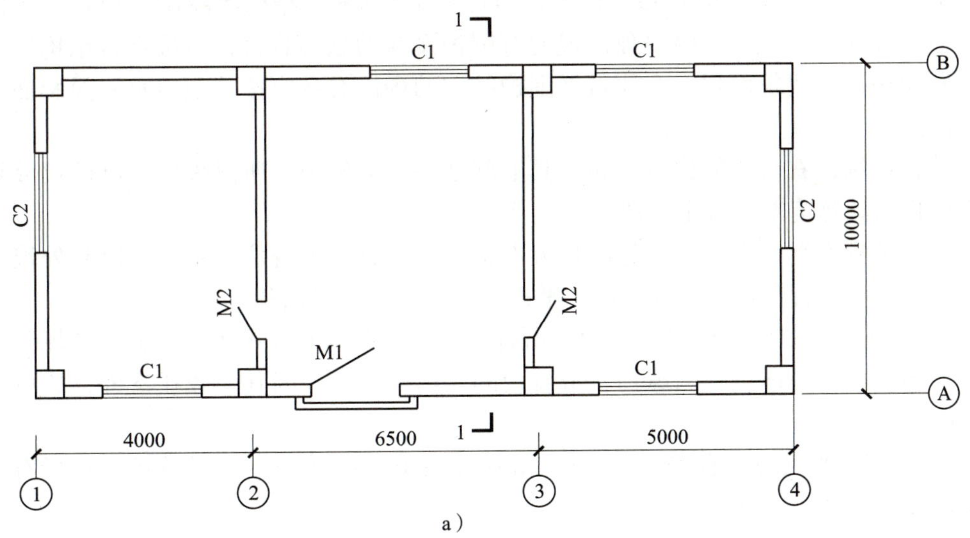


a）

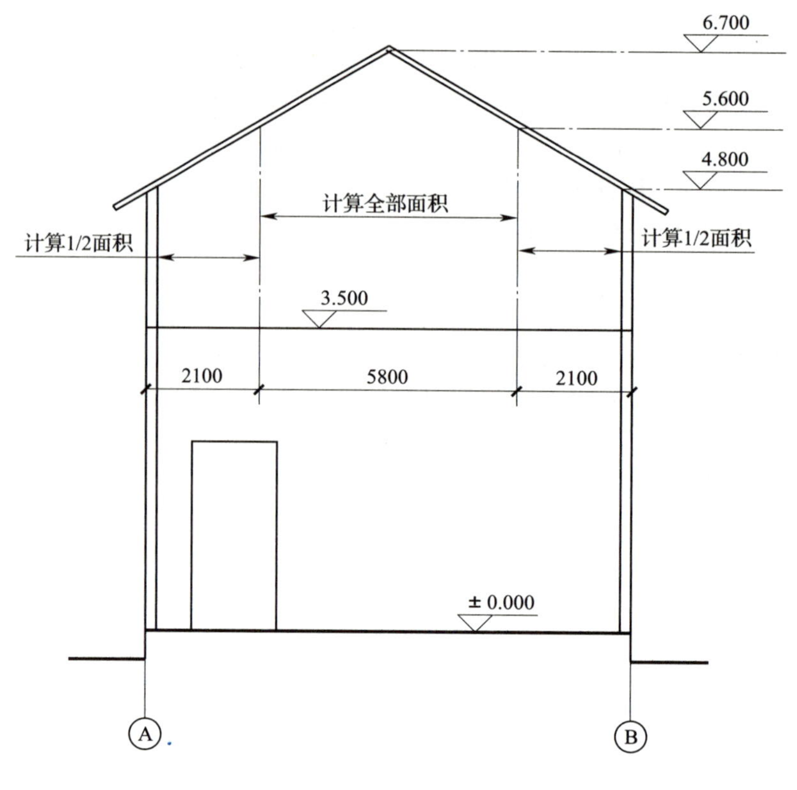


b）

图 3–3　有阁楼的建筑物

a）首层平面图　b）1—1 剖面示意图

## 四、场馆看台和场馆看台下的建筑空间（3.0.4）

场馆看台下的建筑空间，结构净高在 2.10 m 及以上的部位应计算全面积，结构净高在 1.20 m 及以上至 2.10 m 以下的部位应计算 1/2 面积，结构净高在 1.20 m 以下的部位不应计算建筑面积。室内单独设置的有围护设施的悬挑看台，应按看台结构底板水平投影面积计算建筑面积。有顶盖无围护结构的场馆看台应按其顶盖水平投影面积的 1/2 计算面积。

解释：场馆看台下的建筑空间因其上部结构多为斜板，所以采用净高的尺寸划定建筑面积的计算范围和对应规则。

室内单独设置的有围护设施的悬挑看台，因其看台本身位于室内，已有外墙围护结构，因此应按看台板的结构底板水平投影计算全部建筑面积。

“有顶盖无围护结构的场馆看台”所称的“场馆”为专业术语，指各种“场”类建筑，如体育场、足球场、网球场、带看台的风雨操场等，因其一般在室外，故应计算 1/2 面积。

［例 3–4］某足球场看台下空间加以利用，如图 3–4 所示，试计算该足球场看台下空间的建筑面积。

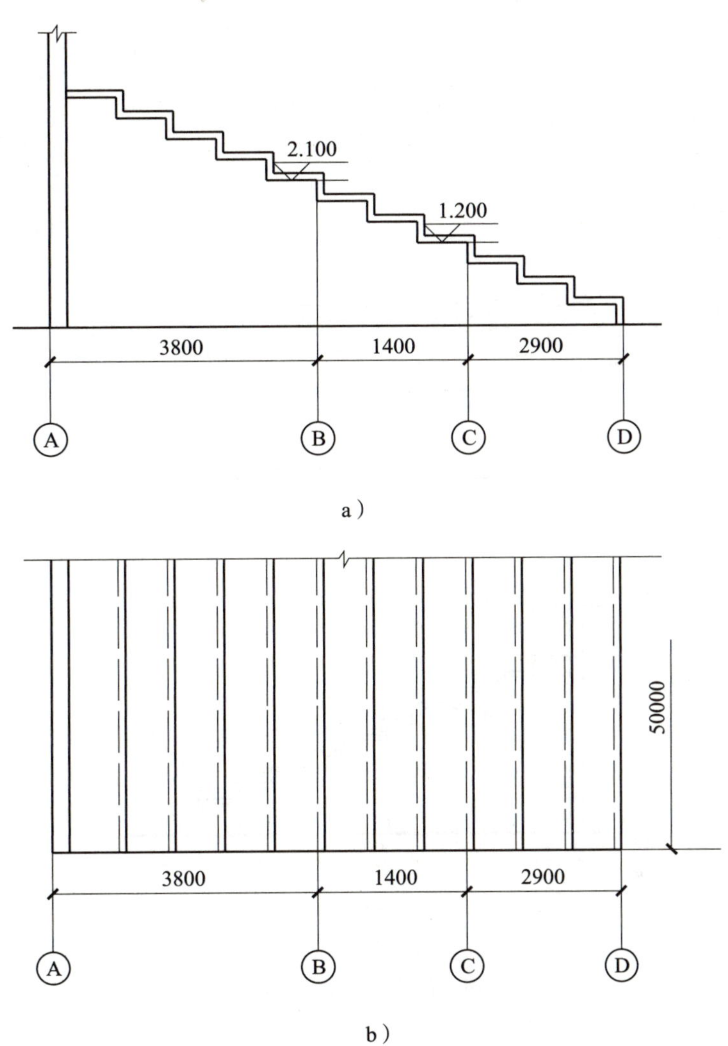


图 3–4　足球场看台

a）剖面示意图　b）平面示意图

**解：**

足球场看台下空间加以利用，其净空高度大于 2.1 m 的部分计算全部建筑面积，净空高度在 1.2 m 至 2.1 m 的部分计算一半建筑面积，净空高度小于 1.2 m 的部分不计算建筑面积，则：

$S$=50 × 3.8+1/2 × 50 × 1.4（$m^2$）=225（$m^2$）

［例 3–5］某足球场平面图及主席台剖面图如图 3–5 所示，试计算该足球场的建筑面积。

**解：**

该足球场仅主席台处设永久性顶盖，故仅主席台处需计算建筑面积，则：

$S$=1/2 × 10 × 6（$m^2$）=30（$m^2$）

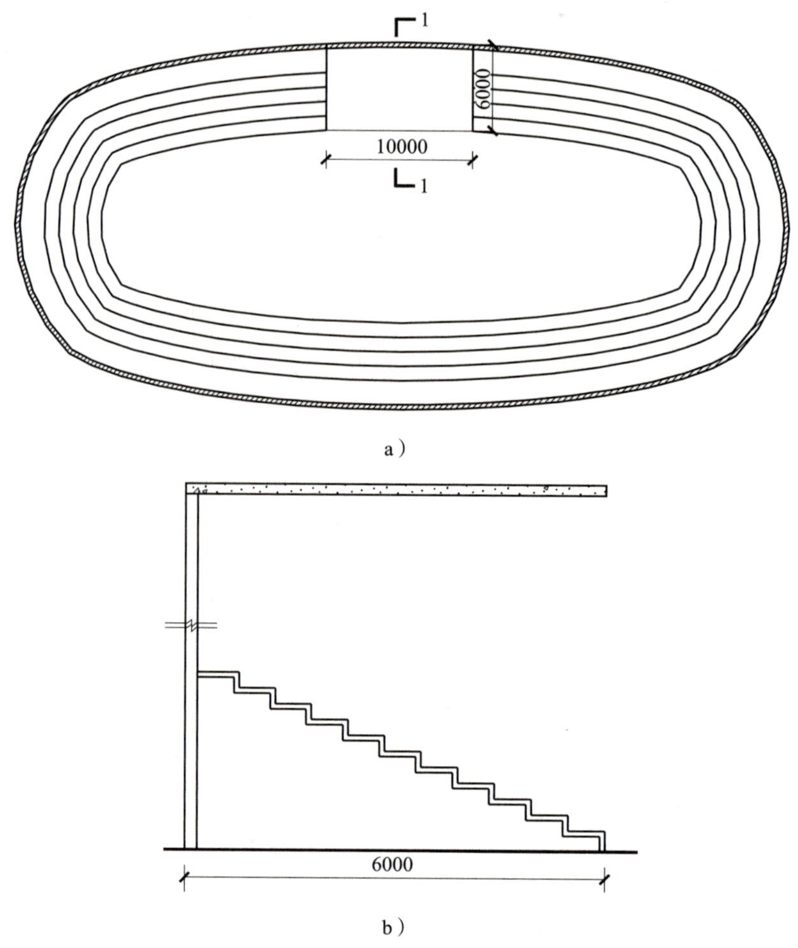


图 3-5 某足球场平面图及主席台剖面图

a）某足球场平面示意图 b）主席台 1—1 剖面示意图

## 五、地下室、半地下室（3.0.5）

地下室、半地下室应按其结构外围水平面积计算。结构层高在 2.20 m 及以上的，应计算全面积；结构层高在 2.20 m 以下的，应计算 1/2 面积。

解释：地下室、半地下室的建筑面积按其结构外围水平面积计算，防潮层不计算建筑面积，采光井另按 3.0.19 规定计算建筑面积（有顶盖的采光井应按一层计算面积）。

**名词释义：**

地下室：室内地平面低于室外地平面的高度超过室内净高的 1/2 的房间。

半地下室：室内地平面低于室外地平面的高度超过室内净高的 1/3 但不超过 1/2 的房间。

［例 3-6］某地下室如图 3-6 所示，试计算该地下室的建筑面积。

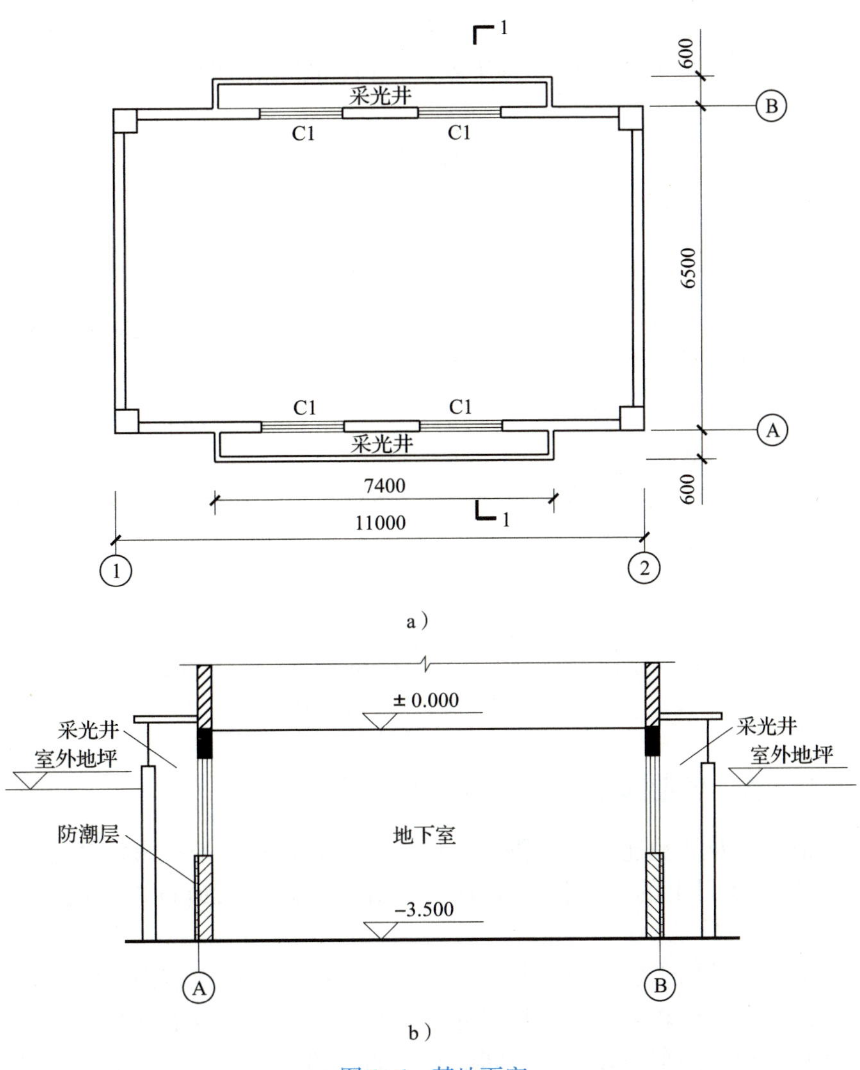


图 3-6　某地下室

a）平面示意图　b）1—1 剖面示意图

**解：**

该地下室外墙外的防潮层不计面积，结构层高 =3.5 m >2.2 m，建筑面积应按其结构外墙所围水平面积计算。采光井有顶盖，且结构净高 >2.1 m，应按一层计算全部面积。则：

$S$=11 × 6.5+7.4 × 0.6 × 2（$m^2$）=80.38（$m^2$）

## 六、出入口外墙外侧坡道（3.0.6）

出入口外墙外侧坡道有顶盖的部位，应按其外墙结构外围水平面积的 1/2 计算面积。

解释：出入口坡道分有顶盖出入口坡道和无顶盖出入口坡道，出入口坡道顶盖的挑出长度为顶盖结构外边线至外墙结构外边线的长度。顶盖以设计图纸为准，后增加及建设单位自行增加的顶盖等不计算建筑面积。顶盖不分材料种类（如钢筋混凝土顶盖、彩钢板顶盖、阳光板顶盖等）。地下室出入口如图 3–7 所示。

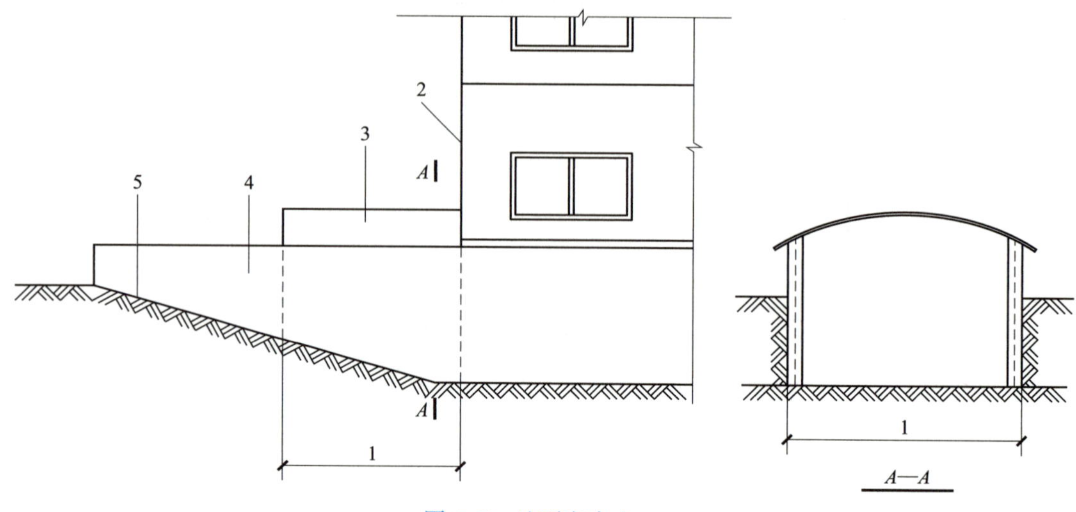


图 3–7　地下室出入口

1—计算 1/2 投影面积部位　2—主体建筑　3—出入口顶盖
4—封闭出入口侧墙　5—出入口坡道

## 七、架空层、坡地建筑物吊脚架空层（3.0.7）

建筑物架空层及坡地建筑物吊脚架空层，应按其顶板水平投影计算建筑面积。结构层高在 2.20 m 及以上的，应计算全面积；结构层高在 2.20 m 以下的，应计算 1/2 面积。

解释：本条既适用于建筑物吊脚架空层、深基础架空层建筑面积的计算，也适用于目前部分住宅、学校教学楼等工程在底层架空或在二楼或以上某个甚至多个楼层架空，作为公共活动、停车、绿化等空间的建筑面积的计算。架空层中有围护结构的建筑空间按相关规定计算。建筑物吊脚架空层如图 3–8 所示。

**名词释义：**

架空层：仅有结构支撑而无外围护结构的开敞空间层。

［例 3–7］某建筑物的首层架空层的层高为 3.5 m，首层架空层平面图和首层顶板结构图如图 3–9 所示，试计算该筑物的首层架空层的建筑面积。

**解：**

该建筑物的首层架空层的层高 =3.5 m>2.2 m，则需按其顶板水平投影计算全部建筑面积（包括首层楼梯部分），则：

$S$=16.2 × 4.7（$m^2$）=76.14（$m^2$）

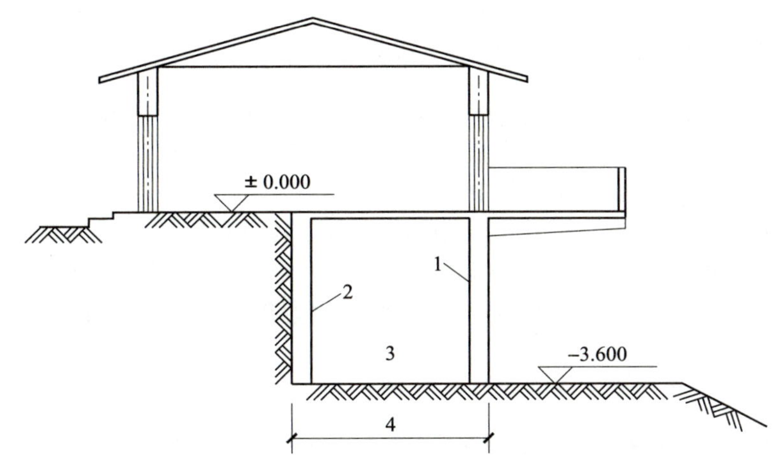


图 3-8　建筑物吊脚架空层

1—柱　2—墙　3—吊脚架空层　4—计算建筑面积部位

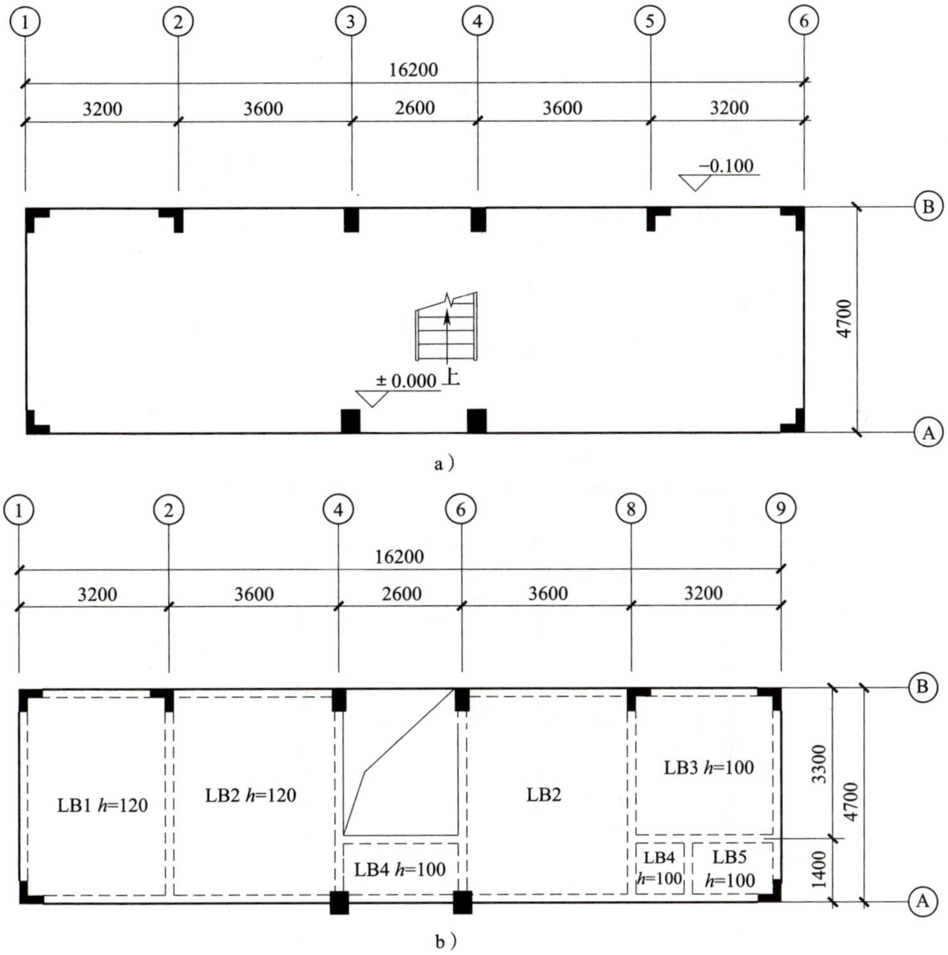

① ② ③ ④ ⑤ ⑥
16200
3200 3600 2600 3600 3200
−0.100
±0.000 上
4700
Ⓑ Ⓐ

a）

① ② ④ ⑥ ⑧ ⑨
16200
3200 3600 2600 3600 3200
LB1 $h$=120　LB2 $h$=120　LB2　LB3 $h$=100
LB4 $h$=100　LB4 $h$=100　LB5 $h$=100
3300 1400 4700
Ⓑ Ⓐ

b）

图 3-9　首层架空层平面图和首层顶板结构图

a）首层架空层平面图　b）首层顶板结构图

## 八、建筑物的门厅、大厅（3.0.8）

建筑物的门厅、大厅应按一层计算建筑面积。门厅、大厅内设置的走廊应按走廊结构底板水平投影面积计算建筑面积，结构层高在 2.20 m 及以上的，应计算全面积；结构层高在 2.20 m 以下的，应计算 1/2 面积。

解释：建筑物的门厅、大厅不论其层高多高，其可利用的空间只有一层，故只能按一层计算建筑面积；门厅、大厅内的走廊是室内走廊的一种，不存在有无围护的问题，其计算一半还是全部面积只取决于“层高是否足够高”这个条件。

**名词释义：**

走廊：建筑物中的水平交通空间。

［例 3–8］某建筑物局部三层，如图 3–10 所示，大厅内二层和三层均有走廊，试计算该建筑物的建筑面积。

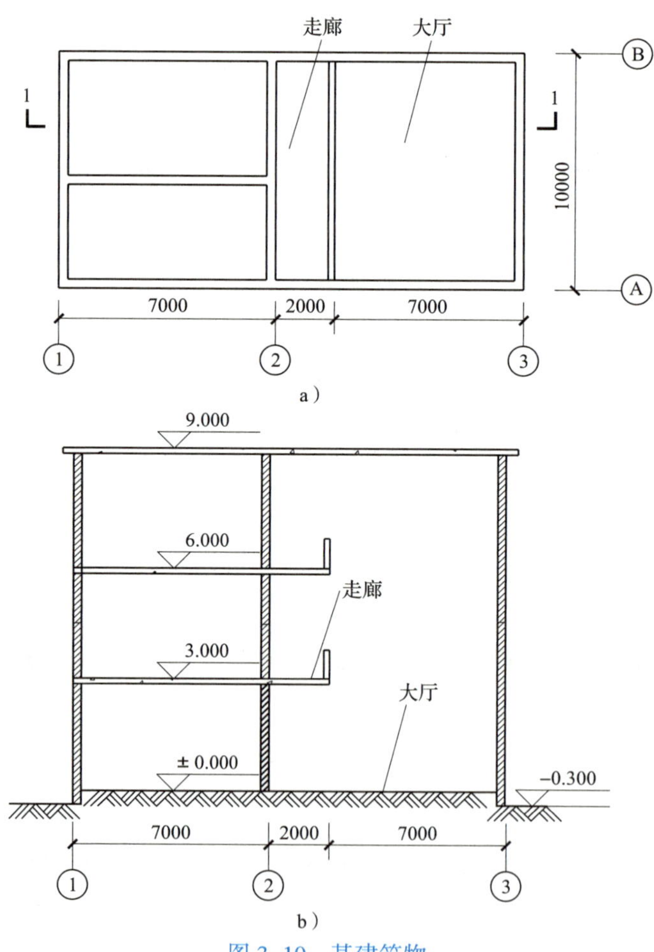


图 3–10 某建筑物

a）二、三层平面示意图 b）1—1 剖面示意图

**解：**

该建筑物的大厅部分只计算一层，大厅内二、三层走廊层高 =3 m>2.2 m，则需计算全部面积，则：

$S$=7×10×3+（2+7）×10+2×10×2（m$^2$）=340（m$^2$）

## 九、建筑物间的架空走廊（3.0.9）

建筑物间的架空走廊，有顶盖和围护结构的，应按其围护结构外围水平面积计算全面积；无围护结构但有围护设施的，应按其结构底板水平投影面积计算 1/2 面积。

解释：建筑物的架空走廊计算建筑面积的方法取决于其是否有围护结构。有围护结构的，建筑面积按围护结构外围水平面积计算全面积（见图 3–11b）；无围护结构（有围护设施）的，不管有无永久性顶盖，均按其结构底板水平投影面积的一半计算建筑面积（见图 3–11c、d）。

**名词释义：**

架空走廊：专门设置在建筑物的二层或二层以上，作为不同建筑物之间水平交通的空间。

［例 3–9］建筑物架空走廊有围护结构和无围护结构的立面图如图 3–11b 和图 3–11c、d 所示，其建筑平面图均如图 3–11a 所示，试计算上述两种情况下建筑物架空走廊的建筑面积。

**解：**

有围护结构的架空走廊按围护结构外围水平面积计算全面积，而无围护结构的架空走廊则按其结构底板水平投影面积计算一半面积，则：

图 3–11b 中有围护结构的架空走廊：

$S$=8×1.5（m$^2$）=12（m$^2$）

图 3–11c、d 中无围护结构的架空走廊：

$S$=1/2×8×1.5（m$^2$）=6（m$^2$）

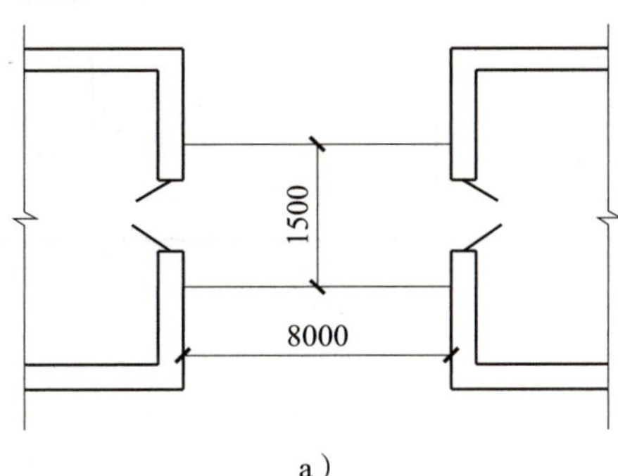

a）

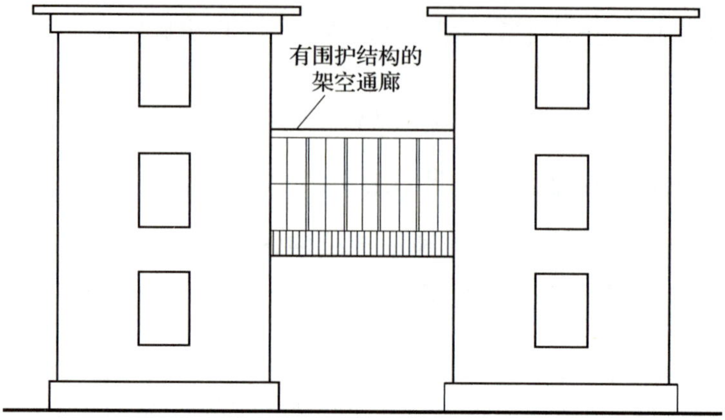

有围护结构的
架空通廊

b）

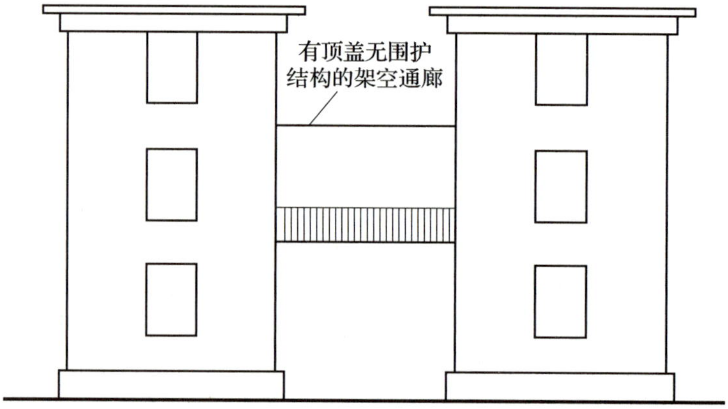

有顶盖无围护
结构的架空通廊

c）

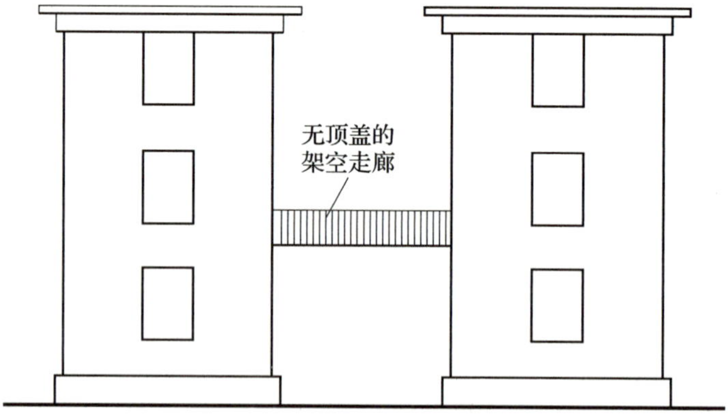

无顶盖的
架空走廊

d）

图 3-11　建筑物间的架空走廊

a）建筑物架空走廊平面示意图　b）有围护结构的架空走廊立面示意图
c）有永久性顶盖无围护结构的架空走廊立面示意图
d）无永久性顶盖无围护结构的架空走廊立面示意图

## 十、立体书库、立体仓库、立体车库（3.0.10）

立体书库、立体仓库、立体车库，有围护结构的，应按其围护结构外围水平面积计算建筑面积；无围护结构、有围护设施的，应按其结构底板水平投影面积计算建筑面积。无结构层的应按一层计算，有结构层的应按其结构层面积分别计算。结构层高在 2.20 m 及以上的，应计算全面积；结构层高在 2.20 m 以下的，应计算 1/2 面积。

解释：本条主要规定了图书馆中的立体书库、仓储中心的立体仓库、大型停车场的立体车库等建筑的建筑面积计算规则。立体书库、立体仓库、立体车库计算建筑面积时，一是看其是否有围护结构，二是看其是否有结构层。起局部分隔、存储等作用的书架层、货架层或可升降的立体钢结构停车层均不属于结构层，故该部分分层不计算建筑面积。

**名词释义：**

结构层：整体结构体系中承重的楼板层，特指整体结构中承重的楼层，包括板、梁等构件，而非局部结构中起承重作用的分隔层。结构层承受整个楼层的全部荷载，并对楼层的隔声、防火等起主要作用。

## 十一、有围护结构的舞台灯光控制室（3.0.11）

有围护结构的舞台灯光控制室，应按其围护结构外围水平面积计算建筑面积。结构层高在 2.20 m 及以上的，应计算全面积；结构层高在 2.20 m 以下的，应计算 1/2 面积。

解释：剧场、影院以及体育场馆的灯光控制室均按有围护结构考虑。灯光控制室一般都不会将灯光的操作暴露给观众，分散观众的注意力，因此不存在无围护结构的情况。其建筑面积的计算只需看“层高是否足够高”这个条件。

**[例 3–10]** 某影院灯光控制室如图 3–12 所示，试计算该灯光控制室的建筑面积。

**解：**

该灯光控制室结构层高为 2.5 m，大于 2.2 m，故其建筑面积应计算全面积，则：

$S=3.5\times1.6\ (\mathrm{m}^2)=5.6\ (\mathrm{m}^2)$

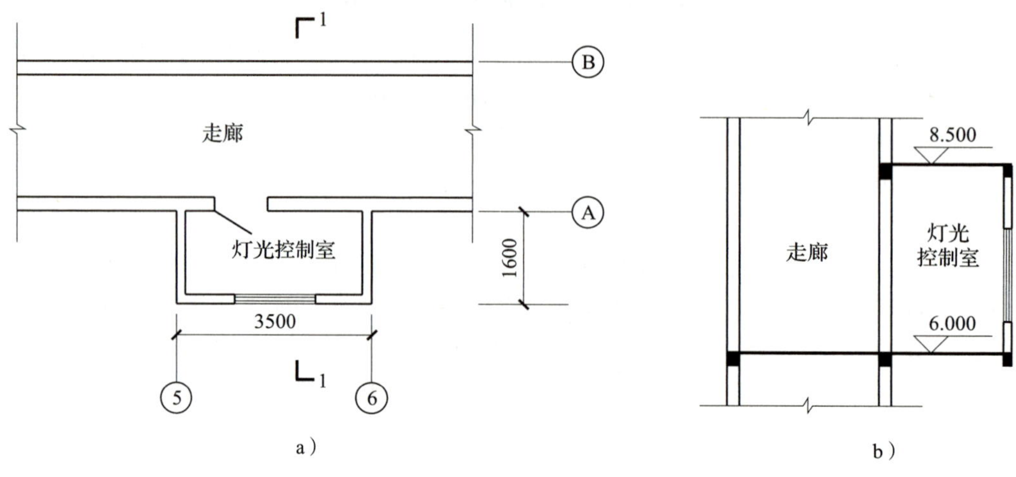


图 3–12　某影院灯光控制室

a）平面示意图　b）1—1 剖面示意图

## 十二、落地橱窗（3.0.12）

附属在建筑物外墙的落地橱窗，应按其围护结构外围水平面积计算建筑面积。结构层高在 2.20 m 及以上的，应计算全面积；结构层高在 2.20 m 以下的，应计算 1/2 面积。

**名词释义：**

落地橱窗：突出外墙面且根基落地的橱窗，是指在商业建筑临街面设置的下槛落地（可落在室外地坪，也可落在室内首层地板）的玻璃窗，用来展览各种样品。

## 十三、凸（飘）窗（3.0.13）

窗台与室内楼地面高差在 0.45 m 以下且结构净高在 2.10 m 及以上的凸（飘）窗，应按其围护结构外围水平面积的 1/2 计算建筑面积。

解释：计算一半建筑面积的凸（飘）窗需同时满足两个条件：一是窗台与室内楼地面高差在 0.45 m 以下，二是结构净高在 2.10 m 及以上。否则不计算建筑面积。如图 3–13 所示的凸（飘）窗，其窗台高 0.4 m <0.45 m，但其结构净高 2.0 m <2.1 m，则此凸（飘）窗不计算建筑面积。

**名词释义：**

凸（飘）窗：凸出建筑物外墙面的窗户。

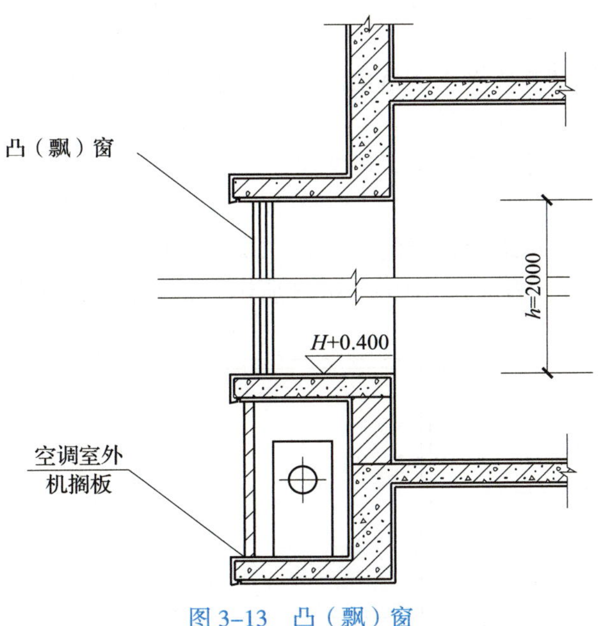


图 3-13　凸（飘）窗

## 十四、室外走廊、檐廊（3.0.14）

有围护设施的室外走廊（挑廊），应按其结构底板水平投影面积的 1/2 计算建筑面积；有围护设施（或柱）的檐廊，应按其围护设施（或柱）外围水平面积的 1/2 计算建筑面积。

解释：此处指的均为无围护结构但有围护设施的室外走廊建筑面积的计算。其中，二层及以上的走廊（挑廊），按其结构底板水平投影面积的 1/2 计算；首层檐廊按其围护设施（或柱）外围水平面积的 1/2 计算；首层无围护设施的檐廊不计算建筑面积，如图 3-14 所示。

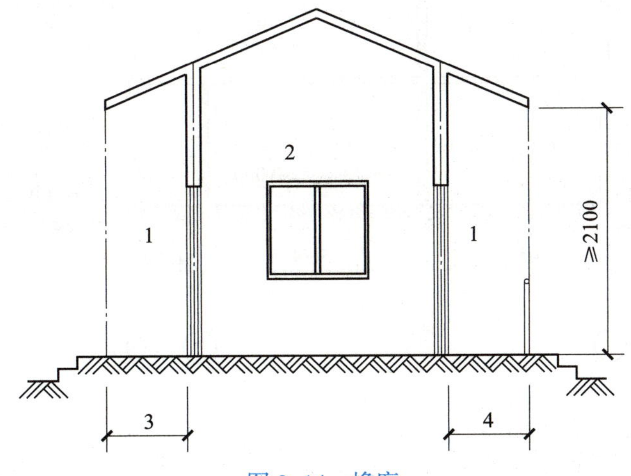


图 3-14　檐廊

1—檐廊　2—室内　3—不计算建筑面积部位　4—计算 1/2 建筑面积部位

**名词释义：**

檐廊：建筑物挑檐下的水平交通空间，附属于建筑物底层外墙，有屋檐作为顶盖，其下部一般有柱或栏杆、栏板等。

挑廊：挑出建筑物外墙的水平交通空间。

［例 3–11］某三层建筑物首层的檐廊、二层和三层的挑廊均无围护结构（栏杆围护），其平面图、剖面图及大样图如图 3–15 所示，试计算该建筑物的建筑面积。

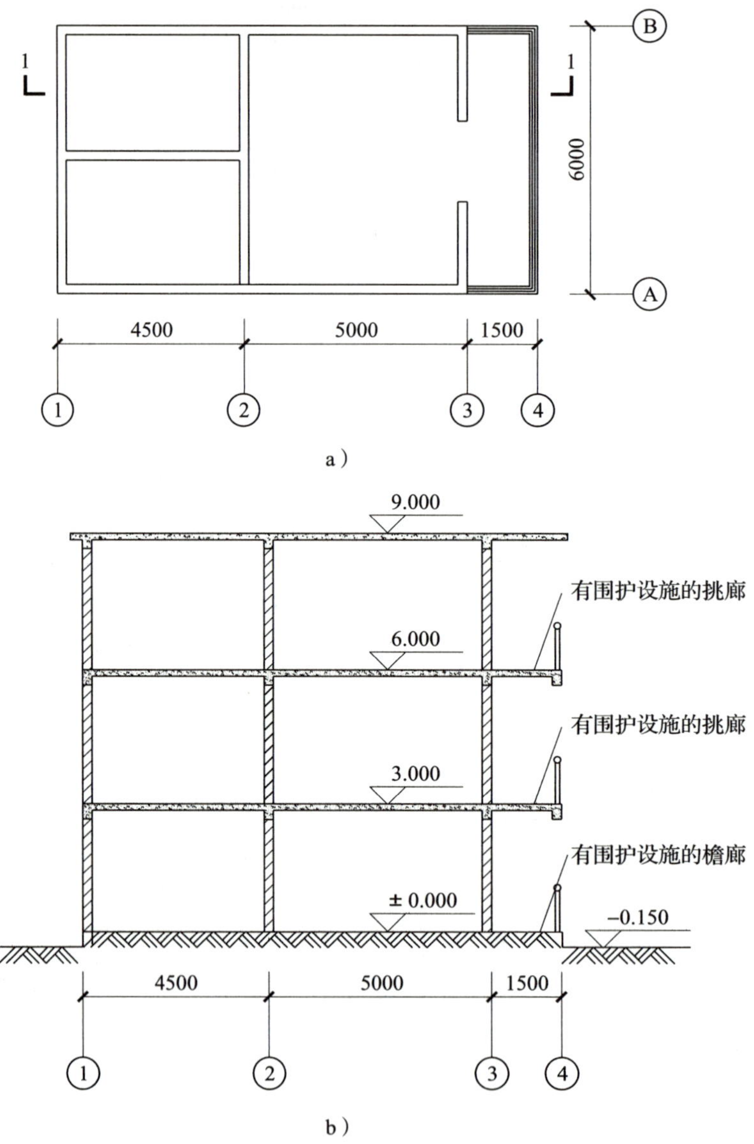

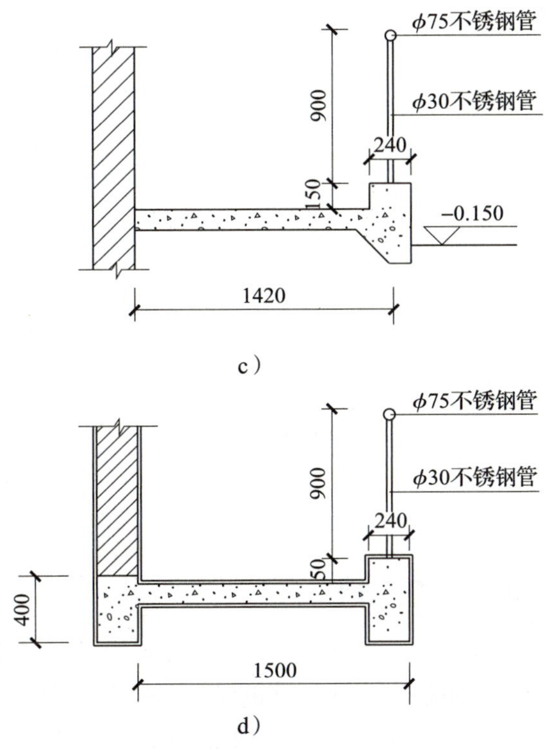


图 3–15 某三层建筑物檐廊、挑廊的平面图、剖面图和大样图

a）首层平面示意图 b）1—1 剖面示意图 c）首层檐廊大样图 d）二、三层挑廊大样图

**解：**

该建筑物首层檐廊和二、三层走廊均有围护设施，其建筑面积均应计算一半面积。其中，首层檐廊应按栏杆外围水平面积的一半计算建筑面积（见图 3–15c），二、三层挑廊应按其结构底板水平投影面积的一半计算建筑面积（见图 3–15d），则：

$S$=9.5×6×3+1/2×1.42×6+1/2×1.5×6×2（$m^2$）=184.26（$m^2$）

## 十五、门斗（3.0.15）

门斗应按其围护结构外围水平面积计算建筑面积。结构层高在 2.20 m 及以上的，应计算全面积；结构层高在 2.20 m 以下的，应计算 1/2 面积。

解释：门斗多设在公共建筑（商场、写字楼等）的进出口，目的是节省能源，防止和减少室内暖气或冷气散失。在该建筑空间多采用电子感应门、转门（感应或人工）、弹簧门或塑胶门帘组合为内外两道门，不存在无围护结构的情况，如图 3–16 所示。

**名词释义：**

门斗：建筑物入口处两道门之间的空间。

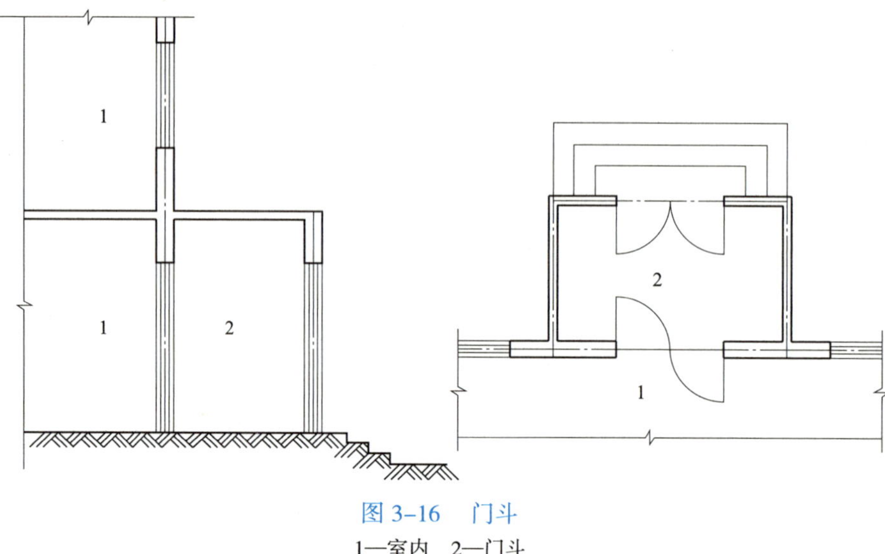


图 3–16　门斗

1—室内　2—门斗

## 十六、门廊、雨篷（3.0.16）

门廊应按其顶板水平投影面积的 1/2 计算建筑面积；有柱雨篷应按其结构板水平投影面积的 1/2 计算建筑面积；无柱雨篷的结构外边线至外墙结构外边线的宽度在 2.10 m 及以上的，应按雨篷结构板水平投影面积的 1/2 计算建筑面积。

解释：雨篷分为有柱雨篷和无柱雨篷。有柱雨篷没有出挑宽度的限制，也不受跨越层数的限制，均计算建筑面积。无柱雨篷的结构板不能跨层，并受出挑宽度的限制，设计出挑宽度大于或等于 2.10 m 时才计算建筑面积。出挑宽度是指雨篷结构外边线至外墙结构外边线的宽度，当呈弧形或异形时，取最大宽度。如果雨篷两面靠墙，则其顶盖结构外边线至任何一面外墙结构外边线超过 2.10 m 时，均应按雨篷结构板水平投影面积的 1/2 计算建筑面积。如图 3–17 所示的无柱雨篷，其顶盖结构外边线至其中一面外墙结构外边线距离 $b$=2.4 m>2.1 m，故此雨篷应计算一半面积，即：

$S=1/2\times1.5\times2.4\ (\mathrm{m}^2)=1.8\ (\mathrm{m}^2)$

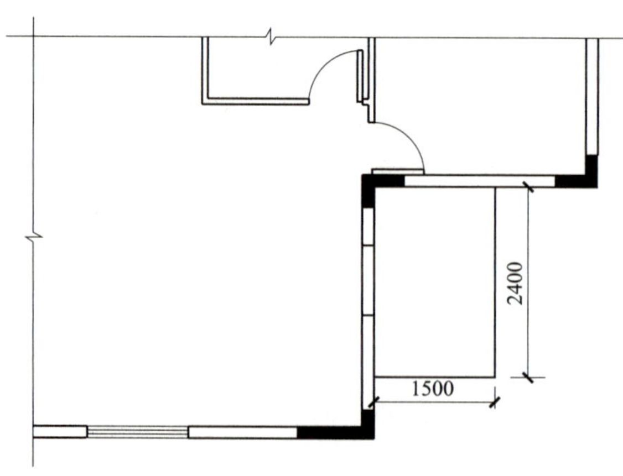


图 3–17　无柱雨篷

**名词释义：**

门廊：建筑物入口前有顶棚的半围合空间，即在建筑物出入口，无门、三面或两面有墙，且上部有板（或借用上部楼板）围护的部位。

雨篷：建筑物出入口上方为遮挡雨水而设置的部件。

［例 3–12］某有柱雨篷的平面图及剖面图如图 3–18 所示，试计算该雨篷的建筑面积。

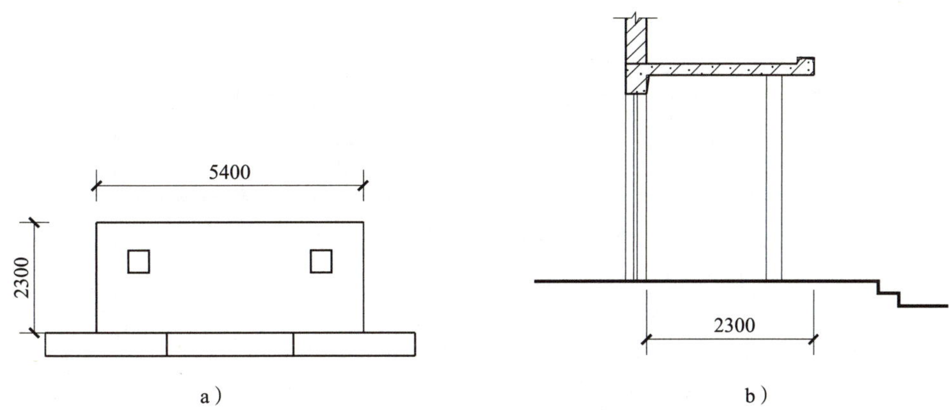


图 3–18　某有柱雨篷的平面图及剖面图

a）雨篷平面图　b）雨篷剖面图

**解：**

该雨篷为有柱雨篷，其建筑面积应按其结构板水平投影面积的一半计算，则：

$S=1/2\times5.4\times2.3$（$m^2$）$=6.21$（$m^2$）

## 十七、建筑物顶部的楼梯间、水箱间、电梯机房（3.0.17）

设在建筑物顶部且有围护结构的楼梯间、水箱间、电梯机房等，结构层高在 2.20 m 及以上的应计算全面积，结构层高在 2.20 m 以下的应计算 1/2 面积。

解释：此处的“水箱间”指的是有围护结构的装水箱的房间，如果仅是屋顶水箱（水池），则不计算建筑面积（见 3.0.27 第 4 条规定）。

［例 3–13］某五层建筑物有突出屋顶的楼梯间和水池，其屋顶平面图及立面图如图 3–19 所示，试计算突出屋顶的楼梯间和水池的建筑面积。

**解：**

该屋顶的楼梯间结构层高大于 2.2 m，应按围护墙体计算全部面积，但屋顶水池不计算建筑面积，则：

$S=9\times2.85\times2$（$m^2$）$=51.3$（$m^2$）

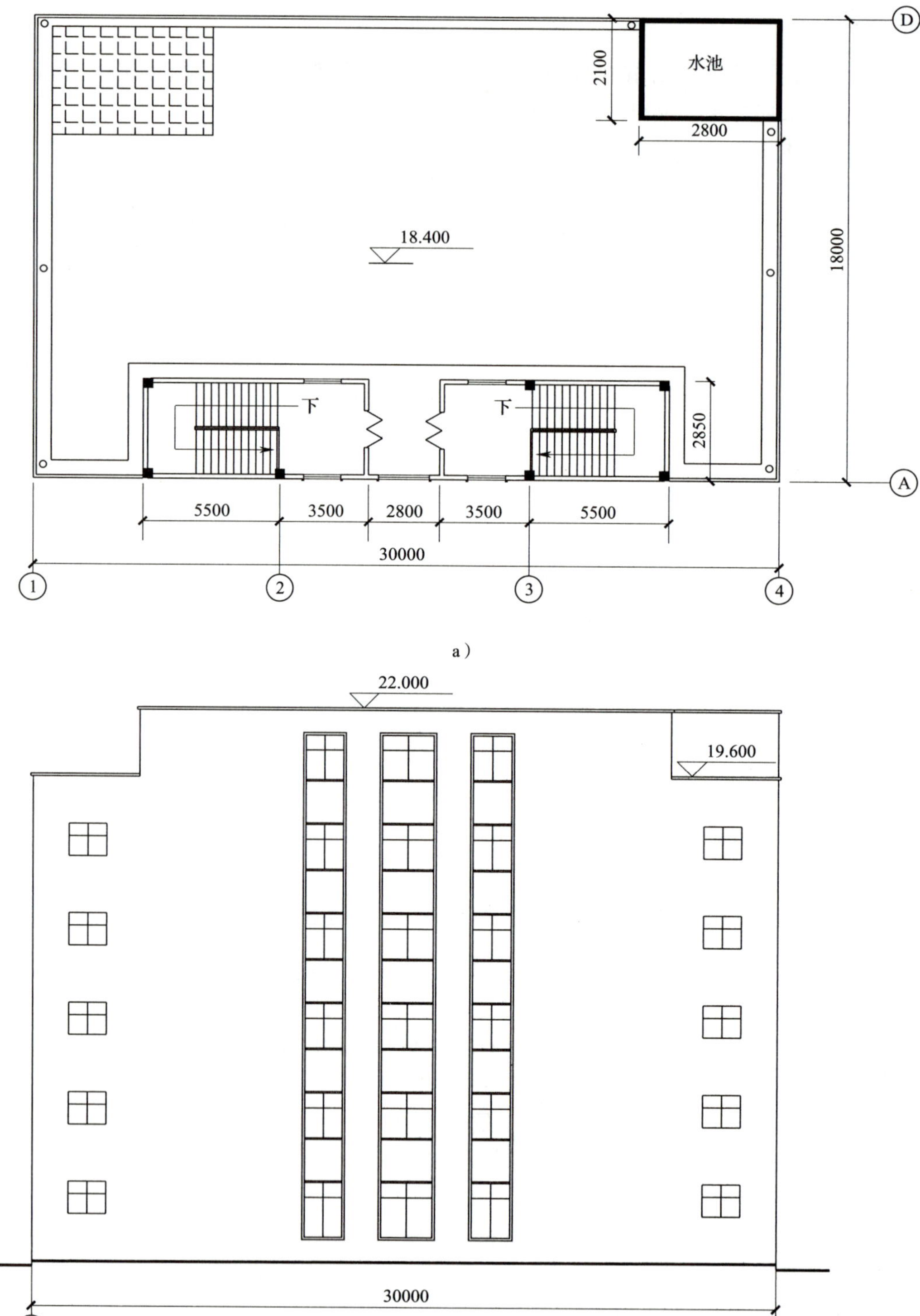


图 3-19 建筑物屋顶平面图及立面图

a）屋顶平面示意图 b）建筑物立面示意图

## 十八、围护结构不垂直于水平面的建筑物（3.0.18）

围护结构不垂直于水平面的楼层，应按其底板面的外墙外围水平面积计算建筑面积。结构净高在 2.10 m 及以上的部位，应计算全面积；结构净高在 1.20 m 及以上至 2.10 m 以下的部位，应计算 1/2 面积；结构净高在 1.20 m 以下的部位，不应计算建筑面积。

解释：国家标准《建筑工程建筑面积计算规范》（GB/T 50353—2013）条文仅对围护结构向外倾斜的情况进行了规定，修订后的条文对于向内、向外倾斜均适用。由于目前很多建筑设计追求新、奇、特，造型越来越复杂，有时候根本无法明确区分什么是围护结构、什么是屋顶，因此对于斜围护结构与斜屋顶采用相同的计算规则，即只要外壳倾斜，就按结构净高划段，分别计算建筑面积。斜围护结构建筑面积的计算如图 3–20 所示。

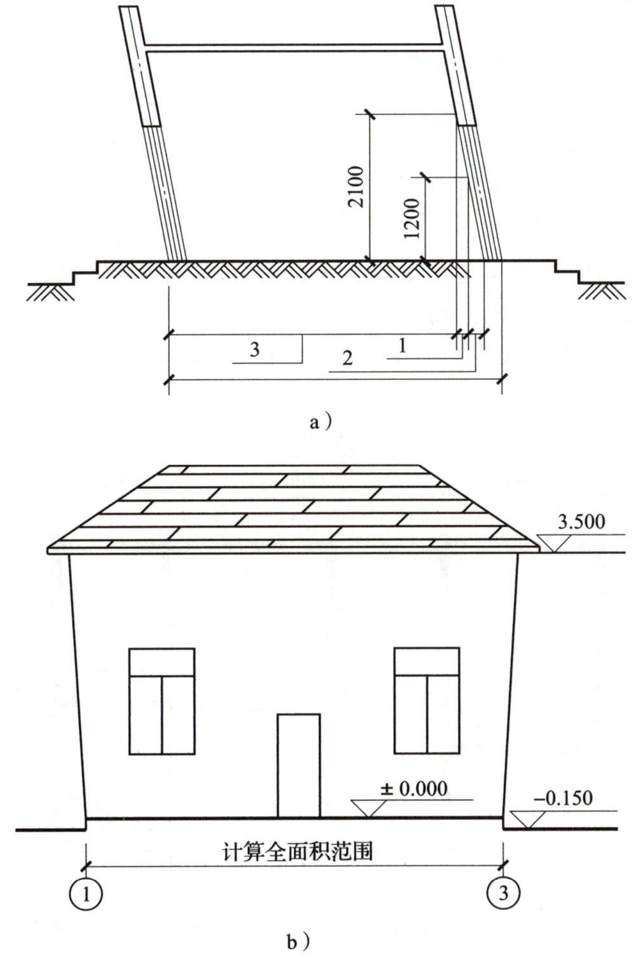


图 3–20　斜围护结构建筑面积的计算

a）墙体同时向内和向外倾斜的建筑物立面　b）墙体向外倾斜的建筑物立面

1—计算 1/2 建筑面积的部位　2—不计算建筑面积的部位　3—计算全面积的部位

## 十九、室内楼梯、电梯井等（3.0.19）

建筑物的室内楼梯、电梯井、提物井、管道井、通风排气竖井、烟道，应并入建筑物的自然层计算建筑面积。有顶盖的采光井应按一层计算建筑面积。结构净高在 2.10 m 及以上的，计算全面积；结构净高在 2.10 m 以下的，计算 1/2 面积。

解释：建筑物内的室内楼梯间、电梯井等按所附建筑物的自然层计算，即该建筑物主体若是四层（见图 3-21），则室内楼梯的部分也按四层计算，而不是楼梯本身的层数（楼梯本身为三层）。实际计算时，室内楼梯间等的建筑面积不用另计，已包括在整体建筑物内（即不用将该部分同建筑物整体分开计算）。

有顶盖的采光井的建筑面积以“结构净高”作为其计算全部面积还是一半面积的分界线。

**名词释义：**

自然层：按楼板、地板结构分层的楼层。

［例 3-14］某四层建筑物的外墙厚均为 200 mm，其平面图及楼梯剖面图如图 3-21 所示，试计算该建筑物的建筑面积。

**解：**

该建筑物每层结构层高均大于 2.2 m，建筑面积按外墙水平面积计算，室内楼梯建筑面积已包含在内，不另计算，则：

$S=（13.15\times9.4-3.75\times4.3）\times4（m^2）=429.94（m^2）$

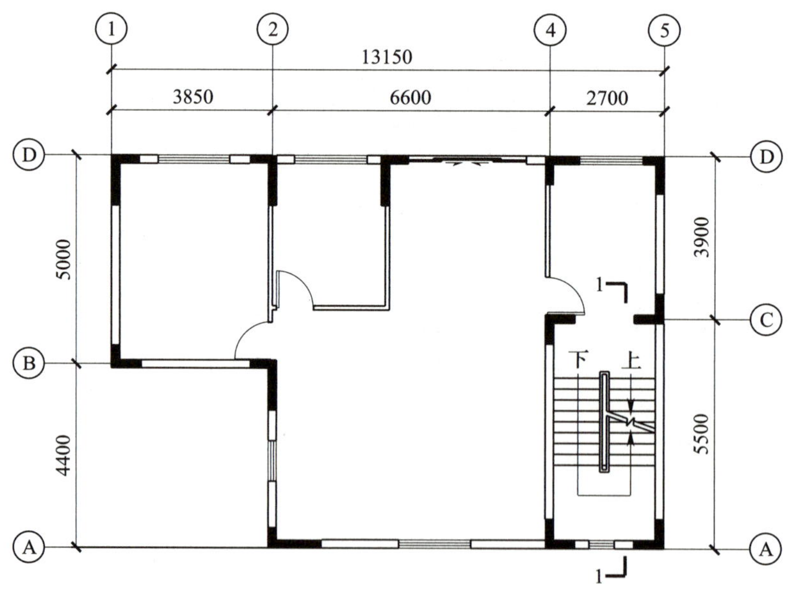


a）

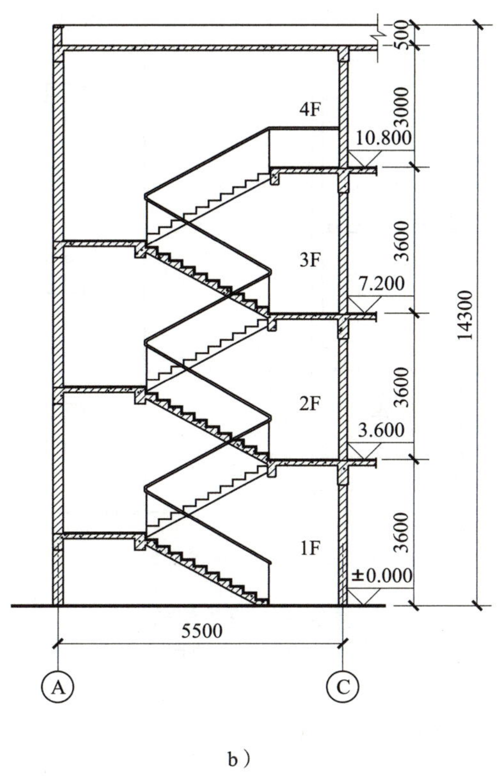


b）

图 3–21　四层建筑物

a）一～四层平面图　b）1—1 楼梯剖面图

## 二十、室外楼梯（3.0.20）

室外楼梯应并入所依附建筑物自然层，按其水平投影面积的 1/2 计算建筑面积。

解释：室外楼梯作为连接该建筑物层与层之间交通不可缺少的基本部件，无论从其功能还是工程计价的要求来说，均需计算建筑面积。层数为室外楼梯所依附的楼层数，即梯段部分投影到建筑物范围的层数。利用室外楼梯下部的建筑空间不得重复计算建筑面积；利用地势砌筑的室外踏步，不计算建筑面积。

［例 3–15］试计算如图 3–22 所示室外楼梯的建筑面积。

**解：**

该建筑物室外楼梯共两层，故两层楼梯均应按其水平投影面积的 1/2 计算建筑面积，则：

$S$=1/2 × 8.2 × 2.5 × 2（$m^2$）=20.5（$m^2$）

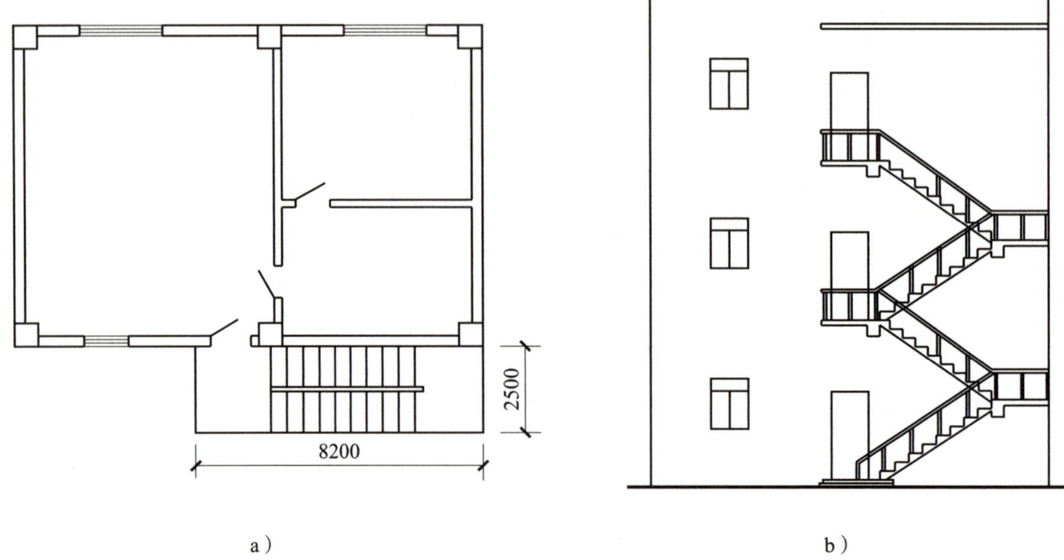


图 3-22　室外楼梯

a）平面图　b）立面图

## 二十一、建筑物的阳台（3.0.21）

在主体结构内的阳台，应按其结构外围水平面积计算全面积；在主体结构外的阳台，应按其结构底板水平投影面积计算 1/2 面积。

解释：建筑物的阳台，不论其形式如何，均以建筑物主体结构为界分别计算建筑面积，即区分凹阳台和挑阳台，凹阳台按其结构外围水平面积计算全面积，而挑阳台则按其结构底板水平投影面积计算 1/2 面积。

**名词释义：**

阳台：附设于建筑物外墙，设有栏杆或栏板，可供人活动的室外空间。

[例 3-16] 某四层建筑物的平面图及立面图如图 3-23 所示，其阳台为不封闭的挑阳台，试计算该建筑物的建筑面积。

**解：**

该建筑物挑阳台计算一半建筑面积，则：

$S$=（16.5 × 10+1/2 × 3.6 × 1.4 × 2）× 4（$m^2$）=680.16（$m^2$）

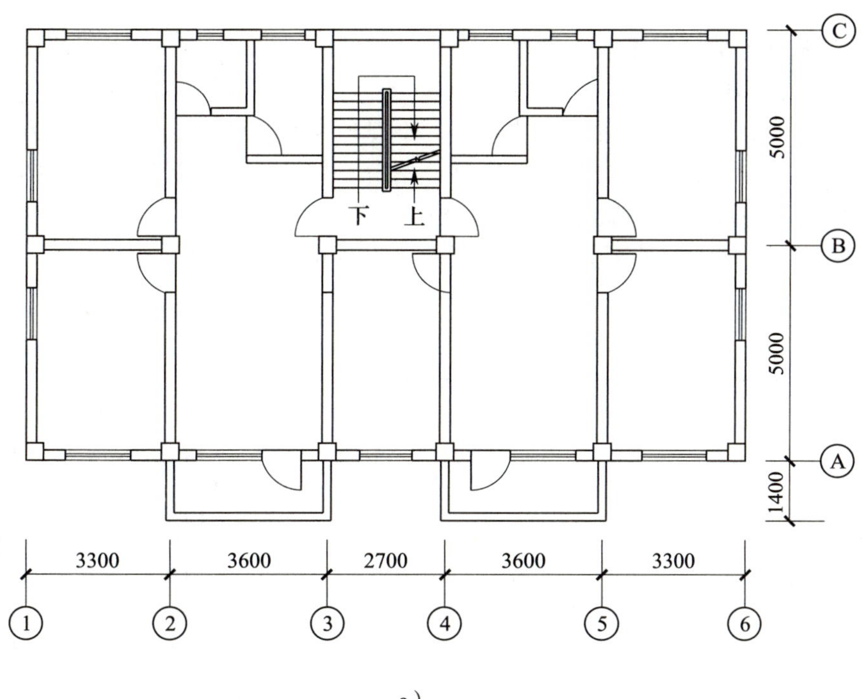


a）

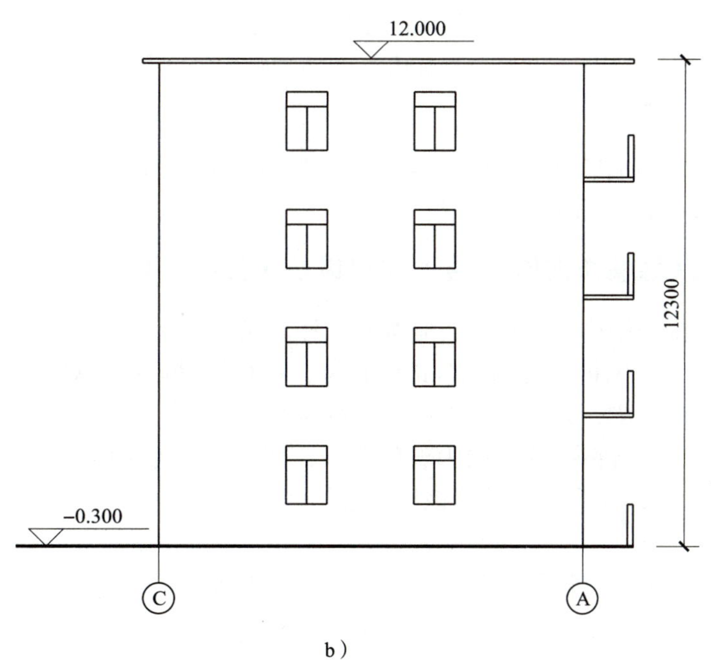


b）

图 3-23　某四层建筑物的平面图及立面图

a）标准层平面图　b）Ⓒ ~ Ⓐ立面图

## 二十二、车棚、货棚、站台、加油站等（3.0.22）

有顶盖无围护结构的车棚、货棚、站台、加油站、收费站等，应按其顶盖水平投影面积的 1/2 计算建筑面积。

解释：车棚、货棚、站台、加油站等，不以柱来确定建筑面积的计算方式，而依据顶盖的水平投影面积确定。车棚、货棚、站台、加油站、收费站内设有围护结构的管理室、休息室另按相关条款计算建筑面积。

［例 3–17］某加油站油亭如图 3–24 所示，试计算该油亭的建筑面积。

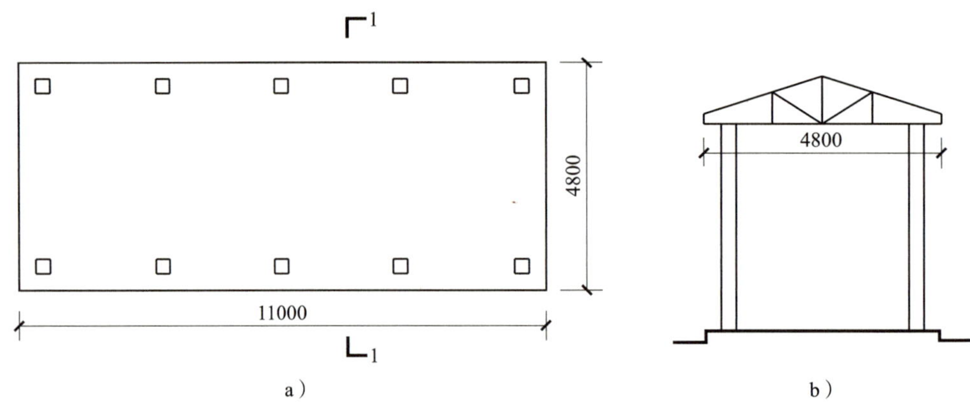


图 3–24　某加油站油亭

a）平面图　b）1—1 剖面图

**解：**

该油亭按其顶盖水平投影面积的一半计算建筑面积，则：

$S$=1/2×11×4.8（$m^2$）=26.4（$m^2$）

## 二十三、以幕墙作为围护结构的建筑物（3.0.23）

以幕墙作为围护结构的建筑物，应按幕墙外边线计算建筑面积。

解释：幕墙分为围护性幕墙和装饰性幕墙，围护性幕墙应计算建筑面积，而装饰性幕墙一般贴在墙外皮，其厚度不再计算建筑面积。

［例 3–18］某建筑物部分外墙为玻璃幕墙，部分外墙为砖墙外贴装饰性幕墙，其某层平面图如图 3–25 所示，试计算该层的建筑面积。

**解：**

该建筑砖墙外贴装饰性幕墙厚度部分不计算建筑面积，则：

$S$=（6×2+7）×（3.5+4.5）（$m^2$）=152（$m^2$）

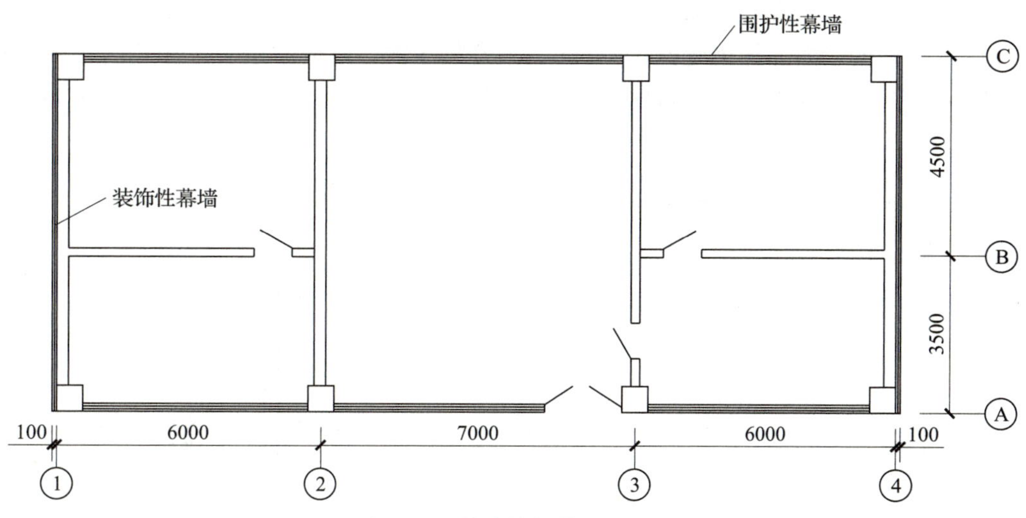


图 3-25 某建筑物某层平面图

## 二十四、建筑物的外墙外保温层（3.0.24）

建筑物的外墙外保温层应按其保温材料的水平截面积计算，并计入自然层建筑面积。

解释：为贯彻国家节能要求，鼓励建筑外墙采取保温措施，本规范将保温材料的厚度计入建筑面积。建筑物外墙外侧有保温隔热层的，保温隔热层以保温材料的净厚度乘以外墙结构外边线长度，并按建筑物的自然层计算建筑面积。保温隔热层的建筑面积是以保温隔热材料的厚度来计算的，不包含抹灰层、防水（潮）层、保护层（墙）的厚度。建筑物外墙外保温层如图 3-26 所示。

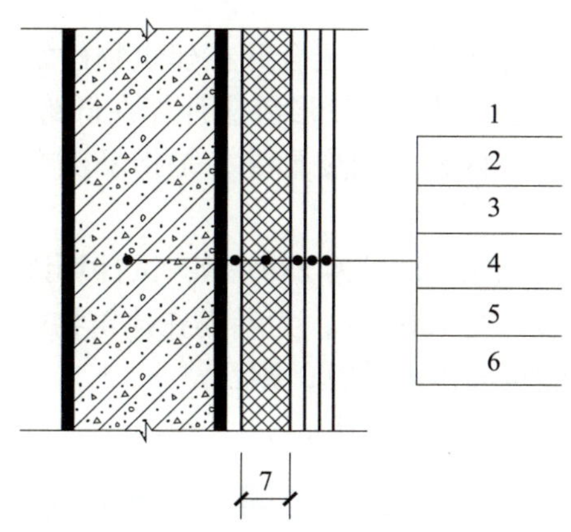


图 3-26 建筑物外墙外保温层

1—墙体 2—黏结胶浆 3—保温材料 4—钢丝网
5—防水层 6—抹面胶浆 7—计算建筑面积部位

［例 3–19］某建筑外墙做法是，从砖墙结构面开始，由内到外依次为：15 mm 厚 1 : 3 水泥砂浆（掺适量合成纤维）抹平，4 mm 厚专用黏结剂满铺 50 mm 厚的挤塑聚苯板保温层，全墙面加挂钢丝网，7 mm 厚聚合物水泥砂浆防水层，专用瓷砖黏结剂粘贴 73 mm × 73 mm 外墙砖。其首层平面图如图 3–27 所示，试计算该建筑物首层的建筑面积。

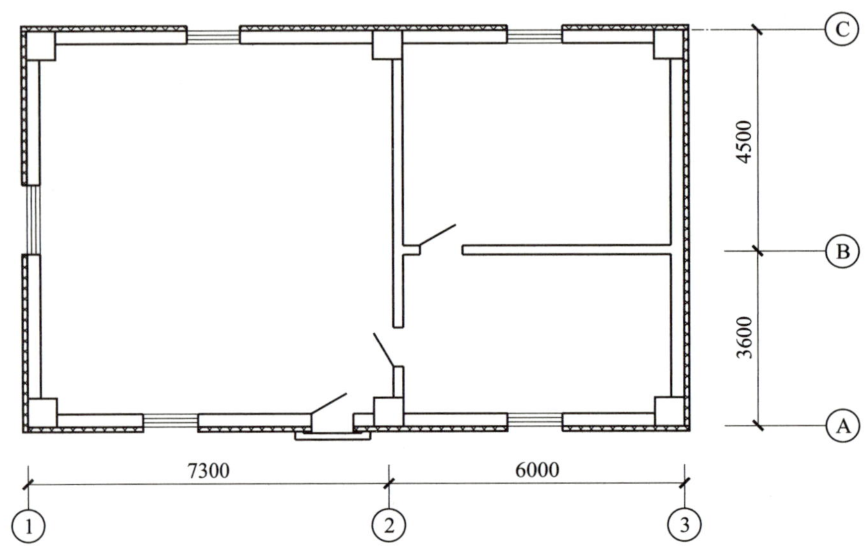

图 3–27　某建筑物首层平面图

**解：** 建筑面积除墙体结构层外，仅计算 50 mm 厚的挤塑聚苯板保温层，黏结层等不计入建筑面积。保温层建筑面积按其截面厚度乘以结构外围长度计算。则：

$S=(7.3+6)\times(3.6+4.5)+(13.3\times2+8.1\times2)\times0.05\ (m^2)=109.87\ (m^2)$

## 二十五、变形缝（3.0.25）

与室内相通的变形缝，应按其自然层合并在建筑物建筑面积内计算。对于高低联跨的建筑物，当高低跨内部连通时，其变形缝应计算在低跨面积内。

解释：本规范所指的与室内相通的变形缝，是指暴露在建筑物内，在建筑物内可以看得见的变形缝。

［例 3–20］建筑物某层平面图如图 3–28 所示，试计算该层建筑物的建筑面积。

**解：** 该层建筑物的变形缝宽 100 mm，为暴露在建筑物内的沉降缝，其建筑面积应按其自然层合并在建筑物建筑面积内计算，则：

$S=30\times(4\times7+3.9+0.1)\ (m^2)=960\ (m^2)$

## 二十六、建筑物内的设备层、管道层、避难层（3.0.26）

对于建筑物内的设备层、管道层、避难层等有结构层的楼层，结构层高在 2.20 m 及以上的，应计算全面积；结构层高在 2.20 m 以下的，应计算 1/2 面积。

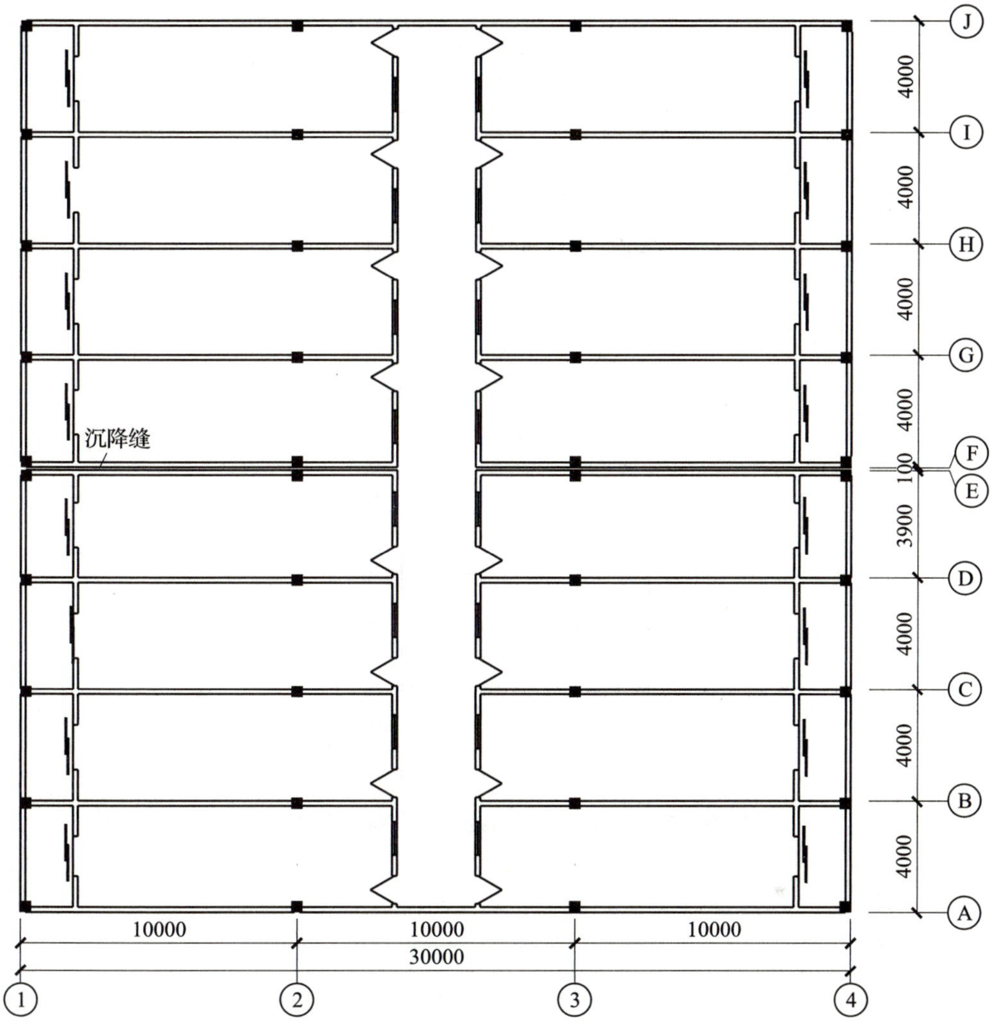

图 3-28 建筑物某层平面图

解释：虽然设备层、管道层的具体功能与普通楼层不同，但在结构上及施工消耗上并无本质区别，且本规范定义自然层为“按楼地面结构分层的楼层”，因此设备层、管道层归为自然层，其计算规则与普通楼层相同。在吊顶空间内设置管道的，则吊顶空间部分不能被视为设备层、管道层。

## 二十七、不计算建筑面积的项目（3.0.27）

下列项目不应计算建筑面积：

1. 与建筑物内不相连通的建筑部件。

解释：本款指的是依附于建筑物外墙外不与户室开门连通，起装饰作用的敞开式挑台（廊）、平台，以及不与阳台相通的空调室外机搁板（箱）等设备平台部件（见图 3-13）。

2. 骑楼、过街楼底层的开放公共空间和建筑物通道（见图 3-29）。

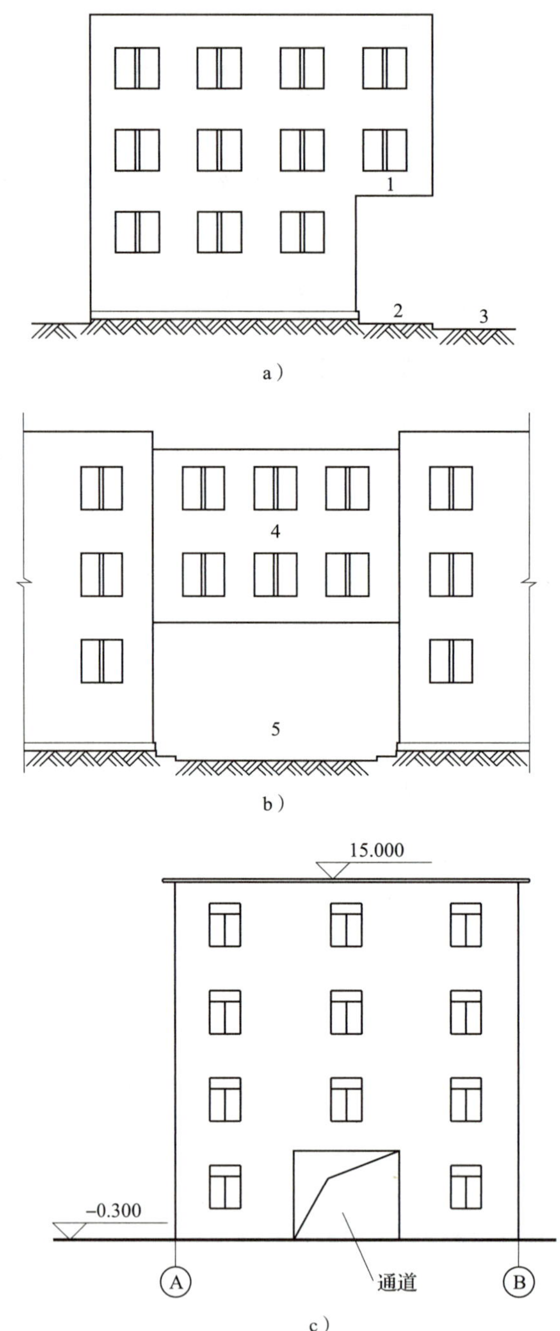


图 3–29 骑楼、过街楼底层的开放公共空间和建筑物通道

a）骑楼 b）过街楼 c）建筑物通道

1—骑楼 2—人行道 3—街道 4—过街楼 5—过街楼底层的开放公共空间

3. 舞台及后台悬挂幕布和布景的天桥、挑台等。

解释：本款指的是影剧院的舞台及为舞台服务的可供上人维修、悬挂幕布、布置灯光及布景等搭设的天桥和挑台等构件设施。

4. 露台、露天游泳池、花架、屋顶的水箱及装饰性结构构件。

解释：露台指设置在屋面、首层地面或雨篷上的供人室外活动的有围护设施的平台。露台应满足四个条件：一是设置在屋面、地面或雨篷顶，二是可出入，三是有围护设施，四是无盖。这四个条件须同时满足。如果平台设置在首层并有围护设施，且其上层为同体量阳台，则该平台应视为阳台，按阳台的规则计算建筑面积。

5. 建筑物内的操作平台（见图 3–30）、上料平台、安装箱和罐体的平台。

解释：建筑物内不构成结构层的操作平台、上料平台（包括工业厂房、搅拌站和料仓等建筑物中的设备操作控制平台、上料平台等），作为为室内构筑物或设备服务的独立上人设施，不计算建筑面积。

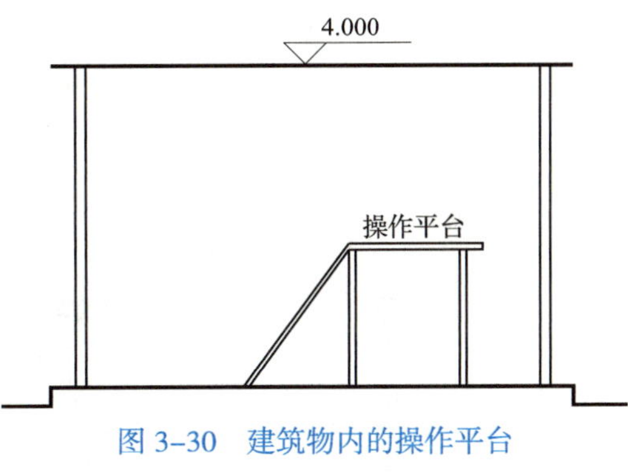

图 3–30　建筑物内的操作平台

6. 勒脚、附墙柱、垛、台阶、墙面抹灰、装饰面、镶贴块料面层、装饰性幕墙、主体结构外的空调室外机搁板（箱）、构件、配件、挑出宽度在 2.10 m 以下的无柱雨篷和顶盖高度达到或超过两个楼层的无柱雨篷。

7. 窗台与室内地面高差在 0.45 m 以下且结构净高在 2.10 m 以下的凸（飘）窗，窗台与室内地面高差在 0.45 m 及以上的凸（飘）窗。

8. 室外爬梯、室外专用消防钢楼梯。

解释：室外钢楼梯需要区分具体用途，如果是专用消防钢楼梯，则不计算建筑面积，如果是建筑物唯一通道，兼用于消防，则需要按本规范的第 3.0.20 条（室外楼梯）计算建筑面积。

9. 无围护结构的观光电梯。

10. 建筑物以外的地下人防通道，独立的烟囱、烟道、地沟、油（水）罐、气柜、水塔、贮油（水）池、贮仓、栈桥等构筑物。

解释：独立的烟囱、烟道、地沟、水塔、贮仓、栈桥、露天泳池、花架、凉棚等属于构筑物，不计算建筑面积。

## 技能训练 1　某工程建筑面积的计算

已知某三层框架结构办公楼如图 3–31 所示，试计算该办公楼的建筑面积。

②
③
④
10500
4500
6000
Ⓔ
Ⓓ
Ⓑ
Ⓐ
6800
5200
3800
15800
大堂
值班室
办公室
±0.000
上
办公室
卫生间
办公室
6000
6000
12000
①
③
④

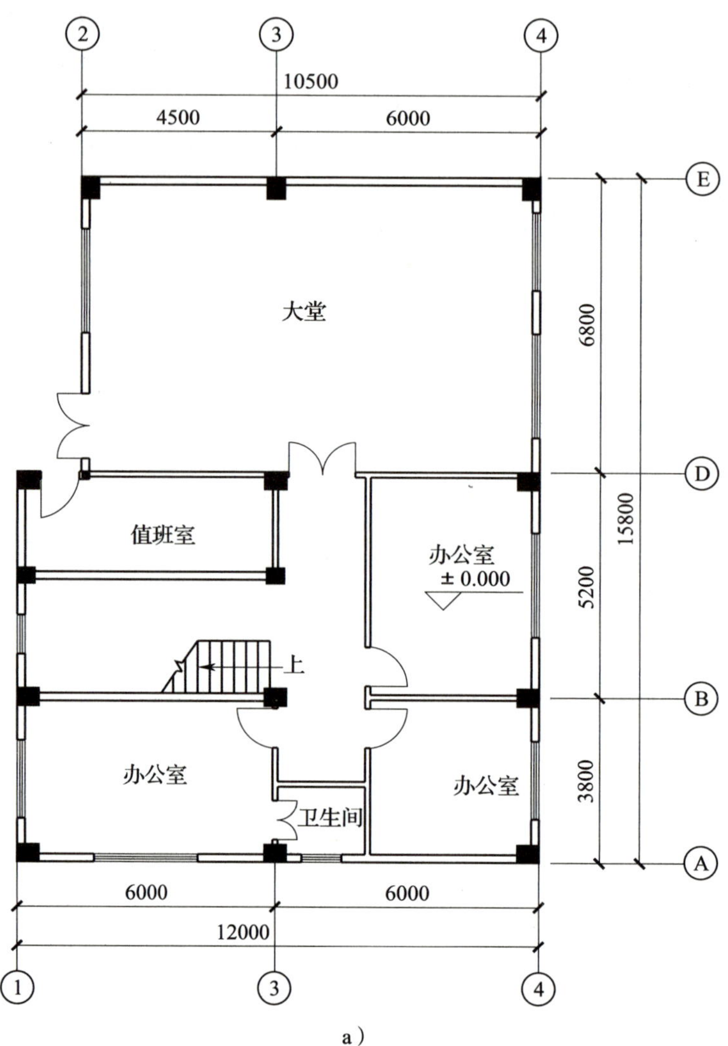

a）

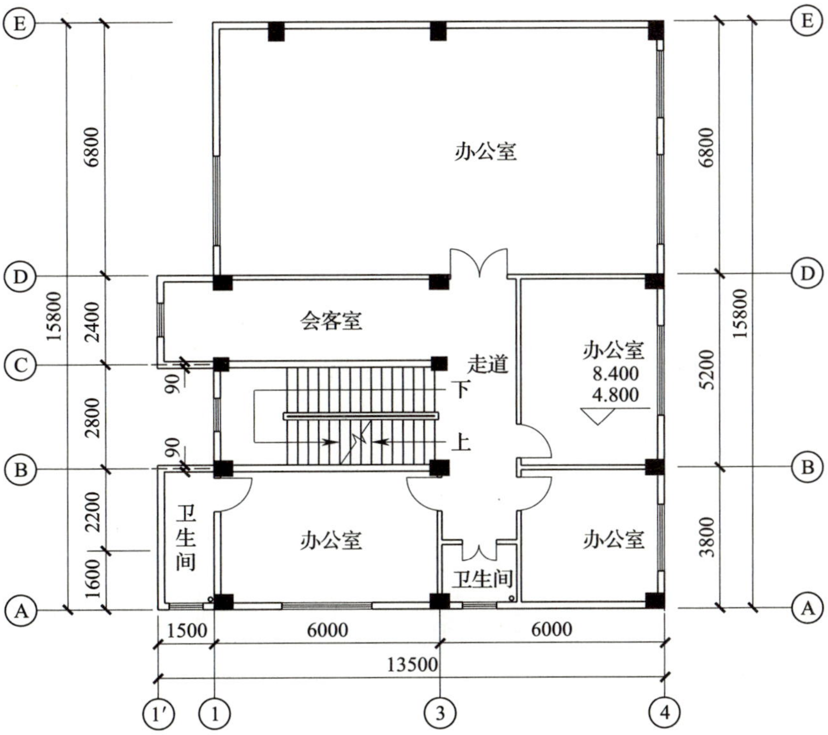

b）

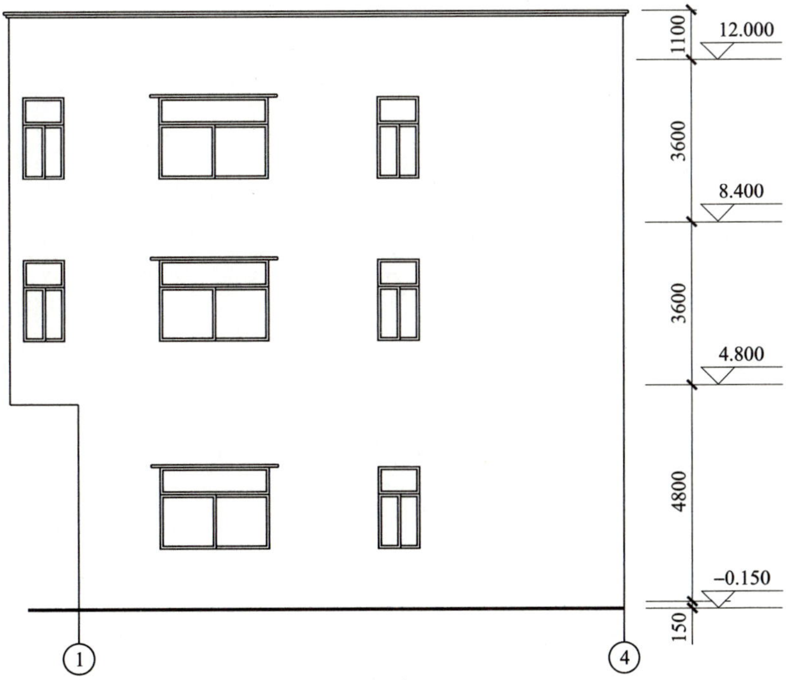

c）

图 3-31 某三层框架结构办公楼

a）首层平面图 b）二、三层平面图 c）1 ~ 4 立面图

# 第二篇

# 建筑工程分部分项工程计量与计价

本篇从第四章至第十章介绍了民用建筑分部分项工程的计量与计价方法，包括土石方工程、桩基工程、砌筑工程、现浇混凝土工程、钢筋工程、屋面防水及保温隔热工程和门窗工程。此部分内容是建筑工程计量与计价的核心内容，也是课程耗费学时量最大的主要篇章。该篇每一章均为一个独立的分部工程，每个分部工程的计量与计价均采用工作导向方法组织内容结构，各章第一节是从招标方的角度介绍工程量清单编制及清单工程量计算方法，第二节和第三节均是从投标方报价的角度介绍工程量清单组价内容及工程量计算方法和工程量清单综合单价计算方法。具体方法的计算均采用“方法阐述 + 实例演示”的形式，适合学生自主学习。

# 第四章 土石方工程

学习目标

掌握土石方工程量清单及综合单价的编制方法，能熟练计算土石方工程的清单工程量，编制工程量清单，并能根据土石方清单的工作内容合理组合相应的定额子目，计算定额工程量及土石方工程量清单综合单价。

## 第一节 土石方工程量清单编制及清单工程量计算

### 一、土石方工程量清单项目的设置

《房屋建筑与装饰工程工程量计算规范》(GB 50854—2013，以下简称 2013 年清单计量规范)中，土石方工程量清单包括土方工程、石方工程和回填共三节十三个项目。适用于建筑物和构筑物的土石方开挖、回填及土方运输工程。

略去石方工程（A.2）不讲，常用的建筑物土石方工程量清单项目见表 4–1 和表 4–2。

表 4–1 A.1 土方工程（编码：010101）

| 项目编码 | 项目名称 | 项目特征 | 计量单位 | 工程量计算规则 | 工作内容 |
|---|---|---|---|---|---|
| 010101001 | 平整场地 | 1. 土壤类别<br>2. 弃土运距<br>3. 取土运距 | $m^2$ | 按设计图示尺寸以建筑物首层建筑面积计算 | 1. 土方挖填<br>2. 场地找平<br>3. 运输 |
| 010101002 | 挖一般土方 | 1. 土壤类别<br>2. 挖土深度<br>3. 弃土运距 | $m^3$ | 按设计图示尺寸以体积计算 | 1. 排地表水<br>2. 土方开挖<br>3. 围护（挡土板）及拆除<br>4. 基底钎探<br>5. 运输 |
| 010101003 | 挖沟槽土方 | | | 按设计图示尺寸以基础垫层底面积乘以挖土深度计算 | |
| 010101004 | 挖基坑土方 | | | | |

表 4–2　　A.3 回填（编码：010103）

| 项目编码 | 项目名称 | 项目特征 | 计量单位 | 工程量计算规则 | 工作内容 |
|---|---|---|---|---|---|
| 010103001 | 回填方 | 1. 密实度要求<br>2. 填方材料品种<br>3. 填方粒径要求<br>4. 填方来源、运距 | $m^3$ | 按设计图示尺寸以体积计算<br>1. 场地回填：回填面积乘平均回填厚度<br>2. 室内回填：主墙间面积乘回填厚度，不扣除间隔墙<br>3. 基础回填：按挖方清单项目工程量减去自然地坪以下埋设的基础体积（包括基础垫层及其他构筑物） | 1. 运输<br>2. 回填<br>3. 压实 |
| 010103002 | 余方弃置 | 1. 废弃料品种<br>2. 运距 | $m^3$ | 按挖方清单项目工程量减利用回填方体积（正数）计算 | 余方点装料运输至弃置点 |

## 二、土石方清单工程量计算

### 1. 平整场地

平整场地工程量按设计图示尺寸以建筑物首层建筑面积计算。

“平整场地”项目适用于建筑物场地厚度不大于 ±300 mm 的挖、填、运、找平，如图 4–1 所示。厚度大于 ±300 mm 的竖向布置挖土或山坡切土应按表 4–1 中“挖一般土方”项目编码列项。

注：此处的建筑物场地平整厚度指挖填的平均厚度，不是最大厚度。

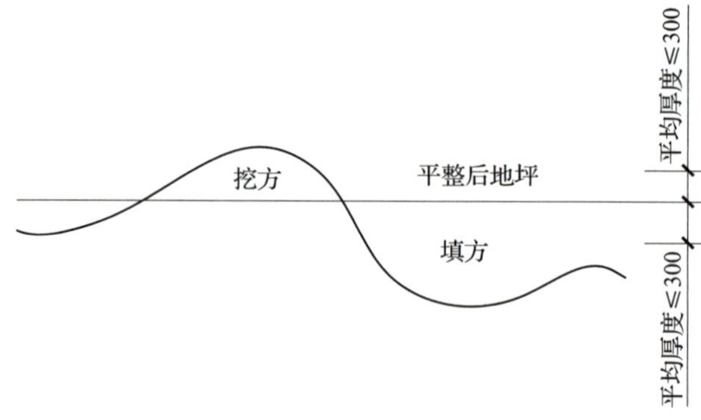


图 4–1　平整场地

［例 4–1］已知某建筑物首层平面如图 4–2 所示，该建筑物土质为二类土，场地平整的平均厚度在 300 mm 以内，求该工程平整场地的清单工程量。

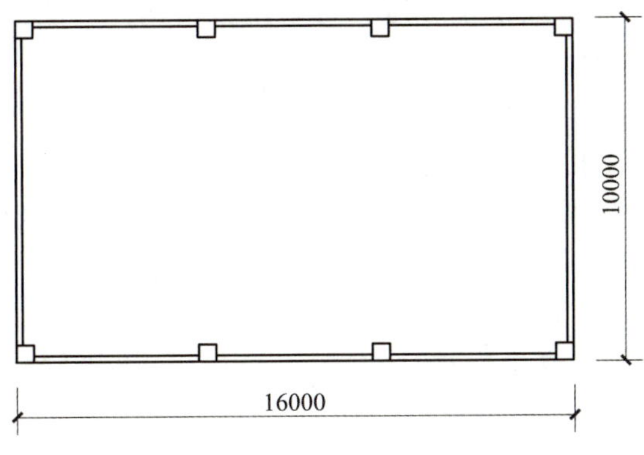


图 4–2　某建筑物首层平面图

**解：**

本建筑物场地平整的平均厚度在 300 mm 以内，应按“平整场地”项目计算，首层建筑面积为外墙以内的水平面积，则：

平整场地的清单工程量 =16 × 10（$m^2$）=160（$m^2$）

### 2. 挖一般土方、场地回填

挖一般土方和场地回填的工程量按设计图示尺寸，以挖掘前的天然密实体积计算。

建筑物场地平整时，如果挖、填土平均厚度大于 ± 300 mm，挖土部分按“挖一般土方”列项，回填土部分按“回填方”（场地回填）列项。

［例 4–2］已知某建筑物土质为二类土，该场地平整时挖土部分平均厚度为 500 mm，挖方面积为 230.5 $m^2$，回填土部分平均厚度为 100 mm，填方面积为 125.3 $m^2$，如图 4–3 所示，施工方式采用挖掘机挖土，铲运机铲运场内土方 100 m 以内。求该工程挖一般土方和场地回填的清单工程量。

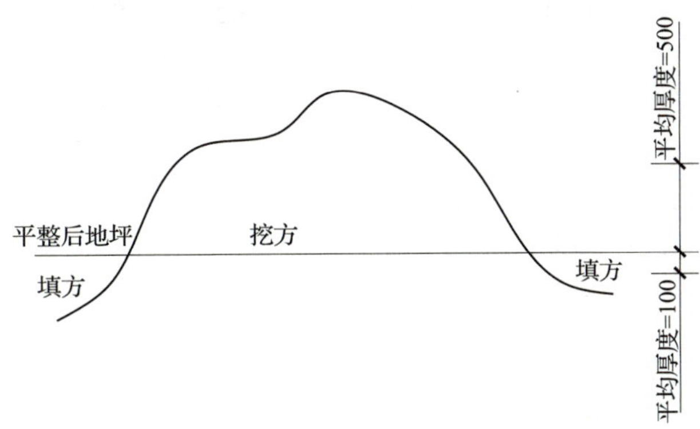


图 4–3　某场地挖方和填方图

**解：**

挖、填土平均厚度 =（500 × 230.5+100 × 125.3）/（230.5+125.3）（mm）=359.13（mm）> ± 300 mm，故此场地平整应分别按“挖一般土方”和“回填方”项目列项。

挖一般土方的工程量 =230.5 × 0.5（$m^3$）=115.25（$m^3$）

回填方（场地回填）的工程量 =125.3 × 0.1（$m^3$）=12.53（$m^3$）

如果招标人不能提供平均挖土厚度，可采用方格网计算法计算挖方或填方的土方量。方格网计算法适用于地形比较平坦或面积比较大的工程。

方格网计算法的计算步骤如下：

（1）划分网格，确定角点的施工高度

在标有等高线的建筑场地地形图上，根据地形的复杂程度划分 10 ~ 40 m 边长的方格网，将自然地面标高和设计标高分别标出，求出各角点的施工高度，并进行角点编号，施工高度标注在左上角，编号标注在左下角。图 4–4 中，2 号角点的施工高度为 0.5 m。

施工高度 = 自然地面标高 – 设计标高

施工高度计算结果为正，表示该角点为挖方；结果为负，则表示该角点为填方。

（2）零点、零线的确定

零点是方格网边线上不挖方亦不填方的点，将零点连成线即为零线，零线是挖方区与填方区的分界线。

如图 4–5a 所示，零点 $O_1$、$O_2$ 的连线即为零线，零点位置的计算公式如下：

| 0.5 | 18.55（设计标高） | 0.35 | 18.55 |
|---|---|---|---|
| 2 | 19.05（自然地面标高） | 3 | 18.90 |
| –0.2 | 18.55 | –0.45 | 18.55 |
| 8 | 18.35 | 9 | 18.10 |

图 4–4　方格网标注法

$$x_1=\frac{ah_1}{h_1+h_3} \qquad x_2=\frac{ah_3}{h_1+h_3}=a-x_1$$

$$x_3=\frac{ah_2}{h_2+h_4} \qquad x_4=\frac{ah_4}{h_2+h_4}=a-x_3$$

则图 4–5b 中的零线位置计算如下：

$$x_1=\frac{0.5}{0.7}\times 20\text{（m）}=14.29\text{（m）} \qquad x_2=20-14.29\text{（m）}=5.71\text{（m）}$$

$$x_3=\frac{0.35}{0.8}\times 20\text{（m）}=8.75\text{（m）} \qquad x_4=20-8.75\text{（m）}=11.25\text{（m）}$$

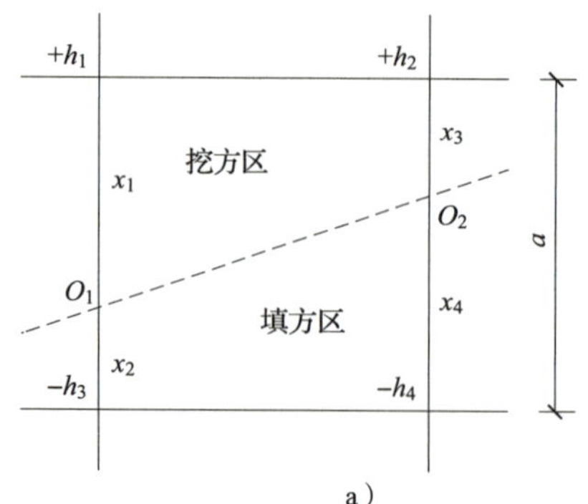

a）

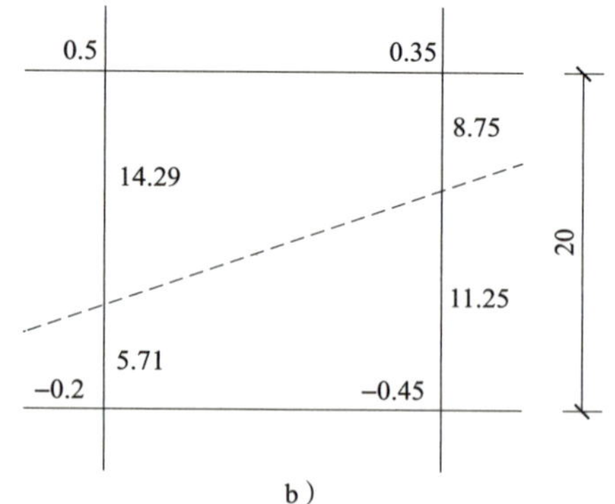

b）

图 4–5　零线位置

a）零线位置示意图　b）零线位置图例

（3）计算土方量

按公式计算出挖或填的土方量。常用方格网计算公式见表 4–3。

表 4–3　　常用方格网计算公式

| 类型 | 图示 | 计算公式 |
| --- | --- | --- |
| 一点填方（方角的一个点为填方） | 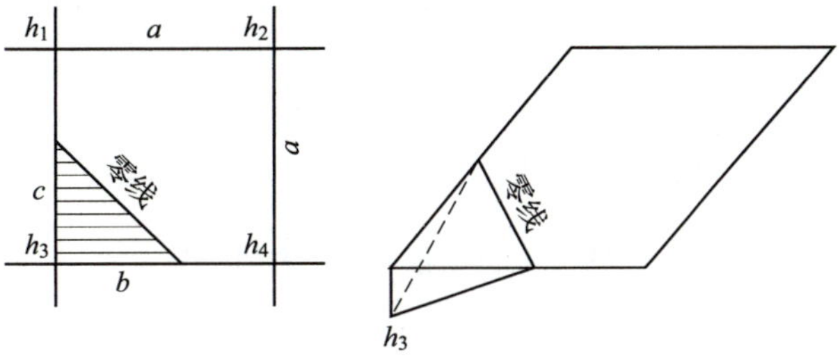 | $V_{填}=\frac{1}{2}bc\frac{h_3}{3}=\frac{bch_3}{6}$ |
| 二点填方（方角的二个点为填方） | 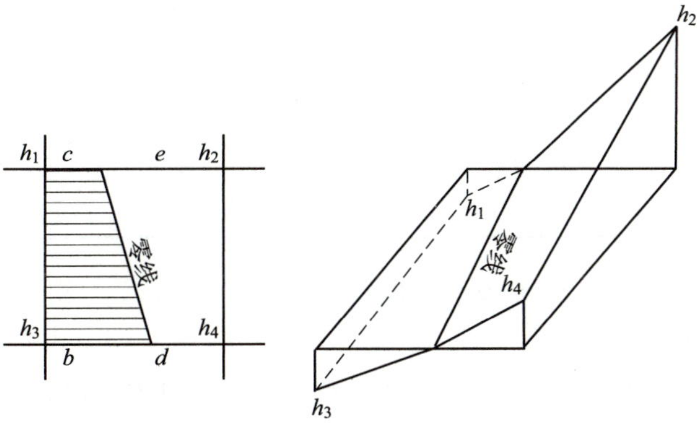 | $V_{填}=\frac{1}{2}(b+c)a\frac{h_1+h_3}{4}=\frac{(b+c)a(h_1+h_3)}{8}$ |
| 三点填方（方角的三个点为填方） | 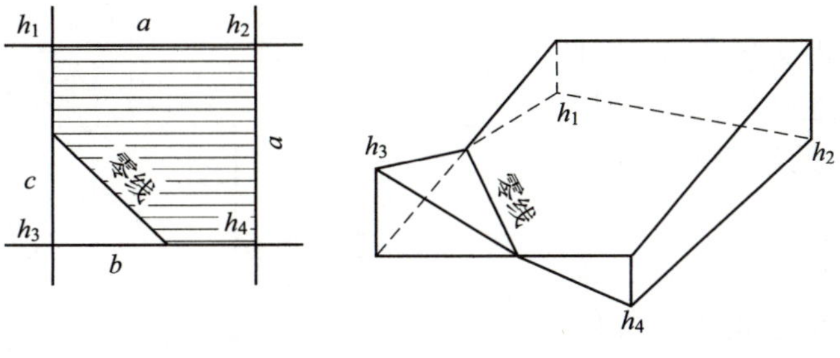 | $V_{填}=\left(a^2-\frac{bc}{2}\right)\frac{h_1+h_2+h_4}{5}$ |
| 四点填方（方角的四个点为填方） | 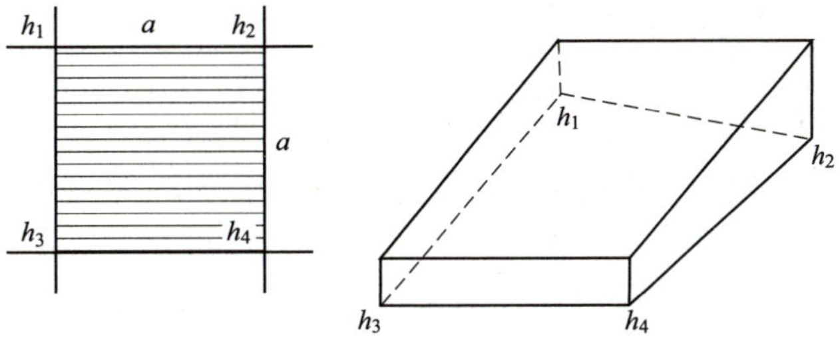 | $V_{填}=a^2\frac{h_1+h_2+h_3+h_4}{4}$ |

图 4–5b 中的挖方量与填方量分别为：

挖一般土方的工程量 =1/2 × ( 14.29+8.75 ) × 20 × ( 0.5+0.35 ) × 1/4 ( $m^3$ ) =48.96 ( $m^3$ )

回填方（场地回填）的工程量 =1/2 × ( 5.71+11.25 ) × 20 × ( 0.2+0.45 ) × 1/4 ( $m^3$ ) = 27.56 ( $m^3$ )

（4）汇总土方量

将所有方格网的挖方区和填方区的土方量汇总，即得到该建筑场地的挖方和填方总量。

### 3. 挖沟槽土方、挖基坑土方

#### （1）挖沟槽土方、挖基坑土方与挖一般土方的区分（见表 4–4）

**表 4–4　挖沟槽土方、挖基坑土方与挖一般土方的区分**

| 项目 | 区分条件 | | |
|---|---|---|---|
| | 挖、填平均厚度（cm） | 坑底面积（$m^2$）（长宽比例） | 槽底宽度（m）（长宽比例） |
| 平整场地 | ≤ ±30 | — | — |
| 挖一般土方 | > ± 30 | >150（长≤宽的 3 倍） | >7（长 > 宽的 3 倍） |
| 挖沟槽土方 | — | — | ≤ 7（长 > 宽的 3 倍） |
| 挖基坑土方 | — | ≤ 150（长≤宽的 3 倍） | — |

#### （2）挖沟槽土方、挖基坑土方工程量计算

工程量计算方法有两种：

1）按清单规范表 4–1 中规定计算，清单工程量不考虑工作面和放坡。工程量以基础垫层底面积乘以挖土深度计算。其中，挖土深度按基础垫层底面标高至地面标高计算，如图 4–6 所示。

此处的地面标高指交付施工场地标高。无交付施工场地标高时，应按自然地面标高计算；无地面标高时，则按设计室外地坪标高计算。

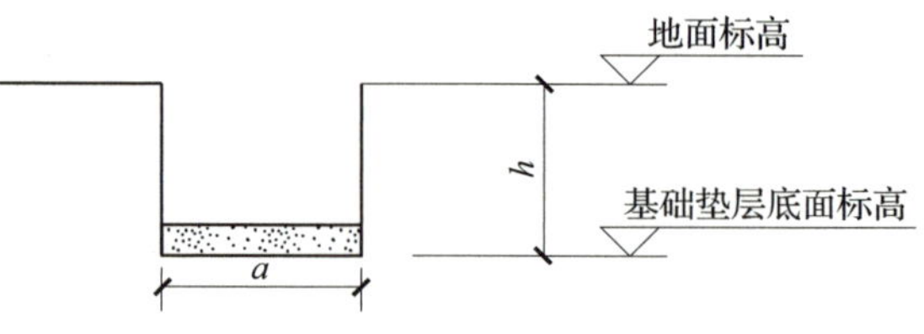

图 4–6　挖沟槽、基坑土方工程量计算

2）根据清单规范附注说明，可按各省市（如广东省）或行业主管部门的规定，将挖沟槽、基坑、一般土方因工作面和放坡增加的工程量并入各土方工程量中，即清单工程量考虑工作面和放坡。此方法将在后面定额工程量计算方法中学习。

**［例 4–3］** 已知某门卫室的建筑工程基础为独立基础，如图 4–7 所示，该建筑场地土质为二类土，施工方式采用挖掘机挖土，铲运机铲运场内土方 100 m 内；交付施工场地标高与设计室外地坪标高相同，为 –0.300 m，KZ1 的截面尺寸为 400 mm × 400 mm，基础梁面标高均为 –0.200 m，基础梁断面如图 4–7c 所示，求该工程挖沟槽、基坑土方的清单工程量。

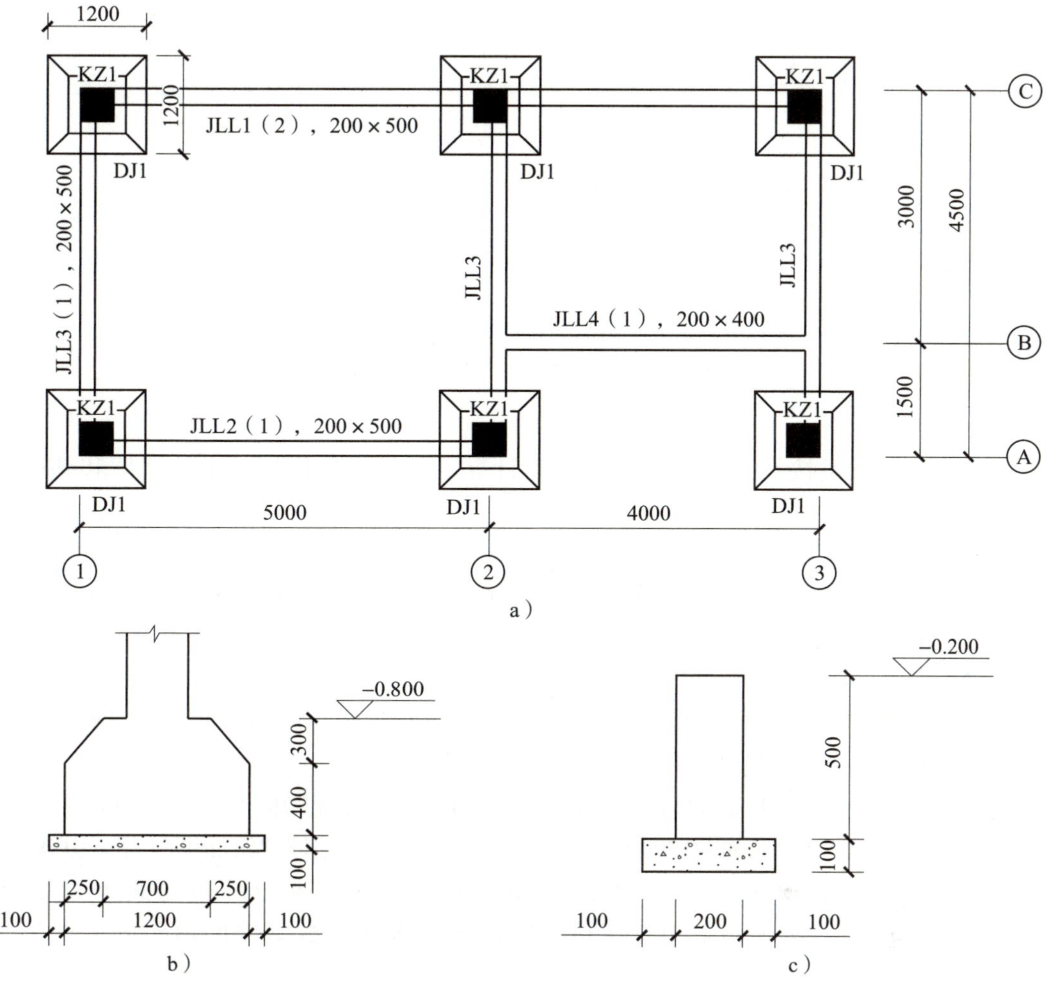


图 4-7 某门卫室的建筑工程基础

a）基础平面图 b）基础 DJ1 断面图 c）基础梁 JLL1 断面图

**解：**

用方法一计算清单工程量，不考虑放坡和工作面，挖 DJ1 基坑土方和挖 JLL1 沟槽土方如图 4-8 所示，则计算过程如下：

挖基坑土方：

DJ1：1.4×1.4×（1.6–0.3）×6（$m^3$）=15.29（$m^3$）

合计：15.29 $m^3$

挖沟槽土方：

A×1–2：（5–0.2–1.4）×（0.2+0.2）×（0.8–0.3）（$m^3$）= 0.68（$m^3$）

B×2–3：（4–0.2×2–0.2）×（0.2+0.2）×（0.7–0.3）（$m^3$）= 0.54（$m^3$）

C×1–3：（9–0.4–1.4×2）×（0.2+0.2）×（0.8–0.3）（$m^3$）=1.16（$m^3$）

1、2、3×A–C：（4.5–0.4–1.4）×（0.2+0.2）×（0.8–0.3）×3（$m^3$）=1.62（$m^3$）

合计：4.00 $m^3$

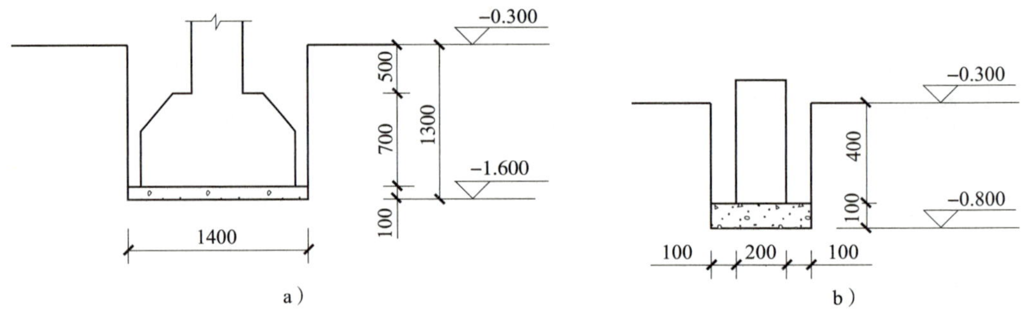


图 4-8　挖 DJ1 基坑土方和挖 JLLI 沟槽土方示意图

a）挖 DJ1 基坑土方示意图　b）挖 JLL1 沟槽土方示意图

### 4. 回填方

回填方工程量按设计图示尺寸以体积计算，包括场地回填、室内回填和基础回填。

（1）场地回填

场地回填是指建筑物平均厚度大于 ±300 mm 的场地平整，此项目已在上述第 2 点中讲明，这里不再重复。

（2）室内回填

室内回填是指室内外地坪高差需回填部分，工程量按主墙间净面积乘以回填厚度计算。这里的“主墙”指结构厚度大于 120 mm 的各类墙体。

［例 4–4］上述门卫室的首层平面图如图 4-9 所示，已知该建筑物内外墙均厚 180 mm，其室外地坪标高为 -0.300 m，室内（包台阶平台）地坪建筑面标高为 ±0.000 m，结构面标高为 -0.050 m，地坪垫层为 100 mm 厚 C15 混凝土，其他高差部分填土，场地土质为二类土，采用夯实机夯实回填，求该工程室内回填土的清单工程量。

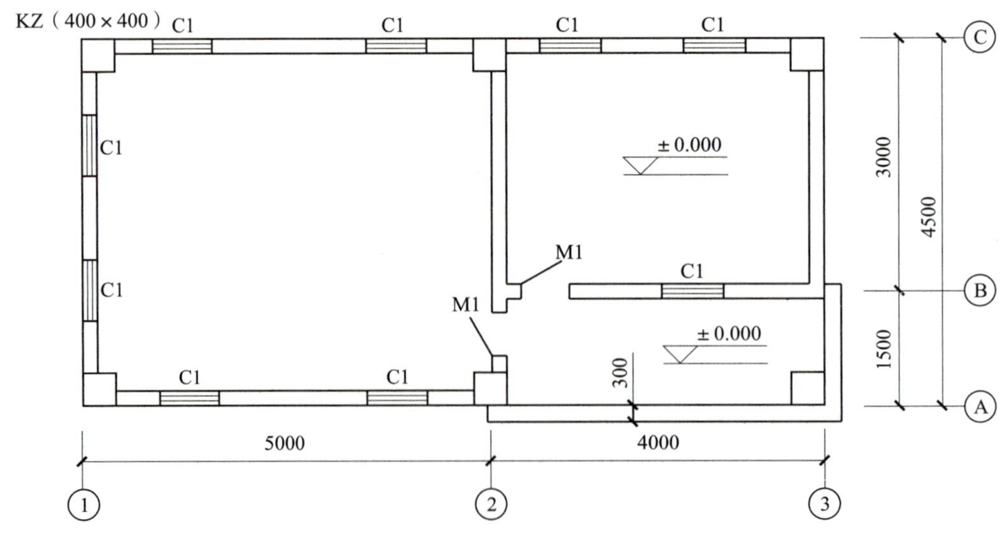


图 4-9　门卫室首层平面图

**解：**

内外地坪结构高差为 -0.05-（-0.30）（m）= 0.25（m），回填土厚度按内外地坪结构高差扣除混凝土垫层厚度计算，则回填土厚度 = 0.25-0.1（m）= 0.15（m）。

室内回填土体积为：

1-2 × A-C：（5+0.2-0.18×2）×（4.5-0.36）×0.15（$m^3$）=3.006（$m^3$）

2-3 × B-C：（4-0.2-0.18）×（3-0.18-0.09）×0.15（$m^3$）=1.482（$m^3$）

2-3 × A-B 台阶平台：（4-0.2-0.3）×（1.5-0.09-0.3）×0.15（$m^3$）=0.583（$m^3$）

合计：5.07 $m^3$

（3）基础回填

基础回填按清单挖方体积减去设计室外地坪以下埋设的基础体积（包括基础垫层、其他基础及墙柱）计算。

**[例 4-5]** 试计算图 4-7 中门卫室基础回填土的清单工程量，已知基础回填采用夯实机夯实回填。

**解：**

基础回填土体积按挖方体积扣除外地坪以下基础体积计算，计算过程如下：

挖基坑、沟槽土方体积：15.29+4=19.29（$m^3$）

外地坪以下基础体积：

独立基础 DJ1：1.2 × 1.2 × 0.4 × 6+1/6 × ［$0.7^2$+$1.2^2$+（0.7+1.2）$^2$］× 0.3 × 6（$m^3$）= 5.118（$m^3$）

DJ1 垫层：1.4 × 1.4 × 0.1 × 6（$m^3$）=1.176（$m^3$）

基础梁：

A × 1-2：（5-0.4-0.2）× 0.2 ×（0.5-0.1）（$m^3$）= 0.352（$m^3$）

B × 2-3：（4-0.2 × 2）× 0.2 ×（0.4-0.1）（$m^3$）= 0.216（$m^3$）

C × 1-3：（9-0.4 × 3）× 0.2 ×（0.5-0.1）（$m^3$）= 0.624（$m^3$）

1、2、3 × A-C：（4.5-0.4 × 2）× 0.2 ×（0.5-0.1）× 3（$m^3$）= 0.888（$m^3$）

基础梁小计：2.08 $m^3$

基础梁垫层：

A × 1-2：（5-0.4-0.2）×（0.2+0.2）× 0.1（$m^3$）=0.176（$m^3$）

B × 2-3：（4-0.2 × 2）×（0.2+0.2）× 0.1（$m^3$）=0.144（$m^3$）

C × 1-3：（9-0.4 × 3）×（0.2+0.2）× 0.1（$m^3$）=0.312（$m^3$）

1、2、3 × A-C：（4.5-0.4 × 2）×（0.2+0.2）× 0.1 × 3（$m^3$）=0.444（$m^3$）

基础梁垫层小计：1.08 $m^3$

KZ1：0.4 × 0.4 ×（0.8-0.3）× 6（$m^3$）=0.48（$m^3$）

外地坪以下基础体积小计：5.118+1.176+2.08+1.08+0.48（$m^3$）=9.93（$m^3$）

则基础回填土清单工程量 =19.29-9.93（$m^3$）=9.36（$m^3$）

### 5. 余方弃置

用挖方体积减去利用的回填方体积，如果为正数，表示回填土方后还有剩余的土方，则按“余方弃置”列项计算；如果为负数，表示挖方不够回填，应取土回填（即

"缺方内运"），缺方内运土方不另列项计算，并入回填土报价内。

余方弃置体积 = 挖方体积 – 回填方体积

如果不考虑场地回填，则有：

余方弃置体积 = 挖方体积 –（室内回填方体积 + 基础回填方体积）= 外地坪以下基础体积 – 室内回填方体积

［例 4–6］假设图 4–7 中门卫室的挖沟槽、基坑土方均可利用作回填土方，该工程平整场地无挖方或填方，招标人指定弃土地点或取土地点的运距为 20 km，外运土采用挖掘机装土、自卸汽车外运。试计算余方弃置的清单工程量。

**解：**

余方弃置体积 = 挖沟槽、基坑土方体积 –（室内回填土体积 + 基础回填土体积）= 外地坪以下基础体积 – 室内回填土体积，计算过程如下：

挖沟槽、基坑土方体积：19.29 $m^3$

室内回填土体积：5.07 $m^3$

基础回填土体积：9.36 $m^3$

外地坪以下基础体积：9.93 $m^3$

则余方弃置体积 =19.29–9.36–5.07（$m^3$）= 4.86（$m^3$）> 0，

土方回填完还有剩余，则该工程需弃置土方量为 4.86 $m^3$。

## 三、土石方清单项目的编制

### 1. 土石方清单项目的编制示例

土石方清单项目的编制示例见表 4–5。

表 4–5　　土石方清单项目的编制示例

| 序号 | 项目编码 | 项目名称 | 项目特征 | 计量单位 | 工程数量 | 金额（元） | | |
|---|---|---|---|---|---|---|---|---|
| | | | | | | 综合单价 | 合价 | 暂估价 |
| 1 | 010101001001 | 平整场地 | 土壤类别：二类土 | $m^2$ | 160.00 | | | |
| 2 | 010101002001 | 挖一般土方 | 1. 土壤类别：二类土<br>2. 挖土深度：0.5 m<br>3. 弃土运距：100 m | $m^3$ | 115.25 | | | |
| 3 | 010103001001 | 回填方（场地回填） | 1. 密实度要求：满足设计和规范的要求<br>2. 填方材料品种：由投标人根据设计要求验方后方可填入，并符合相关工程的质量规范要求<br>3. 填方来源、运距：综合考虑 | $m^3$ | 12.53 | | | |

续表

| 序号 | 项目编码 | 项目名称 | 项目特征 | 计量单位 | 工程数量 | 金额（元） | | |
|---|---|---|---|---|---|---|---|---|
| | | | | | | 综合单价 | 合价 | 暂估价 |
| 4 | 010101003001 | 挖沟槽土方 | 1. 土壤类别：二类土<br>2. 挖土深度：0.5 m、0.4 m<br>3. 弃土运距：100 m | $m^3$ | 4.00 | | | |
| 5 | 010101004001 | 挖基坑土方 | 1. 土壤类别：二类土<br>2. 挖土深度：1.3 m<br>3. 弃土运距：100 m | $m^3$ | 15.29 | | | |
| 6 | 010103001002 | 回填方（室内回填） | 1. 密实度要求：满足设计和规范的要求<br>2. 填方材料品种：由投标人根据设计要求验方后方可填入，并符合相关工程的质量规范要求<br>3. 填方来源、运距：综合考虑 | $m^3$ | 5.07 | | | |
| 7 | 010103001003 | 回填方（基础回填） | 1. 密实度要求：满足设计和规范的要求<br>2. 填方材料品种：由投标人根据设计要求验方后方可填入，并符合相关工程的质量规范要求<br>3. 填方来源、运距：综合考虑 | $m^3$ | 9.36 | | | |
| 8 | 010103002001 | 余方弃置 | 1. 废弃料品种：黏土<br>2. 运距：20 km | $m^3$ | 4.86 | | | |

### 2. 编制土石方项目清单应注意的问题

（1）上述“土壤类别”按 2013 年清单计量规范中的表 A.1–1（土壤分类表）进行分类，并根据该工程的地质勘察报告进行描述。

（2）编制“平整场地”项目清单时，如果出现建筑场地厚度在 ±30 cm 以内全部是挖方或全部是填方，需外运土方或借土回填时，应在项目特征栏描述“弃土运距”或“取土运距”，相应的土方运输费用应组合在该平整场地清单项目内，不另列入“余方弃置”清单项目内计算。

（3）“挖一般土方”“挖基坑土方”“挖沟槽土方”“回填方”项目工作内容中的“运输”指场内运输，不包括外运。如发生场内运输，土方运距可以不描述，但应注明由投标人根据施工现场实际情况自行考虑，决定报价。

（4）“回填方”“余方弃置”项目特征描述：“密实度要求”如无特殊要求，可描述为“满足设计和规范的要求”；“填方材料品种”可以不描述，但应注明“由投标人根据设计要求验方后方可填入，并符合相关工程的质量规范要求”；“填方粒径要求”如无特殊要求，可以不描述；“填方来源、运距”如招标方有特殊要求，需指定来源及运距，则按指定要求描述，如无特殊要求，则由投标方综合考虑现场情况决定报价；如需买土回填，则应在项目特征中描述，并注明买土数量。

（5）“余方弃置”项目特征中的运距为招标人指定的弃土地点或取土地点的运距。若招标文件规定由投标方确定弃土地点或取土地点时，则该特征可以不描述，由投标方综合考虑工程实际情况决定报价。“废弃料品种”描述为黏土、砂砾土或淤泥等。

# 第二节　土石方工程量清单组价内容及工程量计算

## 一、土石方工程量清单组价内容

以 2018 年广东省定额为依据，常用土石方工程量清单组价内容见表 4–6。

表 4–6　常用土石方工程量清单组价内容

| 项目编码 | 项目名称 | 计量单位 | 可组合的内容 | | 对应的定额子目名称举例 |
|---|---|---|---|---|---|
| 010101001 | 平整场地 | $m^2$ | 1 | 建筑场地挖填高度在 ±30 cm 内的找平 | 平整场地 |
| | | | 2 | 场内外运输 | 人工或人力车运土方、铲运机铲运土方、人工装车、挖掘机装土方、自卸汽车运土方等 |
| 010101002 | 挖一般土方 | $m^3$ | 1 | 土方开挖 | 人工或挖掘机挖一般土方 |
| | | | 2 | 场内运输 | 人工或人力车运土方、挖土机转堆土方、铲运机铲运土方、推土机推土、机械垂直运输等 |
| | | | 3 | 排地表水 | 按章说明计算 |
| | | | 4 | 其他 | |
| 010101003 | 挖沟槽土方 | $m^3$ | 1 | 土方开挖 | 人工或挖掘机挖沟槽、基坑土方等 |
| | | | 2 | 挡土板支拆 | 支挡土板 |
| 010101004 | 挖基坑土方 | $m^3$ | 1 | 场内运输 | 人工或人力车运土方、挖土机转堆土方、铲运机铲运土方等 |
| | | | 2 | 排地表水 | 按章说明计算 |
| | | | 3 | 其他 | |

续表

| 项目编码 | 项目名称 | 计量单位 | 可组合的内容 | | 对应的定额子目名称举例 |
|---|---|---|---|---|---|
| 010103001 | 回填方 | $m^3$ | 1 | 回填 | 松填土方、回填土（人工夯实或夯实机夯实）、回填砂、回填石屑等 |
| | | | 2 | 场内运输 | 人工或人力车运土方、挖土机转堆土方、铲运机铲运土方等 |
| | | | 3 | 其他 | 压路机碾压、买土回填 |
| 010103002 | 余方弃置 | $m^3$ | 1 | 场外运输 | 人工装车、挖掘机装土方、自卸汽车运土（石）方等 |
| | | | 2 | 其他 | |

说明：表中，土石方清单项目应根据工程实际情况进行组价。

## 二、土石方定额工程量的计算

### 1. 平整场地

定额工程量按设计图示尺寸以建筑物首层外墙外边线面积计算，没有围护结构时以首层结构外围投影面积计算，包括落地阳台、地下室出入口、采光井、通风竖井所占面积。建筑物地下室结构外边线凸出首层结构外边线时，凸出部分的面积合并计算。需要注意的是，清单工程量与定额工程量的计算方法不同。清单工程量按建筑物首层面积计算，如果首层有不封闭的阳台，则平整场地的清单工程量和定额工程量不同。另外，计算清单工程量时不需要考虑地下室是否凸出首层结构外边线。

**［例 4–7］**试计算例 4–1 的某建筑物（见图 4–2）平整场地的定额工程量。

**解：**

此建筑物平整场地定额工程量按建筑物首层外墙外边线面积计算，与清单工程量相同，即：

$$平整场地的定额工程量 =160\ m^2$$

### 2. 挖一般土方（场地挖土）、场地回填

工程量计算方法与清单工程量相同。

### 3. 挖基础土方

（1）挖基础土方按其土方规模分为挖一般土方、挖沟槽、挖基坑，其划分界线同清单规范（见表 4–4）。

（2）挖基础土方工程量计算

挖基础土方（基坑、沟槽）：按设计图示尺寸考虑工作面及放坡（或支挡土板），以基坑或沟槽实际挖土体积计算。其中，深度计算同清单工程量计算方法。

挖基坑、沟槽断面如图 4–10 所示。

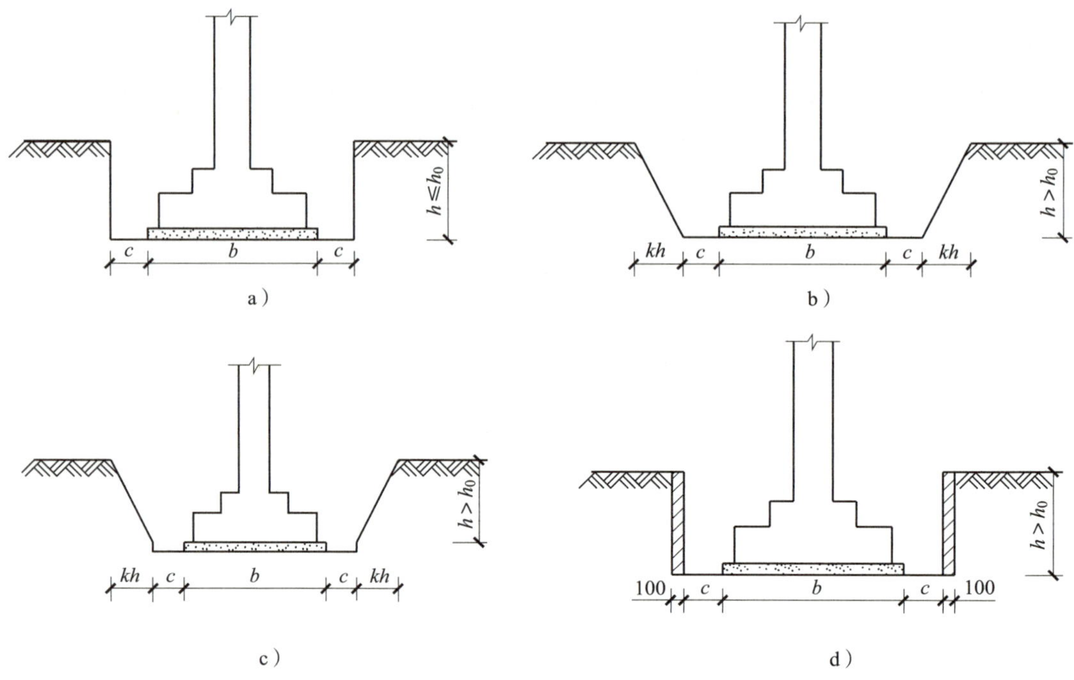


图 4–10　挖基坑、沟槽断面

a）不放坡坑槽断面图　b）从垫层底放坡坑槽断面图

c）从垫层顶放坡坑槽断面图　d）不放坡、支挡土板坑槽断面图

$h_0$—放坡起点深度　$k$—放坡系数　$c$—工作面宽度

定额放坡起点及放坡系数规定见表 4–7，基础施工工作面宽度见表 4–8。

表 4–7　　定额放坡起点及放坡系数规定

| 土壤类别 | 放坡起点深度（m） | 人工挖土 | 机械挖土（1∶k） | | |
|---|---|---|---|---|---|
| | | （1∶k） | 在坑内作业 | 在坑上作业 | 顺沟槽在坑上作业 |
| 一、二类土 | 1.2 | 1∶0.5 | 1∶0.33 | 1∶0.75 | 1∶0.5 |
| 三类土 | 1.5 | 1∶0.33 | 1∶0.25 | 1∶0.67 | 1∶0.33 |
| 四类土 | 2 | 1∶0.25 | 1∶0.10 | 1∶0.33 | 1∶0.25 |

注：此处放坡起点深度指大于此深度需放坡，如二类土挖土深度 $h>1.2$ m 时才需要放坡，$h\leqslant 1.2$ m 时不放坡。

表 4–8　　基础施工工作面宽度

| 基础材料 | 每边各增加工作面宽度（mm） | 基础材料 | 每边各增加工作面宽度（mm） |
|---|---|---|---|
| 砖基础 | 200 | 混凝土基础支模板 | 300 |
| 浆砌毛石、条石基础 | 150 | 基础垂直面做防水层 | 1 000（防水层面） |
| 混凝土基础垫层支模板 | 300 | | |

1）基坑土方计算公式

不放坡　　$V=abh$

四面放坡　　公式一　　$V=(a+kh)(b+kh)h+1/3\,k^2h^3$

　　　　　　公式二　　$V=1/6\times[ab+(a+A)(b+B)+AB]\times h$

式中：$a$——基坑下表面长度；

$b$——基坑下表面宽度；

$A$——基坑上表面长度；

$B$——基坑上表面宽度；

$h$——挖土深度；

$k$——放坡系数。

四面放坡的基坑如图 4–11 所示。

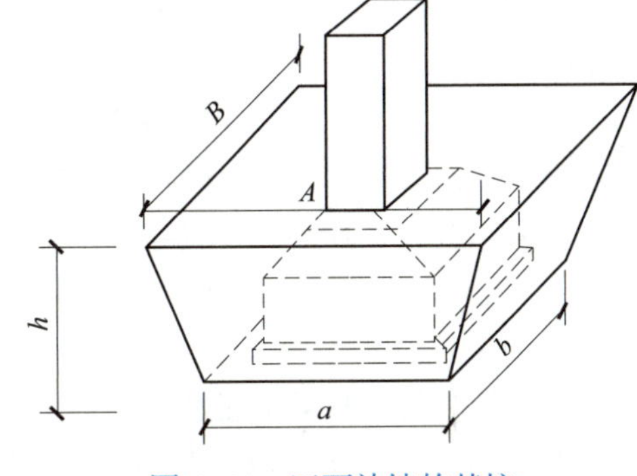

图 4–11　四面放坡的基坑

2）沟槽土方计算公式

不放坡　　$V=bhL$

两面放坡　　$V=(b+kh)hL$

式中：$b$——沟槽底宽度；

$h$——挖土深度；

$L$——沟槽长度，按沟槽净长计算，与之相交的坑或槽的放坡部分体积不扣除。

与基坑相交的沟槽长度如图 4–12 所示，其中沟槽长度为 $L$。

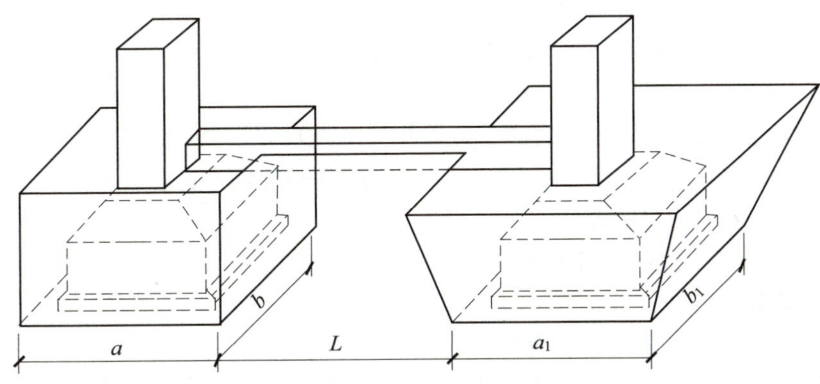

图 4–12　与基坑相交的沟槽长度

**［例 4–8］** 例 4–3 的门卫室基础（见图 4–7）施工方式采用挖掘机挖土，铲运机铲运场内土方 100 m 内，试计算该工程挖沟槽、基坑土方的定额工程量。

**解：**

（1）清单名称：挖基坑土方

相应的定额子目：

1）挖掘机挖基坑土方（二类土）

2）铲运机铲运土方 100 m 内（二类土）

该建筑场地土质为二类土，放坡起点深度为 1.2 m，DJ1 挖土深度 =1.6–0.3=1.3（m）＞ 1.2 m，故应考虑放坡，放坡系数 $k$=0.75；则定额工程量计算如下：

DJ1：$V_1$=［（1.4+0.3×2+0.75×1.3）×（1.4+0.3×2+0.75×1.3）×1.3+1/3×0.75$^2$×1.3$^3$］×6（m$^3$）=71.51（m$^3$）

（2）清单名称：挖沟槽土方

相应的定额子目：

1）挖掘机挖沟槽土方（二类土）

2）铲运机铲运土方 100 m 内（二类土）

沟槽最大挖土深度 =0.8–0.3（m）=0.5（m）＜ 1.2 m，无须放坡，则定额工程量计算如下：

A×1–2：（5–0.2–1.4–0.3×2）×（0.2+0.2+0.3×2）×0.5（m$^3$）=1.40（m$^3$）

B×2–3：（4–0.2×2–0.2–0.3×2）×（0.2+0.2+0.3×2）×0.4（m$^3$）=1.12（m$^3$）

C×1–3：（9–0.4–1.4×2–0.3×4）×（0.2+0.2+0.3×2）×0.5（m$^3$）=2.30（m$^3$）

1、2、3×A–C：（4.5–0.4–1.4–0.3×2）×（0.2+0.2+0.3×2）×0.5×3（m$^3$）=3.15（m$^3$）

合计：$V_2$=7.97 m$^3$

### 4. 土（石）方回填工程

回填方工程量按设计图示尺寸以体积计算，包括场地回填、室内回填和基础回填。

场地回填和室内回填的工程量计算方法与清单工程量相同。

基础回填的工程量按定额挖方体积减去设计室外地坪以下埋设的基础体积（包括基础垫层及其他构筑物）计算。

**［例 4–9］**试计算图 4–7 中门卫室基础回填土的定额工程量。

**解：**

基础回填土体积 = 挖基坑、沟槽土方体积 – 外地坪以下基础体积，计算过程如下：

定额挖基坑、沟槽土方体积：71.51+7.97（m$^3$）=79.48（m$^3$）

外地坪以下基础体积：9.93 m$^3$

则定额基础回填土体积 =79.48–9.93（m$^3$）=69.55（m$^3$）

### 5. 余方弃置

余方弃置工程量计算方法与清单工程量相同。

用挖方体积减去利用的回填方体积，如果为正数，表示回填土方后还有剩余的土方，则按“余方弃置”列项计算。

**［例 4–10］**假设图 4–7 中门卫室的挖沟槽、基坑土方均可利用作回填土方，该工程平整场地无挖方或填方，招标人指定弃土地点或取土地点的运距为 20 km，外运土采用挖掘机装土、自卸汽车外运，试计算余方弃置的定额工程量。

**解：**

余方弃置体积 = 挖基坑、沟槽土方体积 – 室内回填土体积 – 基础回填土体积 = 外地坪以下基础体积 – 室内回填土体积，计算过程如下：

定额挖沟槽、基坑土方体积：79.48 m$^3$

定额室内回填土体积，即清单室内回填土体积：5.07 m$^3$

定额基础回填土体积：69.55 m$^3$

外地坪以下基础体积：9.93 $m^3$

则余方弃置体积 =79.48−69.55−5.07（$m^3$）= 4.86（$m^3$）> 0

土方回填完还有剩余，则该工程需弃置土方量为 4.86 $m^3$，计算结果同清单工程量。

## 第三节　土石方工程量清单综合单价计算

土石方工程量清单综合单价的计算是以 2018 年广东省定额为依据，并根据工程实际情况确定具体的工程量清单项目组价内容，利用综合单价分析表，将组成土石方清单项目的费用汇总计算，并最后得出土石方工程量清单项目的综合单价。费用的计算以定额消耗量为依据，人工、材料、机械单价按指定计价时期的价格调整，并按项目实际情况计算利润。

［例 4−11］以例 4−1 ~ 例 4−10 中计算的平整场地挖填土方和余方弃置的土石方清单，以及定额工程量计算结果为依据，计算土石方工程量清单综合单价，并汇总分部工程量清单计价表。已知该工程人工费按粤标定函〔2022〕117 号文件及穗建造价〔2022〕55 号文件（2022 年 6 月结算文件）调整价差，2022 年上半年人工价格指数为 108.76，则人工费按定额人工费 ×108.76/100 计算，管理费按（人工费 + 机具费）×15.5% 计算，利润按（人工费 + 机具费）×20% 计算，其余费用按 2018 年广东省定额的规定计算。

**解：**

计算过程如下：

（1）例 4−1 ~ 例 4−10 中计算的土石方清单及定额工程量计算结果汇总见表 4−9。

表 4−9　土石方清单及定额工程量计算结果汇总

| 序号 | 清单项目 | | | 定额项目 | | |
|---|---|---|---|---|---|---|
| | 项目名称 | 计量单位 | 工程量 | 项目名称 | 计量单位 | 工程量 |
| 1 | 平整场地 | $m^2$ | 160 | 平整场地 | $m^2$ | 160 |
| 2 | 挖一般土方 | $m^3$ | 115.25 | （1）挖掘机挖一般土方（二类土） | $m^3$ | 115.25 |
| | | | | （2）铲运机铲运土方 100 m 内（二类土） | $m^3$ | 115.25 |
| 3 | 回填方（场地回填） | $m^3$ | 12.53 | 回填土（夯实机夯实，平地） | $m^3$ | 12.53 |
| 4 | 挖基坑土方 | $m^3$ | 15.29 | （1）挖掘机挖基坑土方（二类土） | $m^3$ | 71.51 |
| | | | | （2）铲运机铲运土方 100 m 内（二类土） | $m^3$ | 71.51 |

续表

| 序号 | 清单项目 | | | 定额项目 | | |
|---|---|---|---|---|---|---|
| | 项目名称 | 计量单位 | 工程量 | 项目名称 | 计量单位 | 工程量 |
| 5 | 挖沟槽土方 | $m^3$ | 4.00 | （1）挖掘机挖沟槽土方（二类土） | $m^3$ | 7.97 |
| | | | | （2）铲运机铲运土方 100 m 内（二类土） | $m^3$ | 7.97 |
| 6 | 回填方（室内回填） | $m^3$ | 5.07 | 回填土（夯实机夯实，平地） | $m^3$ | 5.07 |
| 7 | 回填方（基础回填） | $m^3$ | 9.36 | 回填土（夯实机夯实，槽坑） | $m^3$ | 69.55 |
| 8 | 余方弃置 | $m^3$ | 4.86 | （1）挖掘机装土 | $m^3$ | 4.86 |
| | | | | （2）自卸汽车运土方 20 km | $m^3$ | 4.86 |

注：2018 年广东省定额中挖土项目工作内容包括将土置于槽（坑）边自然堆放，回填土项目工作内容包括 5 m 内取土，如现场运土（取土）超过此运距，则要另计场内运土费用。

（2）以挖基坑土方的综合单价计算为例，其清单综合单价的计算过程如下：

1）组价内容的工程数量为各组价子目的定额工程量除以清单工程量，再除以定额计量单位，即“挖掘机挖基坑土方（二类土）”和“铲运机铲运土方 100 m 内”的工程数量均为 71.51/（15.29 × 1 000）= 0.004 68（单位为 1 000 $m^3$），表示每立方米清单量的定额量为 4.68 $m^3$。

2）组价内容的单价计算：人工费按定额人工费 × 108.76/100 计算，管理费按（人工费 + 机具费）× 15.5% 计算，利润按（人工费 + 机具费）× 20% 计算，其余费用按 2018 年广东省定额的规定计算。例如定额子目“A1–1–41”中，挖掘机挖基坑土方每 1 000 $m^3$ 的单价计算为：

人工费 = 642.66 × 1.087 6（元）= 698.96（元）

机具费 =3 793.23 元

管理费 =（698.96+3 793.23）× 15.5%（元）= 696.29（元）

利润 =（698.96+3 793.23）× 20%（元）= 898.44（元）

此子目无材料费。

3）组价内容的合价为单价乘以工程数量。例如定额子目“A1–1–41”中，人工挖基坑的合价计算为：

人工费 = 698.96 × 0.004 68（元）= 3.27（元）

机具费 = 3 793.2 × 0.004 68（元）= 17.75（元）

管理费 = 696.29 × 0.004 68（元）=3.26（元）

利润 = 898.44 × 0.004 68（元）= 4.20（元）

其余计算过程略。将计算结果填入表 4–10 中，并略去材料费明细栏。

表 4–10　**工程量清单综合单价分析表**

| 工程名称：× × 工程 | | | | | | | | | | | 第　页，共　页 | | |
|---|---|---|---|---|---|---|---|---|---|---|---|---|---|
| 项目编码 | | | 010101004001 | | 项目名称 | | 挖基坑土方 | | 计量单位 | m³ | 清单工程量 | | 15.29 |
| 清单综合单价组成明细 | | | | | | | | | | | | | |
| 定额编号 | 定额子目名称 | 定额单位 | 工程数量 | 单价（元） | | | | | 合价（元） | | | | |
| | | | | 人工费 | 材料费 | 机具费 | 管理费 | 利润 | 人工费 | 材料费 | 机具费 | 管理费 | 利润 |
| A1–1–41 | 挖掘机挖基坑土方（二类土） | 1 000 m³ | 0.004 68 | 698.96 | | 3 793.23 | 696.29 | 898.44 | 3.27 | | 17.75 | 3.26 | 4.20 |
| A1–1–57 | 铲运机铲运土方 100 m 内（二类土） | 1 000 m³ | 0.004 68 | 647.15 | | 4 637.45 | 819.11 | 1 056.92 | 3.03 | | 21.70 | 3.83 | 4.95 |
| | | 小计 | | | | | | | 6.30 | | 39.46 | 7.09 | 9.15 |
| | | 未计价材料费 | | | | | | | 0.00 | | | | |
| 清单项目综合单价 | | | | | | | | | 62.00 | | | | |

（3）其他土石方工程量清单综合单价的计算过程略，计算的分部分项工程量清单与计价表见表 4–11。

表 4–11　　分部分项工程量清单与计价表

| 序号 | 项目编码 | 项目名称 | 项目特征描述 | 计量单位 | 工程数量 | 金额（元） | | |
|---|---|---|---|---|---|---|---|---|
| | | | | | | 综合单价 | 合价 | 暂估价 |
| 1 | 010101001001 | 平整场地 | 土壤类别：二类土 | $m^2$ | 160.00 | 2.32 | 371.20 | |
| 2 | 010101002001 | 挖一般土方 | 1. 土壤类别：二类土<br>2. 挖土深度：0.5 m<br>3. 弃土运距：100 m | $m^3$ | 115.25 | 11.55 | 1 331.14 | |
| 3 | 010103001001 | 回填方（场地回填） | 1. 密实度要求：满足设计和规范的要求<br>2. 填方材料品种：由投标人根据设计要求验方后方可填入，并符合相关工程的质量规范要求<br>3. 填方来源、运距：综合考虑 | $m^3$ | 12.53 | 16.14 | 202.23 | |
| 4 | 010101003001 | 挖沟槽土方 | 1. 土壤类别：二类土<br>2. 挖土深度：0.5 m、0.4 m<br>3. 弃土运距：100 m | $m^3$ | 4.00 | 26.40 | 105.60 | |
| 5 | 010101004001 | 挖基坑土方 | 1. 土壤类别：二类土<br>2. 挖土深度：1.3 m<br>3. 弃土运距：100 m | $m^3$ | 15.29 | 62.00 | 947.98 | |
| 6 | 010103001002 | 回填方（室内回填） | 1. 密实度要求：满足设计和规范的要求<br>2. 填方材料品种：由投标人根据设计要求验方后方可填入，并符合相关工程的质量规范要求<br>3. 填方来源、运距：综合考虑 | $m^3$ | 5.07 | 16.14 | 81.83 | |
| 7 | 010103001003 | 回填方（基础回填） | 1. 密实度要求：满足设计和规范的要求<br>2. 填方材料品种：由投标人根据设计要求验方后方可填入，并符合相关工程的质量规范要求<br>3. 填方来源、运距：综合考虑 | $m^3$ | 9.36 | 155.97 | 1 459.88 | |
| 8 | 010103002001 | 余方弃置 | 1. 废弃料品种：黏土<br>2. 运距：20 km | $m^3$ | 4.86 | 56.52 | 274.69 | |
| | | | 小计 | | | | 4 774.55 | |

# 技能训练 2　某工程土石方工程计量与计价

已知某框架结构的建筑工程基础为独立基础，其建筑首层平面图、基础平面图及截面示意图如图 4–13 所示，该建筑场地土质为二类土，交付施工场地标高与设计室外地坪标高相同，均为 –0.300 m，外墙厚 180 mm，内墙厚 120 mm，KZ1、KZ2 的截面尺寸分别为 400 mm × 500 mm、500 mm × 500 mm，基础梁面标高均为 –0.200 m，室内（包台阶平台）地坪建筑面标高为 ± 0.000 m，结构面标高为 –0.050 m，地坪垫层为厚 150 mm C15 混凝土，其他高差部分填土。试计算：

1. 该工程平整场地、挖沟槽土方、挖基坑土方、室内和基础回填方、余方弃置项目的清单和定额工程量。

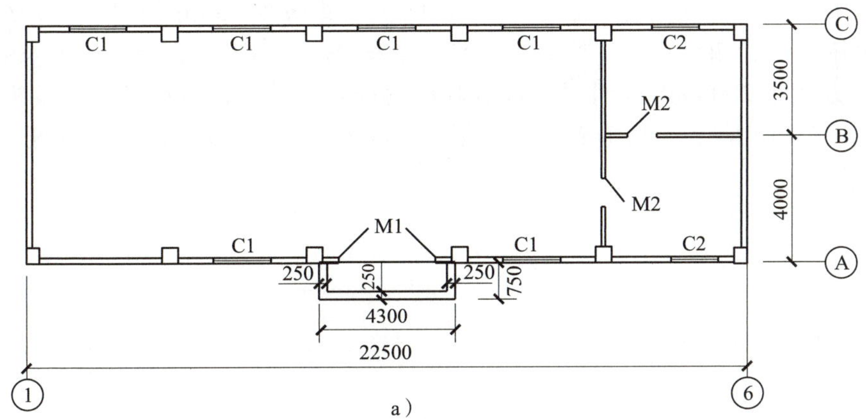

a）

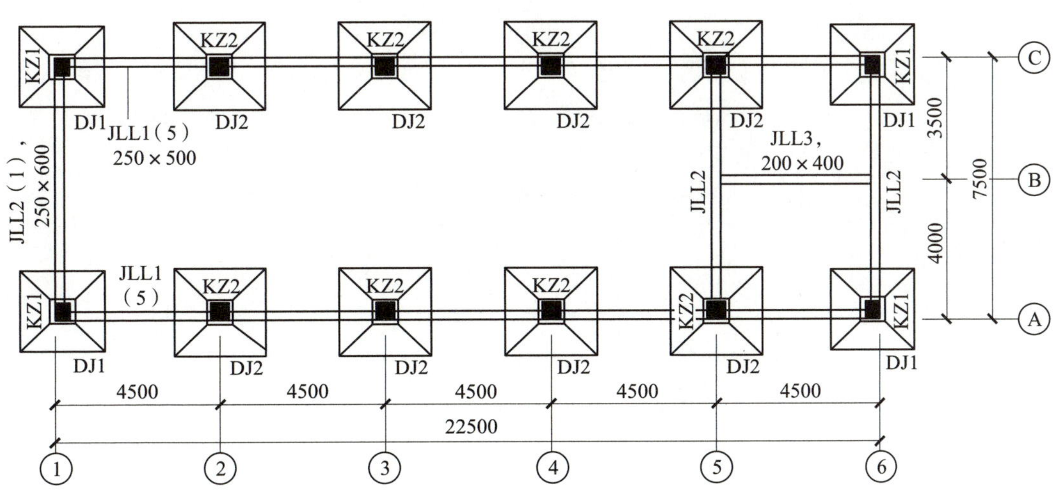

b）

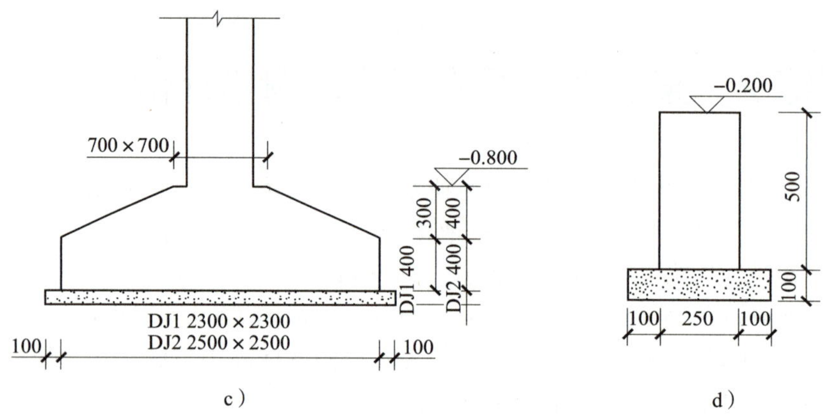


图 4-13　某框架结构建筑

a）首层平面图　b）基础平面图　c）独立基础截面示意图　d）基础梁 JLL1 截面示意图

2. 上述土石方工程量清单综合单价，编制其分部分项工程量清单与计价表。

计价说明：已知土质为二类土，土方挖运采用挖土机挖土，场内运土采用铲运机铲运，土方运距 200 m 内；回填土就地取材用符合条件的挖方回填（夯实机夯实），要求密实度达到 96%；余方弃置要求运至 10 km 处弃置点，采用挖土机装土、自卸汽车运土。

# 第五章 桩基工程

**学习目标**

掌握桩基工程量清单及综合单价的编制方法，能熟练计算桩基工程的清单工程量，编制工程量清单，并能根据桩基清单的工作内容合理组合相应的定额子目，计算其定额工程量及桩基工程量清单综合单价。

## 第一节 桩基工程量清单编制及清单工程量计算

### 一、桩基工程量清单项目的设置

2013 年清单计量规范中，桩基工程量清单包括打桩和灌注桩共二节十一个项目。其中，常用的建筑物桩基工程量清单项目见表 5–1 及表 5–2。

表 5–1　　C.1 打桩（编码：010301）

| 项目编码 | 项目名称 | 项目特征 | 计量单位 | 工程量计算规则 | 工作内容 |
|---|---|---|---|---|---|
| 010301001 | 预制钢筋混凝土方桩 | 1. 地层情况<br>2. 送桩深度、桩长<br>3. 桩截面<br>4. 桩倾斜度<br>5. 沉桩方法<br>6. 接桩方式<br>7. 混凝土强度等级 | 1. m<br>2. $m^3$<br>3. 根 | 1. 以米计量，按设计图示尺寸以桩长（包括桩尖）计算<br>2. 以立方米计量，按设计图示截面积乘以桩长（包括桩尖）以实体积计算 | 1. 工作平台搭拆<br>2. 桩机竖拆、移位<br>3. 沉桩<br>4. 接桩<br>5. 送桩 |
| 010301002 | 预制钢筋混凝土管桩 | 1. 地层情况<br>2. 送桩深度、桩长<br>3. 桩外径、壁厚 | | | 1. 工作平台搭拆<br>2. 桩机竖拆、移位<br>3. 沉桩 |

续表

| 项目编码 | 项目名称 | 项目特征 | 计量单位 | 工程量计算规则 | 工作内容 |
|---|---|---|---|---|---|
| 010301002 | 预制钢筋混凝土管桩 | 4. 桩倾斜度<br>5. 沉桩方法<br>6. 桩尖类型<br>7. 混凝土强度等级<br>8. 填充材料种类<br>9. 防护材料种类 | 1. m<br>2. $m^3$<br>3. 根 | 3. 以根计量，按设计图示数量计算 | 4. 接桩<br>5. 送桩<br>6. 桩尖制作安装<br>7. 填充材料、刷防护材料 |
| 010301004 | 截（凿）桩头 | 1. 桩类型<br>2. 桩头截面、高度<br>3. 混凝土强度等级<br>4. 有无钢筋 | 1. $m^3$<br>2. 根 | 1. 以立方米计量，按设计桩截面乘以桩头长度以体积计算<br>2. 以根计量，按设计图示数量计算 | 1. 截（切割）桩头<br>2. 凿平<br>3. 废料外运 |

**表 5–2　　C.2 灌注桩（编码：010302）**

| 项目编码 | 项目名称 | 项目特征 | 计量单位 | 工程量计算规则 | 工作内容 |
|---|---|---|---|---|---|
| 010302001 | 泥浆护壁成孔灌注桩 | 1. 地层情况<br>2. 空桩长度、桩长<br>3. 桩径<br>4. 成孔方法<br>5. 护筒类型、长度<br>6. 混凝土种类、强度等级 | 1. m<br>2. $m^3$<br>3. 根 | 1. 以米计量，按设计图示尺寸以桩长（包括桩尖）计算<br>2. 以立方米计量，按不同截面在桩上范围内以体积计算。<br>3. 以根计量，按设计图示数量计算 | 1. 护筒埋设<br>2. 成孔、固壁<br>3. 混凝土制作、运输、灌注、养护<br>4. 土方、废泥浆外运<br>5. 打桩场地硬化及泥浆池、泥浆沟 |
| 010302002 | 沉管灌注桩 | 1. 地层情况<br>2. 空桩长度、桩长<br>3. 复打长度<br>4. 桩径<br>5. 沉管方法<br>6. 桩尖类型<br>7. 混凝土种类、强度等级 | | | 1. 打（沉）拔钢管<br>2. 桩尖制作、安装<br>3. 混凝土制作、运输、灌注、养护 |
| 010302003 | 干作业成孔灌注桩 | 1. 地层情况<br>2. 空桩长度、桩长<br>3. 桩径<br>4. 扩孔直径、高度<br>5. 成孔方法<br>6. 混凝土种类、强度等级 | | | 1. 成孔、扩孔<br>2. 混凝土制作、运输、灌注、振捣、养护 |

续表

| 项目编码 | 项目名称 | 项目特征 | 计量单位 | 工程量计算规则 | 工作内容 |
|---|---|---|---|---|---|
| 010302004 | 挖孔桩土（石）方 | 1. 地层情况<br>2. 挖孔深度<br>3. 弃土（石）运距 | $m^3$ | 按设计图示尺寸（含护壁）截面积乘以挖孔深度以立方米计算 | 1. 排地表水<br>2. 挖土、凿石<br>3. 基底钎探<br>4. 运输 |
| 010302005 | 人工挖孔灌注桩 | 1. 桩芯长度<br>2. 桩芯直径、扩底直径、扩底高度<br>3. 护壁厚度、高度<br>4. 护壁混凝土种类、强度等级<br>5. 桩芯混凝土种类、强度等级 | 1. $m^3$<br>2. 根 | 1. 以立方米计量，按桩芯混凝土体积计算<br>2. 以根计量，按设计图示数量计算 | 1. 护壁制作<br>2. 混凝土制作、运输、灌注、振捣、养护 |

## 二、桩基清单工程量计算

### 1. 预制钢筋混凝土方桩、预制钢筋混凝土管桩

预制钢筋混凝土桩按其断面可分为方桩和管桩两种，方桩可以在现场制作或在工厂按图样制作，而管桩已定型化，由专业工厂生产。

预制钢筋混凝土方桩一般由桩身和桩尖两部分组成，如图 5-1a 所示。常用的方桩截面尺寸有 200 mm × 200 mm、250 mm × 250 mm、300 mm × 300 mm、350 mm × 350 mm、400 mm × 400 mm、450 mm × 450 mm、500 mm × 500 mm 等，每节长度为 6~12 m。

预制钢筋混凝土管桩桩尖一般另由钢板制作，有圆锥形桩尖和十字刀刃形桩尖两种，如图 5-1b 所示。常用的管桩直径有 300 mm、400 mm、500 mm、600 mm 和 800 mm，每节长度为 8 ~ 12 m。

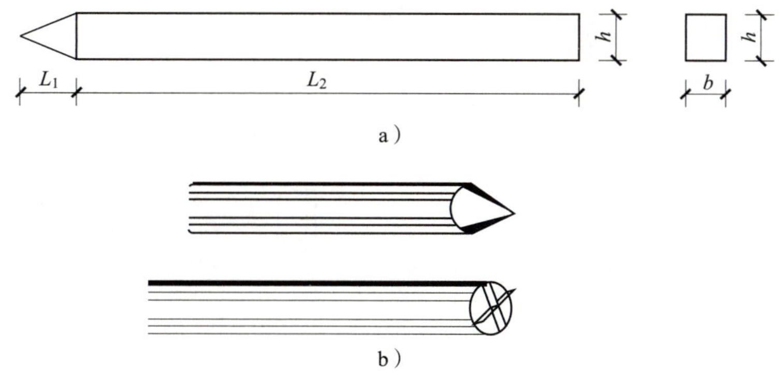


图 5-1　预制钢筋混凝土桩

a）预制钢筋混凝土方桩　b）预制钢筋混凝土管桩

目前建筑工程常用的是空心预应力管桩。

预制钢筋混凝土方桩、预制钢筋混凝土管桩清单工程量可按三种方法进行计算：

（1）按设计图示尺寸以桩长（包括桩尖）计算

预制钢筋混凝土方桩的长度包括桩尖的长度，如图 5–1a 中的方桩桩长 = $L_1+L_2$；由于空心预应力管桩的桩尖是另由钢板制作的，因此计算其长度时不含桩尖的长度。

（2）按设计图示截面积乘以桩长（包括桩尖）以实体积计算

预制钢筋混凝土方桩的体积包括桩尖的体积，如图 5–1a 中的方桩体积 = $1/3 \times bhL_1+bhL_2$；空心预应力管桩的体积不包括桩尖部分的体积，其空心部分的体积应扣除。

（3）按设计图示数量以根计算。

**［例 5–1］** 某工程采用静力压 C80 高强混凝土 $\phi$500 mm × 100 mm 预应力管桩基础，十字刀刃形钢桩尖，桩顶填 1.2 m 高 C30 微膨胀混凝土，共打 240 根，其中试验桩 3 根，已知自然地面标高为 –0.300 m，设计桩顶标高、桩长及桩的局部构造详图如图 5–2 所示，试求该预应力混凝土管桩的预算清单工程量。

**解：**

管桩长度不包括十字桩尖，其预算清单工程量计算可选择如下三种方法之一：

（1）按长度计算

试验桩：工程量 =（16.5–1.5）× 3（m）= 45（m）

预制钢筋混凝土管桩：工程量 =15 × 237（m）= 3 555（m）

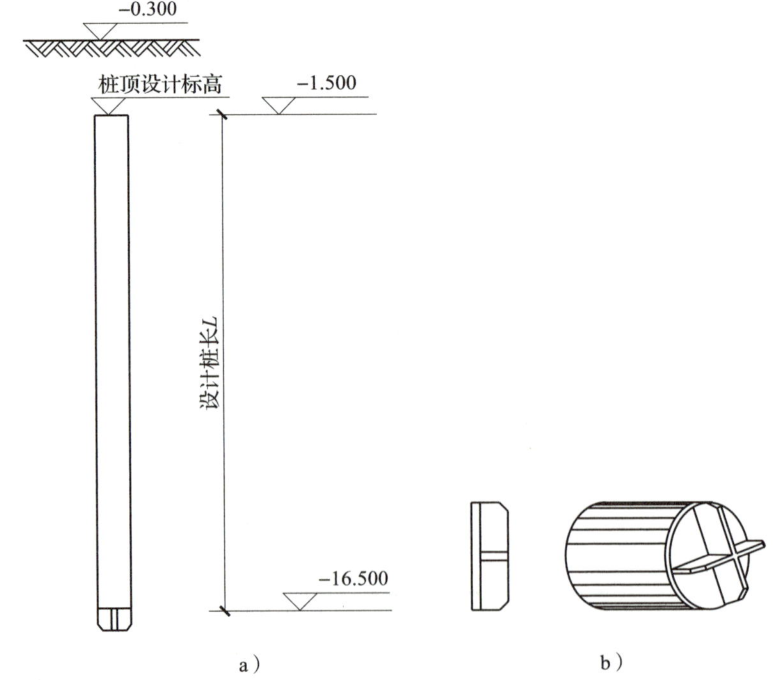

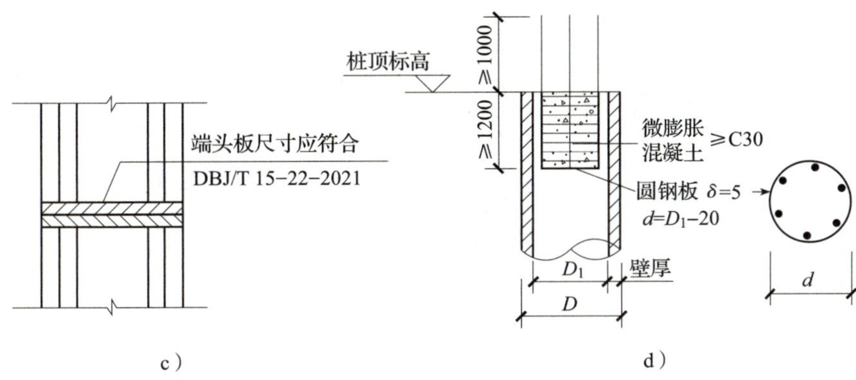


图 5-2　预应力管桩

a）管桩示意图　b）管桩十字桩尖示意图　c）管桩焊接桩接头大样　d）管桩桩顶大样

（2）按体积计算

试验桩：工程量 =π ×（$0.25^2$–$0.15^2$）× 15 × 3（$m^3$）=1.885 × 3（$m^3$）= 5.66（$m^3$）

预制钢筋混凝土管桩：工程量 =1.885 × 237（$m^3$）= 446.75（$m^3$）

（3）按根数计算

试验桩：工程量 =3 根

预制钢筋混凝土管桩：工程量 =237 根

## 2. 泥浆护壁成孔灌注桩、沉管灌注桩、干作业成孔灌注桩

### （1）三种灌注桩的施工工艺

1）泥浆护壁成孔灌注桩。泥浆护壁成孔灌注桩利用泥浆保护稳定孔壁的机械钻孔或冲孔方法制成，包括钻（冲）孔桩、旋挖成孔桩。它通过循环泥浆将切削碎的泥石渣屑悬浮后排出孔外，适用于有地下水和无地下水的土层。

钻（冲）孔桩指利用钻冲孔机械（回旋钻、潜水钻、冲击钻、冲抓锥等）在地下钻孔或冲孔，至安放钢筋笼，再向孔内灌注混凝土形成的混凝土桩。

旋挖成孔桩是利用当前最先进的大口径旋挖钻机成孔，至设计要求的持力层后，再安放钢筋笼、灌注混凝土形成的混凝土桩。其成孔原理是在一个可闭合开启的钻斗的底部及侧边镶焊切削刀具，在伸缩钻杆旋转驱动下，旋转切削挖掘土层，同时使切削挖掘下来的渣土进入钻斗内，钻斗装满后提出孔外卸土，如此循环形成桩孔。它又分为泥浆护壁成孔灌注和干作业成孔灌注两类工艺。

旋挖成孔与泥浆循环钻孔的成孔原理明显不同：泥浆循环钻孔的成孔是依靠泥浆循环护壁，并利用泥浆携带渣土沉淀于地表而实现排渣；而旋挖成孔则靠钻斗挖装岩土直接提升卸到地表排渣，护壁采用稳定液（泥浆）或套筒（主要是干挖工艺采用）。

旋挖成孔施工具有成孔孔径大、噪声小、振动小、转矩大、成孔速度快、操作灵活等特点，除基岩、漂石等地层之外，一般地层均可用旋挖方法成孔，广泛用于公路、铁路、桥梁、码头、大型建筑的基础施工中。

钻（冲）孔桩的施工工艺如图 5-3 所示，其施工工艺过程为：埋设护筒，制备泥浆→钻孔，排渣→清孔→安放钢筋笼，下导管→灌注水下混凝土→成桩。

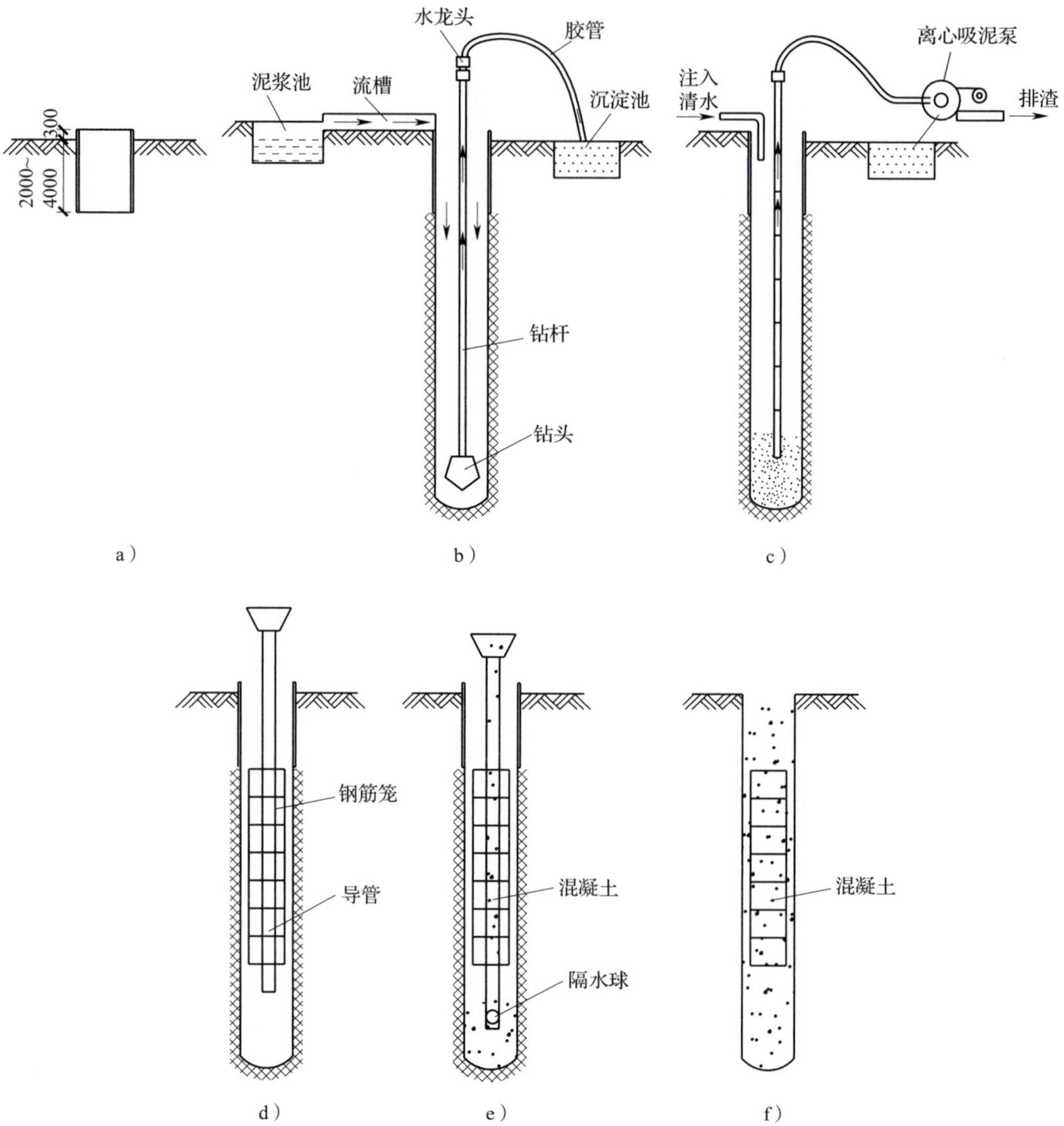

图 5–3　钻（冲）孔桩的施工工艺

a）埋设护筒，制备泥浆　b）钻孔，排渣（反循环回转法）　c）清孔（抽浆法）

d）安放钢筋笼，下导管　e）灌注水下混凝土　f）成桩

2）沉管灌注桩。沉管灌注桩是指使用锤击式桩锤或振动式桩锤将一定直径的钢管沉入土中，形成桩孔，然后放入钢筋笼浇筑混凝土，最后拔出钢管所形成的灌注桩。

沉管灌注桩的施工工艺如图 5–4 所示，其施工工艺过程为：就位→沉管→初灌混凝土→安放钢筋笼，继续灌注混凝土→拔管成桩。

3）干作业成孔灌注桩。干作业成孔灌注桩是指不用泥浆护壁和套管护壁的情况下，用钻机成孔后，下钢筋笼，灌注混凝土形成的灌注桩，适用于地下水位以上的土层，不适于有地下水的土层和淤泥质土。其成孔方法有螺旋钻成孔、干作业旋挖成孔等，多采用螺旋钻成孔。

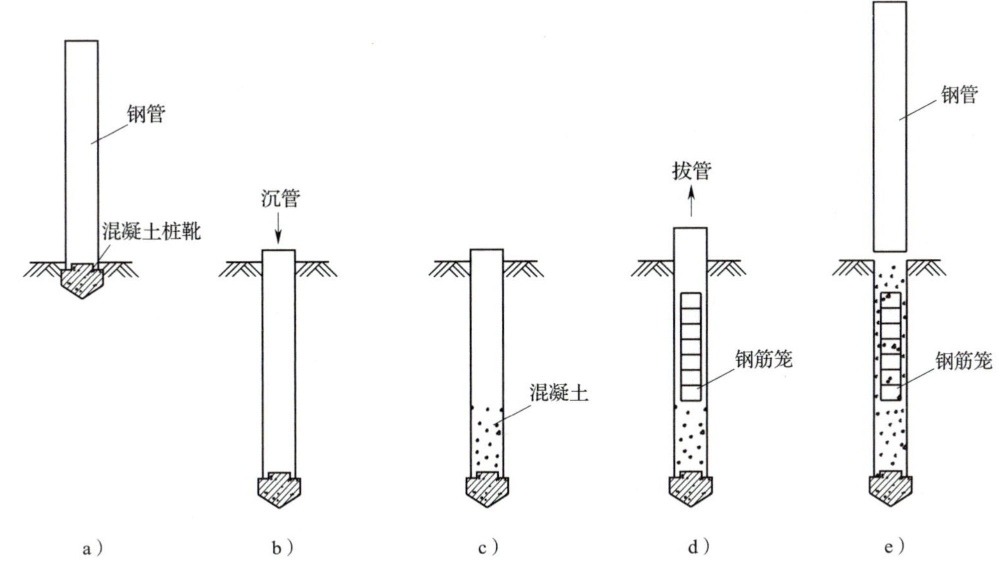


图 5-4　沉管灌注桩的施工工艺

a）就位　b）沉管　c）初灌混凝土　d）安放钢筋笼，继续灌注混凝土　e）拔管成桩

其中，螺旋钻成孔灌注桩是利用电动机带动具有螺旋叶片的钻杆转动，使钻头螺旋叶片旋转削土，土块随螺旋叶片上升排出孔口，至设计深度后，进行孔底清理，然后下钢筋笼，浇灌成的灌注桩。

螺旋钻成孔灌注桩的施工工艺如图 5-5 所示，其施工工艺过程为：就位，钻孔→清孔→安放钢筋笼→灌注混凝土。

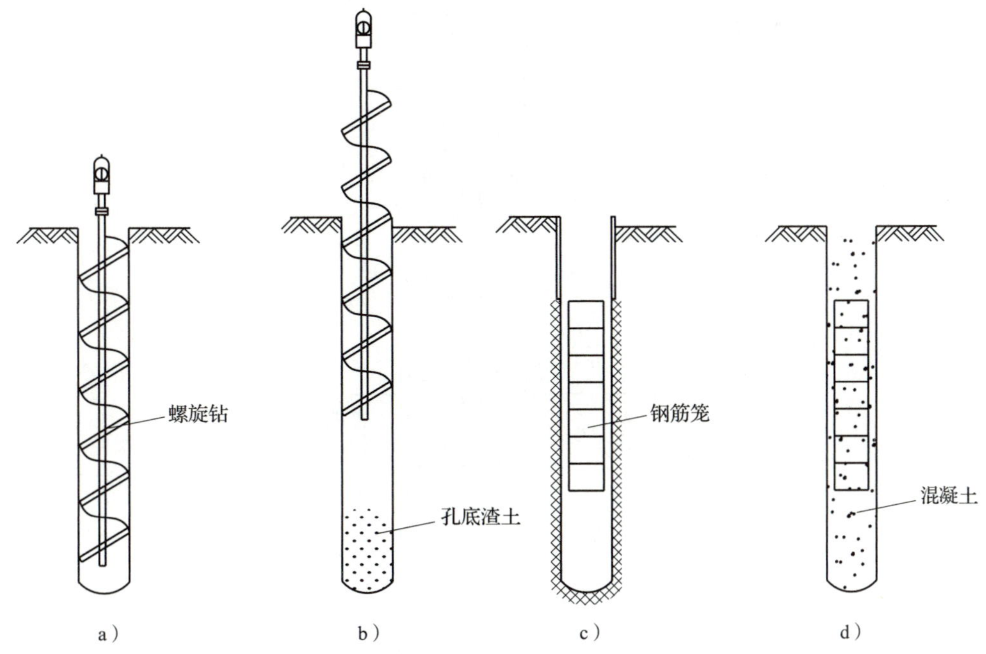


图 5-5　螺旋钻成孔灌注桩的施工工艺

a）就位，钻孔　b）清孔（钻机在原深处空转清土，提钻卸土）　c）安放钢筋笼　d）灌注混凝土

（2）三种灌注桩清单工程量计算方法

泥浆护壁成孔灌注桩、沉管灌注桩、干作业成孔灌注桩清单工程量可按三种方法计算：

1）按设计图示尺寸以桩长（包括桩尖）计算。

2）按不同截面在桩上范围内的体积计算。预算时桩上范围指桩的设计长度范围；结算时桩上范围指实际入土桩长范围。

3）按设计图示数量以根计算。

［例 5–2］已知某工程场地标高是 –0.450 m，采用 C30 水下预拌混凝土钻孔灌注桩基（回旋钻成孔），桩径为 1 000 mm，桩顶标高为 –1.950 m，设计桩长为 12 m，桩端入微风化的凝灰岩（较软岩），其混凝土超灌高度为 1.0 m，采用 5 mm 厚钢护筒。护筒长度为 3 m，共打 65 根桩，钻孔灌注桩桩身大样如图 5–6 所示，试求该钻孔灌注桩基的预算清单工程量。

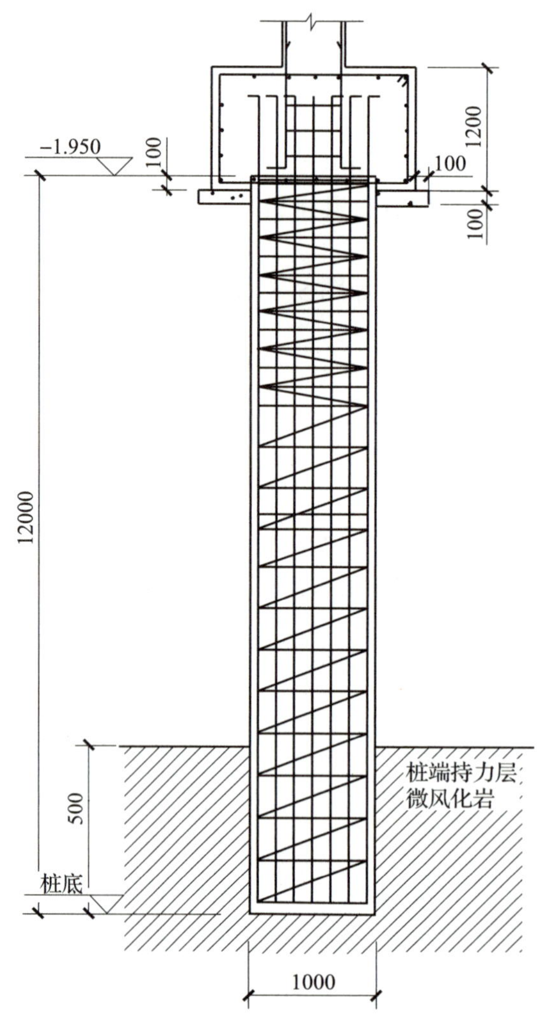


图 5–6　钻孔灌注桩桩身大样

**解：**

预算清单工程量计算可选择如下三种方法之一：

（1）按长度计算

清单工程量 =12×65（m）= 780（m）

（2）按体积计算

清单工程量 = $\pi\times0.5^2\times12\times65$（$m^3$）= 612.61（$m^3$）

（3）按根数计算

清单工程量 =65 根

［例 5–3］已知某工程场地标高是 –0.300 m，采用 C30 水下预拌混凝土冲孔灌注桩基（冲击钻成孔），桩径为 1 200 mm，桩顶标高为 –2.600 m，其混凝土超灌高度为 1.0 m，采用 5 mm 厚钢护筒。护筒长度为 3 m，共打 42 根桩，桩端入微风化的砂质泥岩（较软岩）1 000 mm，冲孔灌注桩桩身大样如图 5–7 所示，试求该冲孔灌注桩基的预算清单工程量。

**解：**

预算清单工程量计算可选择如下三种方法之一：

（1）按长度计算

清单工程量 =（0.1+18+1+0.3+0.3）×42（m）=827.4（m）

（2）按体积计算

清单工程量 =［$\pi\times0.6^2\times19.1+1/3\times\pi\times(0.6^2+0.125^2+0.6\times0.125)\times0.3+\pi\times0.125^2\times03$］×42（$m^3$）= 913.83（$m^3$）

（3）按根数计算

清单工程量 = 42 根

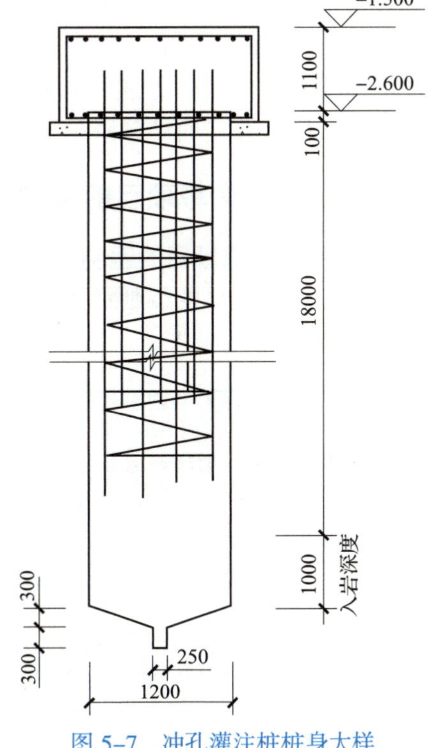


图 5–7 冲孔灌注桩桩身大样

### 3. 挖孔桩土（石）方、人工挖孔灌注桩

人工挖孔灌注桩是指采用人工挖掘方法成孔，然后放置钢筋笼、灌注混凝土而成的桩基础，也称墩基础。

人工挖孔灌注桩适用于土质较好、地下水位较低的黏土、亚黏土、含少量砂卵石的黏土，可用于高层建筑、公用建筑及水工建筑，但不宜用于软土、流砂，以及地下水位较高、涌水量大的土层。

人工挖孔灌注桩具有机具设备简单、施工操作方便、占用施工场地小、对周围建筑物影响小、施工质量可靠、造价低等优点，但其井下作业条件差、环境恶劣、劳动强度大，容易导致安全事故。因此，近年各地纷纷限用人工挖孔灌注桩。

人工挖孔灌注桩不符合绿色施工要求，2018 年广东省定额删除了人工挖孔灌注桩的相关定额子目，本书也将人工挖孔灌注桩的计量与计价内容略去。

### 4. 截（凿）桩头

此清单项目适用于所有桩基的桩头切割或凿除。清单工程量可按两种方法计算：

（1）按设计桩截面乘以桩头长度以体积计算。

（2）按设计图示数量以根计算。

预制管桩、方桩桩头如果是人工凿除可按体积计算，但多数情况下是用机械切割，则按根数计算；钻（冲）孔桩及旋挖成孔桩等灌注桩的桩头（超灌部分）凿除按体积计算。

［例 5–4］上述例 5–1 至例 5–3 中的桩基，除例 5–1 中的管桩用机械切割之外，其余桩头均为人工凿除，已知管桩平均每根切割下来的桩头为 1 m，钻（冲）孔桩凿除超灌高度为 1 m，切割或凿除下来的桩头用装载机装，自卸汽车外运 20 km，试计算截（凿）桩头的预算清单工程量。

**解：**

（1）例 5–1 中用机械切割的预制管桩桩头的清单工程量按根数计算：

预制管桩截桩头清单工程量 =240 根

（2）例 5–2 中钻孔桩、例 5–3 中冲孔桩超灌高度均为 1 m，凿桩头的清单工程量按设计桩截面乘以桩头长度以体积计算，则：

钻（冲）孔桩凿桩头清单工程量 $=\pi\times0.5^2\times1\times65+\pi\times0.6^2\times1\times42$（$m^3$）$=98.55$（$m^3$）

需要注意的是：上述所有桩基均按预算清单工程量计算，预算清单工程量是按图示设计长度计算，而结算清单工程量应按实际入土长度计算。

## 三、桩基清单项目的编制

### 1. 桩基清单项目的编制示例

桩基清单项目的编制示例见表 5–3。

表 5–3　桩基清单项目的编制示例

| 序号 | 项目编码 | 项目名称 | 项目特征 | 计量单位 | 工程数量 | 金额（元） | | |
|---|---|---|---|---|---|---|---|---|
| | | | | | | 综合单价 | 合价 | 暂估价 |
| 1 | 010301002001 | 预制钢筋混凝土管桩 | 1. 地层情况：详见岩土工程勘察报告<br>2. 送桩深度、桩长：送桩深度 1.7 m，桩长 15 m<br>3. 桩外径、壁厚：$\phi$500 mm × 100 mm<br>4. 沉桩方法：静力压桩<br>5. 桩尖类型：十字刀刃型钢桩尖<br>6. 混凝土强度等级：C80<br>7. 填充材料种类：C30 微膨胀混凝土 | m | 3 555 | | | |
| 2 | 010301002002 | 预制钢筋混凝土管桩（试验桩） | 1. 地层情况：详见岩土工程勘察报告<br>2. 送桩深度、桩长：送桩深度 1.7 m，桩长 15 m<br>3. 桩外径、壁厚：$\phi$500 mm × 100 mm | m | 45 | | | |

续表

| 序号 | 项目编码 | 项目名称 | 项目特征 | 计量单位 | 工程数量 | 金额（元） | | |
|---|---|---|---|---|---|---|---|---|
| | | | | | | 综合单价 | 合价 | 暂估价 |
| 2 | 010301002002 | 预制钢筋混凝土管桩（试验桩） | 4. 沉桩方法：静力压桩<br>5. 桩尖类型：十字刀刃型钢桩尖<br>6. 混凝土强度等级：C80<br>7. 填充材料种类：C30 微膨胀混凝土 | m | 45 | | | |
| 3 | 010302001001 | 泥浆护壁成孔灌注桩（钻孔桩） | 1. 地层情况：详见岩土工程勘察报告<br>2. 空桩长度、桩长：空桩长度 1.5 m，桩长 12 m<br>3. 桩径：1 000 mm<br>4. 成孔方法：回旋钻成孔<br>5. 护筒类型、长度：5 mm 厚钢护筒，长度 3 m<br>6. 混凝土种类、强度等级：C30 水下预拌混凝土 | $m^3$ | 612.61 | | | |
| 4 | 010302001002 | 泥浆护壁成孔灌注桩（冲孔桩） | 1. 地层情况：详见岩土工程勘察报告<br>2. 空桩长度、桩长：空桩长度 2.3 m，桩长 19.7 m<br>3. 桩径：1 200 mm<br>4. 成孔方法：冲击钻成孔<br>5. 护筒类型、长度：5 mm 厚钢护筒，长度 3 m<br>6. 混凝土种类、强度等级：C30 水下预拌混凝土 | $m^3$ | 913.83 | | | |
| 5 | 010301004001 | 截桩头（预制管桩） | 1. 桩类型：预制管桩<br>2. 桩头截面、高度：$\phi$500 mm，高度综合考虑<br>3. 混凝土强度等级：C80<br>4. 有无钢筋：无<br>5. 截桩尖方式：机械切割 | 根 | 240 | | | |
| 6 | 010301004002 | 凿桩头（钻孔或冲孔桩） | 1. 桩类型：钻孔桩、冲孔桩<br>2. 桩头截面、高度：钻孔桩 $\phi$1 000 mm × 1 m，冲孔桩 $\phi$1 200 mm × 1 m<br>3. 混凝土强度等级：C30<br>4. 有无钢筋：有 | $m^3$ | 98.55 | | | |

### 2. 编制桩基清单项目应注意的问题

（1）上述“地层情况”按2013年清单计量规范中的表A.1–1（土壤分类表）和表A.2–1（岩石分类表），并根据该工程的地质勘察报告进行描述，具体可采用如下方法处理：描述各类土石的比例及范围值；分不同土石类别分别列项；如果无法准确描述，则直接描述“详见岩土工程勘察报告”。

（2）列“预制钢筋混凝土管桩”清单项时，应将试验桩单独列项报价。上述“截（凿）桩头”清单是按2018年广东省定额截（凿）桩头的单价不同来分别列项的。

（3）项目特征中“桩截面（桩径、桩外径、壁厚等）”“混凝土强度等级”“桩类型”等可直接用标准图代号或设计桩型进行描述。

（4）项目特征中“桩长”指设计桩长；“空桩长度”指自然地面至设计桩顶的距离，即空桩长度＝孔深－桩长，式中的“孔深”是指自然地面至设计桩底的距离；“混凝土种类”指清水混凝土、彩色混凝土、水下混凝土、预拌混凝土、现场搅拌混凝土等。

（5）上述“截（凿）桩头”清单项目中，如果是预制管桩，则还应增加项目特征“截（凿）桩头方式”，描述是机械切割还是人工凿除。

（6）混凝土灌注桩中的钢筋及钢筋笼的制作、安装，按混凝土章节中相关项目列项，其报价不包含在桩的综合单价里。

## 第二节 桩基工程量清单组价内容及工程量计算

### 一、桩基工程量清单组价内容

以2018年广东省定额为依据，常用桩基工程量清单组价内容见表5–4。

表5–4 常用桩基工程量清单组价内容

| 项目编码 | 项目名称 | 计量单位 | 可组合的内容 | | 对应的定额子目名称举例 |
|---|---|---|---|---|---|
| 010301001 | 预制钢筋混凝土方桩 | 1. m<br>2. $m^3$<br>3. 根 | 1 | 工作平台搭拆、桩机竖拆、移位、沉桩 | 打（压）预制方桩 |
| | | | 2 | 接桩 | 方桩接桩 |
| | | | 3 | 送桩 | 按章说明换算套用 |
| 010301002 | 预制钢筋混凝土管桩 | 1. m<br>2. $m^3$<br>3. 根 | 1 | 工作平台搭拆、桩机竖拆、移位、沉桩 | 打（压）预制管桩 |
| | | | 2 | 接桩 | 管桩接桩 |
| | | | 3 | 送桩 | 按章说明换算套用 |
| | | | 4 | 桩尖制作安装 | 钢桩尖制作安装 |
| | | | 5 | 填充材料 | 预制管桩填芯 |
| | | | 6 | 其他 | 管桩内圆钢板 |

续表

| 项目编码 | 项目名称 | 计量单位 | | 可组合的内容 | 对应的定额子目名称举例 |
|---|---|---|---|---|---|
| 010302001 | 泥浆护壁成孔灌注桩 | $m^3$ | 1 | 护筒埋设、成孔，固壁，混凝土制作、运输、灌注、养护 | 钢护筒埋设及拆除、钻（冲）孔桩成孔，灌注混凝土，钻（冲）孔桩入岩增加费 |
| | | | 2 | 土方、废泥浆外运 | 泥浆运输 |
| | | | 3 | 打桩场地硬化及泥浆池、泥浆沟 | 按2018年广东省定额，泥浆池的制作及拆除另在措施项目中计列 |
| 010302002 | 沉管灌注桩 | $m^3$ | 1 | 打（沉）拔钢管，混凝土制作、运输、灌注、养护 | 沉管混凝土灌注桩 |
| | | | 2 | 桩尖制作安装 | 钢桩尖制作安装 |
| 010301004 | 截（凿）桩头 | 1. $m^3$<br>2. 根 | 1 | 截（切割）桩头、凿平 | 机械切割预制桩头、桩头钢筋截断、凿桩头（灌注桩或预制桩） |
| | | | 2 | 废料外运 | 人工装石方、装载机装松散石方，人工运石方、自卸汽车运石方等 |

## 二、桩基定额工程量的计算

### 1. 预制钢筋混凝土方桩

“预制钢筋混凝土方桩”清单项目可组合“打（压）预制方桩”“方桩接桩”及“送桩”定额子目。

#### （1）打（压）预制方桩

打（压）预制方桩设计图示尺寸以桩长（包括桩尖）计算，见清单工程量计算方法。

#### （2）方桩接桩

方桩接桩工程量按设计图示接头数量以个计算。

#### （3）方桩送桩

方桩送桩工程量按桩顶面至打桩机架底或桩顶面至自然地坪另加0.5 m，以长度计算，详见管桩送桩。

### 2. 预制钢筋混凝土管桩

“预制钢筋混凝土管桩”清单项目可组合“打（压）预制管桩”“管桩接桩”“管桩送桩”“钢桩尖制作安装”“预制管桩填芯”“其他（管桩内圆钢板）”定额子目。

#### （1）打（压）预制管桩

打（压）预制管桩工程量按设计图示尺寸以桩长（不包括桩尖）计算，见清单工程量计算方法。

(2)管桩接桩

管桩接桩工程量按设计图示接头数量以个计算。

(3)管桩送桩

管桩送桩工程量按桩顶面至打桩机架底或桩顶面至自然地坪另加 0.5 m，以长度计算，如图 5–8 所示。

(4)钢桩尖制作安装

钢桩尖制作安装工程量按设计图示尺寸以质量计算，不扣除孔眼（0.04 $m^3$ 内）、切边、切肢的质量，焊条、铆钉、螺栓等不另增加质量，不规则或多边形钢板以其外接矩形面积乘以厚度再乘以密度计算。

(5)预制管桩填芯

预制管桩填芯分为填混凝土和填砂两种，一般情况下为管桩桩顶或桩底填一定长度的混凝土，其工程量按设计长度乘以管内截面积以体积计算。

(6)其他（管桩内圆钢板）

管桩内圆钢板工程量按设计图示尺寸以质量计算。

[例 5–5] 试计算前述例 5–1 中的预应力混凝土管桩的预算定额工程量。已知管桩十字桩靴大样如图 5–9 所示，其他构造详图如图 5–2 所示。

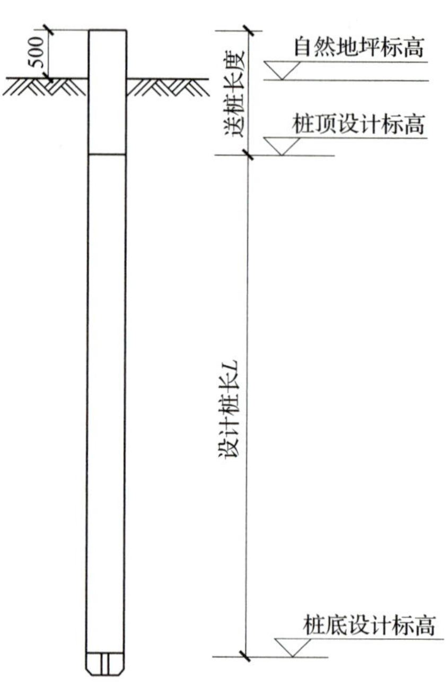


图 5–8　管桩送桩工程量计算

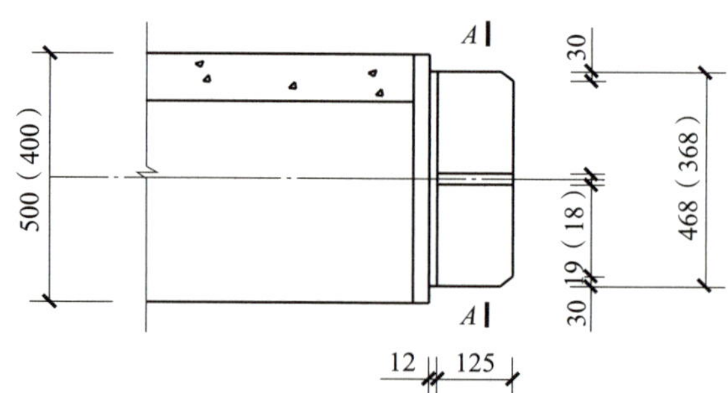


图 5–9　管桩十字桩靴大样

**解：**

预应力混凝土管桩的预算定额子目列项及工程量计算如下：

(1)静力压预制管桩

试验桩：工程量 = 45 m

预制钢筋混凝土管桩：工程量 = 3 555 m

(2)管桩电焊接桩

每根桩长 15 m，预算按每根管桩 1 个接头计算，则：

试验桩：工程量 = 3 个

预制钢筋混凝土管桩：工程量 = 237 个

（3）管桩送桩

每根管桩送桩长度为 1.5–0.3+0.5（m）=1.7（m）

试验桩：工程量 =1.7 × 3（m）= 5.1（m）

预制钢筋混凝土管桩：工程量 =1.7 × 237（m）= 402.9（m）

（4）钢桩尖制作安装

每个钢桩尖的质量计算过程如下：

（$0.468^2$ × 0.012+0.468 × 0.125 × 0.019 × 2）× 7.85 × $10^3$（kg）= 38.08（kg）

试验桩：工程量 = 38.08 × 3（kg）=114.24（kg）= 0.114（t）

预制钢筋混凝土管桩：工程量 = 38.08 × 237（kg）= 9 024.96（kg）= 9.025（t）

（5）预制管桩填芯（C30 微膨胀混凝土）

每个管桩填芯的体积为：

π /4 × $0.3^2$ × 1.2（$m^3$）= 0.084 8（$m^3$）

试验桩：工程量 = 0.084 8 × 3（$m^3$）= 0.25（$m^3$）

预制钢筋混凝土管桩：工程量 = 0.084 8 × 237（$m^3$）= 20.10（$m^3$）

（6）预埋铁件（管桩内圆钢板）

每个圆钢板的质量计算过程如下：

（0.28 × 0.28 × 0.005）× 7.85 × 1 000（kg）= 3.077 2（kg）

试验桩：工程量 = 3.077 2 × 3（kg）= 9.23（kg）= 0.009（t）

预制钢筋混凝土管桩：工程量 =3.077 2 × 237（kg）= 729.30（kg）= 0.729（t）

### 3. 泥浆护壁成孔灌注桩

"泥浆护壁成孔灌注桩"清单项目可组合"钻（冲）孔桩成孔""灌注混凝土""钻（冲）孔桩入岩增加费""钢护筒埋设及拆除"和"泥浆运输"定额子目。

#### （1）钻（冲）孔桩成孔

工程量按桩长乘以设计截面面积计算。这里的"桩长"指的是成孔长度，与清单工程量按设计长度计算不同。

#### （2）灌注混凝土

工程量按设计桩长（包括桩尖）加设计要求的超灌长度乘以设计截面面积，以体积计算。

#### （3）钻（冲）孔桩入岩增加费

工程量按入岩厚度乘以设计截面面积以体积计算。其中，极软岩和软岩不作入岩计算，较硬岩、坚硬岩按入岩计算，较软岩套价时按入岩相应子目乘以系数 0.7 计算。

岩石的分类见表 5–5。

表 5-5　岩石的分类

<table>
<tr><th colspan="2">岩石分类</th><th>代表性岩石</th><th>开挖方法</th></tr>
<tr><td colspan="2">极软岩</td><td>1. 全风化的各种岩石<br>2. 各种半成岩</td><td>用手凿工具、爆破法开挖</td></tr>
<tr><td rowspan="2">软质岩</td><td>软岩</td><td>1. 强风化的坚硬岩或较硬岩<br>2. 中等风化 – 强风化的较软岩<br>3. 未风化 – 微风化的页岩、泥岩、泥质砂岩等</td><td>用风镐和爆破法开挖</td></tr>
<tr><td>较软岩</td><td>1. 中等风化 – 强风化的坚硬岩或较硬岩<br>2. 未风化 – 微风化的凝灰岩、千枚岩、泥灰岩、砂质泥岩等</td><td>用爆破法开挖</td></tr>
<tr><td rowspan="2">硬质岩</td><td>较硬岩</td><td>1. 微风化的坚硬岩<br>2. 未风化 – 微风化的大理岩、板岩、石灰岩、白云岩、钙质砂岩等</td><td>用爆破法开挖</td></tr>
<tr><td>坚硬岩</td><td>未风化 – 微风化的花岗岩、闪长岩、辉绿岩、玄武岩、安山岩、片麻岩、石英岩、石英砂岩、硅质砾岩、硅质石灰岩等</td><td>用爆破法开挖</td></tr>
</table>

（4）钢护筒埋设及拆除

工程量按钢护筒加工后的成品质量以吨（t）计算，成品质量包括加劲肋及连接件等全部钢材质量。当设计未能提供成品质量时，可参考表 5-6 进行计算，桩径不同时按内插法计算。

表 5-6　每米钢护筒质量表

| 桩径（cm） | 80 | 100 | 120 | 150 | 200 | 250 | 300 |
|---|---|---|---|---|---|---|---|
| 每米钢护筒质量（kg） | 138.79 | 170.20 | 238.20 | 289.30 | 499.10 | 612.60 | 907.50 |

（5）泥浆运输

工程量按钻（冲）孔桩成孔的工程量以体积计算。

[例 5-6] 试计算前述例 5-2 中的钻孔灌注桩的预算定额工程量。已知其桩身大样如图 5-6 所示，桩端入微风化的凝灰岩（较软岩），其混凝土超灌高度为 1.0 m，采用 5 mm 厚钢护筒。护筒长度为 3 m，外运泥浆运距为 20 km。

**解：**

钻孔灌注桩的预算定额子目列项及工程量计算如下：

（1）钻孔桩成孔

钻孔灌注桩成孔长度 =12+（1.95–0.45）（m）=13.5（m）

钻孔桩成孔的工程量 = $\pi \times 0.5^2 \times 13.5 \times 65$（$m^3$）= 689.19（$m^3$）

（2）灌注混凝土

混凝土超灌高度为 1.0 m，即混凝土浇灌至 –0.95 m，则：

钻孔桩混凝土浇灌高度 =12+1=13（m）

灌注混凝土的工程量 = $\pi\times0.5^2\times13\times65$（$m^3$）= 663.66（$m^3$）

混凝土（C30 水下预拌混凝土）制作的工程量 = 663.66 × 1.2（$m^3$）= 796.39（$m^3$）

（3）钻孔桩入岩增加费

桩端入微风化的凝灰岩（较软岩）0.5 m，按 2018 年广东省定额的规定，较软岩套价时按入岩相应子目乘以系数 0.7 计算，则：

工程量 = $\pi\times0.5^2\times0.5\times65$（$m^3$）= 25.53（$m^3$）

（4）钢护筒埋设及拆除

按表 5–6，桩径为 1 000 mm 的钢护筒每米质量为 170.20 kg，则：

工程量 =170.20 × 3 × 65（kg）= 33 189（kg）= 33.189（t）

（5）泥浆运输

外运泥浆运距为 20 km。

工程量 = 689.19 $m^3$

**［例 5–7］**试计算前述例 5–3 中冲孔灌注桩的预算定额工程量。已知其桩身大样如图 5–7 所示，混凝土超灌高度为 1.0 m，采用 5 mm 厚钢护筒。护筒长度为 3 m，共打 42 根桩，桩端入微风化的砂质泥岩（较软岩）1 000 mm，外运泥浆运距为 20 km。

**解：**

冲孔灌注桩的预算定额子目列项及工程量计算如下：

（1）冲孔桩成孔

冲孔灌注桩成孔长度 =19.7+（2.6–0.3）（m）= 22（m）

冲孔灌注桩的工程量 = ［$\pi\times0.6^2\times(22-0.6)+1/3\times\pi\times(0.6^2+0.125^2+0.6\times0.125)\times0.3+\pi\times0.125^2\times0.3$］× 42（$m^3$）= 1 023.08（$m^3$）

（2）灌注混凝土

混凝土超灌高度为 1.0 m，即混凝土浇灌至 –1.600 m，则：

冲孔桩混凝土浇灌高度 =19.7+1（m）= 20.7（m）

未浇灌混凝土的部分高度 =22–20.7（m）= 1.3（m）

灌注混凝土的工程量 =1 023.08– $\pi\times0.6^2\times1.3\times42$（$m^3$）= 961.33（$m^3$）

混凝土（C30 水下预拌混凝土）制作的工程量 = 961.33 × 1.2（$m^3$）= 1 153.60（$m^3$）

（3）冲孔桩入岩增加费

桩端入微风化的砂质泥岩（较软岩）1 m，按 2018 年广东省定额的规定，较软岩套价时按入岩相应子目乘以系数 0.7 计算，则：

工程量 =［$\pi\times0.6^2\times1+1/3\times\pi\times(0.6^2+0.125^2+0.6\times0.125)\times0.3+\pi\times0.125^2\times0.3$］× 42（$m^3$）= 54.07（$m^3$）

（4）钢护筒埋设及拆除

按表 5–6，桩径为 1 200 mm 的钢护筒每米质量为 238.20 kg，则：

工程量 = 238.20 × 3 × 42（kg）= 30 013.2（kg）= 30.013（t）

（5）泥浆运输

外运泥浆运距为 20 km。

工程量 =1 023.08 $m^3$

常用桩身体积计算公式如下：

圆台（见图 5–10a）体积：$V=(D_1^2+D_2^2+D_1\times D_2)\times\pi h/12=(R_1^2+R_2^2+R_1\times R_2)\times\pi h/3$

球缺（见图 5–10b）体积：$V=\pi h/6\times(3/4\times D^2+h^2)$

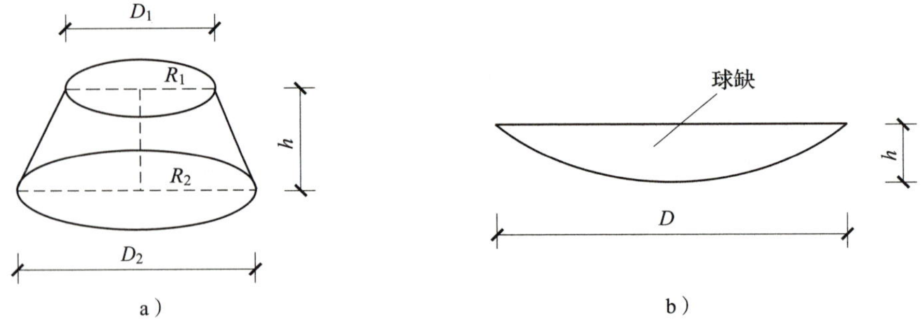


图 5–10　圆台与球缺

a）圆台　b）球缺

### 4. 截（凿）桩头

“截（凿）桩头”清单项目包含“截（凿）桩头”“桩头装车”和“桩头外运”三项组价内容。

预制管桩、方桩桩头一般用机械切割，截桩头定额工程量同清单工程量一样，按根数计算。

预制管桩、方桩的桩头装车和外运定额工程量，按截下来的桩头长度乘以桩设计截面面积以运石方体积计算。

凿灌注桩、钻（冲）孔桩，以及凿下来的桩头装车和外运定额工程量，均按凿桩头长度乘以桩设计截面面积再乘以 1.2（扩散系数）以体积计算。

［例 5–8］试计算前述例 5–4 中的截（凿）桩头的预算定额工程量。已知管桩平均每根切割下来的桩头长度为 1 m，钻（冲）孔桩凿除超灌高度为 1 m，切割或凿除下来的桩头用装载机装，自卸汽车外运 20 km。

**解：**

（1）预制钢筋混凝土管桩的截桩头预算定额子目列项及工程量计算如下：

1）机械切割预制管桩桩头：工程量 = 240 个

2）装载机装石方：工程量 = $\pi\times0.25^2\times1\times240$（$m^3$）= 47.12（$m^3$）

3）自卸汽车运石方 20 km：工程量 = 47.12 $m^3$

（2）钻（冲）孔桩的凿桩头预算定额子目列项及工程量计算如下：

1）凿桩头：工程量 = 98.55 × 1.2（$m^3$）=118.26（$m^3$）

2）装载机装石方：工程量 =118.26 $m^3$

3）自卸汽车运石方 20 km：工程量 =118.26 $m^3$

# 第三节 桩基工程量清单综合单价计算

桩基工程量清单综合单价的计算是以 2018 年广东省定额为依据，并根据工程实际情况确定具体的工程量清单项目组价内容，利用综合单价分析表，将组成桩基清单项目的费用汇总计算，最后得出桩基工程量清单项目的综合单价。费用的计算以定额消耗量为依据，人工、材料、机械单价按指定计价时期的价格调整，并按项目实际情况计算利润。

［例 5–9］以例 5–1 至例 5–8 中计算的预制钢筋混凝土管桩、泥浆护壁成孔灌注桩（钻孔桩、冲孔桩）的清单及定额工程量计算结果为依据，计算桩基工程量清单综合单价，并汇总分部工程量清单计价表。

已知该工程人工费按定额人工费 ×108.76/100 计算，桩基工程管理费按（人工费 + 机具费）×17.38% 计算，土石方工程管理费按（人工费 + 机具费）×15.5% 计算，混凝土工程管理费按（人工费 + 机具费）×28.75% 计算，利润按（人工费和机具费）×20% 计算。

另外，主材料现行税前价格如下：$\phi$500 mm×100 mm 预应力管桩为 232.63 元 /m，C30 微膨胀混凝土为 613 元 /m$^3$，C30 水下预拌混凝土为 618 元 /m$^3$，钢护筒为 4 846.91 元 /t，其余费用按 2018 年广东省定额的规定计算。

**解：**

（1）例 5–1 至例 5–8 中计算的桩基清单及定额工程量计算结果见表 5–7。

**表 5–7　桩基清单及定额工程量计算结果汇总表**

| 序号 | 清单项目 | | | 定额项目 | | |
|---|---|---|---|---|---|---|
| | 项目名称 | 计量单位 | 工程量 | 项目名称 | 计量单位 | 工程量 |
| 1 | 预制钢筋混凝土管桩 | m | 3 555 | （1）静力压预制管桩 | m | 3 555 |
| | | | | （2）管桩电焊接桩 | 个 | 237 |
| | | | | （3）管桩送桩 | m | 402.9 |
| | | | | （4）钢桩尖制作安装 | t | 9.025 |
| | | | | （5）预制管桩填芯（C30 微膨胀混凝土） | m$^3$ | 20.10 |
| | | | | （6）预埋铁件（管桩内圆钢板） | t | 0.729 |
| 2 | 预制钢筋混凝土管桩（试验桩） | m | 45 | （1）静力压预制管桩 | m | 45 |
| | | | | （2）管桩电焊接桩 | 个 | 3 |

续表

| 序号 | 清单项目 | | | 定额项目 | | |
|---|---|---|---|---|---|---|
| | 项目名称 | 计量单位 | 工程量 | 项目名称 | 计量单位 | 工程量 |
| 2 | 预制钢筋混凝土管桩（试验桩） | m | 45 | （3）管桩送桩 | m | 5.1 |
| | | | | （4）钢桩尖制作安装 | t | 0.114 |
| | | | | （5）预制管桩填芯（C30 微膨胀混凝土） | $m^3$ | 0.25 |
| | | | | （6）预埋铁件（管桩内圆钢板） | t | 0.009 |
| 3 | 泥浆护壁成孔灌注桩（钻孔桩） | $m^3$ | 612.61 | （1）钻孔桩成孔 | $m^3$ | 689.19 |
| | | | | （2）灌注混凝土（C30 水下预拌混凝土制作） | $m^3$ | 663.66（796.39） |
| | | | | （3）钻孔桩入岩增加费 | $m^3$ | 25.53 |
| | | | | （4）钢护筒埋设及拆除 | t | 33.189 |
| | | | | （5）泥浆运输 20 km | $m^3$ | 689.19 |
| 4 | 泥浆护壁成孔灌注桩（冲孔桩） | $m^3$ | 913.83 | （1）冲孔桩成孔 | $m^3$ | 1 023.08 |
| | | | | （2）灌注混凝土（C30 水下预拌混凝土制作） | $m^3$ | 961.33（1 153.60） |
| | | | | （3）冲孔桩入岩增加费 | $m^3$ | 54.07 |
| | | | | （4）钢护筒埋设及拆除 | t | 30.013 |
| | | | | （5）泥浆运输 20 km | $m^3$ | 1 023.08 |
| 5 | 截桩头（预制管桩） | 根 | 240 | （1）机械切割预制管桩桩头 | 个 | 240 |
| | | | | （2）装载机装石方 | $m^3$ | 47.12 |
| | | | | （3）自卸汽车运石方 20 km | $m^3$ | 47.12 |
| 6 | 凿桩头（钻冲孔桩） | $m^3$ | 98.55 | （1）钻（冲）孔桩凿桩头 | $m^3$ | 118.26 |
| | | | | （2）装载机装石方 | $m^3$ | 118.26 |
| | | | | （3）自卸汽车运石方 20 km | $m^3$ | 118.26 |

（2）以预制钢筋混凝土管桩的综合单价计算为例，其清单综合单价的计算过程见表 5–8。

表 5-8

## 工程量清单综合单价分析表

| 工程名称：×× 工程 | | | | | | | | | 第 页，共 页 | | | | |
|---|---|---|---|---|---|---|---|---|---|---|---|---|---|
| 项目编码 | | 010301002001 | | 项目名称 | | 预制钢筋混凝土管桩 | | 计量单位 | m | 清单工程量 | | 3 555 | |
| 清单综合单价组成明细 | | | | | | | | | | | | | |
| 定额编号 | 定额子目名称 | 定额单位 | 工程数量 | 单价（元） | | | | | 合价（元） | | | | |
| | | | | 人工费 | 材料费 | 机具费 | 管理费 | 利润 | 人工费 | 材料费 | 机具费 | 管理费 | 利润 |
| A1-3-38 | 压预制管桩，桩径 500 mm，桩长 18 m 以内 | 100 m | 0.01 | 936.17 | 23 822.10 | 2 784.85 | 646.71 | 744.20 | 9.36 | 238.22 | 27.85 | 6.47 | 7.44 |
| A1-3-48 | 管桩接桩，电焊接桩 | 10 个 | 0.006 67 | 264.44 | 155.98 | 671.56 | 162.68 | 187.20 | 1.76 | 1.04 | 4.48 | 1.08 | 1.25 |
| [A1-3-38] 换 | 压预制管桩，桩径 500 mm，桩长 18 m 以内，送桩 | 100 m | 0.001 13 | 1 123.41 | 326.47 | 3 341.82 | 776.06 | 893.05 | 1.27 | 0.37 | 3.79 | 0.88 | 1.01 |
| A1-3-42 | 钢桩尖制作安装 | t | 0.002 54 | 2 394.75 | 3 561.51 | 367.45 | 480.07 | 552.44 | 6.08 | 9.04 | 0.93 | 1.22 | 1.40 |
| A1-3-50 | 预制混凝土管桩填芯，填混凝土 | 10 $m^3$ | 0.000 57 | 1 390.22 | 8.92 | 13.01 | 243.88 | 280.65 | 0.79 | 0.01 | 0.01 | 0.14 | 0.16 |
| 8021905 | C30 微膨胀混凝土 C30 | $m^3$ | 0.005 7 | | 613.00 | | | | | 3.50 | | | |
| A1-5-150 | 预埋铁件 | t | 0.000 21 | 2 876.69 | 5 104.76 | 284.60 | 908.87 | 632.26 | 0.59 | 1.05 | 0.06 | 0.19 | 0.13 |
| | | 小计 | | | | | | | 19.85 | 253.23 | 37.12 | 9.97 | 11.39 |
| | | 未计价材料费 | | | | | | | 0.00 | | | | |
| 清单项目综合单价 | | | | | | | | | 331.56 | | | | |

（3）其他桩基工程量清单综合单价的计算过程略，计算的最后报价见表 5–9。

表 5–9　　分部分项工程量清单与计价表

| 序号 | 项目编码 | 项目名称 | 项目特征 | 计量单位 | 工程数量 | 金额（元） | | |
|---|---|---|---|---|---|---|---|---|
| | | | | | | 综合单价 | 合价 | 暂估价 |
| 1 | 010301002001 | 预制钢筋混凝土管桩 | 1. 地层情况：详见岩土工程勘察报告<br>2. 送桩深度、桩长：送桩深度 1.7 m，桩长 15 m<br>3. 桩外径、壁厚：$\phi$500 mm × 100 mm<br>4. 沉桩方法：静力压桩<br>5. 桩尖类型：十字刀刃型钢桩尖<br>6. 混凝土强度等级：C80<br>7. 填充材料种类：C30 微膨胀混凝土 | m | 3 555 | 331.56 | 1 178 695.80 | |
| 2 | 010301002002 | 预制钢筋混凝土管桩（试验桩） | 1. 地层情况：详见岩土工程勘察报告<br>2. 送桩深度、桩长：送桩深度 1.7 m，桩长 15 m<br>3. 桩外径、壁厚：$\phi$500 mm × 100 mm<br>4. 沉桩方法：静力压桩<br>5. 桩尖类型：十字刀刃型钢桩尖<br>6. 混凝土强度等级：C80<br>7. 填充材料种类：C30 微膨胀混凝土 | m | 45 | 394.68 | 17 760.60 | |
| 3 | 010302001001 | 泥浆护壁成孔灌注桩（钻孔桩） | 1. 地层情况：详见岩土工程勘察报告<br>2. 空桩长度、桩长：空桩长度 1.5 m，桩长 12 m<br>3. 桩径：1 000 mm<br>4. 成孔方法：回旋钻成孔<br>5. 护筒类型、长度：5 mm 厚钢护筒，长度 3 m<br>6. 混凝土种类、强度等级：C30 水下预拌混凝土 | $m^3$ | 612.61 | 1 894.42 | 1 160 540.64 | |

续表

| 序号 | 项目编码 | 项目名称 | 项目特征 | 计量单位 | 工程数量 | 金额（元） | | |
|---|---|---|---|---|---|---|---|---|
| | | | | | | 综合单价 | 合价 | 暂估价 |
| 4 | 010302001002 | 泥浆护壁成孔灌注桩（冲孔桩） | 1. 地层情况：详见岩土工程勘察报告<br>2. 空桩长度、桩长：空桩长度 2.3 m，桩长 19.7 m<br>3. 桩径：1 200 mm<br>4. 成孔方法：冲击钻成孔<br>5. 护筒类型、长度：5 mm 厚钢护筒，长度 3 m<br>6. 混凝土种类、强度等级：C30 水下预拌混凝土 | $m^3$ | 913.83 | 1 940.46 | 1 773 250.56 | |
| 5 | 010301004001 | 截桩头（预制管桩） | 1. 桩类型：预制管桩<br>2. 桩头截面、高度：$\phi$500 mm，高度综合考虑<br>3. 混凝土强度等级：C80<br>4. 有无钢筋：无<br>5. 截桩方式：机械切割 | 根 | 240 | 106.86 | 25 646.40 | |
| 6 | 010301004002 | 凿桩头（钻冲孔桩） | 1. 桩类型：钻孔桩、冲孔桩<br>2. 桩头截面、高度：钻孔桩为 $\phi$1 000 mm × 1 m、冲孔桩为 $\phi$1 200 mm × 1 m<br>3. 混凝土强度等级：C30<br>4. 有无钢筋：有 | $m^3$ | 98.55 | 612.03 | 60 315.56 | |
| | | | 小计 | | | | 4 215 974.65 | |

## 技能训练 3　某工程桩基工程计量与计价

1. 已知某框架结构的建筑工程基础为 C80 高强预应力混凝土管桩基础 $\phi$400 mm × 95 mm，其中打试验桩 3 根，桩顶面标高为 −1.400 m，设计桩长为 16 m，采用十字钢桩靴，施工方法为静力压桩，其基础平面图、桩顶、桩头及接桩大样如图 5-11 所示，管桩十字钢桩靴大样如图 5-9 所示，该工程自然地面标高为 -0.150 m。

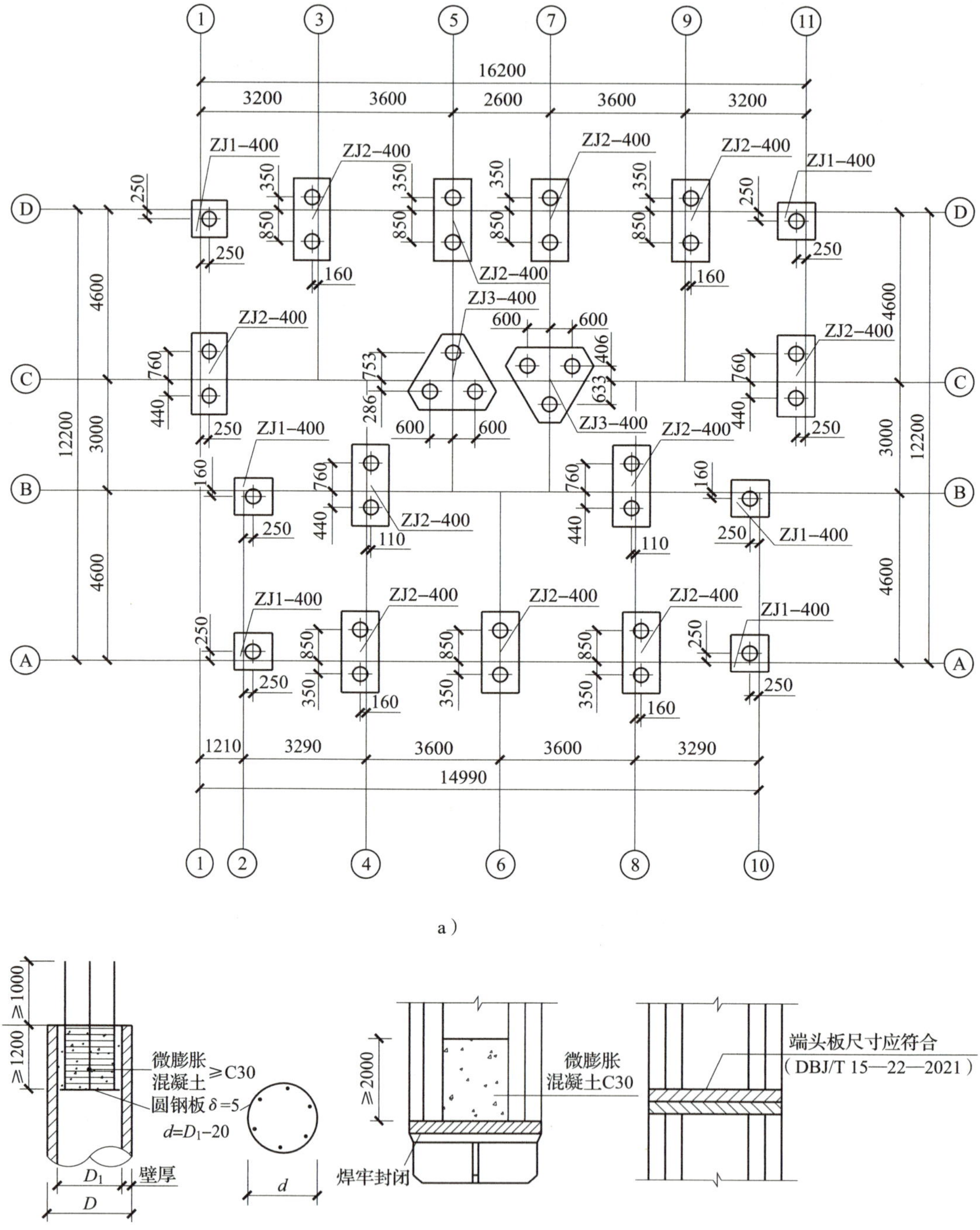

a）

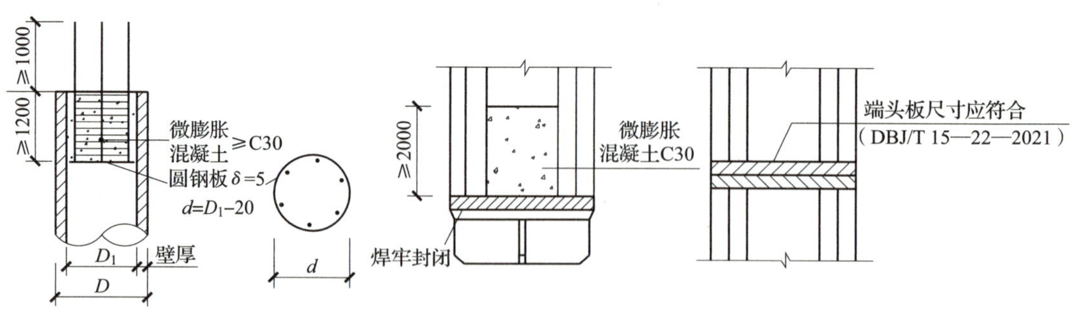


b）

图 5-11 某框架结构的建筑工程基础

a）基础平面图 b）桩顶、桩头及接桩大样图

试计算：

（1）该工程预制钢筋混凝土管桩及试验桩的清单及定额工程量。

（2）上述清单项目工程量清单综合单价，并编制其分部分项工程量清单与计价表。

该工程人工费、材料费、管理费、利润及其他费用均按当地定额及市场价格文件的规定计算。

2. 已知某工程自然地面标高是 –0.300 mm，采用 C30 水下预拌混凝土钻孔灌注桩基，桩径为 1 200 mm，桩顶标高为 –1.500 mm，设计桩长为 10 m，其混凝土超灌高度为 1.0 m，采用 6 mm 厚钢护筒，护筒长度为 2 m，桩端入中风化的石英砂岩（较软岩）500 mm，共打 52 根桩，泥浆运输距离为 20 km，桩身大样如图 5–12 所示。试计算：

（1）该工程钻孔桩及凿桩头的清单及定额工程量。

（2）上述清单项目工程量清单综合单价，并编制其分部分项工程量清单与计价表。

该工程人工费、材料费、管理费、利润及其他费用均按当地定额及市场价格文件的规定计算。

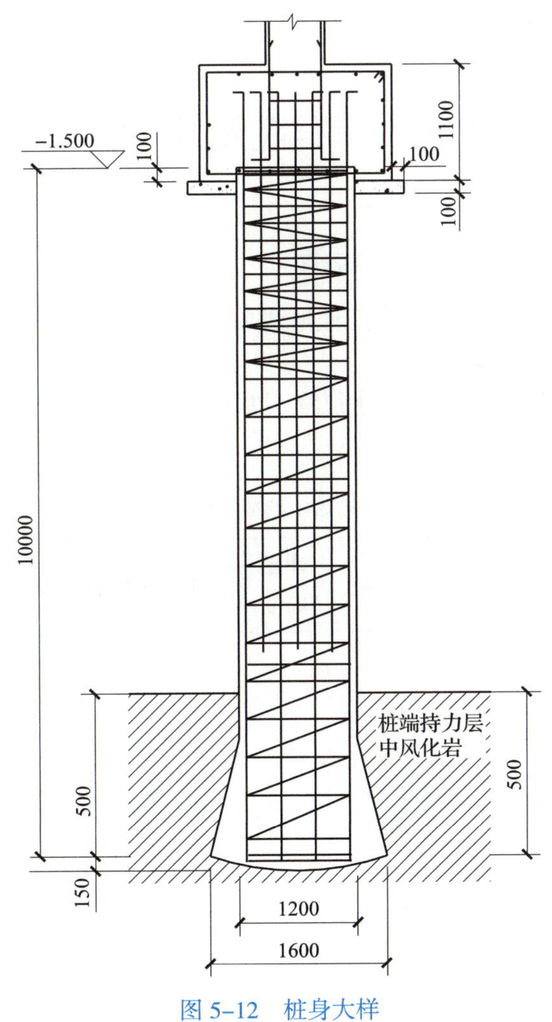


图 5–12　桩身大样

**学习目标**

掌握砌筑工程量清单及综合单价的编制方法，能熟练计算砌筑工程的清单工程量、编制工程量清单，并能根据砌筑清单的工作内容合理组合相应的定额子目，计算其定额工程量及砌筑工程量清单综合单价。

## 第一节 砌筑工程量清单编制及清单工程量计算

### 一、砌筑工程量清单项目的设置

2013 年清单计量规范中，砌筑工程量清单包括砖砌体、砌块砌体、石砌体以及垫层等共五节二十七个项目。

略去石砌体、砖柱、砌块柱等建筑物不常用的项目，其他常用的建筑物砌筑工程量清单项目见表 6–1、表 6–2 及表 6–3。

表 6–1　　D.1 砖砌体（编码：010401）

| 项目编码 | 项目名称 | 项目特征 | 计量单位 | 工程量计算规则 | 工作内容 |
|---|---|---|---|---|---|
| 010401001 | 砖基础 | 1. 砖品种、规格、强度等级<br>2. 基础类型<br>3. 砂浆强度等级<br>4. 防潮层材料种类 | $m^3$ | 按设计图示尺寸以体积计算 | 1. 砂浆制作、运输<br>2. 砌砖<br>3. 防潮层铺设<br>4. 材料运输 |

续表

| 项目编码 | 项目名称 | 项目特征 | 计量单位 | 工程量计算规则 | 工作内容 |
| --- | --- | --- | --- | --- | --- |
| 010401003 | 实心砖墙 | 1. 砖品种、规格、强度等级<br>2. 墙体类型<br>3. 砂浆强度等级、配合比 | $m^3$ | 按设计图示尺寸以体积计算 | 1. 砂浆制作、运输<br>2. 砌砖<br>3. 刮缝<br>4. 砖压顶砌筑<br>5. 材料运输 |
| 010401004 | 多孔砖墙 | | | | |
| 010401005 | 空心砖墙 | | | | |
| 010401006 | 空斗墙 | | | 按设计图示尺寸以空斗墙外形体积计算 | 1. 砂浆制作、运输<br>2. 砌砖<br>3. 装填充料<br>4. 刮缝<br>5. 材料运输 |
| 010401007 | 空花墙 | | | 按设计图示尺寸以空花部分外形体积计算，不扣除空洞部分体积 | |
| 010404012 | 零星砌砖 | 1. 零星砌砖名称、部位<br>2. 砖品种、规格、强度等级<br>3. 砂浆强度等级、配合比 | 1. $m^3$<br>2. $m^2$<br>3. m<br>4. 个 | 1. 以立方米计量，按设计图示尺寸截面积乘以长度计算<br>2. 以平方米计量，按设计图示尺寸水平投影面积计算<br>3. 以米计量，按设计图示尺寸长度计算<br>4. 以个计量，按设计图示数量计算 | 1. 砂浆制作、运输<br>2. 砌砖<br>3. 刮缝<br>4. 材料运输 |
| 010404013 | 砖散水、地坪 | 1. 砖品种、规格、强度等级<br>2. 垫层材料种类、厚度<br>3. 散水、地坪厚度<br>4. 面层种类、厚度<br>5. 砂浆强度等级 | $m^2$ | 按设计图示尺寸以面积计算 | 1. 土方挖、运、填<br>2. 地基找平、夯实<br>3. 铺设垫层<br>4. 砌砖散水、地坪<br>5. 抹砂浆面层 |

续表

| 项目编码 | 项目名称 | 项目特征 | 计量单位 | 工程量计算规则 | 工作内容 |
|---|---|---|---|---|---|
| 010404014 | 砖地沟、明沟 | 1. 砖品种、规格、强度等级<br>2. 沟截面尺寸<br>3. 垫层材料种类、厚度<br>4. 混凝土强度等级<br>5. 砂浆强度等级 | m | 以米计量，按设计图示以中心线长度计算 | 1. 土方挖、运、填<br>2. 铺设垫层<br>3. 底板混凝土制作、运输、浇筑、振捣、养护<br>4. 砌砖<br>5. 刮缝、抹灰<br>6. 材料运输 |

表 6–2　D.2 砌块砌体（编码：010402）

| 项目编码 | 项目名称 | 项目特征 | 计量单位 | 工程量计算规则 | 工作内容 |
|---|---|---|---|---|---|
| 010402001 | 砌块墙 | 1. 砌块品种、规格、强度等级<br>2. 墙体类型<br>3. 砂浆强度等级 | $m^3$ | 按设计图示尺寸以体积计算 | 1. 砂浆制作、运输<br>2. 砌砖、砌块<br>3. 勾缝<br>4. 材料运输 |

表 6–3　D.4 垫层（编码：010404）

| 项目编码 | 项目名称 | 项目特征 | 计量单位 | 工程量计算规则 | 工作内容 |
|---|---|---|---|---|---|
| 010404001 | 垫层 | 垫层材料种类、配合比、厚度 | $m^3$ | 按设计图示尺寸以立方米计算 | 1. 垫层材料的拌制<br>2. 垫层铺设<br>3. 材料运输 |

## 二、砌筑清单工程量计算

### 1. 砖基础

#### （1）基础与墙身的分界线

一般情况下，基础与墙身使用相同材料时，砖墙与砖基础以室内地面为界（见图 6–1a），以下为基础，以上为墙身。

基础与墙身使用不同材料时，不同材料的交界面位于设计室内地面 ±300 mm（含）

以内时，以不同材料交界面为界（见图 6–1b）；超过 300 mm 时，以设计室内地面为界（见图 6–1c）。

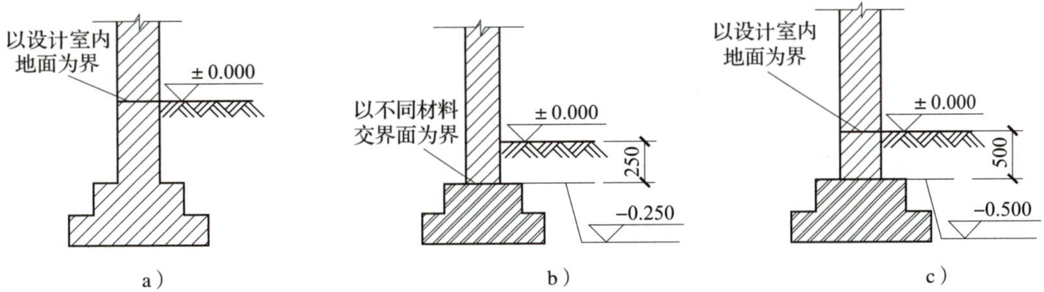


图 6–1　基础与墙身的分界线示意图

a）以室内地面为界　b）以不同材料交界面为界　c）以设计室内地面为界

砖围墙应以设计室外地坪为界（围墙以内地面），以下为基础，以上为墙身。

（2）砖基础工程量计算

砖基础工程量按设计图示尺寸以体积计算。包括附墙垛基础宽出部分体积（见图 6–2a），扣除地圈梁（见图 6–2b）、构造柱所占体积，不扣除基础大放脚 T 形接头处的重叠部分（见图 6–2b）及嵌入基础内的钢筋、铁件、管道、基础砂浆防潮层和单个面积不大于 0.3 $m^2$ 的孔洞所占体积，靠墙暖气沟的挑檐不增加。则：

砖基础体积 = 基础长度 × 基础断面面积

其中，外墙基础长度按外墙中心线计算，内墙基础长度按内墙净长线计算，基础断面面积按基础高度 × 基础厚度计算。

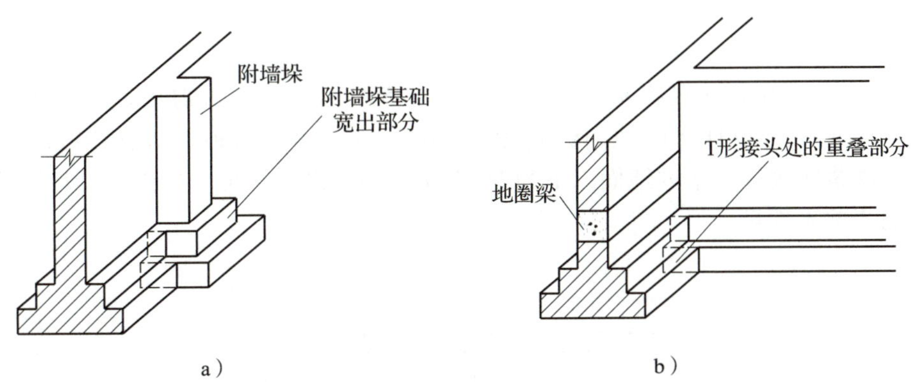


图 6–2　砖基础工程量计算

a）附墙垛基础宽出部分　b）地圈梁、基础大放脚 T 形接头处的重叠部分

如有大放脚，其断面尺寸分等高和不等高两种，计算如下：

图 6–3a 中的等高大放脚断面面积计算示意图如图 6–4 所示，等高大放脚的基础断面面积 =0.18 × 0.65+0.062 5 × 4 × 0.126 × 3（$m^2$）=0.212（$m^2$）

图 6–3b 中的不等高大放脚的基础断面面积 =0.18 × 0.65+0.062 5 × 4 ×（0.126 × 3+0.062 5 × 2）（$m^2$）=0.243（$m^2$）

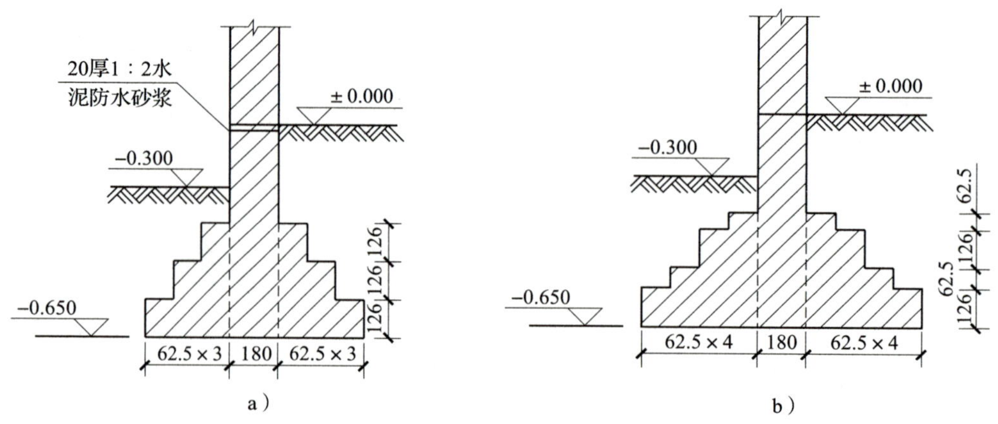


图 6-3 等高大放脚和不等高大放脚

a）等高大放脚 b）不等高大放脚

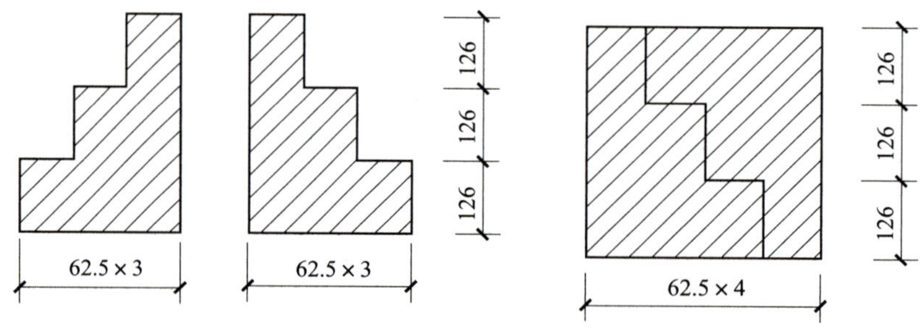


图 6-4 等高大放脚断面面积计算示意图

**[ 例 6-1 ]** 已知某建筑物基础平面图如图 6-5 所示，该建筑物基础断面如图 6-3a 所示，已知该工程设计室内地面标高为 ±0.000，在标高 -0.06 m 处抹 20 mm 厚 1∶2 水泥防水砂浆防潮层，室内地面以下为 M7.5 水泥砂浆砌筑标准灰砂砖，试计算该工程砖基础的清单工程量。

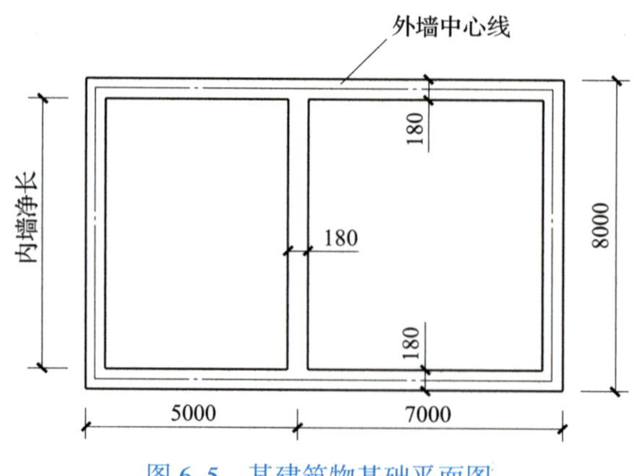


图 6-5 某建筑物基础平面图

**解：**

本工程基础与墙身使用相同材料，砖墙与砖基以设计室内地面为界，则：

砖基础体积 = 基础长度 × 基础断面面积

其中，基础断面面积 =0.212 $m^2$

基础长度 = 外墙基长度 + 内墙基长度 =（12+8−0.18×2）×2+8−0.18×2（m）= 46.92（m）

则墙基体积为：$V$=46.92×0.212（$m^3$）=9.95（$m^3$）

墙基列项：砖基础

## 2. 实心砖墙、多孔砖墙、空心砖墙、砌块墙

### （1）砌筑材料的分类

砌筑材料可分为砌筑用石材、砌墙砖、砌块等。

砌筑用石材按加工后的外形规则程度不同，可分为毛石和料石。

砌墙砖是指以黏土、工业废料或其他地方资源为主要原料，以不同工艺制造的用于砌筑承重和非承重墙体的墙砖。按照生产工艺不同，砌墙砖分为烧结砖（黏土砖等）和非烧结砖（灰砂砖、粉煤灰砖等）。按照孔洞率不同，砌墙砖分为实心砖、多孔砖和空心砖。其中，实心砖指没有孔洞或孔洞率小于 15% 的砖；多孔砖为大面有孔洞的砖，孔的数量较多但孔径较小，孔洞率等于或大于 15%，常用于承重部位；空心砖指孔的尺寸大而数量少的砖，孔形多为矩形条孔或其他形状，孔洞率等于或大于 35%，常用于非承重部位。

砌块是利用混凝土、工业废料（炉渣、粉煤灰等）或地方材料制成的人造块材，外形尺寸比砖大。砌块系列中主规格的长度、宽度或高度有一项或一项以上分别大于 365 mm、240 mm 或 115 mm，但高度不大于长度或宽度的六倍，长度不超过高度的三倍。砌块按产品主规格的尺寸不同，可分为大型砌块（高度大于 980 mm）、中型砌块（高度为 380～980 mm）、小型砌块（高度为 115～380 mm）。砌块还可分为蒸压加气混凝土砌块、粉煤灰砌块、普通混凝土小型空心砌块等。

### （2）实心砖墙、多孔砖墙、空心砖墙、砌块墙工程量计算

工程量按设计图示尺寸以体积计算。

扣除门窗、洞口、嵌入墙内的钢筋混凝土柱、梁、圈梁、挑梁、过梁及凹进墙内的壁龛、管槽、暖气槽、消火栓箱所占体积，不扣除梁头、板头（见图 6–6a）、檩头、垫木、木楞头、沿缘木、木砖、门窗走头、砖墙内加固钢筋、木筋、铁件、钢管及单个面积不大于 0.3 $m^2$ 的孔洞所占的体积。凸出墙面的腰线、挑檐、压顶、窗台线、虎头砖、门窗套（见图 6–6b）的体积也不增加。凸出墙面的砖垛（见图 6–2a）并入墙体体积内计算。

1）砖混结构砖墙工程量计算。墙长度方面，外墙按中心线计算，内墙按净长计算；墙高度方面，按下列外墙、内墙、女儿墙和内、外山墙的规定分别计算。

①外墙。屋面无屋架无檐口天棚者算至屋面板底（见图 6–7a）；屋面有屋架且室内外均有天棚者算至屋架下弦底另加 200 mm（见图 6–7b）；屋面有屋架无天棚者算至屋架下弦底另加 300 mm（见图 6–7c），出檐宽度超过 600 mm 时按实砌高度计算；有钢筋混凝土楼板隔层者算至板顶。平屋顶算至钢筋混凝土板底。

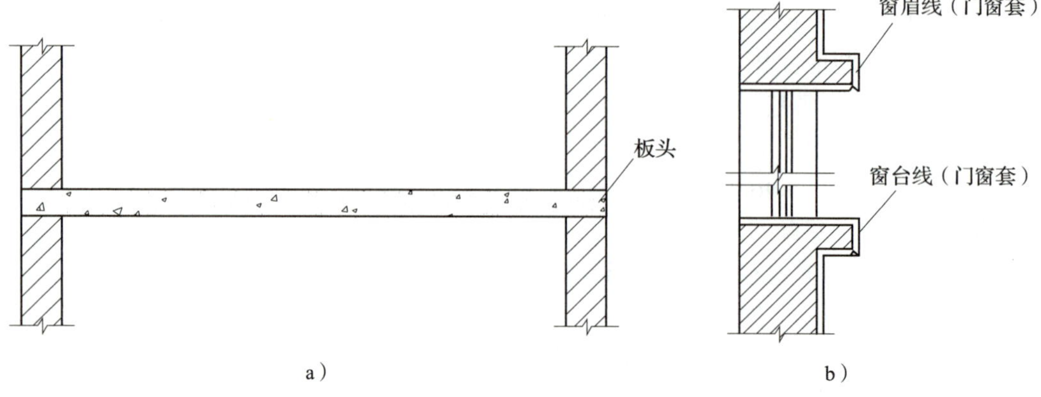


图 6-6　板头与门窗套

a）嵌入墙内的板头　b）凸出墙面的门窗套

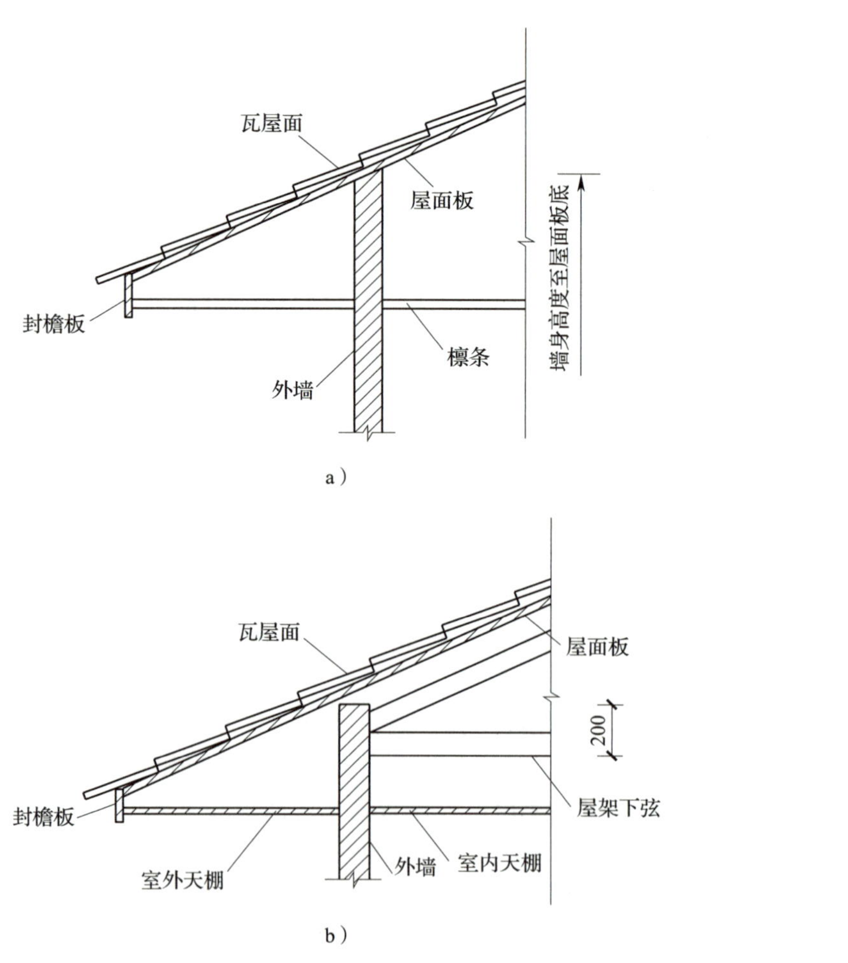

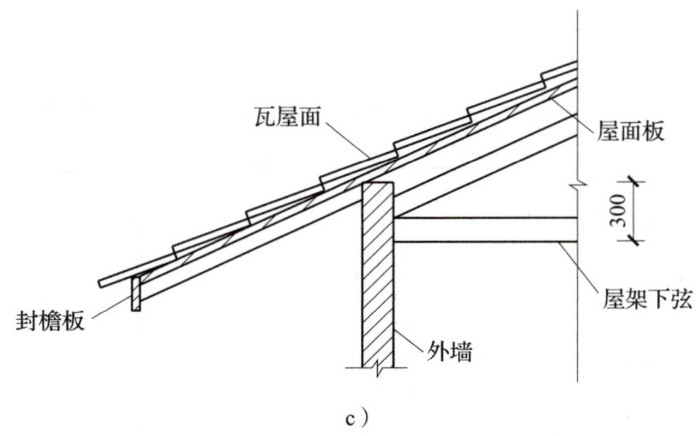


c）

图 6-7　外墙工程量计算

a）屋面无屋架无檐口天棚者墙身高度　b）屋面有屋架且室内外均有天棚者墙身高度
c）屋面有屋架无天棚者墙身高度

②内墙。位于屋架下弦者算至屋架下弦底（见图 6-8a）；无屋架有天棚者算至天棚底另加 100 mm（见图 6-8b）；有钢筋混凝土楼板隔层者算至楼板底；有框架梁时算至梁底。

③女儿墙。从屋面板上表面算至女儿墙顶面（有混凝土压顶时，算至压顶下表面）。

④山墙。山墙墙身高度按其平均高度计算（见图 6-8c）。

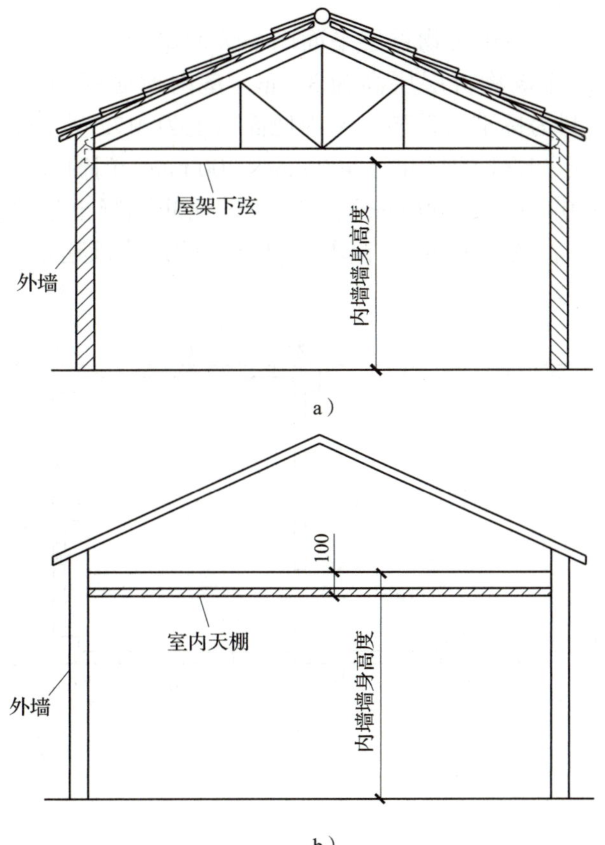

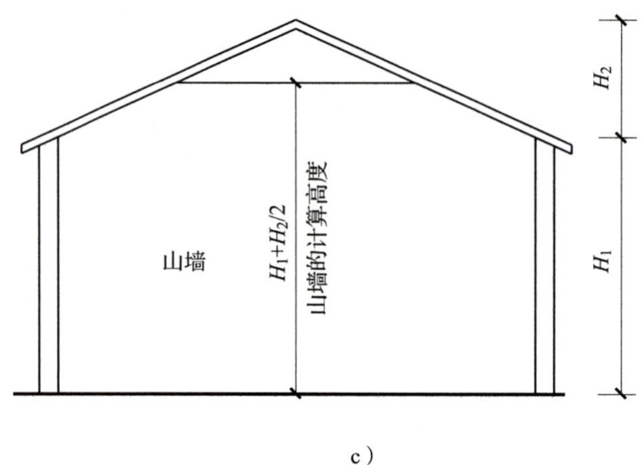


c）

图 6–8　内墙和山墙工程量计算

a）内墙位于屋架下弦者墙身高度　b）内墙无屋架有天棚者墙身高度

c）山墙墙身高度

2）框架结构砖墙工程量计算。框架间墙不分内外墙，按墙体净尺寸以体积计算。按 2018 年广东省定额，内外墙是分开不同定额子目的，因此，计算墙体清单工程量时应将内外墙分开列项计算。

［例 6–2］某框架单层建筑物首层平面图、天面梁板结构平面图及墙基断面图如图 6–9 所示，已知该建筑物首层层高为 3.1 m，室内地面标高为 ±0.000，内外墙均为 3/4 砖墙，墙体材料为标准灰砂砖，室内地面以上为 M7.5 水泥石灰砂浆砌筑，以下为 M7.5 水泥砂浆砌筑，KZ1 的尺寸为 400 mm × 400 mm，门窗尺寸为 C1（1 500 mm × 1 700 mm）、M1（800 mm × 2 100 mm），M1 顶设钢筋混凝土过梁，过梁长为门窗口宽两边各加 250 mm，高为 120 mm，窗不设过梁。试计算该建筑物首层砖墙的清单工程量。

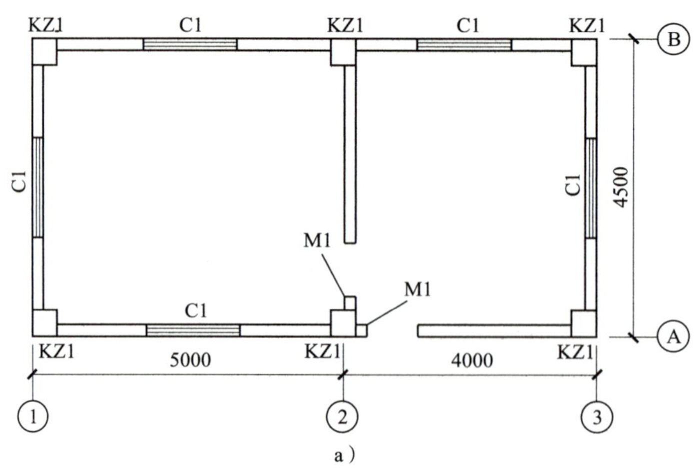


a）

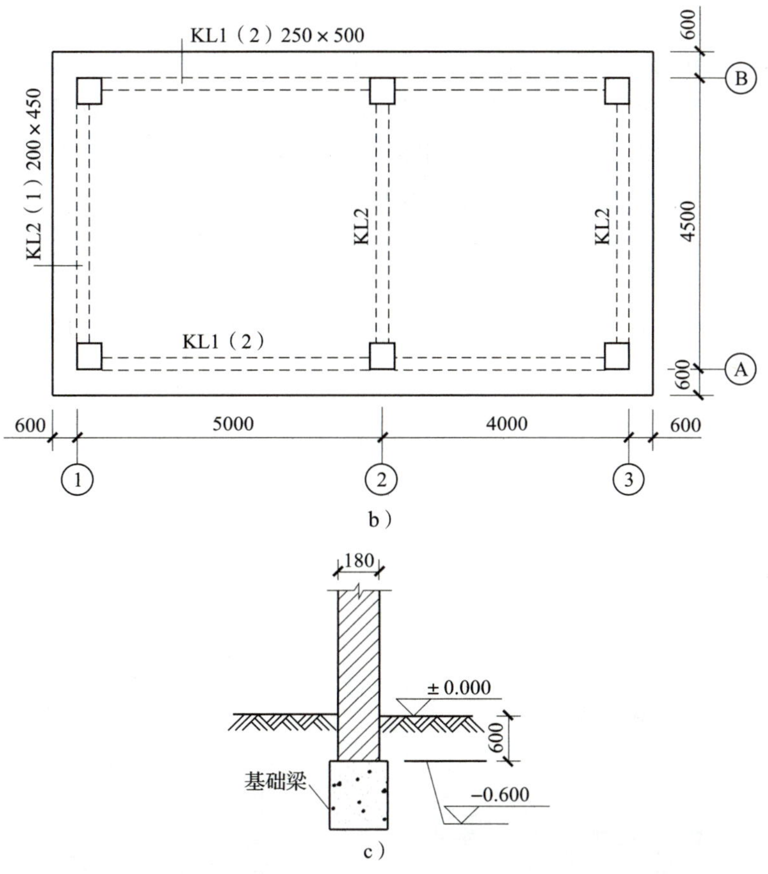


图 6-9　某框架单层建筑物

a）首层平面图　b）天面梁板结构平面图　c）墙基断面图

**解：**

该工程基础梁面以上砌体为同一种材料，因此，该工程墙身与墙基的分界线为室内地面，以下的为墙基，以上的为墙身。首层墙体工程量从室内地面计起，内外墙分开列项，均为实心砖墙，计算过程如下：

（1）实心砖墙（外墙）

A、B 轴：$L_1$=（9−0.4×3）×2（m）=15.6（m）

$h_1$=3.1−0.5（m）=2.6（m）

1、3 轴：$L_2$=（4.5−0.4×2）×2（m）=7.4（m）

$h_2$=3.1−0.45（m）=2.65（m）

则：

$V$=（15.6×2.6+7.4×2.65−0.8×2.1−1.5×1.7×5）×0.18−（0.8+0.25×2）×0.12×0.18（$m^3$）=8.21（$m^3$）

（2）实心砖墙（内墙）

2 轴：$L$=4.5−0.4×2（m）=3.7（m）

$h$=3.1−0.45（m）=2.65（m）

则：

$V=(3.7\times2.65-0.8\times2.1)\times0.18-(0.8+0.25\times2)\times0.12\times0.18\ (m^3)=1.43\ (m^3)$

3）女儿墙工程量计算。工程量按女儿墙设计图示尺寸以体积计算，扣除混凝土压顶、构造柱及嵌入女儿墙内的混凝土体积。女儿墙大样图如图 6–10 所示，计算时应扣除混凝土压顶和混凝土反梁及构造柱体积。

### 3. 空斗墙、空花墙

#### （1）空斗墙

空斗墙是指用砖侧砌或平、侧交替砌筑成的空心墙体，一斗一眠空斗墙示意图如图 6–11 所示。

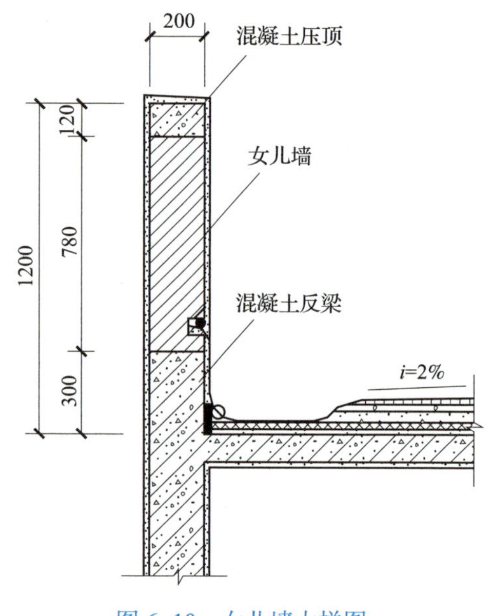

图 6–10　女儿墙大样图

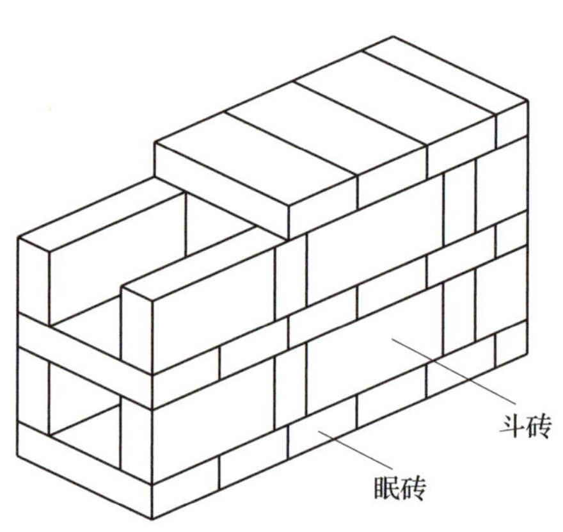

图 6–11　一斗一眠空斗墙示意图

工程量按设计图示尺寸以空斗墙外形体积计算。墙角、内外墙交接处、门窗洞口立边、窗台砖、屋檐处的实砌部分体积并入空斗墙体积内。

#### （2）空花墙

空花墙是指用砖砌成各种镂空花式的墙，如图 6–12 所示。

工程量按设计图示尺寸以空花部分外形体积计算，不扣除空洞部分体积。空花墙项目适用于各种类型的空花墙，对于使用混凝土花格砌筑的空花墙，实砌墙体与混凝土花格分别计算，混凝土花格按混凝土和钢筋混凝土中预制构件相关项目列项。

### 4. 零星砌砖

台阶、台阶挡墙、梯带、锅台、炉灶、蹲台、池槽、池槽腿、砖胎模、花台、花池、楼梯栏板、阳台栏板、地垄墙、不超过 0.3 $m^2$ 的孔洞填塞等，应按零星砌砖项目列项。

图 6–12 空花墙

砖砌锅台与炉灶工程量可按外形尺寸以个计算，砖砌台阶工程量可按水平投影面积以平方米计算，小便槽、地垄墙工程量可按长度计算，其他工程的工程量按立方米计算。

（1）台阶、台阶挡墙、梯带

砖砌台阶工程量按水平投影面积以平方米计算，台阶挡墙和梯带工程量则按设计图示体积以立方米计算，如图 6–13 所示。

（2）花台、花池

花台、花池（见图 6–14）工程量按设计图示体积以立方米计算。

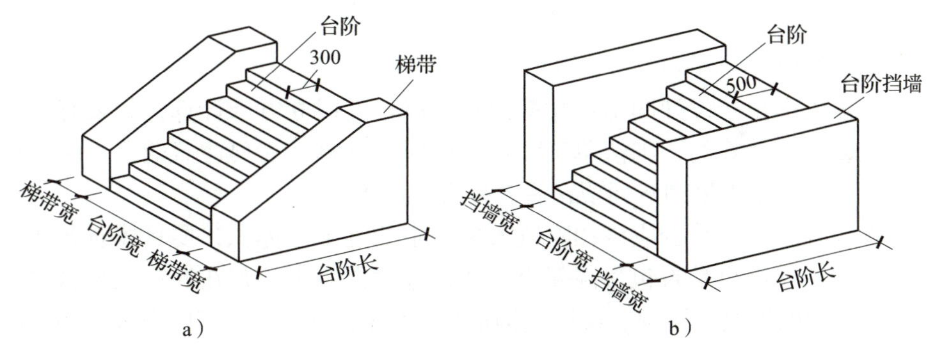


图 6–13 台阶、台阶挡墙、梯带

a）台阶、梯带 b）台阶、台阶挡墙

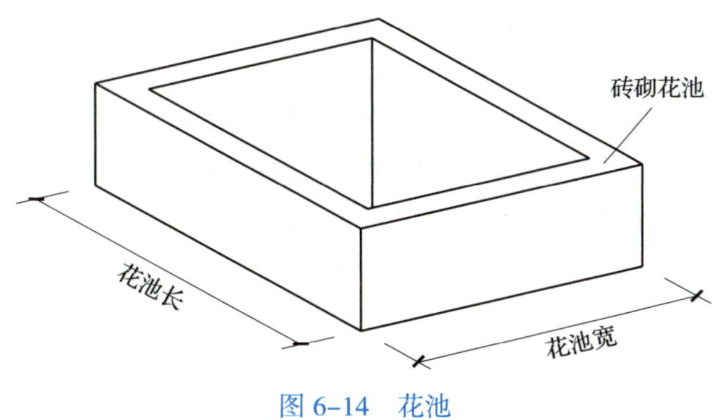


图 6–14 花池

（3）房上烟囱、附墙烟囱

房上烟囱工程量按设计图示体积以立方米计算，按零星砌砖项目列项，如图 6–15a 所示。如果是附墙烟囱，则其工程量应并入所附的砖墙工程量中，如图 6–15b 所示。

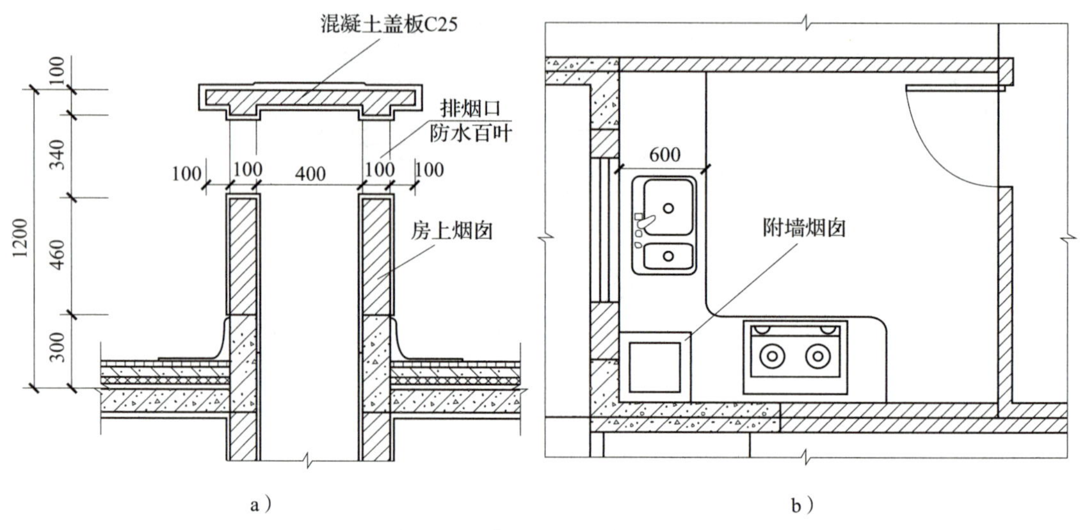


图 6–15　房上烟囱和附墙烟囱

a）房上烟囱　b）附墙烟囱

（4）砖砌栏板

砖砌栏板工程量按设计图示尺寸截面积乘以长度以立方米计算，如果有地方定额砖砌栏板是以长度计算的，则清单工程量也应以米计算。需要注意的是，砖砌栏板与女儿墙不同，前者按零星砌砖列项，后者按实心砖墙列项。

在计算工程量时，是否应该扣除嵌入栏板中的混凝土体积，要具体看各地方定额中砖砌栏板的工作内容是否包含混凝土，如果包含混凝土，则在计算工程量时，不应扣除嵌入栏板中的混凝土压顶、反梁及构造柱的体积。如 2018 年广东省定额“砖砌栏板”的工作内容包含混凝土，则在计算清单量时也不应该扣除混凝土体积。

**［例 6–3］**已知某工程的走廊 1/2 砖砌栏板材料为 M10 水泥石灰砂浆砌标准灰砂砖，共 64 m，如图 6–16 所示，沿长度方向每隔 3 ~ 4 m 设置 C25 混凝土构造柱，共设构造柱 24 根，求该工程砖砌栏板的清单工程量。

**解：**

砖砌栏板按零星砌砖项目列项。2018 年广东省定额“砖砌栏板”计量单位为 m，其工作内容包含混凝土，因此清单工程量按长度计算，其工作内容应包含混凝土构造柱和压顶。其他省市砖砌栏板可根据地方定额按体积计算，工作内容按地方定额的规定考虑是否包含混凝土构造柱和压顶。计算过程如下：

$L$=64 m

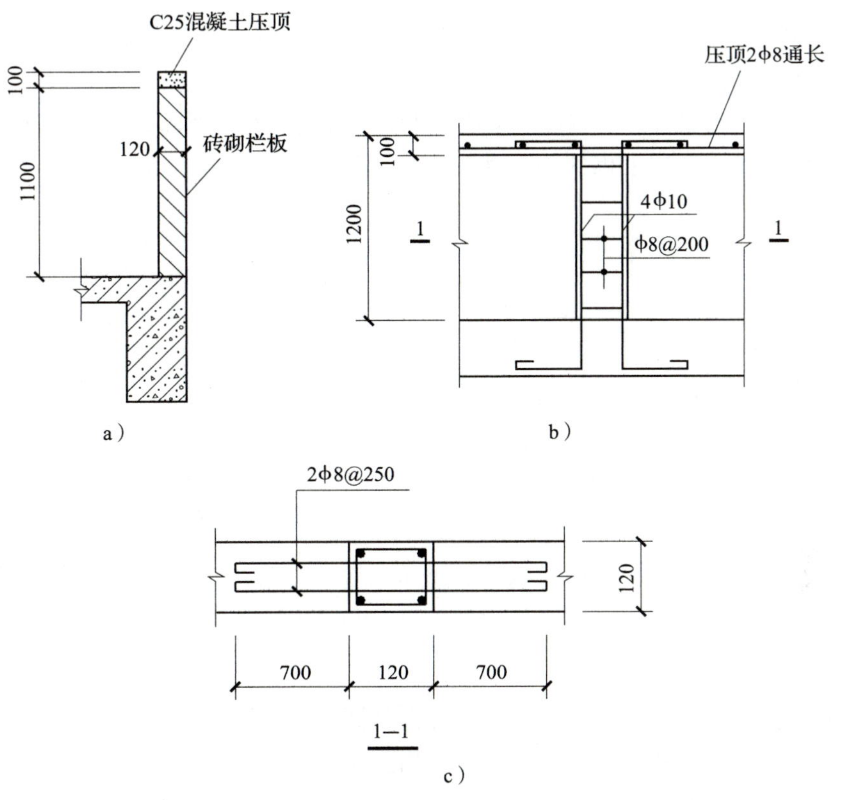


图 6–16　走廊砖砌栏板

a）砖砌栏板大样图　b）构造柱大样图　c）构造柱 1—1 断面图

## 5. 砖散水、地坪，砖地沟、明沟

### （1）砖散水、地坪

砖散水、地坪工程量按设计图示尺寸以面积计算。

### （2）砖地沟、明沟

砖地沟、明沟工程量以米计量，按设计图示以中心线长度计算。散水与明沟以沟边砖为分界线，如图 6–17 所示。

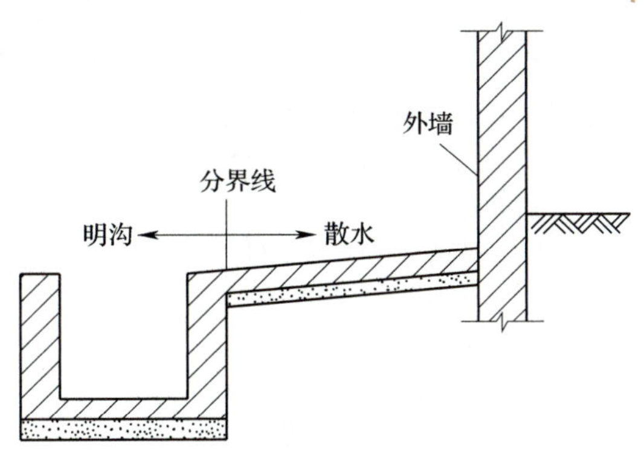


图 6–17　散水和明沟分界线

### 6. 垫层

垫层工程量按设计图示尺寸以立方米计算。此处的垫层是指除混凝土垫层之外的垫层，如碎砖垫层、碎石垫层、毛石垫层等。

［例 6–4］已知某工程的独立基础有两层垫层，其基础断面图和基础平面图如图 6–18 所示，试计算该工程的毛石灌 M5 水泥石灰砂浆垫层的清单工程量。

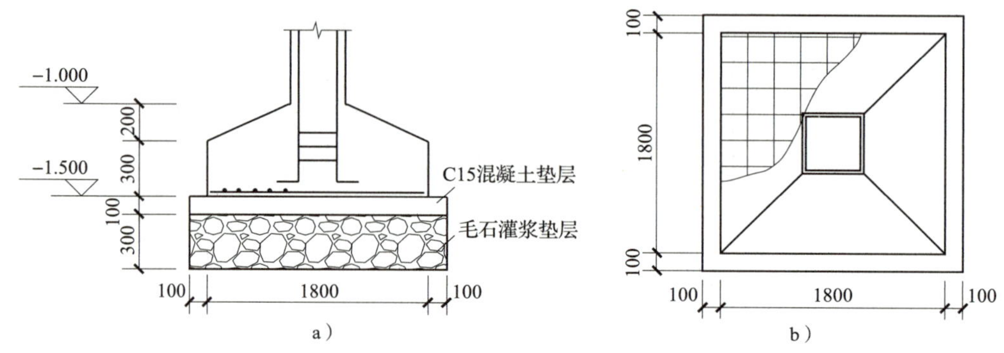


图 6–18　某工程的独立基础垫层

a）基础断面图　b）基础平面图

**解：**

该工程混凝土垫层另按“混凝土及钢筋混凝土工程”中的垫层项目列项，毛石灌浆垫层按此章节中的垫层项目列项。计算过程如下：

$V=2\times2\times0.3$（$m^3$）=1.2（$m^3$）

## 三、砌筑清单项目的编制

### 1. 砌筑清单项目的编制示例

砌筑清单项目的编制示例见表 6–4。

表 6–4　砌筑清单项目的编制示例

| 序号 | 项目编码 | 项目名称 | 项目特征 | 计量单位 | 工程数量 | 金额（元） | | |
|---|---|---|---|---|---|---|---|---|
| | | | | | | 综合单价 | 合价 | 暂估价 |
| 1 | 010401001001 | 砖基础 | 1. 砖品种、规格、强度等级：240 mm × 115 mm × 53 mm 灰砂砖<br>2. 基础类型：墙基础<br>3. 砂浆强度等级：M7.5 水泥砂浆<br>4. 防潮层材料种类：20 mm 厚 1 : 2 水泥防水砂浆 | $m^3$ | 9.95 | | | |

续表

| 序号 | 项目编码 | 项目名称 | 项目特征 | 计量单位 | 工程数量 | 金额（元） | | |
|---|---|---|---|---|---|---|---|---|
| | | | | | | 综合单价 | 合价 | 暂估价 |
| 2 | 010401003001 | 实心砖墙（外墙） | 1. 砖品种、规格、强度等级：240 mm × 115 mm × 53 mm 灰砂砖<br>2. 墙体类型：3/4 砖外墙<br>3. 砂浆强度等级、配合比：M7.5 水泥石灰砂浆 | $m^3$ | 8.21 | | | |
| 3 | 010401003002 | 实心砖墙（内墙） | 1. 砖品种、规格、强度等级：240 mm × 115 mm × 53 mm 灰砂砖<br>2. 墙体类型：3/4 砖内墙<br>3. 砂浆强度等级、配合比：M7.5 水泥石灰砂浆 | $m^3$ | 1.43 | | | |
| 4 | 010404012001 | 零星砌砖 | 1. 零星砌砖名称、部位：走廊砖砌栏板<br>2. 砖品种、规格、强度等级：240 mm × 115 mm × 53 mm 灰砂砖<br>3. 砂浆强度等级、配合比：M10 水泥石灰砂浆 | m | 64 | | | |
| 5 | 010404001001 | 垫层 | 垫层材料种类、配合比、厚度：毛石灌 M5 水泥石灰砂浆，300 mm 厚 | $m^3$ | 1.20 | | | |

### 2. 编制砌筑项目清单应注意的问题

（1）上述“基础类型”可描述为柱基础、墙基础、烟囱基础、水塔基础、管道基础。

（2）上述“墙体类型”应描述墙体厚度和类型，类型可分为外墙、内墙、围墙、双面清水墙、单面清水墙等，女儿墙作外墙计。

（3）如施工图设计标注做法见标准图集时，应在项目特征描述中注明图集的编码、页号及节点大样。

# 第二节 砌筑工程量清单组价内容及工程量计算

## 一、砌筑工程量清单组价内容

以 2018 年广东省定额为依据，常用砌筑工程量清单的组价内容见表 6–5。

表 6–5 常用砌筑工程量清单组价内容

| 项目编码 | 项目名称 | 计量单位 | 可组合的内容 | 对应的定额子目名称举例 |
|---|---|---|---|---|
| 010401001 | 砖基础 | $m^3$ | 砌砖 | 砖基础 |
| | | | 防潮层铺设 | 防水砂浆刚性防水、涂膜防水等 |
| 010401003 | 实心砖墙 | $m^3$ | 砌砖 | 混水砖外墙、混水砖内墙、单面清水砖外墙、单面清水砖内墙等 |
| 010401004 | 多孔砖墙 | | | |
| 010401005 | 空心砖墙 | | | |
| 010401006 | 空斗墙 | $m^3$ | 砌砖 | 2018 年广东省定额无相应子目 |
| 010401007 | 空花墙 | | 装填充料 | 混凝土浇捣及混凝土制作等 |
| 010404012 | 零星砌砖 | $m^3$、$m^2$、m、个 | 砌砖 | 砖砌小便槽、水厕蹲位、砖砌栏板、砖砌台阶、零星砌体等 |
| | | | 其他 | 混凝土制作等 |
| 010404013 | 砖散水、地坪 | $m^2$ | 土方挖运填、砌砖散水、抹砂浆面层 | 砖散水，2018 年广东省定额无砖地坪子目 |
| | | | 垫层 | 混凝土垫层、碎石灌浆垫层等 |
| 010404014 | 砖地沟、明沟 | m | 土方挖运填、砌砖 | 挖土、回填土、运土、砖砌地沟、砖砌明沟（包土方） |
| | | | 垫层 | 混凝土垫层、碎石灌浆垫层等 |
| | | | 底板混凝土制作、浇捣 | 地沟、明沟浇捣及混凝土制作 |

续表

| 项目编码 | 项目名称 | 计量单位 | 可组合的内容 | 对应的定额子目名称举例 |
|---|---|---|---|---|
| 010402001 | 砌块墙 | $m^3$ | 砌砖、砌块 | 轻质混凝土小型空心砌块墙、蒸压加气混凝土砌块墙、榫接混凝土砌块墙等 |
| 010404001 | 垫层 | $m^3$ | 垫层铺设 | 碎石灌浆垫层、毛石灌浆垫层等 |

## 二、砌筑定额工程量的计算

### 1. 砖基础

砖基础清单项目可组合砖基础及防潮层铺设定额子目。

（1）砖基础

砖基础定额工程量计算方法同清单工程量计算方法。

（2）防潮层铺设

墙基防水、防潮层工程量按设计图示尺寸以面积计算。

[例 6–5] 试计算例 6–1 中砖基础清单项目应组合的定额子目工程量。

解：砖基础清单项目应组合的定额子目列项及工程量计算如下：

（1）砖基础

$V$=9.95 $m^3$

M7.5 水泥砂浆制作：

$V$=2.36×9.95/10（$m^3$）=2.35（$m^3$）

（2）20 mm 厚 1∶2 水泥防水砂浆防潮层

基础长度 =46.92 m

防潮层面积为：$S$=46.92×0.18（$m^2$）=8.45（$m^2$）

1∶2 水泥防水砂浆制作：

$V$=2.04×8.45/100（$m^3$）=0.172（$m^3$）

### 2. 实心砖墙、多孔砖墙、空心砖墙、砌块墙

实心砖墙、多孔砖墙、空心砖墙、砌块墙清单项目可组合的定额子目是砌墙相关定额子目，如混水砖外墙、混水砖内墙、单面清水砖外墙、单面清水砖内墙、轻质混凝土小型空心砌块墙和蒸压加气混凝土砌块墙等。

砌墙定额工程量计算方法同清单工程量计算方法。

[例 6–6] 试计算例 6–2 中砖墙清单项目应组合的定额子目工程量。

解：

例 6–2 中砖墙清单项目应组合的定额子目列项及工程量计算如下：

（1）实心砖墙（外墙）

应组合的定额子目为：

M7.5 水泥石灰砂浆砌筑 3/4 灰砂砖外墙，$V$=8.21 $m^3$

M7.5 水泥石灰砂浆制作：$V$=2.18 × 8.21/10（$m^3$）=1.79（$m^3$）

（2）实心砖墙（内墙）

应组合的定额子目为：

M7.5 水泥石灰砂浆砌筑 3/4 灰砂砖内墙，$V$=1.43 $m^3$

M7.5 水泥石灰砂浆制作：$V$=2.17 × 1.43/10（$m^3$）=0.31（$m^3$）

### 3. 零星砌砖

零星砌砖清单项目可组合的定额子目是零星砌砖相关定额子目，如砖砌小便槽、砖砌厕坑道、水厕蹲位、砖砌栏板、砖砌台阶和零星砌体等。

按照 2018 年广东省定额，常用零星砌砖定额工程量计算方法如下：

（1）砖砌小便槽、砖砌厕坑道、砖砌栏板工程量按设计图示尺寸以长度计算。

（2）水厕蹲位工程量不分下沉式或非下沉式，均按设计图示数量以个计算。

（3）砖砌台阶工程量按水平投影面积以平方米计算。

（4）零星砌体工程量按设计图示尺寸以实体积计算。零星砌体包括蹲台、池槽、池槽腿、花台、花池、台阶挡墙、梯带、房上烟囱、地垄墙及不大于 0.3 $m^2$ 的孔洞填塞等。

**[ 例 6–7 ]** 试计算例 6–3 中走廊砖砌栏板清单项目应组合的定额子目工程量。

**解：**

2018 年广东省定额“砖砌栏板”的工作内容包含混凝土小柱、压顶的捣制，模板制作、安装、拆除及回程运输，其混凝土制作另计，体积按定额含量计算（考虑到其他省份的地方定额可能无定额含量，而本例中也已有混凝土压顶及构造柱大样图，其混凝土制作体积按设计图示尺寸计算），则例 6–3 中砖砌栏板清单项目“零星砌砖”应组合的定额子目列项及工程量计算如下：

1/2 砖砌栏板（1 200 mm 高），定额按长度计算：

$L$=64 m

M10 水泥石灰砂浆制作：

$V$=1.97 × 1.3 × 64/100（$m^3$）=1.64（$m^3$）

注：定额“1/2 砖砌栏板”是按高度 900 mm，超过 900 mm 时每增减 100 mm，其人、材、机消耗量增减 10%，本工程栏板高 1 200 mm，因此，上述砂浆制作工程量应按定额含量 1.97 $m^3$ 乘以系数 1.3。

C25 预拌混凝土制作（压顶和构造柱）：

压顶 $V_1$=64 × 0.115 × 0.1 × 1.01（$m^3$）=0.74（$m^3$）

构造柱 $V_2$=0.115 × 0.12 × 1.1 × 24 × 1.01（$m^3$）=0.37（$m^3$）

小计：1.11 $m^3$

注：上述混凝土制作的体积是按混凝土构件体积乘以 1.01 计算，考虑了 1% 的损耗。1/2 砖砌栏板厚度为 115 mm。

### 4. 砖散水、地坪

砖散水、地坪清单项目可组合砖散水、地坪及垫层相关定额子目。

（1）砖散水工程量计算方法与清单工程量相同。2018 年广东省定额无砖地坪子目。

（2）垫层工程量按设计图示尺寸以体积计算。此处“垫层”有可能是混凝土垫层、碎石灌浆垫层、中砂垫层等。

### 5. 砖地沟、明沟

砖地沟、明沟清单项目可组合砖砌地沟、砖砌明沟、垫层及地沟、明沟（底板混凝土）浇捣及混凝土制作相关定额子目。

（1）砖砌地沟工程量按设计图示尺寸以体积计算，砖砌明沟工程量计算方法与清单工程量相同。

（2）垫层工程量按设计图示尺寸以体积计算。此处“垫层”有可能是混凝土垫层、碎石灌浆垫层、中砂垫层等。

（3）地沟、明沟（底板混凝土）浇捣及混凝土制作工程量按设计图示尺寸以体积计算。

### 6. 垫层

垫层清单项目可组合的定额子目是非混凝土垫层的相关定额子目，如碎石灌浆垫层、中砂垫层和毛石灌浆垫层等。

**[例 6–8]** 试计算例 6–4 中毛石灌浆垫层清单项目应组合的定额子目工程量。

**解：**

清单“垫层”应组合的定额子目为：

毛石灌 M5 水泥石灰砂浆垫层：$V$=1.20 $m^3$

M5 水泥石灰砂浆制作：$V$=2.5×1.2/10（$m^3$）=0.3（$m^3$）

## 第三节 砌筑工程量清单综合单价计算

砌筑工程量清单综合单价的计算是以 2018 年广东省定额为依据，并根据工程实际情况确定具体的工程量清单项目组价内容，利用综合单价分析表，将组成砌筑清单项目的费用汇总计算，并最后得出砌筑工程量清单项目的综合单价。费用的计算以定额消耗量为依据，人工、材料、机械单价按指定计价时期的价格调整，并按项目实际情况计算利润。

**[例 6–9]** 以例 6–1 ~例 6–8 中砖基础、实心砖墙、零星砌砖及垫层的砌筑清单及定额工程量计算结果为依据，已知实例中所有项目砌筑用砖均为灰砂砖，砌筑及地面砂浆均为湿拌砂浆，试计算砌筑工程量清单综合单价，并汇总分部工程量清单计价表。

人工费按定额人工费 ×108.76/100 计算，管理费按（人工费 + 机具费）×15.14% 计算，利润按（人工费 + 机具费）×20% 计算。

另外，主材料现行税前价格为：灰砂砖 390.01 元 / 千块，M5 湿拌砌筑砂浆 596 元 /$m^3$，M7.5 湿拌砌筑砂浆 599 元 /$m^3$，M10 湿拌砌筑砂浆 605 元 /$m^3$，1∶2 湿拌水泥防水砂浆 649 元 /$m^3$，C25 普通预拌混凝土 586 元 /$m^3$，毛石 203.35 元 /$m^3$，其余费用按 2018 年广东省定额的规定计算。

**解：**

计算过程如下：

（1）例 6–1 ~ 例 6–8 中计算的砌筑清单及定额工程量计算结果汇总见表 6–6。

（2）以砖基础的综合单价计算为例，其清单综合单价的计算过程见表 6–7。

（3）其他砌筑工程量清单综合单价计算过程略，最后报价见表 6–8。

**表 6–6　砌筑清单及定额工程量计算结果汇总表**

<table>
<tr><th rowspan="2">序号</th><th colspan="3">清单项目</th><th colspan="3">定额项目</th></tr>
<tr><th>项目名称</th><th>计量单位</th><th>工程量</th><th>项目名称</th><th>计量单位</th><th>工程量</th></tr>
<tr><td rowspan="4">1</td><td rowspan="4">砖基础</td><td rowspan="4">$m^3$</td><td rowspan="4">9.95</td><td>（1）砖基础</td><td>$m^3$</td><td>9.95</td></tr>
<tr><td>M7.5 水泥砂浆制作</td><td>$m^3$</td><td>2.35</td></tr>
<tr><td>（2）20 mm 厚 1∶2 水泥防水砂浆防潮层</td><td>$m^2$</td><td>8.45</td></tr>
<tr><td>1∶2 水泥防水砂浆制作</td><td>$m^3$</td><td>0.172</td></tr>
<tr><td rowspan="2">2</td><td rowspan="2">实心砖墙</td><td rowspan="2">$m^3$</td><td rowspan="2">8.21</td><td>3/4 灰砂砖外墙</td><td>$m^3$</td><td>8.21</td></tr>
<tr><td>M7.5 水泥石灰砂浆制作</td><td>$m^3$</td><td>1.79</td></tr>
<tr><td rowspan="2">3</td><td rowspan="2">实心砖墙</td><td rowspan="2">$m^3$</td><td rowspan="2">1.43</td><td>3/4 灰砂砖内墙</td><td>$m^3$</td><td>1.43</td></tr>
<tr><td>M7.5 水泥石灰砂浆制作</td><td>$m^3$</td><td>0.31</td></tr>
<tr><td rowspan="3">4</td><td rowspan="3">零星砌砖</td><td rowspan="3">m</td><td rowspan="3">64</td><td>1/2 砖砌栏板（1 200 mm 高）</td><td>m</td><td>64</td></tr>
<tr><td>M10 水泥石灰砂浆制作</td><td>$m^3$</td><td>1.64</td></tr>
<tr><td>C25 预拌混凝土制作</td><td>$m^3$</td><td>1.11</td></tr>
<tr><td rowspan="2">5</td><td rowspan="2">垫层</td><td rowspan="2">$m^3$</td><td rowspan="2">1.20</td><td>毛石灌 M5 水泥石灰砂浆垫层</td><td>$m^3$</td><td>1.20</td></tr>
<tr><td>M5 水泥石灰砂浆制作</td><td>$m^3$</td><td>0.3</td></tr>
</table>

表 6-7

## 工程量清单综合单价分析表

| 工程名称：×× 工程 | | | | | | | | | | | 第 页，共 页 | | |
|---|---|---|---|---|---|---|---|---|---|---|---|---|---|
| 项目编码 | | | 010401001001 | | 项目名称 | | 砖基础 | | 计量单位 | $m^3$ | 清单工程量 | | 9.95 |
| 清单综合单价组成明细 | | | | | | | | | | | | | |
| 定额编号 | 定额子目名称 | 定额单位 | 工程数量 | 单价（元） | | | | | 合价（元） | | | | |
| | | | | 人工费 | 材料费 | 机具费 | 管理费 | 利润 | 人工费 | 材料费 | 机具费 | 管理费 | 利润 |
| A1-4-1 | 砖基础 | 10 $m^3$ | 0.10 | 1 691.46 | 2 065.68 | | 256.09 | 338.29 | 169.15 | 206.57 | | 25.61 | 33.83 |
| 8005902 | 湿拌砌筑砂浆 M7.5 | $m^3$ | 0.236 | | 599.00 | | | | | 141.36 | | | |
| A1-10-161 | 防水砂浆普通平面 | 100 $m^2$ | 0.008 5 | 935.34 | 33.62 | | 141.61 | 187.07 | 7.94 | 0.29 | | 1.20 | 1.59 |
| 8005915 | 湿拌水泥防水砂浆 1∶2 | $m^3$ | 0.017 3 | | 649 | | | | | 11.24 | | | |
| | | 小计 | | | | | | | 177.09 | 359.46 | | 26.81 | 35.42 |
| | | 未计价材料费 | | | | | | | 0.00 | | | | |
| 清单项目综合单价 | | | | | | | | | 598.78 | | | | |

表 6–8　分部分项工程量清单与计价表

| 序号 | 项目编码 | 项目名称 | 项目特征 | 计量单位 | 工程数量 | 金额（元） | | |
|---|---|---|---|---|---|---|---|---|
| | | | | | | 综合单价 | 合价 | 暂估价 |
| 1 | 010401001001 | 砖基础 | 1. 砖品种、规格、强度等级：240 mm × 115 mm × 53 mm 灰砂砖<br>2. 基础类型：墙基础<br>3. 砂浆强度等级：M7.5 水泥砂浆<br>4. 防潮层材料种类：20 mm 厚 1∶2 水泥防水砂浆 | $m^3$ | 9.95 | 598.78 | 5 957.86 | |
| 2 | 010401003001 | 实心砖墙（外墙） | 1. 砖品种、规格、强度等级：240 mm × 115 mm × 53 mm 灰砂砖<br>2. 墙体类型：3/4 砖外墙<br>3. 砂浆强度等级、配合比：M7.5 水泥石灰砂浆 | $m^3$ | 8.21 | 648.75 | 5 326.24 | |
| 3 | 010401003002 | 实心砖墙（内墙） | 1. 砖品种、规格、强度等级：240 mm × 115 mm × 53 mm 灰砂砖<br>2. 墙体类型：3/4 砖内墙<br>3. 砂浆强度等级、配合比：M7.5 水泥石灰砂浆 | $m^3$ | 1.43 | 630.24 | 901.24 | |
| 4 | 010404012001 | 零星砌砖 | 1. 零星砌砖名称、部位：走廊砖砌栏板<br>2. 砖品种、规格、强度等级：240 mm × 115 mm × 53 mm 灰砂砖<br>3. 砂浆强度等级、配合比：M10 水泥石灰砂浆 | m | 64 | 182.87 | 11 703.68 | |
| 5 | 010404001001 | 垫层 | 垫层材料种类、配合比、厚度：毛石灌 M2.5 水泥石灰砂浆，300 mm 厚 | $m^3$ | 1.20 | 560.66 | 672.79 | |
| | | | 小计 | | | | 24 561.81 | |

# 技能训练 4 某工程砌筑工程计量与计价

某二层框架住宅的二层平面图、顶层梁结构平面图、门窗表及阳台砖砌栏板大样如图 6–19 所示，已知该住宅二层层高为 3.2 m，内外墙及阳台栏板均为 M7.5 水泥石灰砂浆砌 240 mm × 115 mm × 53 mm 灰砂砖；墙体厚度除注明外均为 180 mm，砖砌栏板厚度为 120 mm；KZ1、KZ2 尺寸为 300 mm × 300 mm，GZ1 尺寸为 120 mm × 120 mm，M–1 和 M–2 顶均设钢筋混凝土过梁，过梁长为门窗口宽两边各加 250 mm，高为 120 mm，其余门窗均不设过梁；顶层板厚均为 100 mm，阳台栏板压顶的混凝土强度等级为 C25，试计算：

（1）该工程二层平面外墙、内墙及阳台砖砌栏板的清单及定额工程量。

（2）上述砌筑工程量清单综合单价，并编制其分部分项工程量清单与计价表。

该工程人工费、材料费、管理费、利润及其他费用均按当地定额及市场价格文件的规定计算。

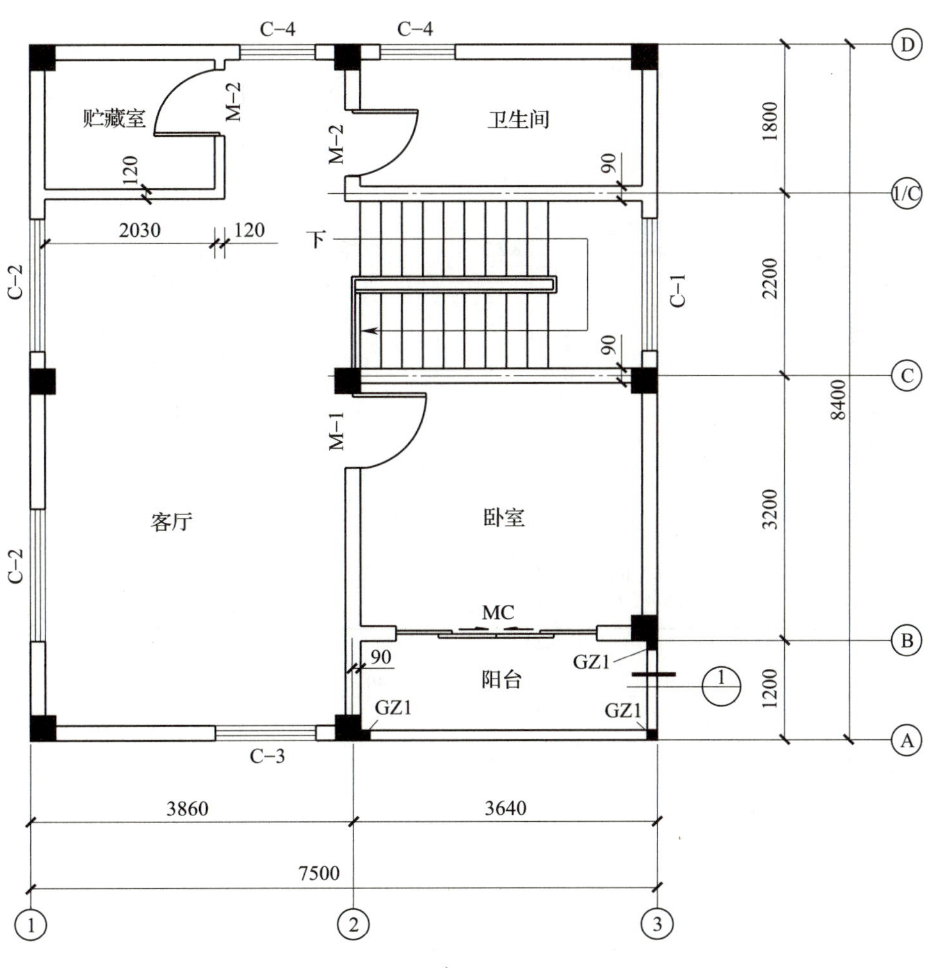


a）

| 类型 | 设计编号 | 洞口尺寸（mm） | 数量 | 备注 |
|---|---|---|---|---|
| 门 | M–1 | 900×2000 | 1 | 实木玻璃门 |
| | M–2 | 800×2000 | 2 | 实木门加门套，胡桃夹饰面 |
| | MC | 2400×2700 | 1 | 铝合金窗白色玻璃 |
| 窗 | C–1 | 1600×1800 | 1 | 铝合金窗白色玻璃 |
| | C–2 | 1600×1800 | 2 | 铝合金窗白色玻璃 |
| | C–3 | 1200×1800 | 1 | 铝合金窗白色玻璃 |
| | C–4 | 900×1800 | 2 | 铝合金窗白色玻璃 |

b）

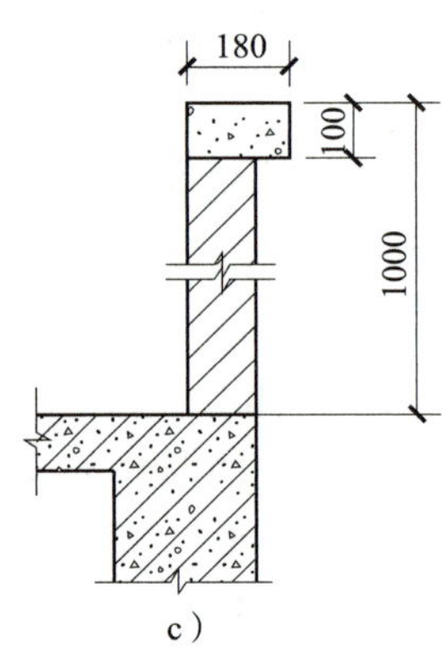


c）

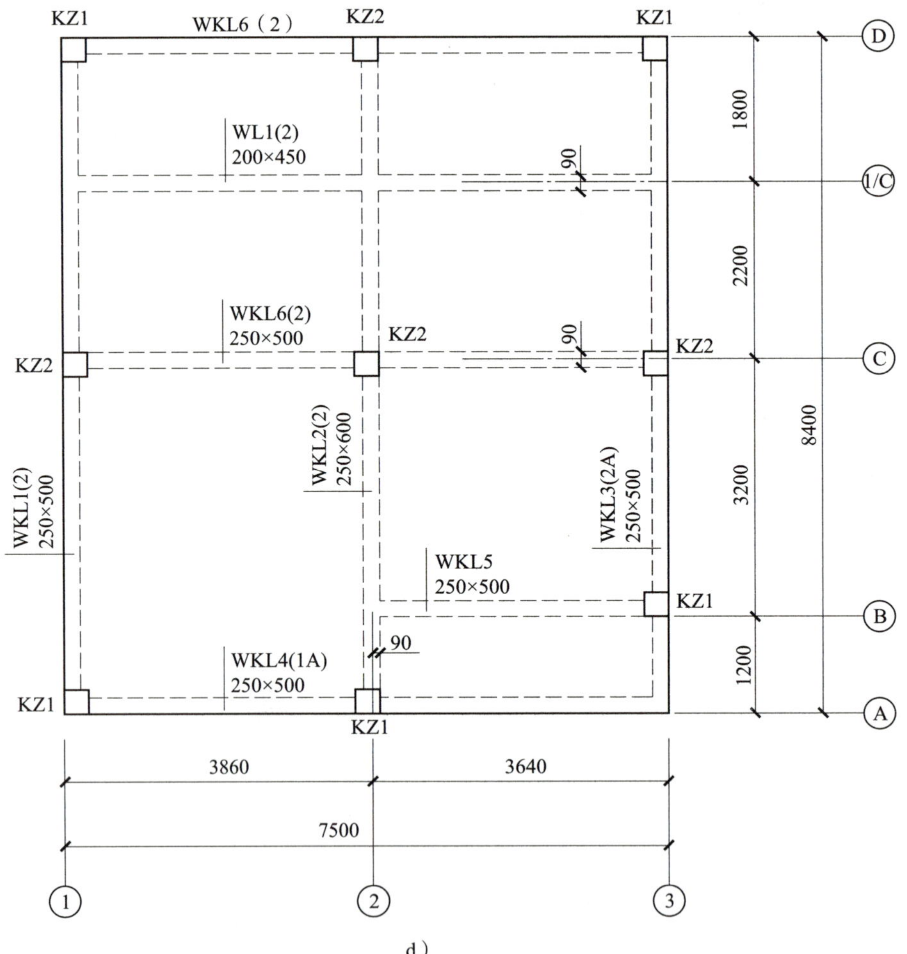


d）

图 6–19　某二层框架住宅

a）二层平面图　b）门窗表　c）阳台栏板①剖面大样图　d）顶层梁结构平面图

# 第七章 现浇混凝土工程

## 学习目标

掌握现浇混凝土工程量清单及综合单价的编制方法，能熟练计算现浇混凝土工程的清单工程量，编制工程量清单，并能根据现浇混凝土清单的工作内容合理组合相应的定额子目，计算其定额工程量及现浇混凝土工程量清单综合单价。

## 第一节 现浇混凝土工程量清单编制及清单工程量计算

### 一、现浇混凝土工程量清单项目的设置

2013年清单计量规范中，现浇混凝土工程量清单包括现浇混凝土基础、现浇混凝土柱、现浇混凝土梁、现浇混凝土墙、现浇混凝土板、现浇混凝土楼梯、现浇混凝土其他构件，以及后浇带共八节三十九个项目。

常用的建筑物现浇混凝土工程量清单项目见表7-1~表7-8。

表7-1 E.1 现浇混凝土基础（编码：010501）

| 项目编码 | 项目名称 | 项目特征 | 计量单位 | 工程量计算规则 | 工作内容 |
|---|---|---|---|---|---|
| 010501001 | 垫层 | 1. 混凝土种类<br>2. 混凝土强度等级 | $m^3$ | 按设计图示尺寸以体积计算 | 1. 模板及支架（撑）制作、安装、拆除、堆放、运输及清理模内杂物、刷隔离剂等 |
| 010501002 | 带形基础 | | | | |
| 010501003 | 独立基础 | | | | |
| 010501004 | 满堂基础 | | | | |
| 010501005 | 桩承台基础 | | | | |

续表

| 项目编码 | 项目名称 | 项目特征 | 计量单位 | 工程量计算规则 | 工作内容 |
| --- | --- | --- | --- | --- | --- |
| 010501006 | 设备基础 | 1. 混凝土种类<br>2. 混凝土强度等级<br>3. 灌浆材料及其强度等级 | $m^3$ | 按设计图示尺寸以体积计算 | 2. 混凝土制作、运输、浇筑、振捣、养护 |

表 7-2　　E.2 现浇混凝土柱（编码：010502）

| 项目编码 | 项目名称 | 项目特征 | 计量单位 | 工程量计算规则 | 工作内容 |
| --- | --- | --- | --- | --- | --- |
| 010502001 | 矩形柱 | 1. 混凝土种类<br>2. 混凝土强度等级 | $m^3$ | 按设计图示尺寸以体积计算 | 1. 模板及支架（撑）制作、安装、拆除、堆放、运输及清理模内杂物、刷隔离剂等<br>2. 混凝土制作、运输、浇筑、振捣、养护 |
| 010502002 | 构造柱 | | | | |
| 010502003 | 异形柱 | 1. 柱形状<br>2. 混凝土种类<br>3. 混凝土强度等级 | | | |

表 7-3　　E.3 现浇混凝土梁（编码：010503）

| 项目编码 | 项目名称 | 项目特征 | 计量单位 | 工程量计算规则 | 工作内容 |
| --- | --- | --- | --- | --- | --- |
| 010503001 | 基础梁 | 1. 混凝土种类<br>2. 混凝土强度等级 | $m^3$ | 按设计图示尺寸以体积计算 | 1. 模板及支架（撑）制作、安装、拆除、堆放、运输及清理模内杂物、刷隔离剂等<br>2. 混凝土制作、运输、浇筑、振捣、养护 |
| 010503002 | 矩形梁 | | | | |
| 010503003 | 异形梁 | | | | |
| 010503004 | 圈梁 | | | | |
| 010503005 | 过梁 | | | | |
| 010503006 | 弧形、拱形梁 | | | | |

**表 7-4　　E.4 现浇混凝土墙（编码：010504）**

<table>
<tr><th>项目编码</th><th>项目名称</th><th>项目特征</th><th>计量单位</th><th>工程量计算规则</th><th>工作内容</th></tr>
<tr><td>010504001</td><td>直形墙</td><td rowspan="4">1. 混凝土种类<br>2. 混凝土强度等级</td><td rowspan="4">$m^3$</td><td rowspan="4">按设计图示尺寸以体积计算</td><td rowspan="4">1. 模板及支架（撑）制作、安装、拆除、堆放、运输及清理模内杂物、刷隔离剂等<br>2. 混凝土制作、运输、浇筑、振捣、养护</td></tr>
<tr><td>010504002</td><td>弧形墙</td></tr>
<tr><td>010504003</td><td>短肢剪力墙</td></tr>
<tr><td>01050404</td><td>挡土墙</td></tr>
</table>

**表 7-5　　E.5 现浇混凝土板（编码：010505）**

<table>
<tr><th>项目编码</th><th>项目名称</th><th>项目特征</th><th>计量单位</th><th>工程量计算规则</th><th>工作内容</th></tr>
<tr><td>010505001</td><td>有梁板</td><td rowspan="9">1. 混凝土种类<br>2. 混凝土强度等级</td><td rowspan="9">$m^3$</td><td rowspan="6">按设计图示尺寸以体积计算</td><td rowspan="9">1. 模板及支架（撑）制作、安装、拆除、堆放、运输及清理模内杂物、刷隔离剂等<br>2. 混凝土制作、运输、浇筑、振捣、养护</td></tr>
<tr><td>010505002</td><td>无梁板</td></tr>
<tr><td>010505003</td><td>平板</td></tr>
<tr><td>010505004</td><td>拱板</td></tr>
<tr><td>010505005</td><td>薄壳板</td></tr>
<tr><td>010505006</td><td>栏板</td></tr>
<tr><td>010505007</td><td>天沟（檐沟）、挑檐板</td><td>按设计图示尺寸以体积计算</td></tr>
<tr><td>010505008</td><td>雨篷、悬挑板、阳台板</td><td>按设计图示尺寸以墙外部分体积计算</td></tr>
<tr><td>010505010</td><td>其他板</td><td>按设计图示尺寸以体积计算</td></tr>
</table>

**表 7-6　　E.6 现浇混凝土楼梯（编码：010506）**

<table>
<tr><th>项目编码</th><th>项目名称</th><th>项目特征</th><th>计量单位</th><th>工程量计算规则</th><th>工作内容</th></tr>
<tr><td>010506001</td><td>直形楼梯</td><td rowspan="2">1. 混凝土种类<br>2. 混凝土强度等级</td><td rowspan="2">1. $m^2$<br>2. $m^3$</td><td rowspan="2">1. 以平方米计量<br>2. 以立方米计量</td><td rowspan="2">1. 模板及支架（撑）制作、安装、拆除、堆放、运输及清理模内杂物、刷隔离剂等<br>2. 混凝土制作、运输、浇筑、振捣、养护</td></tr>
<tr><td>010506002</td><td>弧形楼梯</td></tr>
</table>

表 7–7　　E.7 现浇混凝土其他构件（编码：010507）

| 项目编码 | 项目名称 | 项目特征 | 计量单位 | 工程量计算规则 | 工作内容 |
|---|---|---|---|---|---|
| 010507001 | 散水、坡道 | 1. 垫层材料种类、厚度<br>2. 面层厚度<br>3. 混凝土种类<br>4. 混凝土强度等级<br>5. 变形缝填塞材料种类 | $m^2$ | 按设计图示尺寸以水平投影面积计算 | 1. 地基夯实<br>2. 铺设垫层<br>3. 模板及支架（撑）制作、安装、拆除、堆放、运输及清理模内杂物、刷隔离剂等<br>4. 混凝土制作、运输、浇筑、振捣、养护<br>5. 变形缝填塞 |
| 010507002 | 室外地坪 | 1. 地坪厚度<br>2. 混凝土强度等级 | | | |
| 010507003 | 电缆沟、地沟 | 1. 土壤类别<br>2. 沟截面净空尺寸<br>3. 垫层材料种类、厚度<br>4. 混凝土种类<br>5. 混凝土强度等级<br>6. 防护材料种类 | m | 按设计图示以中心线长度计算 | 1. 挖、填、运土石方<br>2. 铺设垫层<br>3. 模板及支架（撑）制作、安装、拆除、堆放、运输及清理模内杂物、刷隔离剂等<br>4. 混凝土制作、运输、浇筑、振捣、养护<br>5. 刷防护材料 |
| 010507004 | 台阶 | 1. 踏步高、宽<br>2. 混凝土种类<br>3. 混凝土强度等级 | 1. $m^2$<br>2. $m^3$ | 1. 以平方米计量<br>2. 以立方米计量 | 1. 模板及支架（撑）制作、安装、拆除、堆放、运输及清理模内杂物、刷隔离剂等<br>2. 混凝土制作、运输、浇筑、振捣、养护 |
| 010507005 | 扶手、压顶 | 1. 断面尺寸<br>2. 混凝土种类<br>3. 混凝土强度等级 | 1. m<br>2. $m^3$ | 1. 以米计量<br>2. 以立方米计量 | |
| 010507007 | 其他构件 | 1. 构件类型<br>2. 构件规格<br>3. 部位<br>4. 混凝土种类<br>5. 混凝土强度等级 | $m^3$ | 按设计图示尺寸以体积计算 | |

表 7-8　　E.8 后浇带（编码：010508）

| 项目编码 | 项目名称 | 项目特征 | 计量单位 | 工程量计算规则 | 工作内容 |
|---|---|---|---|---|---|
| 010508001 | 后浇带 | 1. 混凝土种类<br>2. 混凝土强度等级 | $m^3$ | 按设计图示尺寸以体积计算 | 1. 模板及支架（撑）制作、安装、拆除、堆放、运输及清理模内杂物、刷隔离剂等<br>2. 混凝土制作、运输、浇筑、振捣、养护及混凝土交接面、钢筋等的清理 |

## 二、现浇混凝土清单工程量计算

### 1. 现浇混凝土基础

现浇混凝土基础包括垫层、带形基础、独立基础、满堂基础、桩承台基础和设备基础。

工程量按设计图示尺寸以体积计算。计算桩承台基础时，不扣除伸入承台基础的桩头所占体积。如图 7–3a 所示桩承台的体积不扣除桩头伸入承台内 50 mm 所占的体积。

带形基础分为有肋式带形基础与无肋式（板式）带形基础，有肋式带形基础中肋（梁）的体积并入带形基础计算。

满堂基础（筏形基础）指用板梁墙柱组合浇筑而成的基础，一般分为无梁式（平板式）满堂基础、有梁式（梁板式）满堂基础和箱式满堂基础三种形式。其中，无梁式满堂基础（见图 7–1a）工程量为基础底板的实际体积，柱头并入满堂基础工程量中。有梁式满堂基础（见图 7–1b）按梁和板的体积合并计算，列入“满堂基础”项目。地下室地板也按“满堂基础”项目列项。箱式满堂基础（见图 7–1c）中柱、梁、墙、板分别按现浇混凝土柱、现浇混凝土梁、现浇混凝土墙和现浇混凝土板中相关项目列项，其基础底板按“满堂基础”列项。

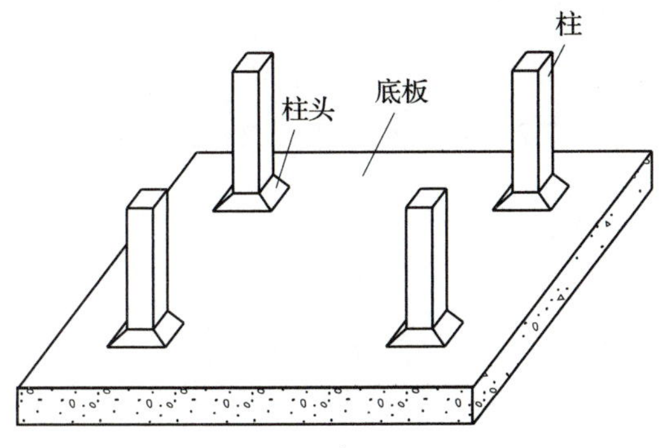

a）

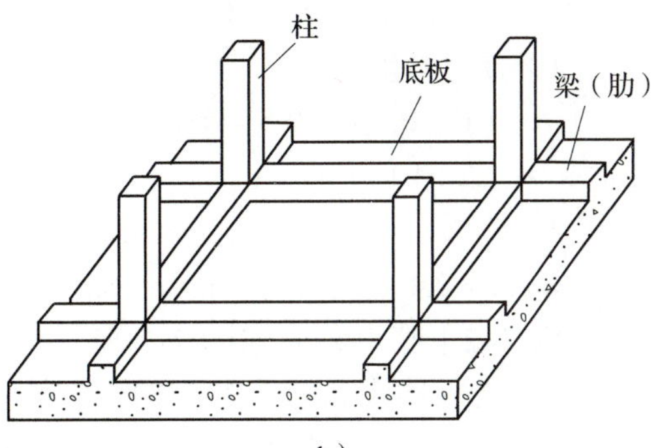

b）

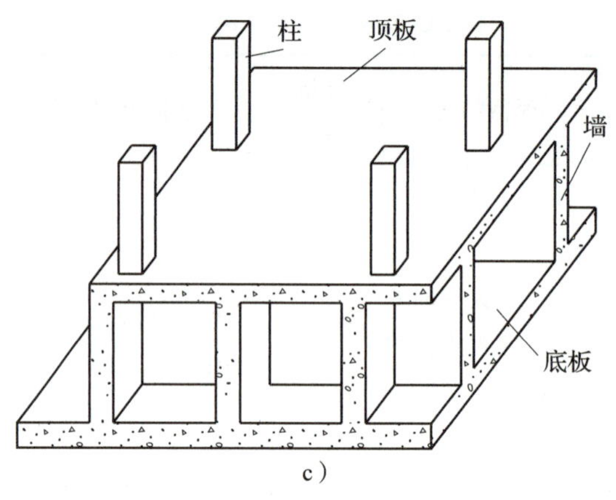


图 7-1　满堂基础

a）无梁式满堂基础　b）有梁式满堂基础　c）箱式满堂基础

**[ 例 7-1 ]** 某工程 12 个独立基础 DJ1，其平面图及剖面如图 7-2 所示，已知该独立基础混凝土为 C25 混凝土（普通预拌混凝土），垫层混凝土为 C15 混凝土（普通预拌混凝土），试计算该独立基础及其垫层的清单工程量。

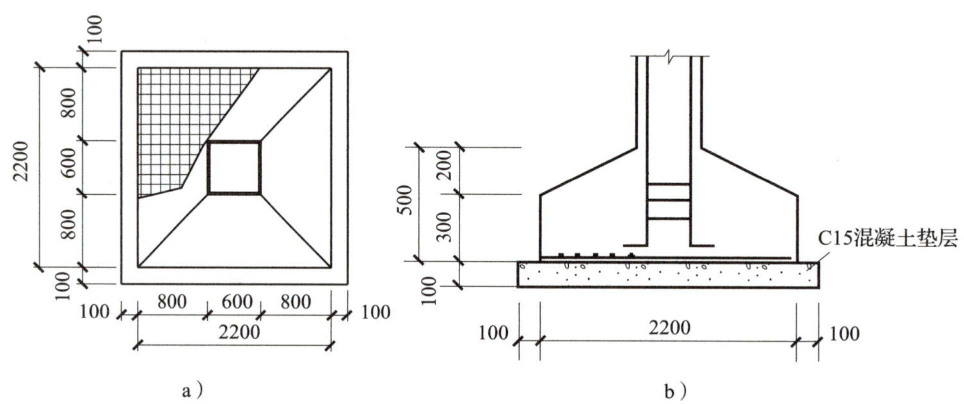


图 7-2　DJ1 平面图及剖面图

a）DJ1 平面图　b）DJ1 剖面图

**解：**

本独立基础及其垫层分开列清单项目：

（1）独立基础

$V_1$=｛1/6×0.2×［0.6×0.6+（0.6+2.2）×（0.6+2.2）+2.2×2.2］+2.2×2.2×0.3｝×12（$m^3$）=22.64（$m^3$）

（2）垫层

$V_2$=2.4×2.4×0.1×12（$m^3$）=6.91（$m^3$）

**[ 例 7-2 ]** 某工程有如图 7-3 所示的三桩台共 25 个，已知该三桩台混凝土为 C30 混凝土（普通预拌混凝土），垫层混凝土为 C15 混凝土（普通预拌混凝土），伸入桩承台的预制管桩外径为 $\phi$400 mm，试计算该三桩台及其垫层的清单工程量。

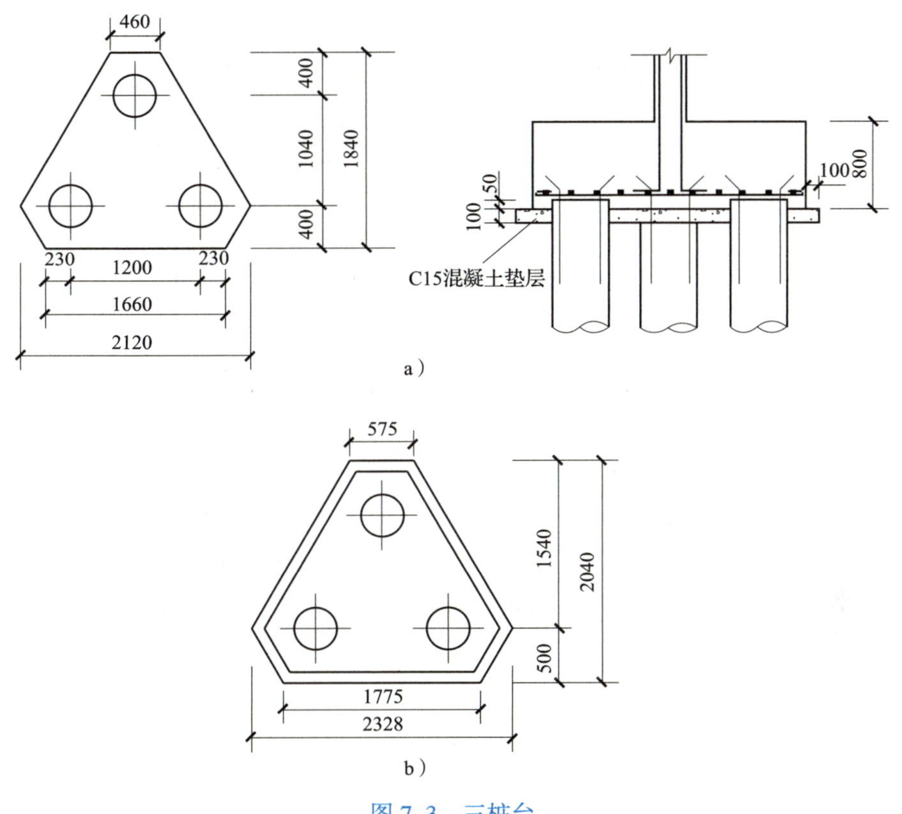


图 7-3　三桩台

a）桩承台基础平面图　b）垫层平面图

**解：**

本桩承台基础及其垫层分开列清单项目，桩承台及垫层均不扣除桩头所占的体积：

（1）桩承台基础

$V_1$=［1/2×（0.46+2.12）×（1.04+0.4）+1/2×（1.66+2.12）×0.4］×0.8×25（$m^3$）= 52.27（$m^3$）

（2）垫层

$V_2$=［1/2×（0.575+2.328）×1.54+1/2×（1.775+2.328）×0.5］×0.1×25（$m^3$）= 8.15（$m^3$）

## 2. 现浇混凝土柱

现浇混凝土柱包括矩形柱、构造柱和异形柱。

工程量按设计图示尺寸以体积计算。其中柱高的计算如下：有梁板的柱高应以柱基上表面（或楼板上表面）至上一层楼板上表面之间的高度计算，如图 7-4a 所示；无梁板的柱高应以柱基上表面（或楼板上表面）至柱帽下表面之间的高度计算，如图 7-4b 所示；框架柱的柱高应以柱基上表面至柱顶高度计算，如图 7-4c 所示；构造柱按全高计算，嵌接墙体部分（马牙槎）并入柱身体积，如图 7-4d 所示；依附柱上的牛腿和升板的柱帽并入柱身体积计算，但如图 7-4b 所示的无梁板的柱帽应并入无梁板内计算。

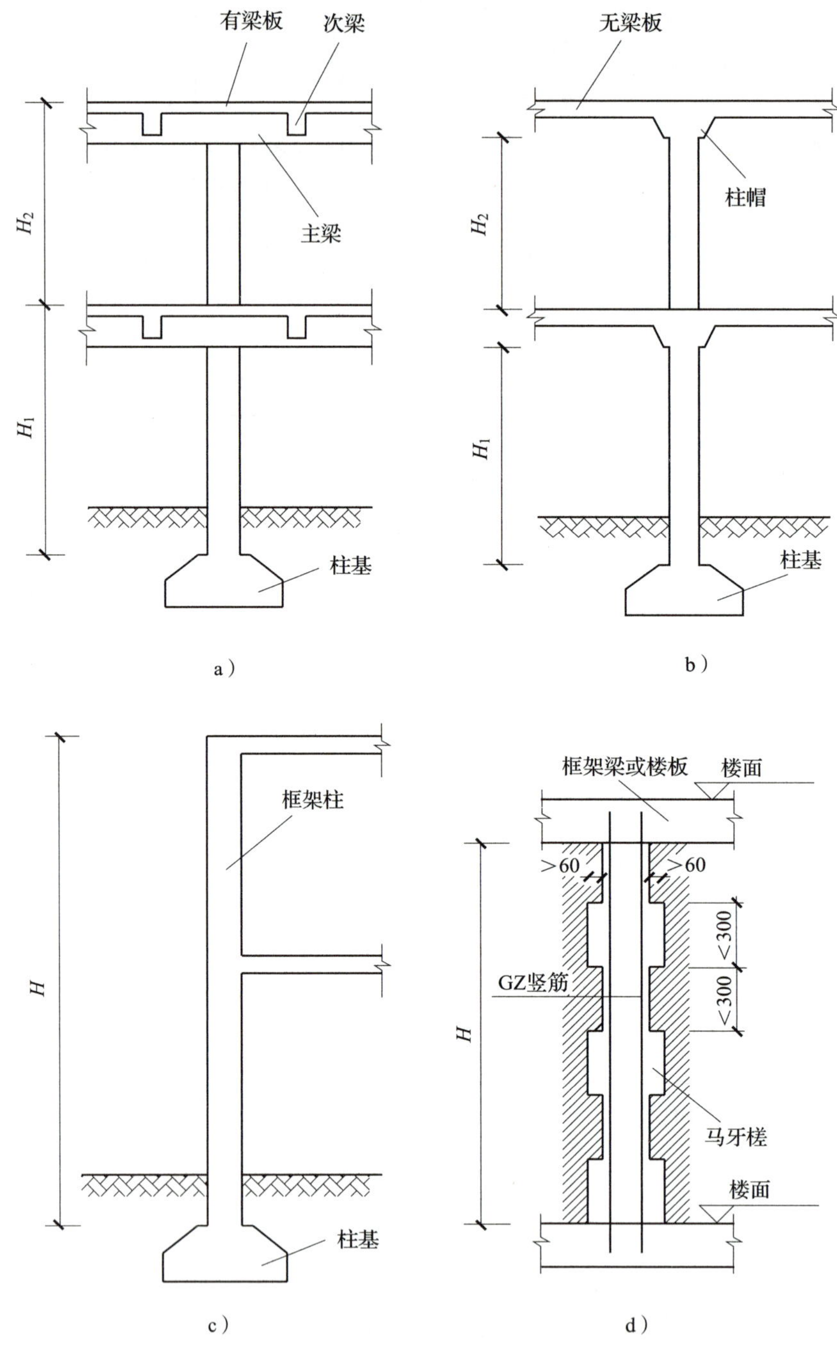


图 7–4 现浇混凝土柱的柱高计算

a）有梁板的柱高计算 b）无梁板的柱高计算

c）框架柱的柱高计算 d）构造柱的柱高计算

［例 7–3］某工程有如图 7–5 所示的构造柱共 16 个，已知该构造柱混凝土为 C25 混凝土（普通预拌混凝土），试计算该构造柱的清单工程量。

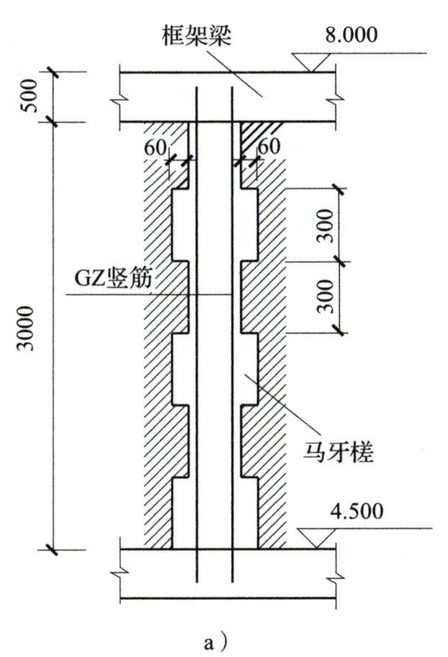


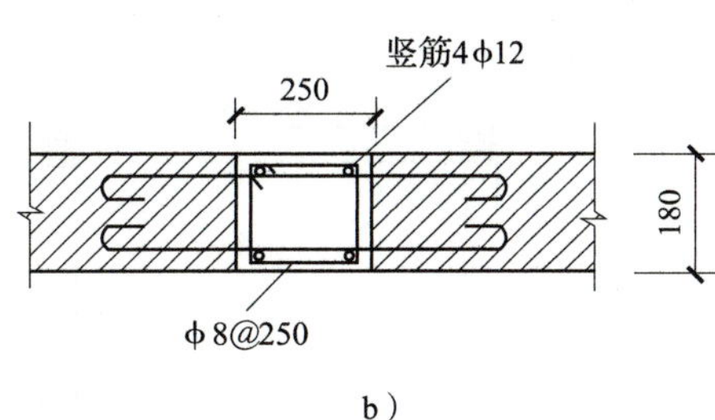


图 7-5 构造柱

a)构造柱立面大样图 b)构造柱平面大样图

**解：**

本工程构造柱全高为楼板面计至上一层框架梁底，伸入墙体内马牙槎并入柱身体积计算，则构造柱清单工程量为：

$V$=（0.25×0.18+0.03×0.18×2）×3.0×16（$m^3$）=2.68（$m^3$）

### 3. 现浇混凝土梁

现浇混凝土梁包括基础梁、矩形梁、异形梁、圈梁、过梁和弧形、拱形梁。

工程量按设计图示尺寸以体积计算。伸入墙内的梁头、梁垫并入梁体积计算。其中梁长的计算如下：梁与柱连接时，梁长算至柱侧面，如图 7-6a 所示；主梁与次梁连接时，次梁长算至主梁侧面，如图 7-6b 所示。

需要注意的是，与板现浇在一起的梁并入有梁板计算，与基础底板现浇在一起的基础梁并入基础（带形基础、满堂基础）计算。此处的“矩形梁、异形梁和弧形、拱形梁”指不和板一起现浇的梁。

矩形梁项目适用于施工时一般采用三面支模的，断面为矩形、梯形、变截面矩形的梁；异形梁项目适用于施工时一般超过三面支模的，断面为十字形、

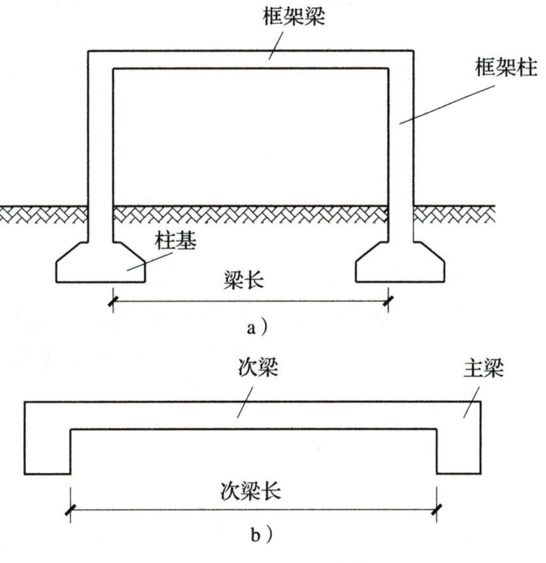


图 7-6 梁长的计算

a）与柱相交的梁长计算 b）与主梁相交的次梁长计算

T 形、L 形的梁和花篮梁；弧形、拱形梁项目适用于水平方向为弧形或垂直方向起拱的梁；圈梁项目适用于墙体水平封闭设置，施工时一般采用两面支侧模的梁，与圈梁连接的过梁并入圈梁计算；过梁项目适用于承受门窗洞口上部荷载并能传递给墙体的单独小梁。

［例 7–4］某工程基础梁结构平面图如图 7–7 所示，已知该基础梁顶面标高为 –0.500 m，KZ1、KZ2 尺寸均为 300 mm × 300 mm，柱下独立基础顶面标高为 –1.200 m，该基础梁混凝土为 C25 混凝土（普通预拌混凝土），试计算该基础梁的清单工程量。

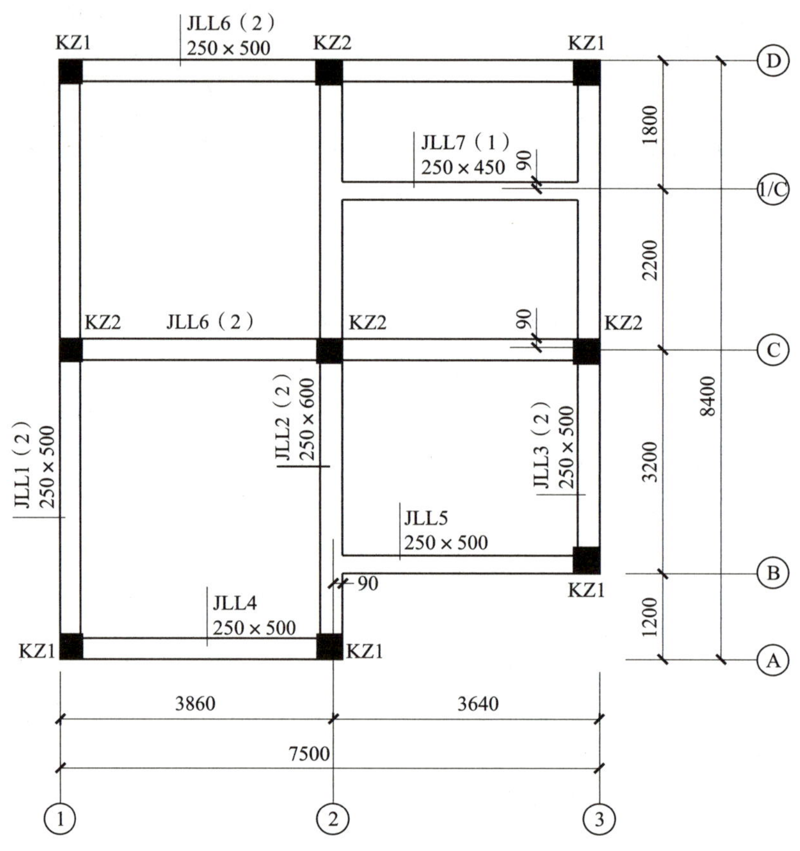


图 7–7　某工程基础梁结构平面图

**解：**

本工程基础主梁与框架柱相交，次梁与主梁相交，则与框架柱相交的主梁长计至柱侧面，与主梁相交的次梁长计至主梁侧面，基础梁清单工程量计算过程如下：

JLL1，1 × A–D：$V$=（8.4–0.3 × 3）× 0.25 × 0.5（$m^3$）=0.938（$m^3$）

JLL2，2 × A–D：$V$=（8.4–0.3 × 3）× 0.25 × 0.6（$m^3$）=1.125（$m^3$）

JLL3，3 × B–D：$V$=（7.2–0.3 × 3）× 0.25 × 0.5（$m^3$）=0.788（$m^3$）

JLL4，A × 1–2：$V$=（3.86+0.09–0.3 × 2）× 0.25 × 0.5（$m^3$）=0.419（$m^3$）

JLL5，B × 2–3：$V$=（3.64–0.09–0.3）× 0.25 × 0.5（$m^3$）=0.406（$m^3$）

JLL6，C、D × 1–3：$V$=（7.5–0.3 × 3）× 0.25 × 0.5 × 2（$m^3$）=1.65（$m^3$）

JLL7，1/C×2–3：$V$=（3.64–0.09–0.25）×0.25×0.45（$m^3$）=0.371（$m^3$）

小计 =5.70 $m^3$

## 4. 现浇混凝土墙

现浇混凝土墙包括直形墙、弧形墙、短肢剪力墙和挡土墙，电梯井壁按直形墙列项。

工程量按设计图示尺寸以体积计算，扣除门窗洞口及单个面积大于 0.3 $m^2$ 的孔洞所占体积，墙垛及突出墙面部分并入墙体体积计算，与混凝土墙相连的隐壁柱及与墙同厚的墙上梁的体积也并入墙计算。

短肢剪力墙是指截面厚度不大于 300 mm、各肢截面高度与厚度之比的最大值大于 4 但不大于 8 的剪力墙；各肢截面高度与厚度之比的最大值不大于 4 的剪力墙按柱项目编码列项。如图 7–8 所示，剪力墙高厚比 $H_1/B_1$ 或 $H_2/B_2$ 的最大值大于 4 但不大于 8 且厚度 $B_1$（$B_2$）不大于 300 mm 时，按短肢剪力墙列项计算；$H_1/B_1$ 或 $H_2/B_2$ 的最大值不大于 4 时，按矩形柱或异形柱列项计算；其余情况按直形墙列项。

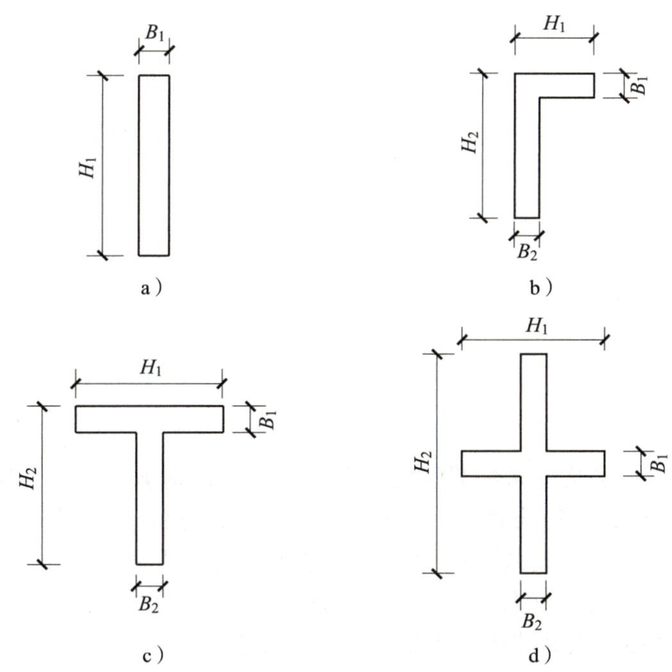


图 7–8 剪力墙

a）一字形剪力墙 b）L 形剪力墙 c）T 形剪力墙 d）十字形剪力墙

挡土墙是指支承填土或山坡土体、防止填土或土体变形失稳的结构物。

［例 7–5］某六层住宅工程剪力墙柱平面布置图如图 7–9 所示，已知该剪力墙柱自独立基础面一直浇至屋面，每层楼面梁及屋面梁宽度均与剪力墙同厚，该工程基础顶面标高为 –0.800 m，屋面标高为 18.200 m，剪力墙柱混凝土为 C30 混凝土（泵送预拌混凝土），试计算该剪力墙柱的清单工程量。

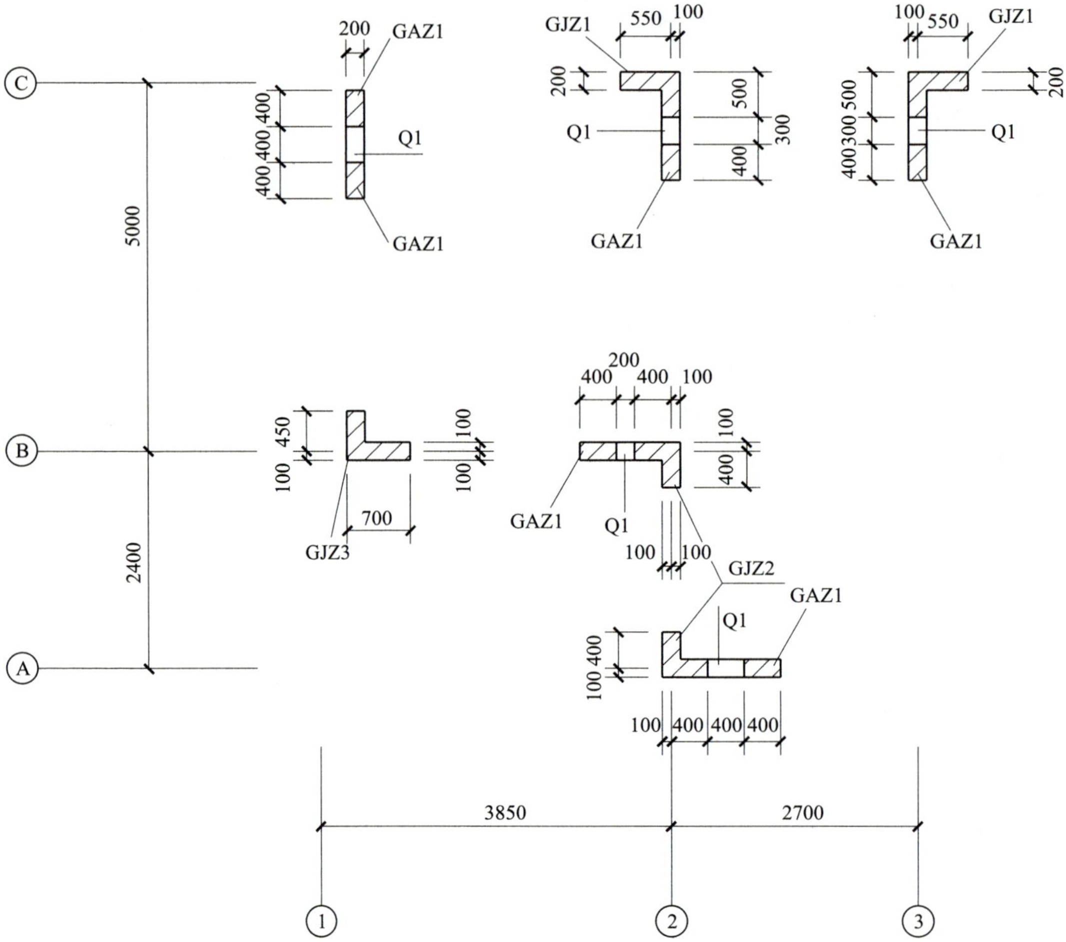

图 7-9　某六层住宅工程剪力墙柱平面布置图

**解：**

本工程每层楼面梁及屋面梁宽度均与剪力墙同厚，则剪力墙柱与梁相交处计入剪力墙柱，即剪力墙柱高从基础面通长计至屋面。又该剪力墙柱截面厚度不大于 300 mm，除 1×B 轴处的 GJZ3 的各肢截面高度与厚度之比的最大值不大于 4，应按异形柱项目编码列项外，其余剪力墙柱各肢截面高度与厚度之比的最大值均大于 4 但不大于 8，应按短肢剪力墙列项。则其清单工程量计算过程如下：

（1）异形柱

GJZ3，1×B：$V=(0.7+0.35)\times0.2\times(0.8+18.2)(m^3)=3.99(m^3)$

（2）短肢剪力墙

2×A：$V=(1.3+0.3)\times0.2\times(0.8+18.2)(m^3)=6.08(m^3)$

2×B：$V=(1.1+0.3)\times0.2\times(0.8+18.2)(m^3)=5.32(m^3)$

1×1/B：$V=1.2\times0.2\times(0.8+18.2)(m^3)=4.56(m^3)$

2、3×C：$V=(0.65+1)\times0.2\times(0.8+18.2)\times2(m^3)=12.54(m^3)$

小计 $=28.50\ m^3$

### 5. 现浇混凝土板

现浇混凝土板包括有梁板、无梁板、平板、拱板、薄壳板、栏板、天沟（檐沟）、挑檐板、雨篷、悬挑板、阳台板和其他板等。

#### （1）有梁板、无梁板、平板、拱板、薄壳板、栏板

工程量按设计图示尺寸以体积计算，不扣除单个面积不超过 0.3 $m^2$ 的柱、垛以及孔洞所占体积。压形钢板混凝土楼板扣除构件内压形钢板所占体积。

有梁板（见图 7–10a）按梁（包括主梁、次梁）、板体积之和计算；无梁板（见图 7–10b）按板、柱帽体积之和计算；各类板伸入墙内的板头并入板体积内（见图 7–10c），薄壳板的肋、基梁并入薄壳体积内计算。

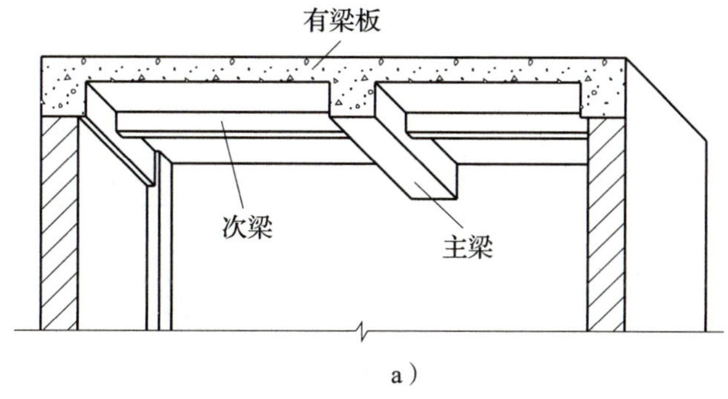


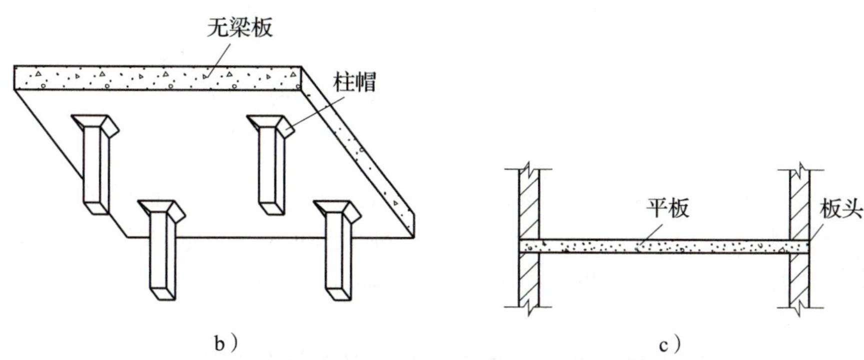


图 7–10 有梁板、无梁板、伸入墙内的板头

a）有梁板 b）无梁板 c）伸入墙内的板头

#### （2）天沟（檐沟）、挑檐板、雨篷、悬挑板、阳台板

天沟（檐沟）、挑檐板：工程量按设计图示尺寸以体积计算，如图 7–11a 和图 7–11b 所示。

雨篷、悬挑板、阳台板：工程量按设计图示尺寸以墙外部分体积计算。包括伸出墙外的悬臂梁（牛腿）和雨篷、反挑檐的体积，如图 7–11c 和图 7–11d 所示。

现浇天沟、挑檐板、雨篷、悬挑板、阳台与板（包括屋面板、楼板）连接时，以外墙外边线为分界线；与圈梁（包括其他梁）连接时，以梁外边线为分界线。外边线以外的为挑檐、天沟、雨篷或阳台，如图 7–11 所示。

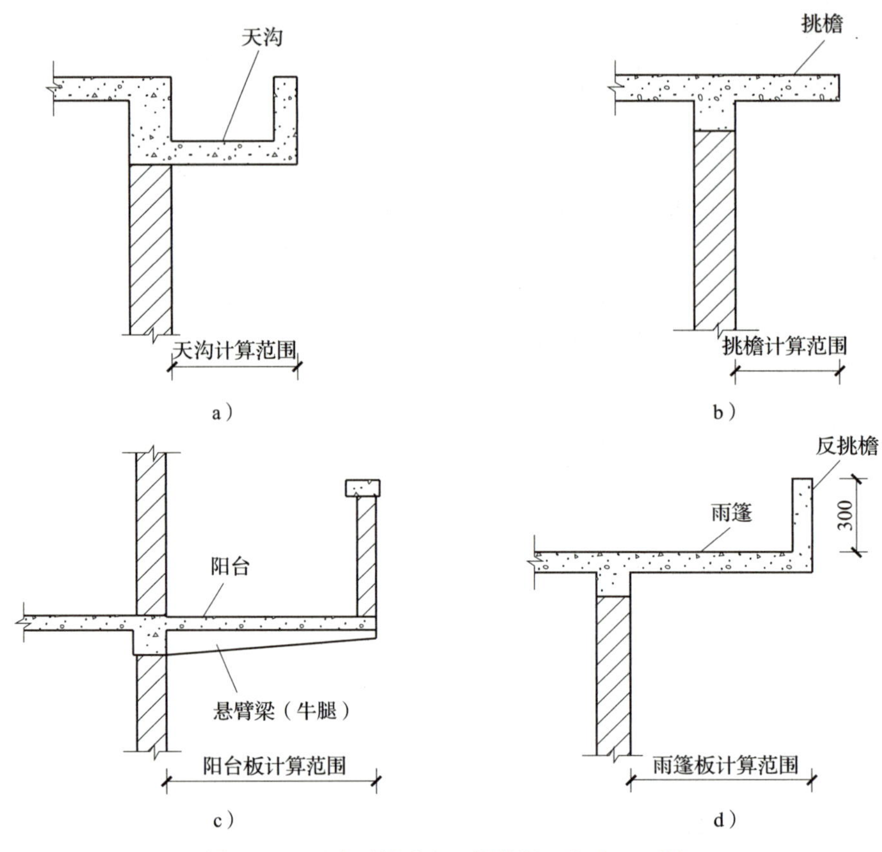


图 7–11　天沟（檐沟）、挑檐板、阳台、雨篷

a）天沟（檐沟）　b）挑檐板　c）阳台　d）雨篷

［例 7–6］某工程二层梁结构平面图如图 7–12 所示，已知该层楼板厚度均为 100 m，KZ1、KZ2 尺寸均为 300 mm × 300 mm，梁板混凝土为 C30 混凝土（泵送预拌混凝土），试计算该有梁板及阳台板的清单工程量。

**解：**

本工程有梁板按梁板体积之和计算，KZ1、KZ2 单个面积均在 0.3 $m^2$ 以内，不扣除柱位，但应扣除楼梯间孔洞，阳台板及其悬挑梁另按阳台板列项计算。则：

（1）有梁板清单工程量计算过程

梁：

1.2 × A–D（250 × 500）：（8.4–0.3 × 3）× 0.25 × 0.4 × 2（$m^3$）=1.50（$m^3$）

3 × B–D（250 × 500）：（8.4–1.2–0.3 × 3）× 0.25 × 0.4（$m^3$）=0.63（$m^3$）

C、D × 1–3（250 × 500）：（7.5–0.3 × 3）× 0.25 × 0.4 × 2（$m^3$）=1.32（$m^3$）

A × 1–2（250 × 500）：（3.86+0.09–0.3 × 2）× 0.25 × 0.4（$m^3$）=0.335（$m^3$）

B × 2–3（250 × 500）：（3.64–0.09–0.3）× 0.25 × 0.4（$m^3$）=0.325（$m^3$）

1/C × 1–3（200 × 450）：（7.5–0.25 × 3）× 0.2 × 0.35（$m^3$）=0.473（$m^3$）

梁体积小计 =4.58 $m^3$

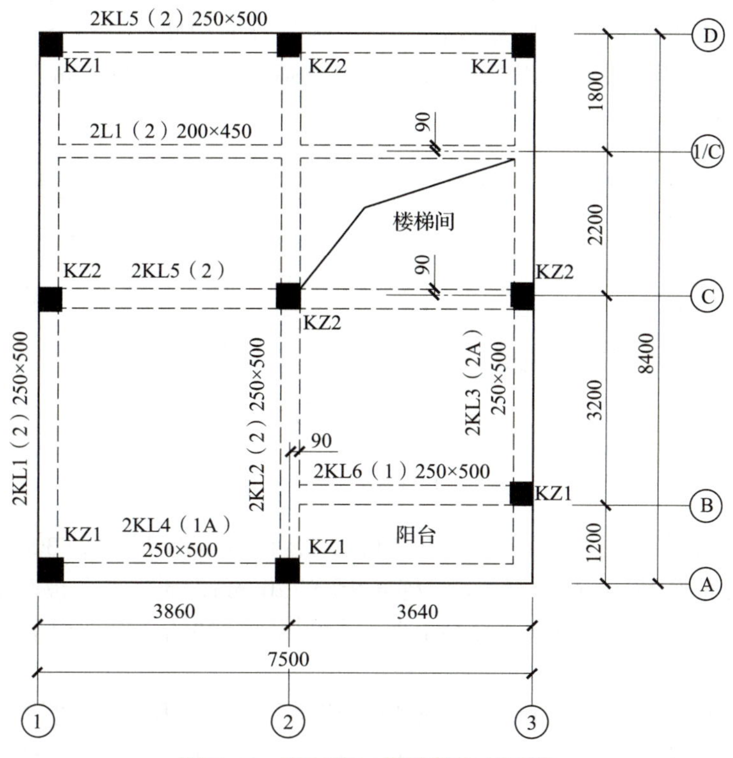


图 7-12　某工程二层梁结构平面图

板：

1-3 × A-D：7.5 × 8.4 × 0.1（$m^3$）=6.30（$m^3$）

扣阳台板：（3.64-0.09）× 1.2 × 0.1（$m^3$）=0.426（$m^3$）

扣楼梯间：（3.64-0.09-0.25）×（2.2-0.09+0.09-0.2）× 0.1（$m^3$）=0.66（$m^3$）

板体积小计 =5.21 $m^3$

有梁板合计 =9.79 $m^3$

（2）阳台板清单工程量计算过程

梁：

A × 2-3（250 × 500）：（3.64-0.09-0.25）× 0.25 × 0.4（$m^3$）=0.33（$m^3$）

3 × A-B（250 × 500）：1.2 × 0.25 × 0.4（$m^3$）=0.12（$m^3$）

梁体积小计 =0.45 $m^3$

板：

2-3 × A-B：（3.64-0.09）× 1.2 × 0.1（$m^3$）=0.426（$m^3$）

阳台板合计 =0.88 $m^3$

### 6. 现浇混凝土楼梯

现浇混凝土楼梯包括直形楼梯和弧形楼梯。清单工程量有以下两种算法：

（1）以平方米计量，按设计图示尺寸以水平投影面积计算。不扣除宽度不大于 500 mm 的楼梯井，伸入墙内部分不计算。

（2）以立方米计量，按设计图示尺寸以体积计算。整体楼梯（包括直形楼梯、弧形楼梯）水平投影面积包括休息平台、平台梁、斜梁和楼梯的连接梁。当整体楼梯与现浇楼板无梯梁连接时，以楼梯的最后一个踏步边缘加 300 mm 为界，如图 7–13 所示。

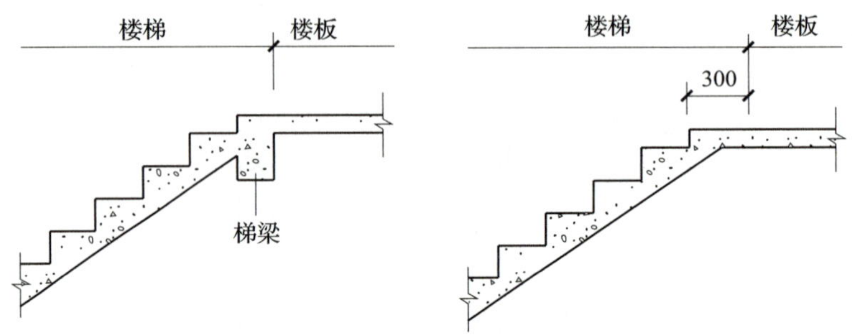


图 7–13　楼梯与楼板分界线

**［例 7–7］**某二层住宅楼梯如图 7–14 所示，已知 KZ1 尺寸为 300 mm × 300 mm，GZ1 和 TZ1 尺寸为 180 mm × 180 mm，梯底板厚 120 mm，休息平台板厚 100 mm，楼梯混凝土为 C30 混凝土（普通预拌混凝土），试计算该楼梯的清单工程量。

**解：**

楼梯井宽度为 120 mm<500 mm，所以计算水平投影面积时不扣除楼梯井，伸入墙内部分不计算。但按体积计算时应按设计图示尺寸以体积计算，即楼梯井应扣除，伸入墙内部分也要按实际体积计算，则直形楼梯清单工程量计算过程如下：

（1）算法一：以平方米计量

$S$=（0.2+2.25+1.12）×（2.2–0.18）（$m^2$）=7.21（$m^2$）

（2）算法二：以立方米计量

梯底板斜长 = $\sqrt{2.25^2+1.575^2}$（m）=2.75（m）

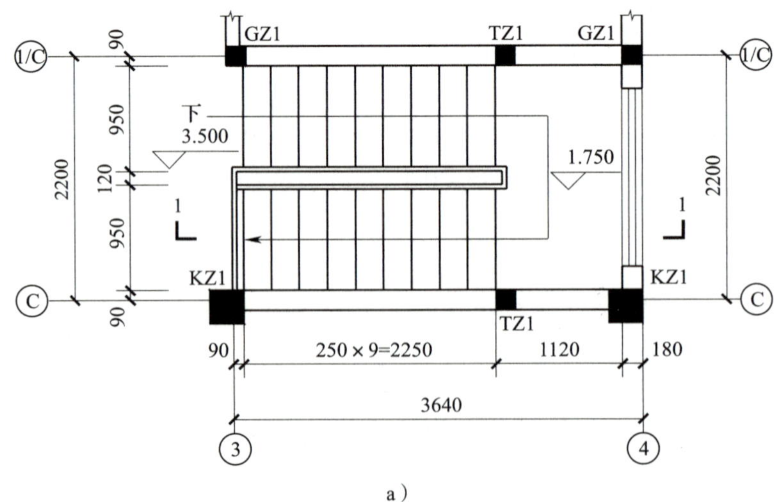


a）

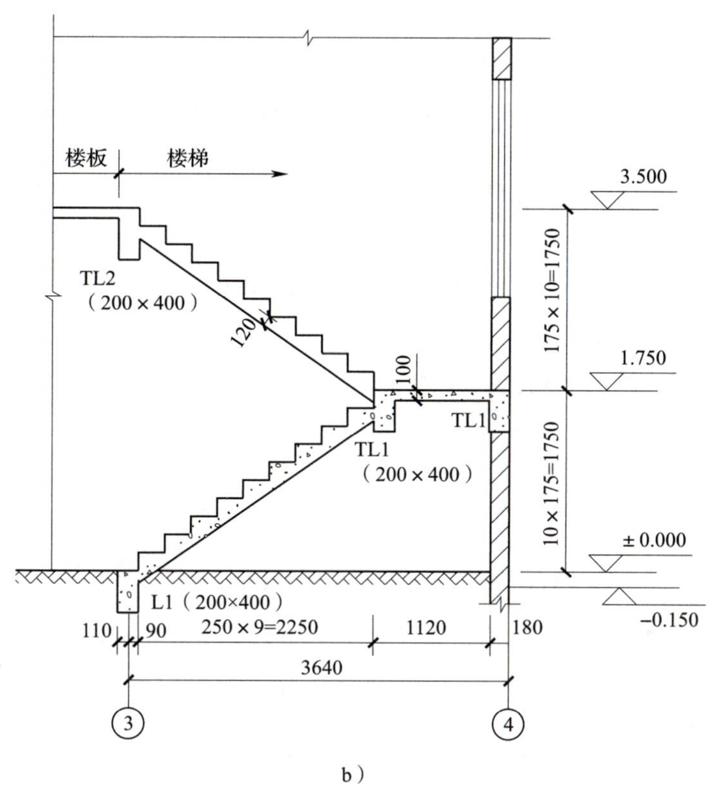


b）

图 7-14　某二层住宅楼梯

a）二层楼梯平面图　b）楼梯 1—1 剖面图

TL2：（2.2−0.18）×0.2×0.4（$m^3$）=0.162（$m^3$）

TL1：（2.2−0.18）×0.2×（0.4−0.1）×2（$m^3$）=0.242（$m^3$）

平台板：（1.12+0.18）×（2.2−0.18）×0.1（$m^3$）=0.263（$m^3$）

梯底板：2.75×0.12×0.95×2（$m^3$）=0.627（$m^3$）

踏步：1/2×0.25×0.175×0.95×18（$m^3$）=0.374（$m^3$）

楼梯体积小计 =1.67 $m^3$

### 7. 现浇混凝土其他构件

现浇混凝土其他构件包括散水、坡道、室外地坪、电缆沟、地沟、台阶、扶手、压顶、其他构件等。

#### （1）散水、坡道、室外地坪

工程量按设计图示尺寸以水平投影面积计算。不扣除单个不大于 0.3 $m^2$ 的孔洞所占面积，如图 7-15 所示。

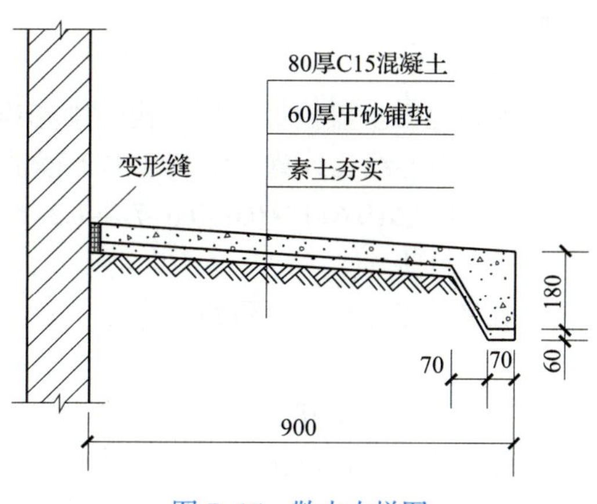


图 7-15　散水大样图

［例 7-8］某工程有散水长 120 m，散水大样图如图 7-15 所示，已知散水混凝土为 C15 普通预拌混凝土，变形缝用建筑油

膏填缝，求该工程散水的清单工程量。

**解：**

散水清单工程量按设计图示尺寸以水平投影面积计算，不扣除变形缝，则其清单工程量为：

$S=0.9\times120$（$m^2$）$=108$（$m^2$）

（2）电缆沟、地沟

电缆沟、地沟（见图 7–16）工程量按设计图示尺寸以中心线长计算。

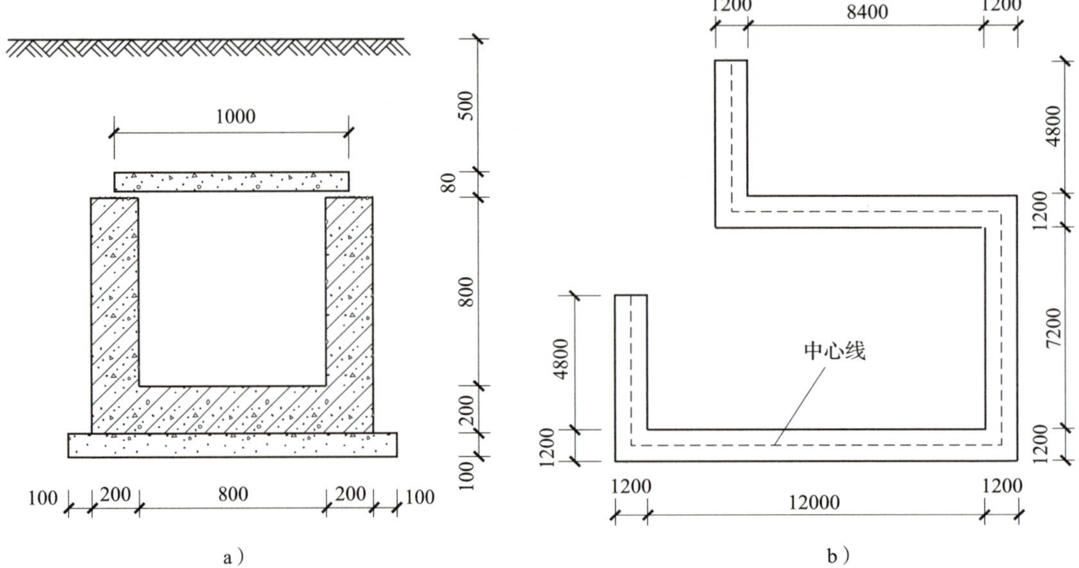


图 7–16　地沟

a）地沟剖面图　b）地沟平面图

［例 7–9］某工程的地沟如图 7–16 所示，已知地沟混凝土为 C25 普通预拌混凝土，地沟垫层为 C15 普通预拌混凝土，地沟盖板为预制混凝土盖板，单个尺寸为 1 000 mm × 490 mm × 80 mm，现场土壤类别为二类土，求该工程地沟的清单工程量。

**解：**

预制混凝土盖板另按预制构件中相应项目列项，不包含在地沟清单内。地沟清单工程量以中心线长计算，则其清单工程量为：

$L=4.8+0.6+0.6+12+0.6+0.6+7.2+1.2+8.4+1.2+4.8$（m）$=42$（m）

（3）台阶

清单工程量有以下两种算法：

算法一：以平方米计量，按设计图示尺寸水平投影面积计算。

算法二：以立方米计量，按设计图示尺寸以体积计算。

台阶的计算范围为最上一级台阶的边线向里加一级台阶的宽度，如图 7–17c 所示的阴影部分面积，即为台阶的计算范围。

应注意，架空式混凝土台阶按现浇楼梯计算。

**[例 7–10]** 某工程的台阶如图 7–17 所示，已知台阶混凝土为 C15 普通预拌混凝土，台阶垫层为 80 mm 厚干铺碎石，求该工程台阶的清单工程量。

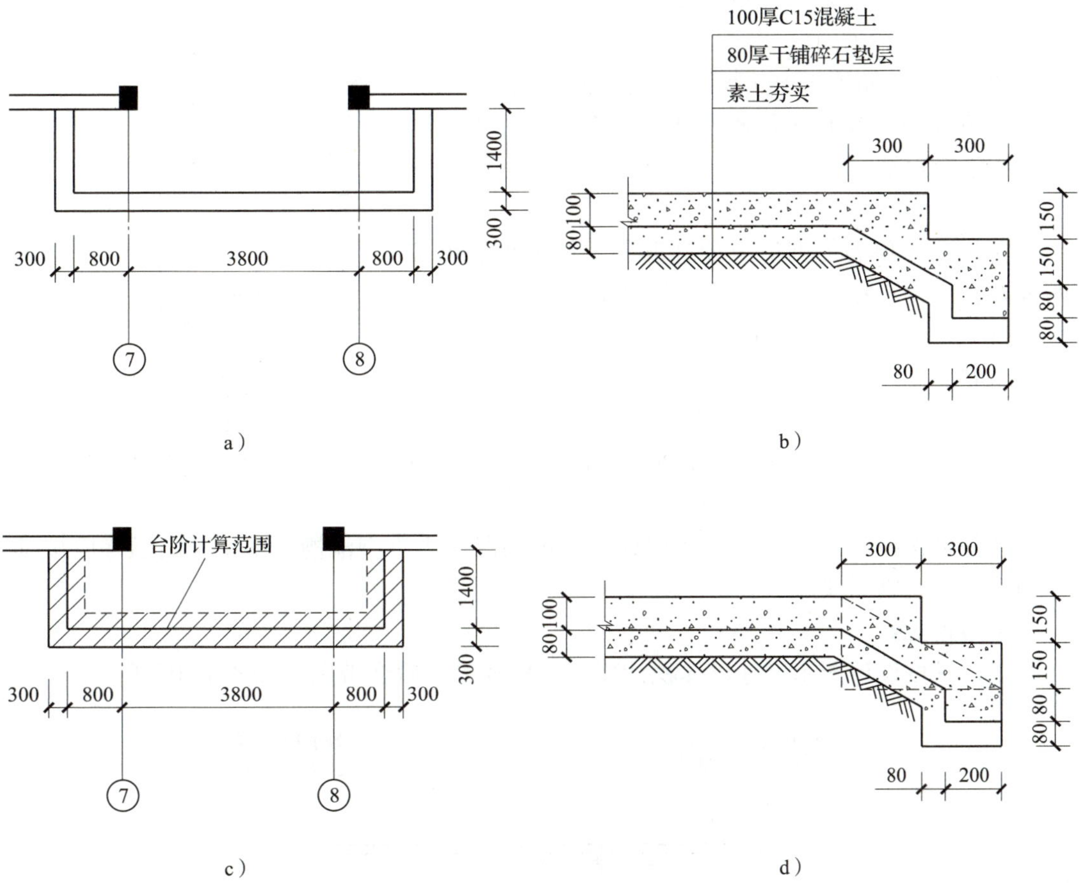

a）　b）　c）　d）

图 7–17　台阶

a）台阶平面图　b）台阶剖面图　c）台阶计算范围　d）台阶混凝土体积计算

**解：**

台阶垫层另列项计算。台阶清单工程量可按水平投影面积和体积两种方法计算，其清单工程量计算过程为：

（1）算法一：以平方米计量，如图 7–17c 所示。

$S=（3.8+1.6+0.6）\times（1.4+0.3）-（3.8+1.6-0.6）\times（1.4-0.3）（m^2）=4.92（m^2）$

（2）算法二：以立方米计量，工程量按混凝土体积计算，如图 7–17d 所示。

$V=$ 截面积（$S$）× 台阶长度（$L$）

$S=0.3\times0.15+1/2\times（0.6\times0.3-0.4\times0.2）+0.2\times0.08（m^2）=0.111（m^2）$

$L=3.8+1.6+1.4\times2（m）=8.2（m）$

$V=0.91（m^3）$

（4）扶手、压顶

清单工程量有以下两种算法：

算法一：以米计量，按设计图示的中心线延长米计算。

算法二：以立方米计量，按设计图示尺寸以体积计算，如图 7–18 所示。

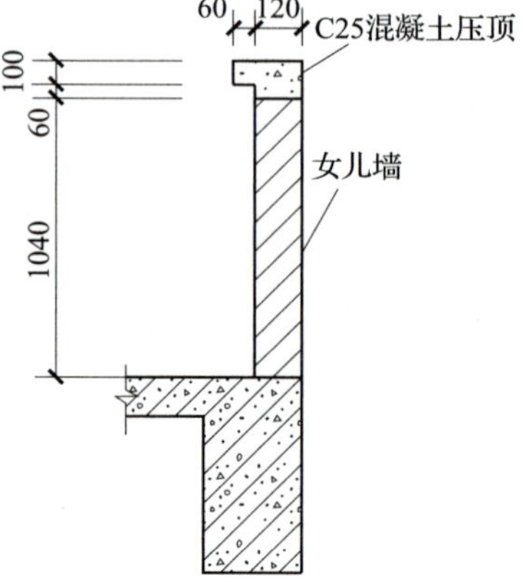


图 7–18　女儿墙压顶

［例 7–11］如图 7–18 所示的女儿墙压顶长为 45 m，已知压顶混凝土为 C25 普通预拌混凝土，求该工程压顶的清单工程量。

**解：**

女儿墙压顶需另列清单项计算，压顶工程量可按两种方法计算，其清单工程量计算过程为：

（1）算法一：以米计量

$L$=45 m

（2）算法二：以立方米计量

$V$=45 ×（0.18 × 0.1+0.12 × 0.06）（$m^3$）=1.13（$m^3$）

（5）其他构件

工程量按设计图示尺寸以体积计算。现浇混凝土小型池槽、垫块、门框等应按其他构件项目编码列项。

## 8. 后浇带

工程量按设计图示尺寸以体积计算。楼板及梁的后浇带做法如图 7–19 所示。

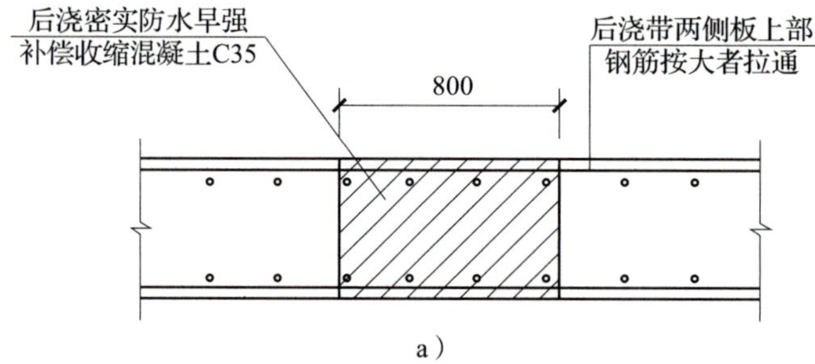


a）

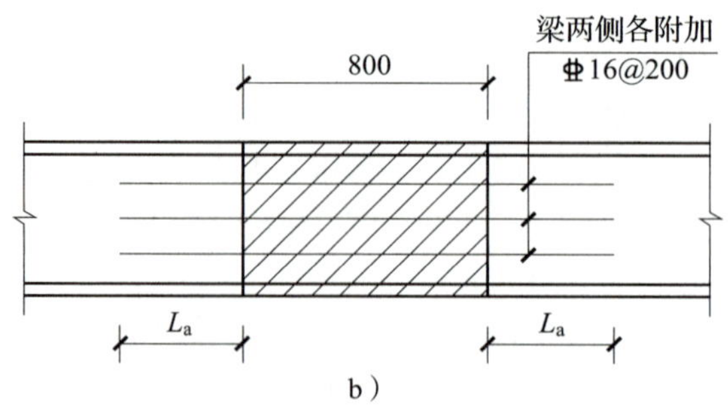


b）

图 7–19　楼板及梁的后浇带做法

a）楼板后浇带做法　b）梁后浇带做法

## 三、现浇混凝土清单项目的编制

### 1. 现浇混凝土清单项目的编制示例

现浇混凝土清单项目的编制示例见表 7–9。

表 7–9 现浇混凝土清单项目的编制示例

| 序号 | 项目编码 | 项目名称 | 项目特征 | 计量单位 | 工程数量 | 金额（元） | | |
|---|---|---|---|---|---|---|---|---|
| | | | | | | 综合单价 | 合价 | 暂估价 |
| 1 | 010501003001 | 独立基础 | 1. 混凝土种类：普通预拌混凝土<br>2. 混凝土强度等级：C25 | $m^3$ | 22.64 | | | |
| 2 | 010501005001 | 桩承台基础 | 1. 混凝土种类：普通预拌混凝土<br>2. 混凝土强度等级：C30 | $m^3$ | 52.27 | | | |
| 3 | 010501001001 | 垫层 | 1. 混凝土种类：普通预拌混凝土<br>2. 混凝土强度等级：C15 | $m^3$ | 15.06<br>（6.91+8.15） | | | |
| 4 | 010502002001 | 构造柱 | 1. 混凝土种类：普通预拌混凝土<br>2. 混凝土强度等级：C25 | $m^3$ | 2.68 | | | |
| 5 | 010503001001 | 基础梁 | 1. 混凝土种类：普通预拌混凝土<br>2. 混凝土强度等级：C25 | $m^3$ | 5.70 | | | |
| 6 | 010502003001 | 异形柱 | 1. 柱形状：L 形<br>2. 混凝土种类：泵送预拌混凝土<br>3. 混凝土强度等级：C30 | $m^3$ | 3.99 | | | |
| 7 | 010504003001 | 短肢剪力墙 | 1. 混凝土种类：泵送预拌混凝土<br>2. 混凝土强度等级：C30 | $m^3$ | 28.50 | | | |
| 8 | 010505001001 | 有梁板 | 1. 混凝土种类：泵送预拌混凝土<br>2. 混凝土强度等级：C30 | $m^3$ | 9.79 | | | |
| 9 | 010505008001 | 阳台板 | 1. 混凝土种类：泵送预拌混凝土<br>2. 混凝土强度等级：C30 | $m^3$ | 0.88 | | | |

续表

| 序号 | 项目编码 | 项目名称 | 项目特征 | 计量单位 | 工程数量 | 金额（元） | | |
|---|---|---|---|---|---|---|---|---|
| | | | | | | 综合单价 | 合价 | 暂估价 |
| 10 | 010506001001 | 直形楼梯 | 1. 混凝土种类：普通预拌混凝土<br>2. 混凝土强度等级：C30 | $m^3$ | 1.67 | | | |
| 11 | 010507001001 | 散水 | 1. 垫层材料种类、厚度：60 mm 厚中砂<br>2. 面层厚度：80 mm<br>3. 混凝土种类：普通预拌混凝土<br>4. 混凝土强度等级：C15<br>5. 变形缝填塞材料种类：建筑油膏 | $m^2$ | 108 | | | |
| 12 | 010507003001 | 地沟 | 1. 土壤类别：二类土<br>2. 沟截面净空尺寸：宽 800 mm × 高 800 mm<br>3. 垫层材料种类、厚度：100 mm 厚 C15 普通预拌混凝土<br>4. 混凝土种类：普通预拌混凝土<br>5. 混凝土强度等级：C25 | m | 42 | | | |
| 13 | 010507004001 | 台阶 | 1. 踏步高、宽：150 mm × 300 mm<br>2. 混凝土种类：普通预拌混凝土<br>3. 混凝土强度等级：C15 | $m^3$ | 0.91 | | | |
| 14 | 010507005001 | 压顶 | 1. 断面尺寸：180 mm × 100 mm+120 mm × 60 mm<br>2. 混凝土种类：普通预拌混凝土<br>3. 混凝土强度等级：C25 | $m^3$ | 1.13 | | | |

注意：根据粤建造发〔2013〕4 号文件的规定，2013 年清单计量规范附录中有两个或两个以上计量单位的，应选择适用于广东省现行计价依据的其中一个计量单位。因此，上述“直形楼梯”等清单有两个以上计量单位的，表中均按 2018 年广东省定额的计量单位取值。

### 2. 编制现浇混凝土项目清单应注意的问题

（1）上述“混凝土种类”可描述为清水混凝土、彩色混凝土等，若使用普通预拌混凝土、泵送预拌混凝土，在项目特征描述时应注明。

（2）基础现浇混凝土垫层按本章节的垫层列项。

# 第二节　现浇混凝土工程量清单组价内容及工程量计算

## 一、现浇混凝土工程量清单组价内容

以 2018 年广东省定额为依据，常用现浇混凝土工程量清单的组价内容见表 7-10。

**表 7-10　　常用现浇混凝土工程量清单组价内容**

| 项目编码 | 项目名称 | 计量单位 | 可组合的内容 | 对应的定额子目名称举例 |
|---|---|---|---|---|
| 010501001 | 垫层 | $m^3$ | 混凝土制作、运输、浇筑、振捣、养护 | 混凝土垫层、混凝土泵送增加费及混凝土制作 |
| 010501002 | 带形基础 | | | 其他混凝土基础、混凝土泵送增加费及混凝土制作 |
| 010501003 | 独立基础 | | | |
| 010501004 | 满堂基础 | | | |
| 010501005 | 桩承台基础 | | | |
| 010501006 | 设备基础 | | | |
| 010502001 | 矩形柱 | $m^3$ | 混凝土制作、运输、浇筑、振捣、养护 | 矩形柱、混凝土泵送增加费及混凝土制作 |
| 010502002 | 构造柱 | | | 构造柱、混凝土泵送增加费及混凝土制作 |
| 010502003 | 异形柱 | | | 异形柱、混凝土泵送增加费及混凝土制作 |
| 010503001 | 基础梁 | $m^3$ | 混凝土制作、运输、浇筑、振捣、养护 | 基础梁、混凝土泵送增加费及混凝土制作 |
| 010503002 | 矩形梁 | | | 单梁、连续梁、混凝土泵送增加费及混凝土制作 |
| 010503003 | 异形梁 | | | 异形梁、混凝土泵送增加费及混凝土制作 |

续表

| 项目编码 | 项目名称 | 计量单位 | 可组合的内容 | 对应的定额子目名称举例 |
|---|---|---|---|---|
| 010503004 | 圈梁 | $m^3$ | 混凝土制作、运输、浇筑、振捣、养护 | 圈梁、混凝土泵送增加费及混凝土制作 |
| 010503005 | 过梁 | | | 过梁、混凝土泵送增加费及混凝土制作 |
| 010503006 | 弧形、拱形梁 | | | 弧形梁、拱形梁（虹梁）、混凝土泵送增加费及混凝土制作 |
| 010504001 | 直形墙 | $m^3$ | 混凝土制作、运输、浇筑、振捣、养护 | 直形墙、混凝土泵送增加费及混凝土制作 |
| 010504002 | 弧形墙 | | | 弧形墙、混凝土泵送增加费及混凝土制作 |
| 010504003 | 短肢剪力墙 | | | 矩形柱、异形柱、直形墙、混凝土泵送增加费及混凝土制作 |
| 01050404 | 挡土墙 | | | 直形墙、弧形墙、混凝土泵送增加费及混凝土制作 |
| 010505001 | 有梁板 | $m^3$ | 混凝土制作、运输、浇筑、振捣、养护 | 有梁板、混凝土泵送增加费及混凝土制作 |
| 010505002 | 无梁板 | | | 无梁板、混凝土泵送增加费及混凝土制作 |
| 010505003 | 平板 | | | 平板、混凝土泵送增加费及混凝土制作 |
| 010505004 | 拱板 | | | 拱板、混凝土泵送增加费及混凝土制作 |
| 010505005 | 薄壳板 | | | 2018年广东省定额无薄壳板子目 |
| 010505006 | 栏板 | | | 栏板、混凝土泵送增加费及混凝土制作 |
| 010505007 | 天沟（檐沟）、挑檐板 | | | 天沟（檐沟）、挑檐、混凝土泵送增加费及混凝土制作 |
| 010505008 | 雨篷、悬挑板、阳台板 | | | 雨篷、阳台、混凝土泵送增加费及混凝土制作 |
| 010505010 | 其他板 | | | 2018年广东省定额无其他板子目 |

续表

<table>
<tr><th>项目编码</th><th>项目名称</th><th>计量单位</th><th colspan="2">可组合的内容</th><th>对应的定额子目名称举例</th></tr>
<tr><td>010506001</td><td>直形楼梯</td><td rowspan="2">$m^2$、$m^3$</td><td colspan="2" rowspan="2">混凝土制作、运输、浇筑、振捣、养护</td><td>直形楼梯、混凝土泵送增加费及混凝土制作</td></tr>
<tr><td>010506002</td><td>弧形楼梯</td><td>弧形楼梯、混凝土泵送增加费及混凝土制作</td></tr>
<tr><td rowspan="3">010507001</td><td rowspan="3">散水、坡道</td><td rowspan="3">$m^2$</td><td>1</td><td>铺设垫层</td><td>干铺毛石、毛石灌浆、干铺碎石、碎石灌浆、中砂等垫层</td></tr>
<tr><td>2</td><td>混凝土制作、运输、浇筑、振捣、养护</td><td>散水、坡道、混凝土泵送增加费及混凝土制作</td></tr>
<tr><td>3</td><td>变形缝填塞</td><td>变形缝填缝</td></tr>
<tr><td rowspan="3">010507002</td><td rowspan="3">室外地坪</td><td rowspan="3">$m^2$</td><td>1</td><td>铺设垫层</td><td>干铺毛石、毛石灌浆、干铺碎石、碎石灌浆、中砂等垫层</td></tr>
<tr><td>2</td><td>混凝土制作、运输、浇筑、振捣、养护</td><td>地坪、混凝土泵送增加费及混凝土制作</td></tr>
<tr><td>3</td><td>变形缝填塞</td><td>变形缝填缝</td></tr>
<tr><td rowspan="3">010507003</td><td rowspan="3">电缆沟、地沟</td><td rowspan="3">$m^2$</td><td>1</td><td>挖填、运土石方</td><td>人工挖沟槽、基坑，回填土、运土方等</td></tr>
<tr><td>2</td><td>铺设垫层</td><td>混凝土、干铺碎石、碎石灌浆、中砂等垫层及混凝土制作</td></tr>
<tr><td>3</td><td>混凝土制作、运输、浇筑、振捣、养护</td><td>电缆沟、地沟、混凝土泵送增加费及混凝土制作</td></tr>
<tr><td>010507004</td><td>台阶</td><td>$m^2$、$m^3$</td><td colspan="2">混凝土制作、运输、浇筑、振捣、养护</td><td>台阶、混凝土泵送增加费及混凝土制作</td></tr>
<tr><td>010507005</td><td>扶手、压顶</td><td>m、$m^3$</td><td colspan="2">混凝土制作、运输、浇筑、振捣、养护</td><td>扶手、压顶、混凝土泵送增加费及混凝土制作</td></tr>
<tr><td>010507007</td><td>其他构件</td><td>$m^3$</td><td colspan="2">混凝土制作、运输、浇筑、振捣、养护</td><td>小型构件、混凝土泵送增加费及混凝土制作</td></tr>
<tr><td>010508001</td><td>后浇带</td><td>$m^3$</td><td colspan="2">混凝土制作、运输、浇筑、振捣、养护</td><td>梁后浇带、板后浇带、墙后浇带、混凝土泵送增加费及混凝土制作</td></tr>
</table>

注：2013 年清单计量规范所有现浇混凝土项目工作内容均包括“模板及支架（撑）制作、安装、拆除、堆放、运输及清理模内杂物、刷隔离剂等”，但在实际应用中，模板及支架（撑）工程内容一般计入措施项目。当招标人在措施项目清单中未编列模板清单时，投标人应将其计入相应的混凝土清单项目综合单价。

现浇混凝土若采用泵送混凝土，则还应将泵送增加费计入相应的混凝土清单价内。

## 二、现浇混凝土定额工程量的计算

### 1. 现浇混凝土基础

现浇混凝土基础清单项目可组合相应的现浇混凝土基础子目及混凝土制作子目。其定额工程量计算方法同清单工程量计算方法。

[例 7–12] 试计算例 7–1 中独立基础清单项目应组合的定额子目工程量。垫层清单项目与后面例 7–13 中三桩台的垫层合并计算。

**解：**

独立基础清单项目应组合的定额子目列项及工程量计算如下：

其他混凝土基础：$V_1$=22.64 $m^3$

C25 预拌混凝土制作：$V_2$=22.64 × 1.01（$m^3$）=22.87（$m^3$）

[例 7–13] 试计算例 7–2 中三桩台及其垫层清单项目应组合的定额子目工程量。

**解：**

三桩台及其垫层清单项目应组合的定额子目列项及工程量计算如下：

（1）桩承台基础应组合的定额子目

其他混凝土基础：$V_1$=52.27 $m^3$

C30 预拌混凝土制作：$V_2$=52.27 × 1.01（$m^3$）=52.79（$m^3$）

（2）垫层应组合的定额子目

混凝土垫层：$V_1$=15.06 $m^3$

C15 预拌混凝土制作：$V_2$=15.06 × 1.015（$m^3$）=15.29（$m^3$）

### 2. 现浇混凝土柱

现浇混凝土柱相应清单项目可组合的定额子目是矩形柱、构造柱和异形柱子目及混凝土制作子目。其定额工程量计算方法同清单工程量计算方法。

[例 7–14] 试计算例 7–3 中构造柱清单项目应组合的定额子目工程量。

**解：**

构造柱清单项目应组合的定额子目列项及工程量计算如下：

构造柱：$V_1$=2.68 $m^3$

C25 预拌混凝土制作：$V_2$=2.68 × 1.01（$m^3$）=2.71（$m^3$）

### 3. 现浇混凝土梁

现浇混凝土梁相应清单项目可组合的定额子目是基础梁、矩形梁、异形梁、圈梁、过梁和弧形、拱形梁子目及混凝土制作子目。其定额工程量计算方法同清单工程量计算方法。

[例 7–15] 试计算例 7–4 中基础梁清单项目应组合的定额子目工程量。

**解：**

基础梁清单项目应组合的定额子目列项及工程量计算如下：

基础梁：$V_1$=5.70 $m^3$

C25 预拌混凝土制作：$V_2$=5.70 × 1.01（$m^3$）=5.76（$m^3$）

## 4. 现浇混凝土墙

现浇混凝土墙相应清单项目可组合的定额子目是直形墙、弧形墙、电梯井墙子目及混凝土制作子目。其定额工程量计算方法同清单工程量计算方法。

定额列项时，由于 2018 年广东省定额无短肢剪力墙子目，对于 L 形、T 形混凝土墙，如图 7–20 所示划分为异形柱或直形墙子目。对于一字形混凝土墙，也应按照图示划分为矩形柱或直形墙子目。图 7–20 中，L 形混凝土墙如果两个方向分别划分为异形柱和直形墙子目，则其转角处并入异形柱中计算。

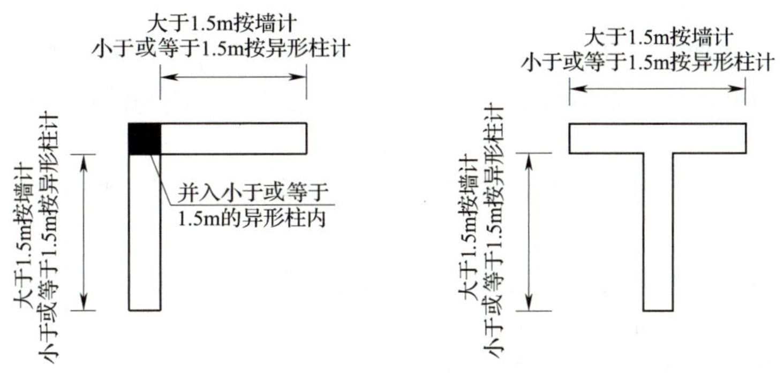


图 7–20　剪力墙与异形柱划分界线

**[ 例 7–16 ]** 试计算例 7–5 中剪力墙柱清单项目应组合的定额子目工程量。

**解:**

（1）异形柱应组合的定额子目列项及工程量

1）异形柱：$V_1$=3.99 $m^3$

C30 泵送预拌混凝土制作：$V_2$=3.99 × 1.01（$m^3$）=4.03（$m^3$）

2）现浇混凝土泵送费（高度 50 m 以内）：3.99 $m^3$

C30 泵送预拌混凝土制作：$V_3$=3.99 × 0.05（$m^3$）=0.20（$m^3$）

（2）短肢剪力墙应组合的定额子目列项及工程量

1）矩形柱、异形柱：$V_1$=28.50 $m^3$

C30 泵送预拌混凝土制作：$V_2$=28.50 × 1.01（$m^3$）=28.79（$m^3$）

2）现浇混凝土泵送费（高度 50 m 以内）：28.50 $m^3$

C30 泵送预拌混凝土制作：$V_3$=28.50 × 0.05（$m^3$）=1.43（$m^3$）

## 5. 现浇混凝土板

现浇混凝土板相应清单项目可组合的定额子目是有梁板、无梁板、平板、拱板、栏板、天沟、挑檐板、雨篷、悬挑板、阳台板等子目及混凝土制作子目。其定额工程量计算方法同清单工程量计算方法。

**[ 例 7–17 ]** 试计算例 7–6 中有梁板及阳台板清单项目应组合的定额子目工程量。

**解:**

（1）有梁板应组合的定额子目列项及工程量

1）有梁板：$V_1$=9.79 $m^3$

C30 泵送预拌混凝土制作：$V_2$=9.79 × 1.01（$m^3$）=9.89（$m^3$）

2）现浇混凝土泵送费（高度 50 m 以内）：9.79（$m^3$）

C30 泵送预拌混凝土制作：$V_3$=9.79×0.05（$m^3$）=0.49（$m^3$）

（2）阳台板应组合的定额子目列项及工程量

1）阳台板：$V_1$=0.88 $m^3$

C30 泵送预拌混凝土制作：$V_2$=0.88×1.01（$m^3$）=0.89（$m^3$）

2）现浇混凝土泵送费（高度 50 m 以内）：0.88 $m^3$

C30 泵送预拌混凝土制作：$V_3$=0.88×0.05（$m^3$）=0.04（$m^3$）

### 6. 现浇混凝土楼梯

现浇混凝土楼梯相应清单项目可组合的定额子目是直形楼梯、弧形楼梯、螺旋形或艺术楼梯子目及混凝土制作子目。其定额工程量计算方法与清单工程量中按体积计算方法相同。

**[ 例 7–18 ]** 试计算例 7–7 中楼梯清单项目应组合的定额子目工程量。

**解：**

直形楼梯清单项目应组合的定额子目列项及工程量计算如下：

直形楼梯：$V_1$=1.67 $m^3$

C30 预拌混凝土制作：$V_2$=1.67×1.01（$m^3$）=1.69（$m^3$）

### 7. 现浇混凝土其他构件

#### （1）散水、坡道

散水、坡道清单项目可组合的定额子目如下：

1）垫层。定额工程量按设计图示尺寸以体积计算。

2）散水、坡道及混凝土制作。定额工程量按设计图示尺寸以体积计算。其混凝土制作按散水、坡道定额含量计算。

3）变形缝填缝。定额工程量按设计图示尺寸以长度计算。

**[ 例 7–19 ]** 试计算例 7–8 中散水清单项目应组合的定额子目工程量。

**解：**

散水清单项目应组合的定额子目列项及工程量计算如下：

（1）砂垫层

$V_1$=120×［（0.9–0.07）×0.06+0.06×0.07］（$m^3$）=6.48（$m^3$）

（2）散水

$V$= 截面积（$S$）× 散水长度（$L$）

$S$=0.9×0.08+1/2×（0.07+0.14）×（0.18–0.08）（$m^2$）=0.082 5（$m^2$）

$L$=120 m

$V_2$=120×0.082 5（$m^3$）=9.90（$m^3$）

C15 预拌混凝土制作：$V_3$=9.90×1.01（$m^3$）=10.00（$m^3$）

（3）变形缝填缝（建筑油膏填缝）

$L$=120 m

#### （2）电缆沟、地沟

电缆沟、地沟清单项目可组合的定额子目如下：

1）挖填、运土石方。定额工程量按土石方工程中挖填、运土石方相关规定，以体积计算。

2）垫层。定额工程量按设计图示尺寸以体积计算。

3）电缆沟、地沟及混凝土制作。定额工程量按设计图示尺寸以体积计算。其混凝土制作按电缆沟、地沟定额含量计算。

［例 7–20］已知例 7–9 中地沟采用人工挖填、人工装土，自卸汽车运土方 20 km，试计算例 7–9 中地沟清单项目应组合的定额子目工程量。

**解：**

地沟清单项目应组合的定额子目列项及工程量计算如下：

（1）人工挖沟槽土方（二类土深 2 m 内）

该建筑场地土质为二类土，放坡起点深度为 1.2 m，挖土深度 =0.5+0.08+0.8+0.2+0.1（m）=1.68 m>1.2 m，故应考虑放坡，放坡系数 $k$=0.5；则：

沟底宽 $b$=（0.3+0.1+0.2）×2+0.8（m）=2.0（m）

沟长 $L$=42 m

$V_1$=42×（2+0.5×1.68）×1.68（$m^3$）=200.39（$m^3$）

（2）基础回填土（人工夯填土）

基础回填土体积按定额挖方体积减去设计室外地坪以下埋设的基础体积（包括基础垫层及其他构筑物）计算。则：

挖沟槽土方体积：$V_1$=200.39 $m^3$

室外地坪以下基础体积：$V_2$=1.4×0.1×42+1.2×1×42+1×0.08×42（$m^3$）=59.64（$m^3$）

基础回填土体积：$V_3$=200.39−59.64（$m^3$）=140.75（$m^3$）

（3）人工装土

$V_4$=$V_2$=59.64 $m^3$

（4）自卸汽车运土方 20 km

$V_4$=$V_2$=59.64 $m^3$

（5）混凝土垫层

$V_5$=1.4×0.1×42（$m^3$）=5.88（$m^3$）

C15 预拌混凝土制作：$V_6$=5.88×1.015（$m^3$）=5.97（$m^3$）

（6）地沟

$V_7$=（1.2×0.2+0.2×0.8×2）×42（$m^3$）=23.52（$m^3$）

C25 预拌混凝土制作：$V_8$=23.52×1.01（$m^3$）=23.76（$m^3$）

（3）台阶

台阶清单项目可组合的定额子目为台阶及混凝土制作。台阶定额工程量按设计图示尺寸以体积计算。其混凝土制作按台阶定额含量计算。

［例 7–21］试计算例 7–10 中台阶清单项目应组合的定额子目工程量。

**解：**

台阶清单项目应组合的定额子目列项及工程量计算如下：

台阶：$V_2$=0.91 $m^3$

C15 预拌混凝土制作：$V_8$=0.91 × 1.015（m³）=0.92（m³）

（4）扶手、压顶

扶手、压顶清单项目可组合扶手、压顶定额子目，定额工程量按设计图示尺寸以体积计算。

［例 7–22］试计算例 7–11 压顶清单项目应组合的定额子目工程量。

**解：**

压顶清单项目应组合的定额子目列项及工程量计算如下：

压顶：$V_1$=1.13 m³

C25 预拌混凝土制作：$V_2$=1.13 × 1.01（m³）=1.14（m³）

（5）其他构件

其他构件清单项目可组合小型构件定额子目，定额工程量按设计图示尺寸以体积计算。

### 8. 后浇带

后浇带相应清单项目可组合梁、板及墙的后浇带子目及混凝土制作子目。其定额工程量计算方法与清单工程量中按体积计算方法相同。

## 第三节 现浇混凝土工程量清单综合单价计算

现浇混凝土工程量清单综合单价的计算是以 2018 年广东省定额为依据，并根据工程实际情况确定具体的工程量清单项目组价内容，利用综合单价分析表，将组成现浇混凝土清单项目的费用汇总计算，并最后得出现浇混凝土工程量清单项目的综合单价。费用的计算以定额消耗量为依据，人工、材料、机械单价按指定计价时期的价格调整，并按项目实际情况计算利润。

［例 7–23］以例 7–1 ~例 7–22 中计算的现浇混凝土构件的清单及定额工程量计算结果为依据，计算现浇混凝土工程量清单综合单价，并汇总分部工程量清单计价表。

人工费按定额人工费 ×108.76/100 计算，管理费按（人工费 + 机具费）×28.75% 计算，利润按（人工费 + 机具费）×20% 计算。

另外，主材料现行税前价格为：C15 普通预拌混凝土 547 元 /m³，C25 普通预拌混凝土 586 元 /m³，C30 普通预拌混凝土 603 元 /m³，C30 泵送预拌混凝土 611 元 /m³，中砂 276.39 元 /m³，其余费用按 2018 年广东省定额的规定计算。

**解：**

计算过程如下：

（1）例 7–1 ~例 7–22 中计算的现浇混凝土清单及定额工程量计算结果汇总见表 7–11。

（2）以独立基础综合单价计算为例，其清单综合单价计算过程见表 7–12。

表 7–11　　现浇混凝土清单及定额工程量计算结果

| 序号 | 清单项目 | | | 定额项目 | | |
|---|---|---|---|---|---|---|
| | 项目名称 | 计量单位 | 工程量 | 项目名称 | 计量单位 | 工程量 |
| 1 | 独立基础 | $m^3$ | 22.64 | 其他混凝土基础 | $m^3$ | 22.64 |
| | | | | C25 预拌混凝土制作 | $m^3$ | 22.87 |
| 2 | 桩承台基础 | $m^3$ | 52.27 | 其他混凝土基础 | $m^3$ | 52.27 |
| | | | | C30 预拌混凝土制作 | $m^3$ | 52.79 |
| 3 | 垫层 | $m^3$ | 15.06 | 混凝土垫层 | $m^3$ | 15.06 |
| | | | | C15 预拌混凝土制作 | $m^3$ | 15.29 |
| 4 | 构造柱 | $m^3$ | 2.68 | 构造柱 | $m^3$ | 2.68 |
| | | | | C25 预拌混凝土制作 | $m^3$ | 2.71 |
| 5 | 基础梁 | $m^3$ | 5.70 | 基础梁 | $m^3$ | 5.70 |
| | | | | C25 预拌混凝土制作 | $m^3$ | 5.76 |
| 6 | 异形柱 | $m^3$ | 3.99 | （1）异形柱 | $m^3$ | 3.99 |
| | | | | C30 泵送预拌混凝土制作 | $m^3$ | 4.03 |
| | | | | （2）现浇混凝土泵送费（高度 50 m 以内） | $m^3$ | 3.99 |
| | | | | C30 泵送预拌混凝土制作 | $m^3$ | 0.20 |
| 7 | 短肢剪力墙 | $m^3$ | 28.50 | （1）矩形柱、异形柱 | $m^3$ | 28.50 |
| | | | | C30 泵送预拌混凝土制作 | $m^3$ | 28.79 |
| | | | | （2）现浇混凝土泵送费（高度 50 m 以内） | $m^3$ | 28.50 |
| | | | | C30 泵送预拌混凝土制作 | $m^3$ | 1.43 |
| 8 | 有梁板 | $m^3$ | 9.79 | （1）有梁板 | $m^3$ | 9.79 |
| | | | | C30 泵送预拌混凝土制作 | $m^3$ | 9.89 |
| | | | | （2）现浇混凝土泵送费（高度 50 m 以内） | $m^3$ | 9.79 |
| | | | | C30 泵送预拌混凝土制作 | $m^3$ | 0.49 |

续表

| 序号 | 清单项目 | | | 定额项目 | | |
|---|---|---|---|---|---|---|
| | 项目名称 | 计量单位 | 工程量 | 项目名称 | 计量单位 | 工程量 |
| 9 | 阳台板 | $m^3$ | 0.88 | （1）阳台板 | $m^3$ | 0.88 |
| | | | | C30 泵送预拌混凝土制作 | $m^3$ | 0.89 |
| | | | | （2）现浇混凝土泵送费（高度 50 m 以内） | $m^3$ | 0.88 |
| | | | | C30 泵送预拌混凝土制作 | $m^3$ | 0.04 |
| 10 | 直形楼梯 | $m^3$ | 1.67 | 直形楼梯 | $m^3$ | 1.67 |
| | | | | C30 预拌混凝土制作 | $m^3$ | 1.69 |
| 11 | 散水 | $m^2$ | 108 | （1）砂垫层 | $m^3$ | 6.48 |
| | | | | （2）散水 | $m^3$ | 9.90 |
| | | | | C15 预拌混凝土制作 | $m^3$ | 10 |
| | | | | （3）变形缝填缝（建筑油膏填缝） | m | 120 |
| 12 | 地沟 | m | 42 | （1）人工挖沟槽土方（二类土深 2 m 内） | $m^3$ | 200.39 |
| | | | | （2）基础回填土（人工夯填土） | $m^3$ | 140.75 |
| | | | | （3）人工装土 | $m^3$ | 59.64 |
| | | | | （4）自卸汽车运土方 20 km | $m^3$ | 59.64 |
| | | | | （5）混凝土垫层 | $m^3$ | 5.88 |
| | | | | C15 预拌混凝土制作 | $m^3$ | 5.97 |
| | | | | （6）地沟 | $m^3$ | 23.52 |
| | | | | C25 预拌混凝土制作 | $m^3$ | 23.76 |
| 13 | 台阶 | $m^3$ | 0.91 | 台阶 | $m^3$ | 0.91 |
| | | | | C15 预拌混凝土制作 | $m^3$ | 0.92 |
| 14 | 压顶 | $m^3$ | 1.13 | 压顶 | $m^3$ | 1.13 |
| | | | | C25 预拌混凝土制作 | $m^3$ | 1.14 |

表 7–12

## 工程量清单综合单价分析表

<table>
<tr><td colspan="12">工程名称：× × 工程</td><td>第 页，共 页</td><td></td></tr>
<tr><td colspan="3">项目编码</td><td colspan="2">010401002001</td><td colspan="2">项目名称</td><td colspan="2">独立基础</td><td>计量单位</td><td>$m^3$</td><td colspan="2">清单工程量</td><td>22.64</td></tr>
<tr><td colspan="14">清单综合单价组成明细</td></tr>
<tr><td rowspan="2">定额编号</td><td rowspan="2">定额子目名称</td><td rowspan="2">定额单位</td><td rowspan="2">工程数量</td><td colspan="5">单价（元）</td><td colspan="5">合价（元）</td></tr>
<tr><td>人工费</td><td>材料费</td><td>机具费</td><td>管理费</td><td>利润</td><td>人工费</td><td>材料费</td><td>机具费</td><td>管理费</td><td>利润</td></tr>
<tr><td>A1–5–2</td><td>其他混凝土基础</td><td>10 $m^3$</td><td>0.1</td><td>496.95</td><td>81.24</td><td>8.08</td><td>145.20</td><td>101.01</td><td>49.69</td><td>8.12</td><td>0.81</td><td>14.52</td><td>10.10</td></tr>
<tr><td>8021904</td><td>C25 普通预拌混凝土制作</td><td>$m^3$</td><td>1.01</td><td></td><td>586</td><td></td><td></td><td>0.00</td><td></td><td>591.86</td><td></td><td></td><td></td></tr>
<tr><td colspan="2"></td><td colspan="7">小计</td><td>49.69</td><td>599.98</td><td>0.81</td><td>14.52</td><td>10.10</td></tr>
<tr><td colspan="2"></td><td colspan="7">未计价材料费</td><td colspan="5">0.00</td></tr>
<tr><td colspan="9">清单项目综合单价</td><td colspan="5">675.11</td></tr>
</table>

（3）其他现浇混凝土工程量清单综合单价的计算过程略，最后报价见表 7-13。

表 7-13　　分部分项工程量清单与计价

| 序号 | 项目编码 | 项目名称 | 项目特征 | 计量单位 | 工程数量 | 金额（元） | | |
|---|---|---|---|---|---|---|---|---|
| | | | | | | 综合单价 | 合价 | 暂估价 |
| 1 | 010501003001 | 独立基础 | 1. 混凝土种类：普通预拌混凝土<br>2. 混凝土强度等级：C25 | $m^3$ | 22.64 | 675.11 | 15 284.49 | |
| 2 | 010501005001 | 桩承台基础 | 1. 混凝土种类：普通预拌混凝土<br>2. 混凝土强度等级：C30 | $m^3$ | 52.27 | 692.28 | 36 185.48 | |
| 3 | 010501001001 | 垫层 | 1. 混凝土种类：普通预拌混凝土<br>2. 混凝土强度等级：C15 | $m^3$ | 15.06 | 649.56 | 9 782.37 | |
| 4 | 010502002001 | 构造柱 | 1. 混凝土种类：普通预拌混凝土<br>2. 混凝土强度等级：C25 | $m^3$ | 2.68 | 899.95 | 2 411.87 | |
| 5 | 010503001001 | 基础梁 | 1. 混凝土种类：普通预拌混凝土<br>2. 混凝土强度等级：C25 | $m^3$ | 5.70 | 671.88 | 3 829.72 | |
| 6 | 010502003001 | 异形柱 | 1. 柱形状：L 形<br>2. 混凝土种类：泵送预拌混凝土<br>3. 混凝土强度等级：C30 | $m^3$ | 3.99 | 855.54 | 3 413.60 | |
| 7 | 010504003001 | 短肢剪力墙 | 1. 混凝土种类：泵送预拌混凝土<br>2. 混凝土强度等级：C30 | $m^3$ | 28.50 | 855.54 | 24 382.89 | |
| 8 | 010505001001 | 有梁板 | 1. 混凝土种类：泵送预拌混凝土<br>2. 混凝土强度等级：C30 | $m^3$ | 9.79 | 743.48 | 7 278.67 | |
| 9 | 010505008001 | 阳台板 | 1. 混凝土种类：泵送预拌混凝土<br>2. 混凝土强度等级：C30 | $m^3$ | 0.88 | 927.86 | 816.52 | |
| 10 | 010506001001 | 直形楼梯 | 1. 混凝土种类：普通预拌混凝土<br>2. 混凝土强度等级：C30 | $m^3$ | 1.67 | 773.68 | 1 292.05 | |

续表

| 序号 | 项目编码 | 项目名称 | 项目特征 | 计量单位 | 工程数量 | 金额（元） | | |
|---|---|---|---|---|---|---|---|---|
| | | | | | | 综合单价 | 合价 | 暂估价 |
| 11 | 010507001001 | 散水 | 1. 垫层材料种类、厚度：60 mm 厚中砂<br>2. 面层厚度：80 mm<br>3. 混凝土种类：普通预拌混凝土<br>4. 混凝土强度等级：C15<br>5. 变形缝填塞材料种类：建筑油膏 | $m^2$ | 108 | 100.44 | 10 847.52 | |
| 12 | 010507003001 | 地沟 | 1. 土壤类别：二类土<br>2. 沟截面净空尺寸：宽 800 mm × 高 800 mm<br>3. 垫层材料种类、厚度：100 mm 厚 C15 普通预拌混凝土<br>4. 混凝土种类：普通预拌混凝土<br>5. 混凝土强度等级：C25 | m | 42 | 934.00 | 39 228.00 | |
| 13 | 010507004001 | 台阶 | 1. 踏步高、宽：150 mm × 300 mm<br>2. 混凝土种类：普通预拌混凝土<br>3. 混凝土强度等级：C15 | $m^3$ | 0.91 | 717.47 | 652.90 | |
| 14 | 010507005001 | 压顶 | 1. 断面尺寸：180 mm × 100 mm+120 mm × 60 mm<br>2. 混凝土种类：普通预拌混凝土<br>3. 混凝土强度等级：C25 | $m^3$ | 1.13 | 977.65 | 1 104.74 | |
| | | | 小计 | | | | 156 510.81 | |

# 技能训练 5 某工程现浇混凝土工程计量与计价

某二层框架住宅如图 6-19 所示（见技能训练 4），其基础平面图及大样图如图 7-21 所示，已知该住宅二层屋面标高为 6.7 m，KZ1、KZ2 从独立基础顶面浇至二层屋面，尺寸为 300 mm × 300 mm，顶层板厚均为 100 mm，基础及柱梁板混凝土均为 C30 普通预拌混凝土，试计算：

（1）该工程独立基础、柱、二层屋面有梁板的清单及定额工程量。

（2）上述现浇混凝土工程量清单综合单价，并编制其分部分项工程量清单与计价表。

该工程人工费、材料费、管理费、利润及其他费用均按当地定额及市场价格文件的规定计算。

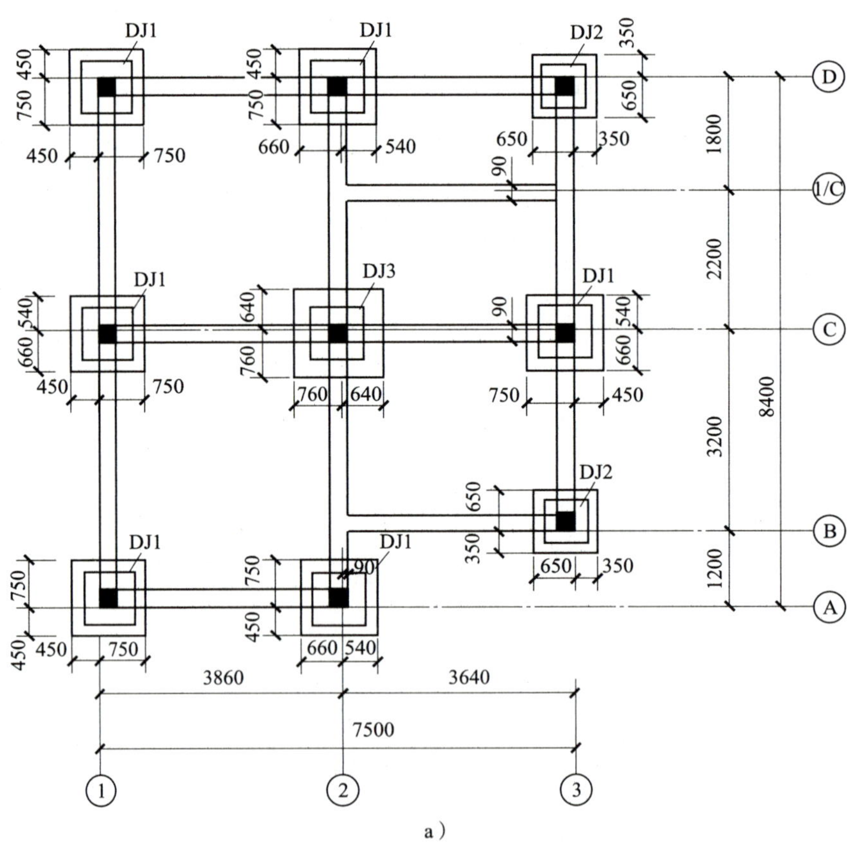

a）

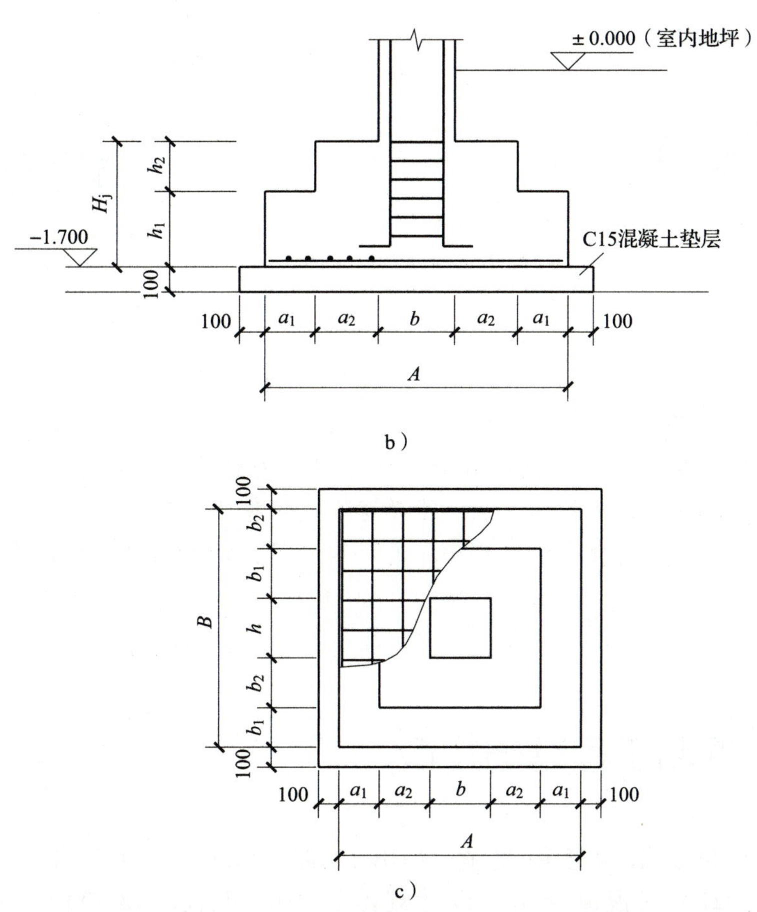


| 基础编号 | 类型 | 基础平面尺寸 | | | | | | 基础高度 | | |
|---|---|---|---|---|---|---|---|---|---|---|
| | | $A$ | $a_1$ | $a_2$ | $B$ | $b_1$ | $b_2$ | $H$ | $h_1$ | $h_2$ |
| DJ1 | | 1200 | 200 | 250 | 1200 | 200 | 250 | 500 | 300 | 200 |
| DJ2 | | 1000 | 200 | 150 | 1000 | 200 | 150 | 500 | 300 | 200 |
| DJ3 | | 1400 | 200 | 350 | 1400 | 200 | 350 | 500 | 300 | 200 |

d）

图 7–21　某二层框架住宅基础平面图及大样图

a）基础平面图　b）基础断面图　c）基础平面大样图　d）基础尺寸

# 第八章 钢筋工程

学习目标

理解并掌握钢筋工程基础知识及工程量计算原理，掌握现浇柱、梁、板及基础构件钢筋工程量计算方法；能熟练编制钢筋工程量清单，并能根据钢筋工程量清单的工作内容合理组合相应的定额子目，计算钢筋工程量清单综合单价。

## 第一节 钢筋工程基础知识

随着《混凝土结构通用规范》(GB 55008—2021)、《工程结构通用规范》(GB 55001—2021)、《混凝土结构设计规范》(2015年版，GB 50010—2010)、《建筑抗震设计规范》(2016年版，GB 50011—2010)等规范的相继出台，新的国家建筑标准设计图集22G101系列图集(以下简称新平法规范)也于2022年5月1日正式实施，这三本图集分别为:《混凝土结构施工图平面整体表示方法制图规则和构造详图(现浇混凝土框架、剪力墙、梁、板)》(22G101—1)、《混凝土结构施工图平面整体表示方法制图规则和构造详图(现浇混凝土板式楼梯)》(22G101—2)、《混凝土结构施工图平面整体表示方法制图规则和构造详图(独立基础、条形基础、筏形基础、桩基础)》(22G101—3)。本章钢筋工程的算量是基于以上新的规范和图集所作的应用性规定。

### 一、钢筋种类与一般表示方法

#### 1. 常用钢筋的种类

建筑中常用钢筋有光面钢筋、带肋钢筋、预应力筋等。

(1)光面钢筋

光面钢筋是指截面为光面圆形的钢筋。《混凝土结构设计规范》(2015年版，GB 50010—2010)坚持“四节一环保”的可持续发展国策，钢筋走高强、高性能发展趋势，普通光面钢筋淘汰低强HPB235钢筋，以HPB300钢筋替代。H、P、B分别为

热轧（Hot rolled）、光面（Plain）、钢筋（Bars）三个英文词的首位字母，300 表示钢筋的屈服强度标准值为 300 MPa。

（2）带肋钢筋

带肋钢筋分为热轧带肋钢筋、冷轧带肋钢筋和余热处理钢筋。其中，热轧带肋钢筋俗称螺纹钢，分为普通热轧带肋钢筋（HRB）和细晶粒热轧带肋钢筋（HRBF）；冷轧带肋钢筋（CRB）是用普通线材经冷轧挤压形成的一种带有两面或三面月牙形横肋的钢筋，主要用于各种现浇板；余热处理带肋钢筋（RRB）是利用热处理原理进行表面控制冷却，并利用芯部余热自身完成回火处理所得的成品钢筋。

《混凝土结构通用规范》（GB 55008—2021）取消了牌号 HRB335 和 HRBF335。目前应用的带肋钢筋有 HRB400、HRB500、RRB400、HRBF400、HRBF500、HRB400E、HRB500E、CRB550、CRB600H，H、C 分别表示热轧（Hot rolled）、冷轧（Cold rolled），R、B 分别表示带肋（Ribbed）、钢筋（Bars）；HRBF 中的 F 表示超细的（Fine）；HRB400E 是指强度级别为 400 MPa 且有较高抗震性能的普通热轧带肋钢筋。

（3）预应力筋

目前应用的预应力筋主要有中强度预应力钢丝、消除应力钢丝、钢绞线、预应力螺纹钢筋等。

### 2. 常用钢筋牌号的符号

新规范实施后常用钢筋牌号的符号见表 8–1。

表 8–1 常用钢筋牌号的符号

| 牌号 | 符号 | 牌号 | 符号 |
| --- | --- | --- | --- |
| HPB300 | ϕ | RRB400 | $Φ^{R}$ |
| HRB400 | Φ | HRB500 | Φ̄ |
| HRBF400 | $Φ^{F}$ | HRBF500 | $\bar{Φ}^{F}$ |

### 3. 钢筋的一般表示方法

（1）钢筋数量 + 钢筋级别 + 钢筋直径

例如，“2Φ18”表示两根直径为 18 mm 的 HRB400 钢筋。

（2）钢筋级别 + 钢筋直径 +@+ 钢筋间距

例如，“ϕ10@200”表示直径为 10 mm 的 HPB300 钢筋，间距为 200 mm。

## 二、建筑物抗震设防烈度与抗震等级

### 1. 地震震级、地震烈度与抗震设防烈度

地震震级是通常地质学上所说的地震的大小，它表示地震本身大小的等级，以地震释放的能量为尺度，根据地震仪记录到的地震波或者断层错位和破裂面积确定。目前国际通用的地震震级标准为里氏震级，分为 12 级，地震释放的能量越多，震级就越大。

地震烈度是指地震引起的地面震动及其影响的强弱程度。中华人民共和国国家标

准《中国地震烈度表》(GB/T 17742—2020)将地震烈度划分为 12 个等级，用罗马数字(Ⅰ ~ Ⅻ)或阿拉伯数字(1 ~ 12)表示。

一次地震只有一个震级，但在不同地区的烈度大小是不一样的。一般来说，距震中越远，烈度越低；距震中越近，烈度越高。

抗震设防烈度为按国家规定的权限批准作为一个地区抗震设防依据的地震烈度。一般情况下，取 50 年内超越概率 10% 的地震烈度。

### 2. 抗震等级

抗震等级是指设计部门根据国家有关规定，按建筑物重要性分类与设防标准，根据设防类别、结构类型、烈度和房屋高度四个因素确定，而采用不同抗震等级进行的具体设计。以钢筋混凝土框架结构为例，抗震等级划分为一、二、三、四级，以表示很严重、严重、较严重及一般的四个级别。《建筑抗震设计规范》(2016 年版，GB 50011—2010)中关于现浇钢筋混凝土房屋丙类建筑的抗震等级见表 8-2。

注：甲类、乙类、丙类建筑分别为现行国家标准《建筑工程抗震设防分类标准》(GB 50223—2008)中特殊设防类、重点设防类、标准设防类建筑的简称。其中，甲类和乙类建筑应按高于本地区抗震设防烈度一度的要求加强其抗震措施。

表 8-2　现浇钢筋混凝土房屋丙类建筑的抗震等级

<table>
<tr><th colspan="2" rowspan="2">结构类型</th><th colspan="12">抗震设防烈度</th></tr>
<tr><th colspan="2">6</th><th colspan="4">7</th><th colspan="4">8</th><th colspan="2">9</th></tr>
<tr><td rowspan="3">框架结构</td><td>高度(m)</td><td>≤24</td><td>>24</td><td colspan="2">≤24</td><td colspan="2">>24</td><td colspan="2">≤24</td><td colspan="2">>24</td><td colspan="2">≤24</td></tr>
<tr><td>框架</td><td>四</td><td>三</td><td colspan="2">三</td><td colspan="2">二</td><td colspan="2">二</td><td colspan="2">一</td><td colspan="2">一</td></tr>
<tr><td>大跨度框架</td><td colspan="2">三</td><td colspan="4">二</td><td colspan="4">一</td><td colspan="2">一</td></tr>
<tr><td rowspan="3">框架－抗震墙结构</td><td>高度(m)</td><td>≤60</td><td>>60</td><td>≤24</td><td colspan="2">25 ~ 60</td><td>>60</td><td>≤24</td><td colspan="2">25 ~ 60</td><td>>60</td><td>≤24</td><td>25 ~ 50</td></tr>
<tr><td>框架</td><td>四</td><td>三</td><td>四</td><td colspan="2">三</td><td>二</td><td>三</td><td colspan="2">二</td><td>一</td><td>二</td><td>一</td></tr>
<tr><td>抗震墙</td><td colspan="2">三</td><td>三</td><td colspan="3">二</td><td>二</td><td colspan="3">一</td><td colspan="2">一</td></tr>
<tr><td rowspan="2">抗震墙结构</td><td>高度(m)</td><td>≤80</td><td>>80</td><td>≤24</td><td colspan="2">25 ~ 80</td><td>>80</td><td>≤24</td><td colspan="2">25 ~ 80</td><td>>80</td><td>≤24</td><td>25 ~ 60</td></tr>
<tr><td>抗震墙</td><td>四</td><td>三</td><td>四</td><td colspan="2">三</td><td>二</td><td>三</td><td colspan="2">二</td><td>一</td><td>二</td><td>一</td></tr>
</table>

注：大跨度框架指跨度不小于 18 m 的框架。

## 三、混凝土保护层、钢筋锚固与连接

### 1. 混凝土保护层

混凝土保护层指结构构件中钢筋外边缘至构件表面范围用于保护钢筋的混凝土，简称保护层。保护层厚度为最外层钢筋外边缘至混凝土表面的距离。混凝土保护层的最小厚度及混凝土结构的环境类别见表 8-3 和表 8-4。

### 2. 钢筋锚固

钢筋锚固指钢筋被包裹在混凝土中，目的是使两者能共同工作以承担各种应力。

钢筋的锚固长度指受力钢筋依靠其表面与混凝土的黏结作用或端部构造的挤压作用而达到设计承受应力所需的长度，一般指梁、板、柱等构件的受力钢筋伸入支座或基础中的总长度，包括直线及弯折部分。

表 8–3 混凝土保护层的最小厚度 mm

| 环境类别 | 板、墙 | 梁、柱 |
|---|---|---|
| 一 | 15 | 20 |
| 二 a | 20 | 25 |
| 二 b | 25 | 35 |
| 三 a | 30 | 40 |
| 三 b | 40 | 50 |

注：

1. 该表适用于设计使用年限为 50 年的混凝土结构。
2. 构件中受力钢筋的保护层厚度不应小于钢筋的公称直径。
3. 混凝土强度等级为 C25 时，表中保护层厚度数值应增加 5。
4. 基础底面钢筋的保护层厚度，有混凝土垫层时应从垫层顶面算起，且不小于 40 mm。

表 8–4 混凝土结构的环境类别

| 环境类别 | 条　　件 |
|---|---|
| 一 | 室内干燥环境、无侵蚀性静水浸没环境 |
| 二 a | 室内潮湿环境、非严寒和非寒冷地区的露天环境、非严寒和非寒冷地区与无侵蚀性的水或土壤直接接触的环境、严寒和寒冷地区的冰冻线以下与无侵蚀性的水或土壤直接接触的环境 |
| 二 b | 干湿交替环境、水位频繁变动环境、严寒和寒冷地区的露天环境、严寒和寒冷地区冰冻线以上与无侵蚀性的水或土壤直接接触的环境 |
| 三 a | 严寒和寒冷地区冬季水位变动区环境、受除冰盐影响环境、海风环境 |
| 三 b | 盐渍土环境、受除冰盐作用环境、海岸环境 |
| 四 | 海水环境 |
| 五 | 受人为或自然的侵蚀性物质影响的环境 |

受拉钢筋的锚固长度有基本锚固长度和锚固长度之分，基本锚固长度表示为 $l_{ab}$（非抗震）和 $l_{abE}$（抗震），其取值分别见表 8–5 和表 8–6；锚固长度表示为 $l_a$（非抗震）和 $l_{aE}$（抗震），其取值分别见表 8–7 和表 8–8。当钢筋直径 $d \leqslant 25$ mm 时，$l_{ab}=l_a$，$l_{abE}=l_{aE}$。应用表 8–7 和表 8–8 的数据时，如果是环氧树脂涂层带肋钢筋，表中数据还应乘以 1.25；当纵向受拉钢筋施工过程易受扰动时，表中数据还应乘以 1.1；$l_a$ 和 $l_{aE}$ 计算值不应小于 200 mm。

表 8–5　受拉钢筋的基本锚固长度 $l_{ab}$ 取值

| 钢筋种类 | 混凝土强度等级 | | | |
|---|---|---|---|---|
| | C25 | C30 | C35 | C40 |
| HPB300 | 34*d* | 30*d* | 28*d* | 25*d* |
| HRB400<br>HRBF400<br>RRB400 | 40*d* | 35*d* | 32*d* | 29*d* |

表 8–6　抗震设计时受拉钢筋的基本锚固长度 $l_{abE}$ 取值

| 钢筋种类 | 抗震等级 | 混凝土强度等级 | | | |
|---|---|---|---|---|---|
| | | C25 | C30 | C35 | C40 |
| HPB300 | 一、二级 | 39*d* | 35*d* | 32*d* | 29*d* |
| | 三级 | 36*d* | 32*d* | 29*d* | 26*d* |
| HRB400<br>HRBF400<br>RRB400 | 一、二级 | 46*d* | 40*d* | 37*d* | 33*d* |
| | 三级 | 42*d* | 37*d* | 34*d* | 30*d* |

表 8–7　受拉钢筋锚固长度 $l_a$ 取值

| 钢筋种类 | 混凝土强度等级 | | | | | | | |
|---|---|---|---|---|---|---|---|---|
| | C25 | | C30 | | C35 | | C40 | |
| | *d* ≤ 25 | *d*>25 | *d* ≤ 25 | *d*>25 | *d* ≤ 25 | *d*>25 | *d* ≤ 25 | *d*>25 |
| HPB300 | 34*d* | — | 30*d* | — | 28*d* | — | 25*d* | — |
| HRB400<br>HRBF400<br>RRB400 | 40*d* | 44*d* | 35*d* | 39*d* | 32*d* | 35*d* | 29*d* | 32*d* |

表 8–8　受拉钢筋抗震锚固长度 $l_{aE}$ 取值

| 钢筋种类 | 抗震等级 | 混凝土强度等级 | | | | | | | |
|---|---|---|---|---|---|---|---|---|---|
| | | C25 | | C30 | | C35 | | C40 | |
| | | *d* ≤ 25 | *d*>25 | *d* ≤ 25 | *d*>25 | *d* ≤ 25 | *d*>25 | *d* ≤ 25 | *d*>25 |
| HPB300 | 一、二级 | 39*d* | — | 35*d* | — | 32*d* | — | 29*d* | — |
| | 三级 | 36*d* | — | 32*d* | — | 29*d* | — | 26*d* | — |
| HRB400<br>HRBF400<br>RRB400 | 一、二级 | 46*d* | 51*d* | 40*d* | 45*d* | 37*d* | 40*d* | 33*d* | 37*d* |
| | 三级 | 42*d* | 46*d* | 37*d* | 41*d* | 34*d* | 37*d* | 30*d* | 34*d* |

四级抗震时，$l_{abE}=l_{ab}$，$l_{aE}=l_a$。表中只是摘录常用的数据，更多数据和规定详见新平法规范。

### 3. 钢筋连接

钢筋连接指通过绑扎搭接、机械连接、焊接等方法实现钢筋之间内力传递的构造形式。

其中，绑扎搭接是直接将两根钢筋相互参差地搭接在一起；焊接包括对焊、电弧焊、电渣压力焊、气压焊等方法；机械连接包括直螺纹套筒连接、锥螺纹套筒连接、套筒挤压连接等方法。

#### （1）纵向受拉钢筋绑扎搭接长度

纵向受拉钢筋绑扎搭接长度表示为 $l_l$（非抗震）和 $l_{lE}$（抗震），其具体取值和更多规定详见新平法规范（22G101—1）。其中，$l_l$ 和 $l_{lE}$ 按直径较小的钢筋计算，且任何情况下 $l_l$ 和 $l_{lE}$ 不应小于 300 mm。

#### （2）纵向钢筋搭接接头面积百分率

纵向钢筋搭接接头面积百分率是指同一连接区段内有连接接头的纵向受力钢筋截面面积与全部纵向受力钢筋截面面积的比值。同一连接区段内纵向受拉钢筋绑扎搭接、机械连接、焊接接头如图 8-1 所示。

对于钢筋绑扎搭接，其同一连接区段长度为 1.3 倍搭接长度；对于钢筋机械连接，其同一连接区段长度为 $35d$；对于钢筋焊接，其同一连接区段长度为 $35d$ 且不小于 500 mm。凡搭接接头中点位于该连接区段长度内的搭接接头均属于同一连接区段；$d$ 为相互连接两根钢筋中较小钢筋的直径；当同一构件内不同连接钢筋计算连接区段长度不同时取大值。

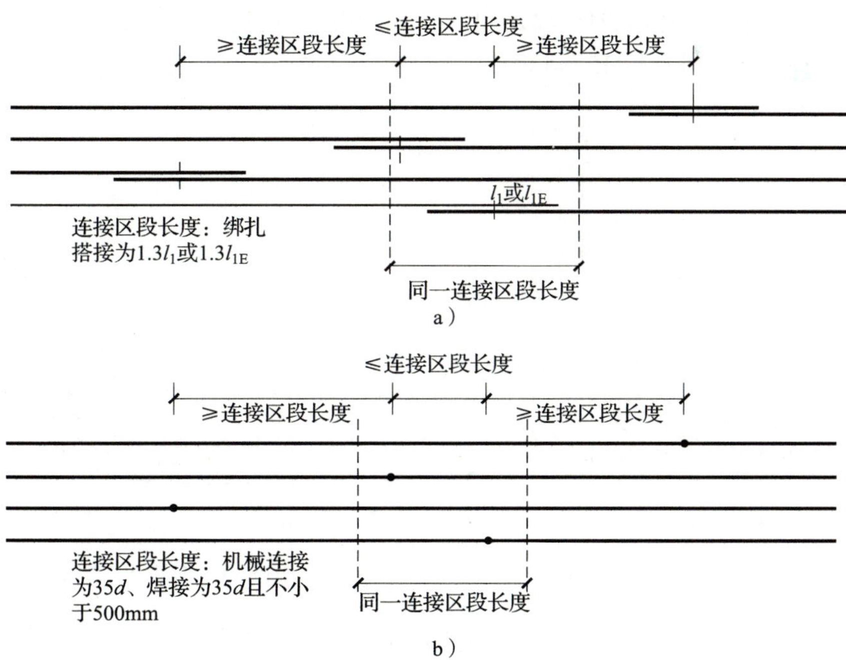


图 8-1　同一连接区段内纵向受拉钢筋绑扎搭接、机械连接、焊接接头

a）绑扎搭接接头　b）机械连接、焊接接头

如图 8–1 所示的四根绑扎搭接或机械连接、焊接的纵向钢筋如果直径相同，则表明在同一连接区段内有接头的钢筋截面面积占总截面面积的 1/2，即图中纵向钢筋搭接接头面积百分率为 50%。

## 四、钢筋的弯曲调整值

在实际工程中，钢筋在弯曲时长度会发生改变（弯弧比折角短），因此在配料时不能直接按图中量度尺寸（外皮尺寸）下料，而应按中心尺寸下料。弯曲钢筋的量度尺寸（外皮尺寸）与中心尺寸之间的差值称为弯曲调整值（也称量度差值）。即：

弯曲调整值 = 外皮尺寸 – 中心线长度

如图 8–2 所示，钢筋 90° 弯折处的弯曲调整值 $=X+Y-AB$ 段弧长，如果钢筋预算长度需要计算中心线长度，则应按标注尺寸的长度（外皮长度）减去钢筋弯折处的弯曲调整值。

下面以 90° 弯折的钢筋为例，计算弯曲调整值。

如图 8–3 所示，钢筋弯弧内直径为 $D$，弯弧内半径为 $R$，钢筋直径为 $d$，则有 $X=Y=R+d=D/2+d$，$AB$ 段弧长 $=2\pi(R+0.5d)\times 90/360=2\pi(0.5D+0.5d)\times 1/4=0.785(D+d)$。

弯曲调整值 $=X+Y-AB$ 段弧长 $=2(D/2+d)-0.785(D+d)=0.215D+1.215d$。

对于光圆钢筋（300 MPa），$D=2.5d$，弯曲调整值 $=0.215\times 2.5d+1.215d=1.75d$。

对于 400 MPa 级带肋钢筋，$D=4d$，弯曲调整值 $=0.215\times 4d+1.215d=2.08d$。

对于框架结构顶层端节点处的梁上部纵筋和柱外侧纵筋，当钢筋直径 $d\leqslant 25$ mm 时，$D=12d$，弯曲调整值 $=0.215\times 12d+1.215d=3.8d$；当钢筋直径 $d>25$ mm 时，$D=16d$，弯曲调整值 $=0.215\times 16d+1.215d=4.66d$。

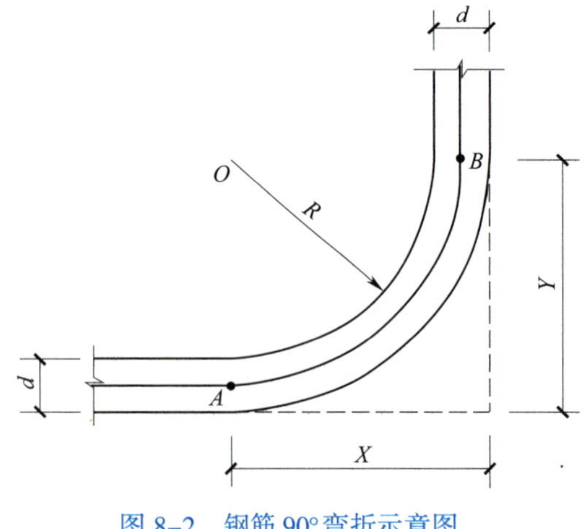


图 8–2　钢筋 90° 弯折示意图

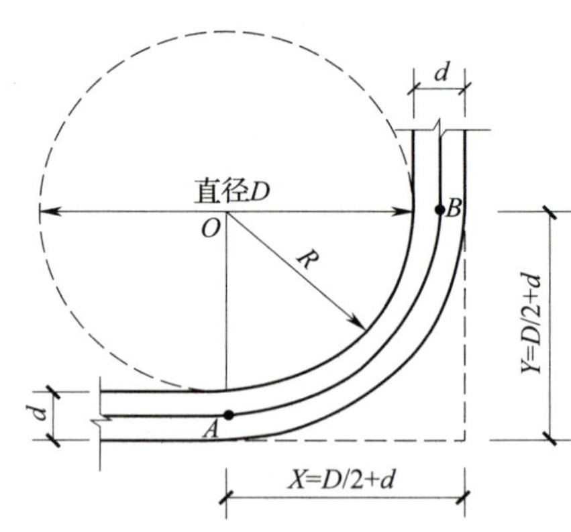


图 8–3　钢筋 90° 弯折尺寸示意图

用同样的方法可以计算出其他弯折角度的钢筋弯曲调整值，常见钢筋弯曲调整值见表 8–9。表中，$D$ 为弯弧内直径，$d$ 为钢筋直径，弯弧内直径参照新平法规范（22G101—1）规定取值。

表 8–9　　常见钢筋弯曲调整值

| 弯折角度 | 钢筋等级 | | | |
|---|---|---|---|---|
| | 300 MPa | 400 MPa | 500 MPa（$d \leqslant 25$ mm） | 500 MPa（$d>25$ mm） |
| | $D=2.5d$ | $D=4d$ | $D=6d$ | $D=7d$ |
| 30° | $0.29d$ | $0.3d$ | $0.31d$ | $0.32d$ |
| 45° | $0.49d$ | $0.52d$ | $0.56d$ | $0.59d$ |
| 60° | $0.77d$ | $0.85d$ | $0.96d$ | $1.01d$ |
| 90° | $1.75d$ | $2.08d$ | $2.5d$ | $2.72d$ |

## 五、钢筋工程量计算

### 1. 钢筋工程量计算方法

钢筋的工程量按设计图示钢筋长度乘以单位理论质量计算。即：

钢筋工程量 = 钢筋长度 × 单位理论质量

式中，钢筋长度——按施工图示尺寸及构造要求计算，为本章学习重点内容。

单位理论质量——$0.617d^2$，kg/m（其中 $d$ 为钢筋直径，单位为 cm），常用钢筋单位理论质量见表 8–10。

表 8–10　　常用钢筋单位理论质量

| 直径（cm） | 6 | 8 | 10 | 12 | 14 | 16 | 18 | 20 | 22 | 25 |
|---|---|---|---|---|---|---|---|---|---|---|
| 单位理论质量（kg/m） | 0.222 | 0.395 | 0.617 | 0.888 | 1.21 | 1.58 | 2.00 | 2.47 | 2.98 | 3.85 |

### 2. 钢筋长度的计算

钢筋长度有预算长度与下料长度之分。

预算长度指的是计算工程造价时，钢筋工程量的计算长度；下料长度指的是钢筋施工备料配制时，钢筋切断的长度。

按 2013 年清单计量规范的规定，清单工程量计算时，预算长度按设计图示尺寸计算，除设计（包括规范规定）标明的搭接外，其他施工搭接不计算工程量，在综合单价中综合考虑。而下料长度则要根据施工进料的定尺情况、钢筋连接方式及施工规范要求考虑全部搭接在内的计算长度。

本章仅学习计算钢筋的预算长度及工程量。

需要注意的是，由于各地方定额钢筋工程量的计算方法可能与全国清单计量规范有所不同，如 2018 年广东省定额中规定不用计算钢筋加工综合开料损耗和现场施工损耗，但是需要计算因钢筋出厂长度定尺所引起的通长筋的接驳长度。

另外，钢筋预算长度有按外皮尺寸计算和按中心线长度计算两种方法。按外皮尺寸计算不考虑钢筋的弯曲调整值，相对比较简单；按中心线长度计算时，需要扣除钢筋的弯曲调整值。

为了简化计算过程，本章钢筋工程量均按照 2013 年清单计量规范的规定计算。钢筋预算长度按中心线长度计算。

（1）直型钢筋长度计算

钢筋长度 = 钢筋直段长度 + 钢筋弯钩长度

式中，钢筋弯钩长度见表 8–11，钢筋弯钩形式如图 8–4 所示。一般情况下，纵向受拉钢筋圆钢末端应做成 180° 弯钩，带肋钢筋末端按设计要求设置弯钩。表 8–11 中，$x$ 为平直段长度，如新平法规范（22G101—1）中，非框架梁底筋设 135° 弯钩，其平直段为 $5d$，则 HRB400 级钢筋每个弯钩长 $=5d+2.89d=7.89d$；如果非框架梁底筋设 90° 弯钩，其平直段为 $12d$，则 HRB400 级钢筋每个弯钩长 $=12d+0.93d=12.93d$。

钢筋直段长度涉及节点锚固长度、设计搭接长度，具体计算方法详见本章第二节。

**表 8–11　钢筋弯钩长度**

| 钢筋类别 | 180° | 135° | 90° |
|---|---|---|---|
| 300 MPa 圆钢（$D=2.5d$） | $x+3.25d$ | $x+1.9d$ | $x+0.5d$ |
| 400 MPa 带肋钢筋（$D=4d$） | $x+4.86d$ | $x+2.89d$ | $x+0.93d$ |
| 备注 | $x$ 为平直段长度（一般取 $3d$），$D$ 为弯钩的弯曲直径 | | |

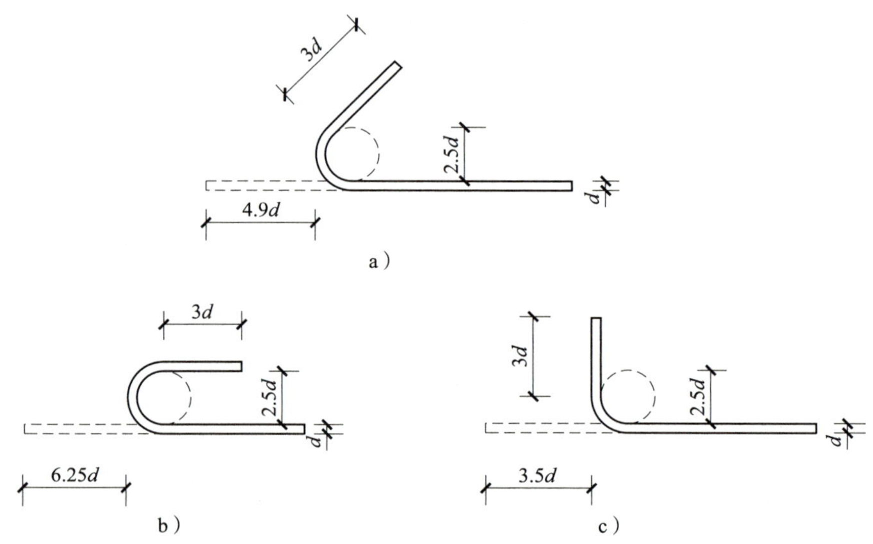


图 8–4　钢筋弯钩形式

a）135° 斜弯钩　b）180° 半圆钩　c）90° 直弯钩

（2）弯曲钢筋长度计算

钢筋长度 = 钢筋直段长度 + 弯起部分长度 + 钢筋弯钩长度 – 钢筋弯曲调整值 × 弯折个数

式中，弯起部分长度和弯起部分增加长度见表 8–12。

表 8–12　　弯起部分长度和弯起部分增加长度

| 弯曲钢筋形状 | S、h、L，30° | S、h、L，45° | S、h、L，60° |
|---|---|---|---|
| 弯起部分长度 $S$ | $2h$ | $1.414h$ | $1.155h$ |
| 弯起部分增加长度 $\Delta l=S-L$ | $0.268h$ | $0.414h$ | $0.577h$ |

（3）箍筋长度计算

常见的梁箍筋形式有双肢箍、三肢箍、四肢箍、拉筋等，常见的柱箍筋形式有矩形箍、矩形复合箍、矩形 + 菱形复合箍、圆形复合箍等，如图 8–5 所示。

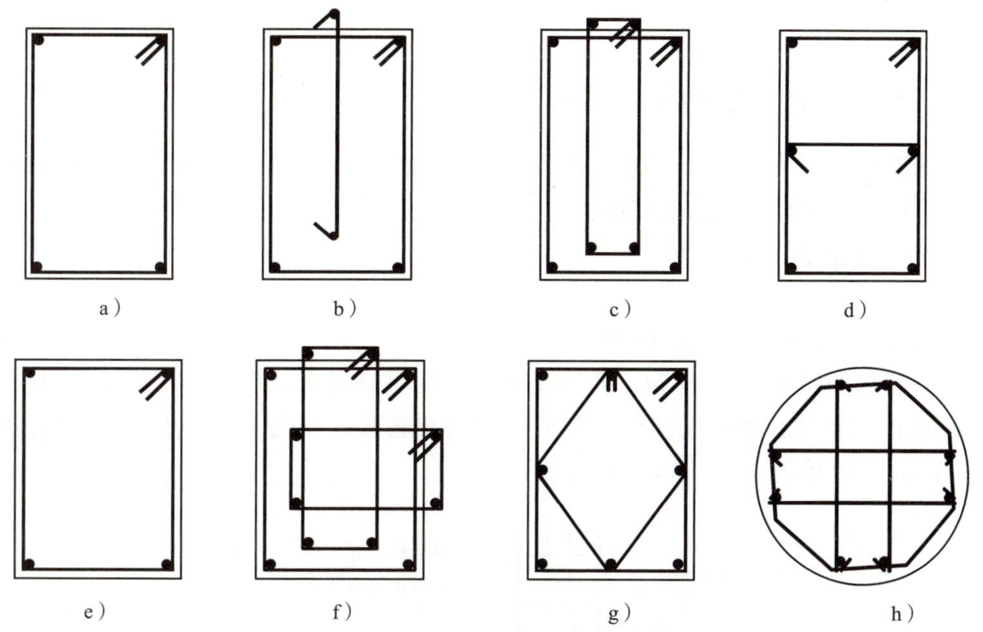


图 8–5　梁箍筋（a ~ d）和柱箍筋（e ~ h）

a）双肢箍　b）三肢箍　c）四肢箍　d）拉筋　e）矩形箍

f）矩形复合箍（4×4）　g）矩形 + 菱形复合箍　h）圆形复合箍（$Y$+2×2）

计算公式如下：

双肢箍、矩形箍长度 $=2\times(b+h)-8\times c+2\times$ 箍筋弯钩长度 $-90°$ 钢筋弯曲调整值 $\times 3$

拉筋长度 $=b-2\times c+2\times$ 箍筋弯钩增加长度

式中，$b$、$h$——构件截面宽和高；

$c$——混凝土保护层厚度。

箍筋弯钩形式如图 8-6 所示。箍筋弯钩增加长度见表 8-11，$x$ 为平直段长度，框架梁柱及受扭非框架梁箍筋平直段长度取最大值（10$d$，75 mm），非框架梁、不考虑地震作用的悬挑梁的箍筋及剪力墙拉结筋平直段长度取 5$d$。

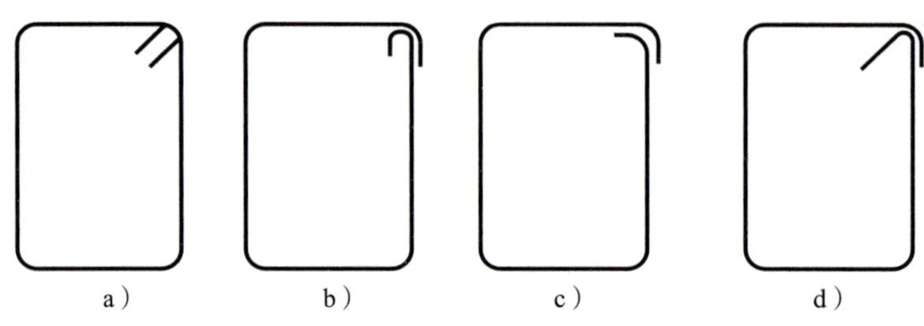


图 8-6 箍筋弯钩形式

a）135° /135° b）90° /180° c）90° /90° d）135° /90°

# 第二节 钢筋工程量计算

## 一、柱的钢筋工程量计算

以抗震框架柱为例，以下是按新平法规范（22G101—1）中关于柱的钢筋构造要求归纳的具体工程量计算公式及方法。

### 1. 柱的纵筋长度的计算

#### （1）基础层柱插筋

柱插筋在柱基础中的锚固如图 8-7 所示。

当插筋保护层厚度大于 5$d$，插筋在基础内的垂直投影高度不小于 $l_{aE}$ 时，基础高度 $h_j$ 满足直锚条件，则插筋伸至基础板底部支在底板钢筋网上，水平弯折 6$d$ 且不小于 150 mm，$d$ 为插筋直径，如图 8-7a 所示。

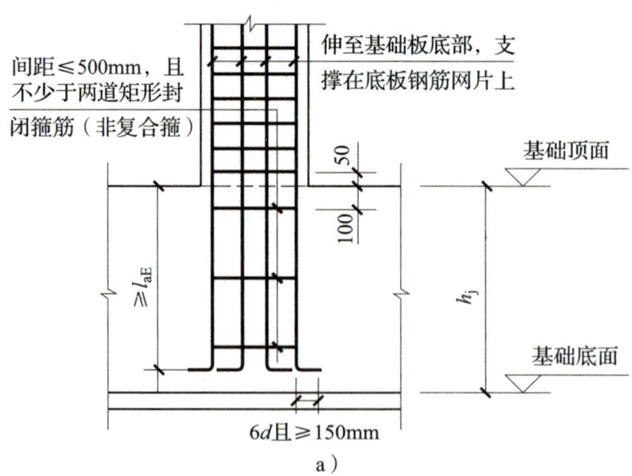


a）

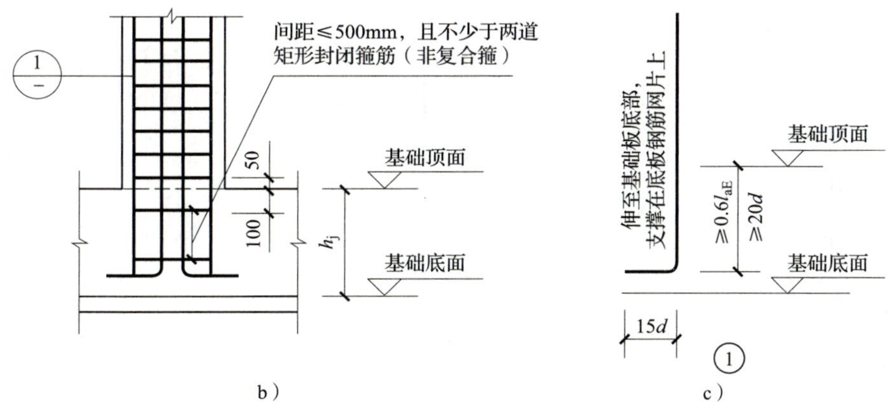


图 8-7 柱插筋在柱基础中的锚固

a）柱插筋在柱基础中的锚固构造（一）

b）柱插筋在柱基础中的锚固构造（二） c）①节点图

当插筋保护层厚度大于 5$d$，插筋在基础内的垂直投影高度小于 $l_{aE}$ 时，此时基础高度 $h_j$ 不满足直锚条件，则插筋伸至基础板底部支在底板钢筋网上，水平弯折 15$d$ 且插入基础内垂直段不小于 0.6$l_{abE}$ 且不小于 20$d$，如图 8-7b 和图 8-7c 所示。

插筋保护层厚度指垂直段插筋的外边缘至基础表面的距离，大多数柱下基础都满足“插筋保护层厚度大于 5$d$”这个条件。因此，插筋保护层厚度不大于 5$d$ 的情况在这里不作介绍。

（2）首层及中间层柱纵筋

框架柱纵向钢筋的连接构造如图 8-8 所示，柱纵筋伸出节点非连接区连接，柱纵筋连接分为绑扎搭接、机械连接、焊接三种情况。

当纵筋绑扎搭接时，柱纵筋连接应考虑绑扎搭接长度 $l_{lE}$，柱相邻纵筋连接接头相互错开，在同一截面内钢筋接头面积百分率不宜大于 50%，上下层连接接头之间净距不小于 0.3$l_{lE}$，如图 8-8a 所示。

当纵筋机械连接或焊接时，柱纵筋连接不考虑连接长度，柱相邻纵筋连接接头相互错开，在同一截面内钢筋接头面积百分率不宜大于 50%，上下层连接接头之间净距不小于 35$d$（焊接需同时不小于 500 mm），如图 8-8b 和图 8-8c 所示。

（3）顶层边角柱外侧纵筋

框架柱边柱和角柱柱顶纵向钢筋构造如图 8-9 所示，图 8-9a、图 8-9b 均为梁宽范围内的柱外侧纵筋伸入梁内做法的节点构造。其中，图 8-9a 是指从梁底算起 1.5$l_{abE}$ 超过柱内侧边缘的情况，图 8-9b 是指从梁底算起 1.5$l_{abE}$ 未超过柱内侧边缘的情况。对于同一根框架柱，其梁宽范围内的柱外侧纵筋构造只能选图 8-9a、图 8-9b 中的一种做法。

如图 8-10 所示的 KZ3 尺寸为 500 mm × 500 mm，两边与其相交的梁尺寸均为 250 mm × 600 mm，如果该建筑物为三级抗震，柱混凝土强度等级为 C30，则 1.5 $l_{abE}$=1.5 × 37$d$=1.5 × 37 × 22（mm）=1 221（mm），节点高（梁高）+ 柱宽 – 保护层 × 2=600+500–20 × 2（mm）=1 060（mm），此时 1.5$l_{abE}$> 节点高 + 柱宽，则该 KZ3 的 3 根梁宽范围内的柱外侧纵筋属于从梁底算起 1.5$l_{abE}$ 超过柱内侧边缘的情况，应选图 8-9a 节点。

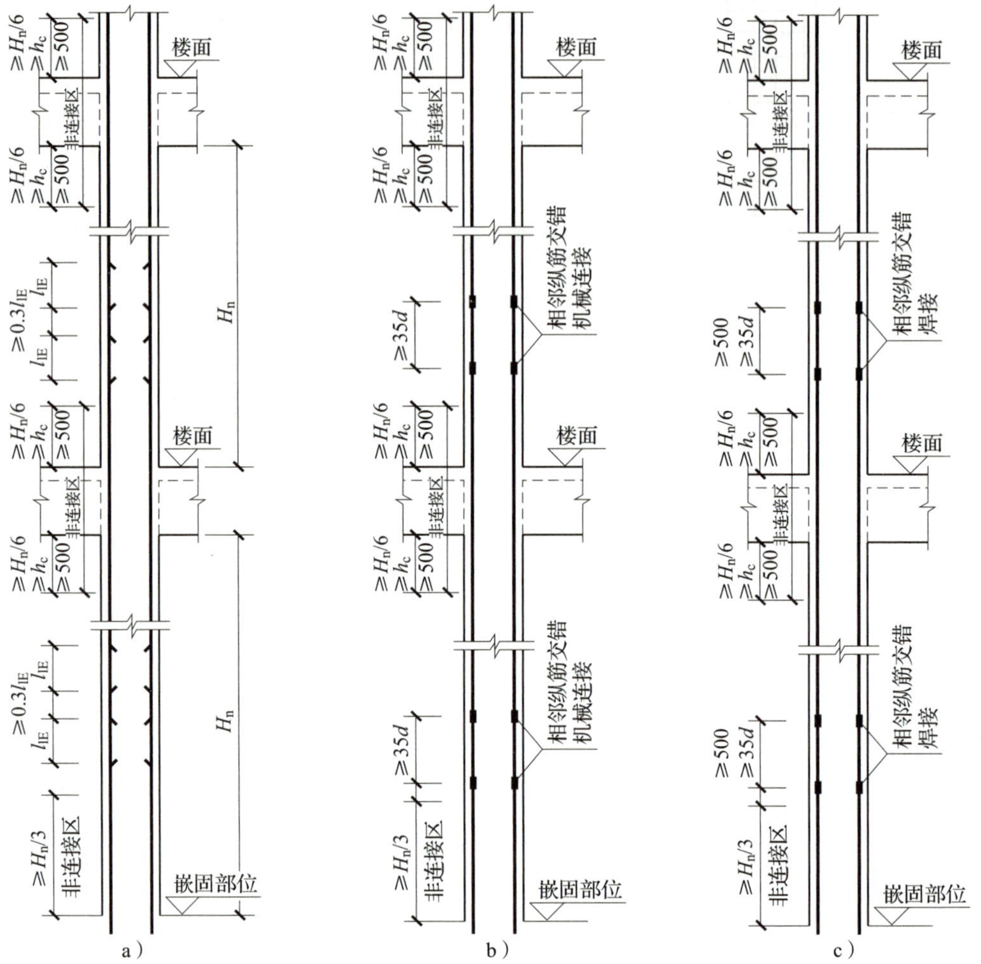

图 8–8　框架柱纵向钢筋的连接构造

a）绑扎搭接　b）机械连接　c）焊接

图 8–9c、图 8–9d 均为梁宽范围外的柱外侧纵筋做法的节点构造。其中，图 8–9c 是柱外侧纵筋伸至柱内边向下弯折 8*d* 的节点构造，图 8–9d 是柱外侧纵筋伸至现浇板内的节点构造，适用于板厚不小于 100 mm 的情况。如果板厚不小于 100 mm，则两种做法均可选用。如图 8–10 所示的 KZ3 的梁宽范围外的柱外侧纵筋共有 4 根，如果板厚为 120 mm，则这 4 根纵筋可选用图 8–9c、图 8–9d 节点中的一种或两种的组合。

图 8–9e 为节点纵向钢筋弯折要求及角部附加钢筋做法。按新平法规范（22G101—1）规定，顶层柱外侧纵筋及梁上部纵筋角部弯折处弯弧内直径 $D=12d$（$d \leqslant 25$ mm 时）或 $D=16d$（$d>25$ mm 时），图中标注的是弯弧内半径 $r=6d$（$d \leqslant 25$ mm 时）或 $r=8d$（$d>25$ mm 时）。角部附加钢筋设置在顶层边角柱外侧、柱宽范围的柱箍筋内侧，间距不大于 150 mm，且数量不少于三根，直径不小于 10 mm。

新平法规范还有柱外侧纵筋和梁上部钢筋在柱顶外侧直线搭接的构造和梁宽范围内柱外侧纵筋弯入梁内作梁筋的构造，计算方法可以类推，本章就不一一作介绍了。

框架柱边柱和角柱的外侧纵筋选用哪种节点，一般按照施工图纸说明；若图纸没有明确说明，则建议按以下原则选用：如果是从梁底算起 1.5$l_{abE}$ 超过柱内侧边缘的情况，则选择图 8-9a、c、d 的组合；如果是从梁底算起 1.5$l_{abE}$ 未超过柱内侧边缘的情况，则选择图 8-9b、c、d 的组合。

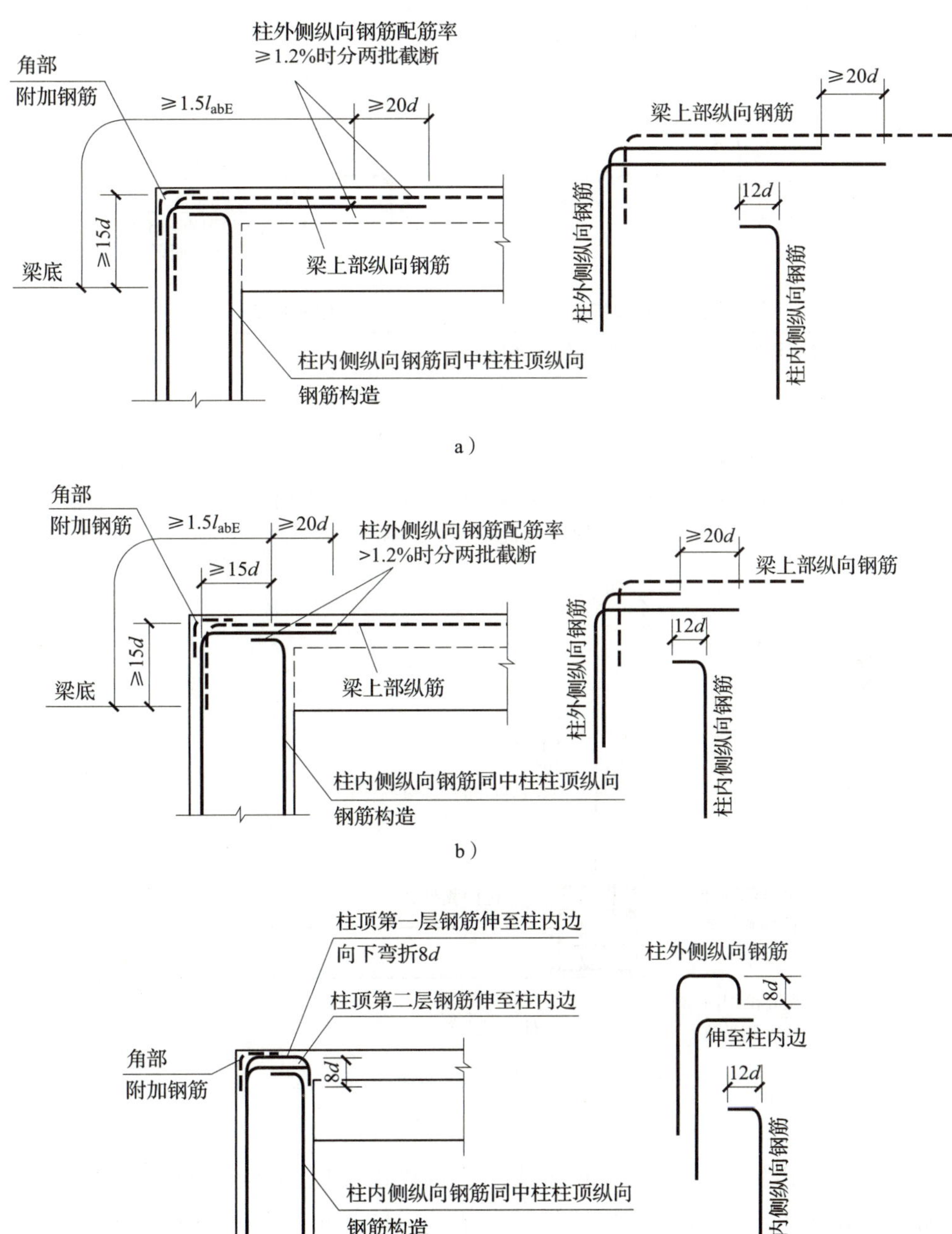

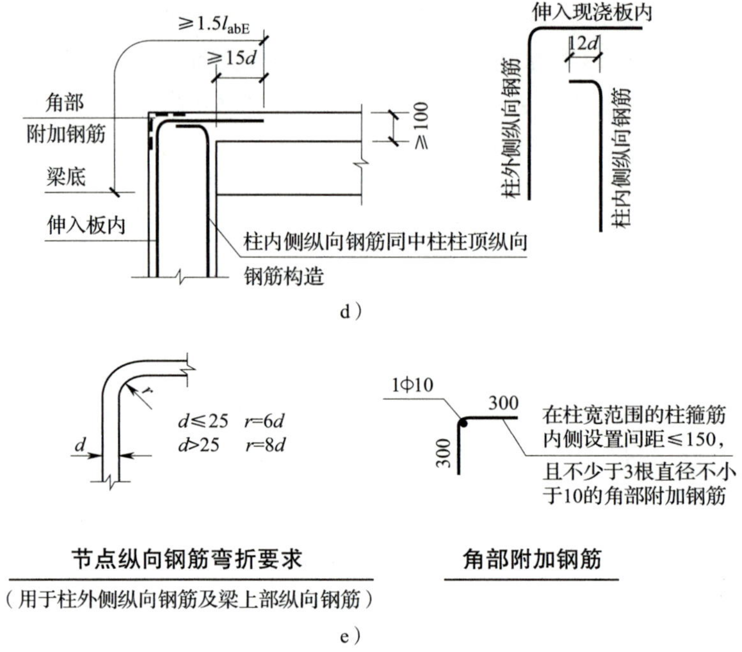


图 8–9　框架柱边柱和角柱柱顶纵向钢筋构造

a）梁宽范围内柱外侧纵筋伸入梁内做法（一）　b）梁宽范围内柱外侧纵筋伸入梁内做法（二）
c）梁宽范围外柱外侧纵筋伸入梁内锚固做法　d）梁宽范围外柱外侧纵筋伸入板内锚固做法
e）节点纵向钢筋弯折要求及角部附加钢筋做法

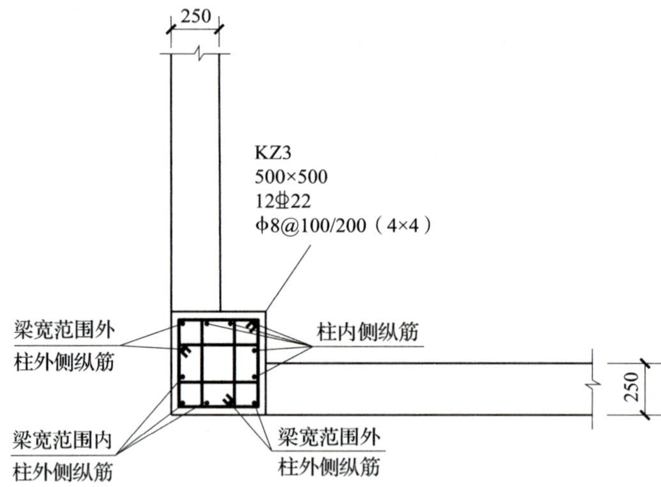


图 8–10　顶层框架角柱纵向钢筋构造

### （4）顶层边角柱内侧纵筋、中柱柱顶纵筋

顶层框架柱边柱和角柱的内侧纵筋的节点构造参照图 8–9，框架柱中柱柱顶纵向钢筋构造如图 8–11 所示。其中，顶层框架柱边柱和角柱的内侧纵筋的节点构造与图 8–11a 的构造相同，均为柱内侧纵筋伸到柱顶，然后向内弯折 12$d$；图 8–11b 是柱顶有不小于 100 mm 厚的现浇板时，柱内侧纵筋向外弯折 12$d$ 的节点构造；图 8–11c

是柱纵向钢筋端头加锚头（锚板）的节点构造；图 8–11d 是当直锚长度不小于 $l_{aE}$ 时柱内侧纵筋直接伸入柱顶满足锚固长度的节点构造。图 8–11a 和图 8–11b 中节点构造在钢筋的计算上没有分别。

如图 8–10 所示的 KZ3 的柱内侧纵筋共有 5 根，已知其梁节点高 600 mm，$l_{aE}=37d=37\times22$（mm）=814（mm），节点高（梁高）– 保护层 =600–20（mm）=580（mm）$<l_{aE}$，此时节点高不满足锚固长度，则该 KZ3 的 5 根柱内侧纵筋应选择图 8–11a、b、c 的锚固形式。

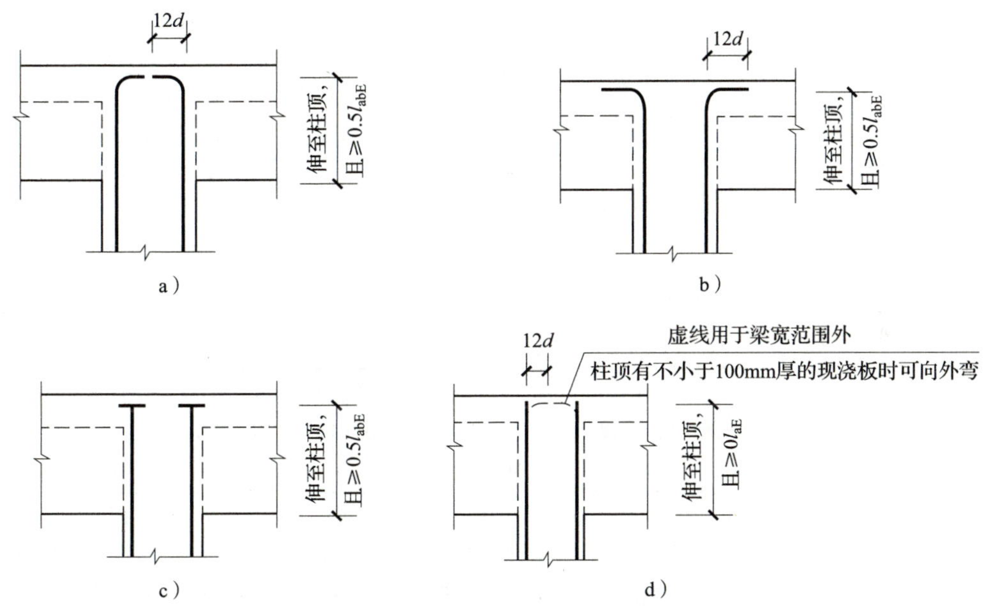


图 8–11　框架柱中柱柱顶纵向钢筋构造

a）柱内侧纵筋向内弯折 12$d$　b）柱内侧纵筋向外弯折 12$d$

c）柱纵向钢筋端头加锚头（锚板）　d）柱内侧纵筋直接伸入柱顶满足锚固长度

因为是否考虑柱纵筋错层搭接对其总的计算长度并无影响，所以手算计算柱纵筋长度时可以简化处理，即不考虑错层搭接，所有纵筋都按下层搭接高度计算。根据以上构造规范要求，对于无地下室、截面尺寸不变的框架柱，其纵筋长度的计算公式可以参考表 8–13；对于有地下室的框架柱的插筋及地下室部分，其纵筋计算请参照新平法规范（22G101—1）要求，方法以此类推。

**表 8–13　　框架柱纵筋长度的计算公式**

| 纵筋类别 | 连接方式 | 节点方式 | 计算公式 |
| --- | --- | --- | --- |
| 基础层柱插筋 | 绑扎搭接 | 图 8–7a | 插筋长度 = 基础层高（基础下表面至首层嵌固部位）– 基础保护层厚度 +max（6$d$，150）+$H_n'/3+l_{lE}$–90° 弯折弯曲调整值 |
| | | 图 8–7b | 插筋长度 = 基础层高（基础下表面至首层嵌固部位）– 基础保护层厚度 +15$d+H_n'/3+l_{lE}$–90° 弯折弯曲调整值 |

续表

| 纵筋类别 | 连接方式 | 节点方式 | 计算公式 |
|---|---|---|---|
| 基础层柱插筋 | 机械连接、焊接 | 图 8-7a | 插筋长度＝基础层高（基础下表面至首层嵌固部位）－基础保护层厚度 +max（6$d$，150）+$H_n'/3$−90°弯折弯曲调整值 |
| | | 图 8-7b | 插筋长度＝基础层高（基础下表面至首层嵌固部位）－基础保护层厚度 +15$d$+$H_n'/3$−90°弯折弯曲调整值 |
| 首层柱纵筋 | 绑扎搭接 | | 首层柱纵筋长度＝首层层高（首层嵌固部位至二层楼面）−$H_n/3$+max（$H_n'/6$，$h_c$，500）+$l_{lE}$ |
| | 机械连接、焊接 | | 首层柱纵筋长度＝首层层高（首层嵌固部位至二层楼面）−$H_n/3$+max（$H_n'/6$，$h_c$，500） |
| 中间层柱纵筋 | 绑扎搭接 | | 中间层柱纵筋长度＝该层层高（该层楼面至上一层楼面）−max（$H_n/6$，$h_c$，500）+max（$H_n'/6$，$h_c$，500）+$l_{lE}$ |
| | 机械连接、焊接 | | 中间层柱纵筋长度＝该层层高（该层楼面至上一层楼面）−max（$H_n/6$，$h_c$，500）+max（$H_n'/6$，$h_c$，500） |
| 顶层边角柱外侧纵筋 | 绑扎搭接、机械连接、焊接 | 图 8-9a | 顶层柱纵筋长度＝该层层高（该层楼面至天面）−顶层梁节点高 −max（$H_n/6$，$h_c$，500）+1.5$l_{abE}$（第一批截断）−90°弯折弯曲调整值（$D$=12$d$ 或 $D$=16$d$）<br>顶层柱纵筋长度＝该层层高（该层楼面至天面）−顶层梁节点高 −max($H_n/6$，$h_c$，500)+1.5$l_{abE}$+20$d$(第二批截断）−90°弯折弯曲调整值（$D$=12$d$ 或 $D$=16$d$） |
| | | 图 8-9b | 顶层柱纵筋长度＝该层层高（该层楼面至天面）−$c$−max（$H_n/6$，$h_c$，500）+max（1.5$l_{abE}$−顶层梁节点高 +$c$，15$d$）(第一批截断）−90°弯折弯曲调整值（$D$=12$d$ 或 $D$=16$d$）<br>顶层柱纵筋长度＝该层层高（该层楼面至天面）−$c$−max（$H_n/6$，$h_c$，500）+max（1.5$l_{abE}$−顶层梁节点高 +$c$，15$d$）+20$d$（第二批截断）−90°弯折弯曲调整值（$D$=12$d$ 或 $D$=16$d$） |
| | | 图 8-9c | 顶层柱纵筋长度＝该层层高（该层楼面至天面）−$c$−max（$H_n/6$，$h_c$，500）+柱宽 −2$c$+8$d$−90°弯折弯曲调整值（$D$=12$d$ 或 $D$=16$d$）×2 |
| | | 图 8-9d | 顶层柱纵筋长度＝该层层高（该层楼面至天面）−$c$−max（$H_n/6$，$h_c$，500）+柱宽 −$c$+max（1.5$l_{abE}$−顶层梁节点高 − 柱宽 +2$c$，15$d$）−90°弯折弯曲调整值（$D$=12$d$ 或 $D$=16$d$） |

续表

| 纵筋类别 | 连接方式 | 节点方式 | 计算公式 |
| --- | --- | --- | --- |
| 顶层边角柱内侧纵筋和柱顶节点不满足直锚长度的中柱纵筋 | 绑扎搭接、机械连接、焊接 | 图 8–11a、图 8–11b | 顶层柱纵筋长度 = 该层层高（该层楼面至天面）–$c$–max（$H_n$ /6，$h_c$，500）+12$d$–90°弯折弯曲调整值 |
| | | 图 8–11c | 顶层柱纵筋长度 = 该层层高（该层楼面至天面）–$c$–max（$H_n$ /6，$h_c$，500） |
| 柱顶节点满足直锚长度的顶层中柱纵筋 | 绑扎搭接、机械连接、焊接 | 图 8–11d | 顶层柱纵筋长度（梁宽范围内）= 该层层高（该层楼面至天面）–$c$–max（$H_n$ /6，$h_c$，500）<br>顶层柱纵筋长度（梁宽范围外）= 该层层高（该层楼面至天面）–$c$–max（$H_n$ /6，$h_c$，500）+12$d$–90°弯折弯曲调整值 |

注：表中公式中，$H_n$ 为所在楼层柱净高，$H_n$= 该层层高 – 节点高，$H_n'$ 为上一楼层柱净高；$h_c$ 为柱截面长边尺寸，$c$ 为梁柱混凝土保护层厚度，$d$ 为柱纵筋直径，max（ ）表示取最大值。

另外，只有顶层边角柱外侧纵筋弯折时其弯弧直径才是按 $D$=12$d$（$d \leqslant 25$ mm）或 $D$=16$d$（$d$>25 mm）计算，柱内侧纵筋和中柱纵筋弯折时其弯弧直径仍按 $D$=4$d$（HRB400 钢筋）计算。

嵌固部位由设计指定，一般情况下，无地下室时浅埋的扩展基础嵌固部位为基础顶面，有地下室时嵌固部位常设在首层楼面（即地下室负一层顶板）处。

### 2. 柱的箍筋长度的计算

单根柱箍筋长度的计算已在第一节中讲述，下面仅讲述柱箍筋根数的计算。

#### （1）基础层柱箍筋

还是以无地下室、截面尺寸不变的框架柱为例。

一般情况下，无地下室时浅埋的扩展基础嵌固部位为基础顶面，则基础层高为基础下表面至基础顶面高度，即：基础层高 = 柱基础高度 $h_j$。

柱箍筋在柱基础高度 $h_j$ 内的构造如图 8–7 所示，柱基内插筋的第一根箍筋离基础上表面 100 mm，间距不大于 500 mm，且不小于两道矩形封闭箍筋（非复合箍），则：

基础内箍筋根数 =max｛2，ceil［（基础高度 – 基础保护层 –100）/500+1］｝

注：ceil（ ）表示向上取整，max（ ）表示取最大值。

#### （2）首层柱箍筋

首层柱层高为基础顶面至二层楼面高度，首层柱净高 = 首层柱层高 – 首层柱顶梁节点高度。箍筋在非连接区加密，其余区段为非加密区，如图 8–12 所示（见新平法规范）。如果是绑扎搭接，则箍筋还应在搭接区范围（2.3$l_{lE}$）内加密，加密区箍筋间距不应大于 100 mm，且不应大于 5$d$（$d$ 为搭接钢筋的最小直径）。

另外，由于新平法规范还没有给出对应的钢筋排布构造详图，计算根数时可以参考《混凝土结构施工钢筋排布规则与构造详图（现浇混凝土框架、剪力墙、梁、板）》（18G901—1）的柱箍筋排布构造详图，如图 8–13 所示，净层高内上下端首道箍筋离楼面和梁底均为 50 mm，节点内首道箍筋离梁上下各 50 mm，则有：

绑扎搭接：箍筋根数 =ceil [（$H_n$/3–50）/ 加密区间距 ] +ceil {[ max（$H_n$/6，$h_c$，500）–50 ] / 加密区间距 } +ceil（2.3$l_{lE}$/ 加密区间距）+ceil [（节点高 –50 × 2）/ 加密区间距 ] +ceil（非加密区段长度 / 非加密区间距）+2

机械连接、焊接：箍筋根数 =ceil [（$H_n$/3–50）/ 加密区间距 ] +ceil {[ max（$H_n$/6，$h_c$，500）–50 ] / 加密区间距 } +ceil [（节点高 –50 × 2）/ 加密区间距 ] +ceil（非加密区段长度 / 非加密区间距）+2

ceil（ ）表示向上取整，max（ ）表示取大值。

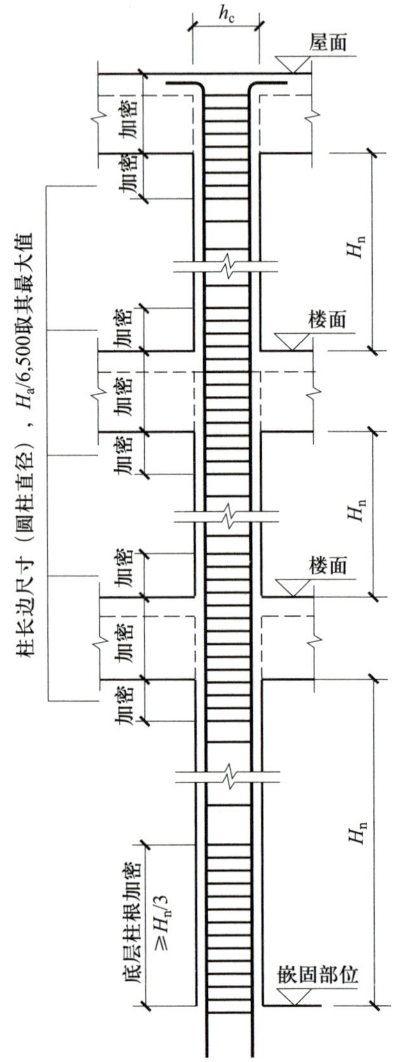

图 8–12　框架柱箍筋加密区范围

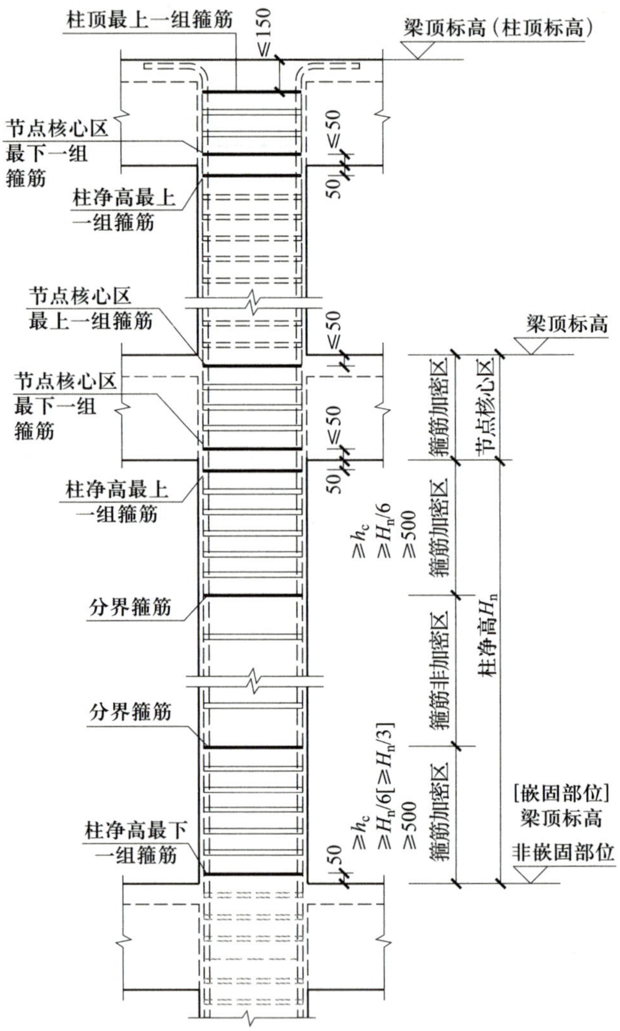

图 8–13　柱箍筋排布构造详图

（3）中间层柱箍筋

中间层柱箍筋在非连接区加密，其余区段为非加密区，如图 8–12 所示。如果是绑扎搭接，则箍筋还应在搭接区范围（2.3$l_{lE}$）内加密，参考图 8–13，则有：

绑扎搭接：箍筋根数 =ceil {[ max（$H_n$/6，$h_c$，500）–50 ] / 加密区间距 } ×2+

ceil（$2.3l_{lE}$/ 加密区间距）+ceil［（节点 −50×2）/ 加密区间距］+ceil（非加密区段长度 / 非加密区间距）+2

机械连接、焊接：箍筋根数 =ceil｛［max（$H_n$/6，$h_c$，500）−50］/ 加密区间距｝×2+ceil［（节点高 −50×2）/ 加密区间距］+ceil（非加密区段长度 / 非加密区间距）+2

ceil（ ）表示向上取整，max（ ）表示取大值。

### （4）顶层柱箍筋

顶层柱箍筋在非连接区及节点内加密，其余区段为非加密区，如图 8–12 所示。如果是绑扎搭接，则箍筋还应在搭接区范围（$2.3l_{lE}$）内加密，参考图 8–13，则有：

绑扎搭接：箍筋根数 =ceil｛［max（$H_n$/6，$h_c$，500）−50］/ 加密区间距｝×2+ceil（$2.3l_{lE}$/ 加密区间距）+ceil［（节点高 −150−50）/ 加密区间距］+ceil（非加密区段长度 / 非加密区间距）+2

机械连接、焊接：箍筋根数 =ceil｛［max（$H_n$/6，$h_c$，500）−50］/ 加密区间距｝×2+ceil［（节点高 −150−50）/ 加密区间距］+ceil（非加密区段长度 / 非加密区间距）+2

注：ceil（ ）表示向上取整，max（ ）表示取大值。

**［例 8–1］**已知某工程框架柱平面布置图、角柱 KZ1 纵筋构造示意图、KZ1 配筋图及角柱 KZ1 顶层纵筋示意图如图 8–14 所示，该工程抗震等级为三级，KZ1 混凝土强度等级为 C30，纵筋连接形式为直螺纹套筒连接，与 1×A 轴角柱 KZ 相交的顶层梁尺寸均为 250 mm×500 mm，顶层板厚 100 mm，试计算 1×A 轴角柱 KZ1 的钢筋工程量。

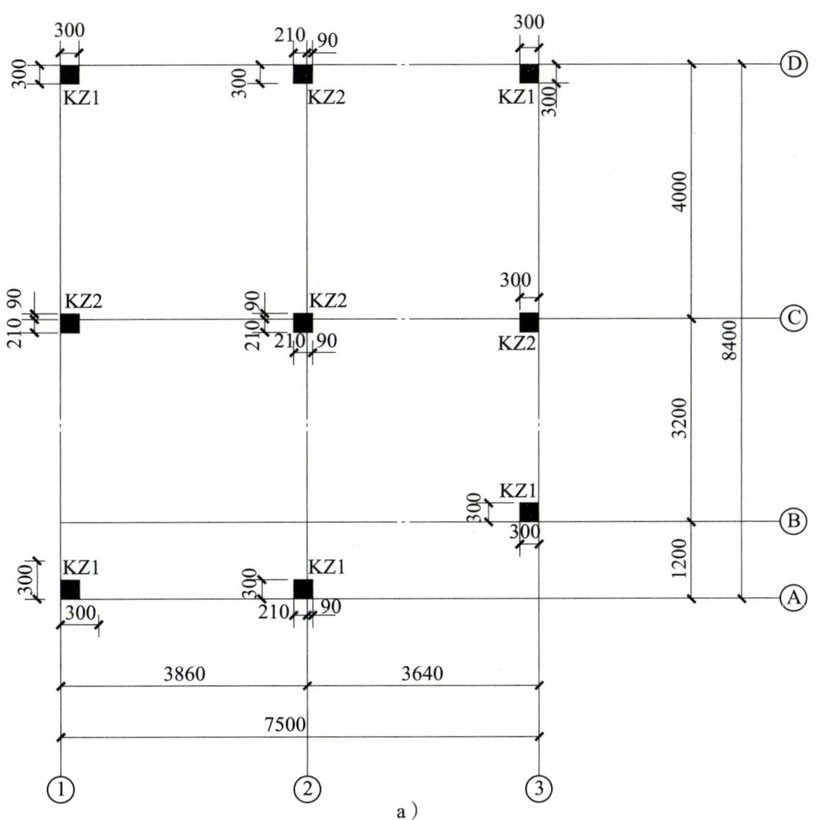

a）

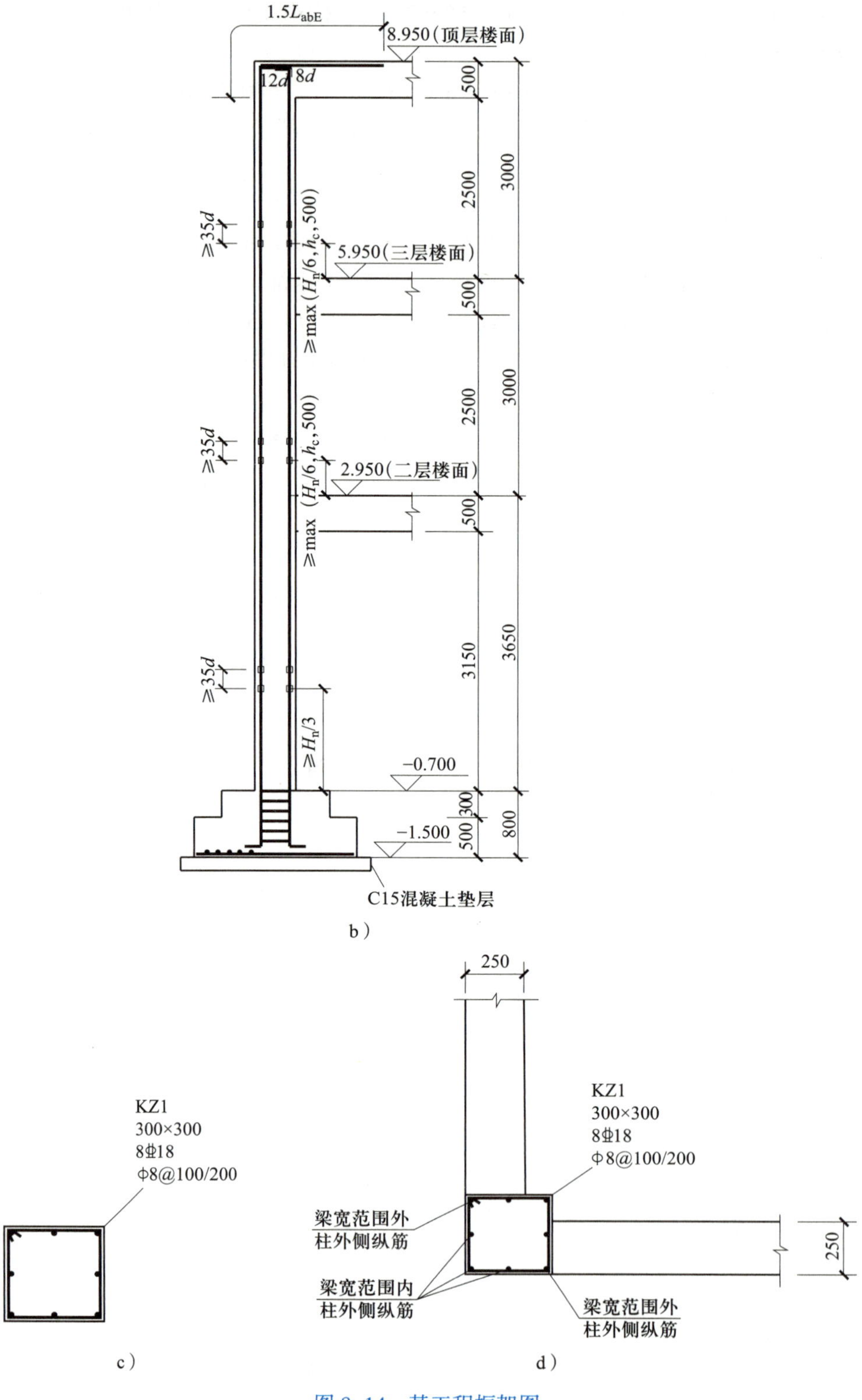


图 8-14　某工程框架图

a）柱平面布置图　b）角柱 KZ1 纵筋构造示意图　c）KZ1 配筋图　d）角柱 KZ1 顶层纵筋示意图

**解：**

本工程抗震等级为三级，KZ1 混凝土强度等级为 C30，图示纵筋均为 HRB400 钢筋，$l_{aE}=l_{abE}=37d$=37×18（mm）=666（mm），1.5$l_{abE}$=1.5×666（mm）=999（mm），柱保护层厚度为 20 mm，基础保护层厚度为 40 mm；基础层高度（$h_j$）为 800 mm，则插筋伸入基础高度 =800−40（mm）=760（mm）>$l_{aE}$，取图 8–7a 节点；顶层柱节点处 1.5$l_{abE}$>500+300−20×2（mm）=760（mm），则顶层梁宽范围内 3 根柱纵筋锚固取图 8–9a 节点（柱外侧纵筋配筋率 <1.2%，因此顶层柱纵筋无须分两批截断）；梁宽范围外 2 根柱纵筋锚固可以取图 8–9c 和图 8–9d 节点组合。

首层层高 =2.95+0.7（m）=3.65（m），净层高 $H_n$=3.65−0.5（m）=3.15（m）；二、三层层高为 3.0 m，净层高 $H_n$=3.0−0.5（m）=2.5（m）。顶层柱外侧纵筋角部弯折处弯弧内径 $D=12d$，弯曲调整值为 3.8$d$；其他 90°弯折弯曲调整值为 2.08$d$。

首层下端非连接区 =$H_n$/3=3 150/3（mm）=1 050（mm），上端非连接区 =max（3 150/6，300，500）=525（mm）；二、三层上下端非连接区 =max（2 500/6，300，500）=500（mm）。

则 1×A 轴角柱 KZ1 的钢筋工程量计算如下：

（1）KZ1 纵筋长度计算过程见表 8–14。

**表 8–14　　KZ1 纵筋长度计算过程**

| 纵筋类别 | 纵筋直径（mm） | 计算公式 | 长度（mm） | 根数 | 备注 |
|---|---|---|---|---|---|
| 基础层柱插筋 | ⌀18 | 800−40+max（6$d$，150）+1 050−2.08×18 | 1 923 | 8 | 800−40>$l_{aE}$=666 |
| 首层柱纵筋 | ⌀18 | 3 650−1 050+500 | 3 100 | 8 | |
| 二层柱纵筋 | ⌀18 | 3 000−500+500 | 3 000 | 8 | |
| 顶层柱外侧纵筋（节点 a） | ⌀18 | 3 000−500−500+999−3.8×18 | 2 931 | 3 | 1.5$l_{abE}$=999 ≥ 500+300−20×2=760 |
| 顶层柱外侧纵筋（节点 c） | ⌀18 | 3 000−500−20+300−20×2+8×18−3.8×18×2 | 2 747 | 1 | |
| 顶层柱外侧纵筋（节点 d） | ⌀18 | 3 000−500−20+300−20+15×18−3.8×18 | 2 962 | 1 | 15$d$=15×18=270>999−760=239，故伸入板内平直段取 15$d$ |
| 顶层柱内侧纵筋 | ⌀18 | 3 000−500−20+12×18−2.08×18 | 2 659 | 3 | |
| 角部附加钢筋 | ϕ10 | 300+300−1.75×10 | 583 | 6 | 角柱两个外侧均设置 3 根 |

续表

| 纵筋类别 | 纵筋直径（mm） | 计算公式 | 长度（mm） | 根数 | 备注 |
|---|---|---|---|---|---|
| 接头个数 | | 8×3 | | 24 | |
| 纵筋长度小计 | ⏀18 | 1 923×8+3 100×8+3 000×8+2 931×3+2 747+2 962+2 659×3 | 86 663 | | |
| | ϕ10 | 583×6 | 3 498 | | |
| 接头个数小计 | | | | 24 | |

（2）KZ1 箍筋长度计算过程见表 8-15。

**表 8-15　KZ1 箍筋长度计算过程**

| 楼层 | | 箍筋直径（mm） | 计算公式 | 长度（mm） |
|---|---|---|---|---|
| 单根长度（mm） | | ϕ8 | （300−20×2）×4+2×11.9×8−1.75×8×3 | 1 188.4 |
| 根数 | 基础层 | ϕ8 | max｛2，ceil［（800−40−100）/500+1］｝=3 | 3 |
| | 首层 | ϕ8 | ceil［（1 050−50）/100］+ceil［（525−50）/100］+ceil［（500−50×2）/100］+ceil［（3 150−1 050−525）/200］+2=10+5+4+8+2 | 29 |
| | 二层 | ϕ8 | ceil［（500−50）/100］+ceil［（500−50）/100］+ceil［（500−50×2）/100］+ceil［（2 500−500−500）/200］+2=5+5+4+8+2 | 24 |
| | 顶层 | ϕ8 | ceil［（500−50）/100］+ceil［（500−50）/100］+ceil［（500−150−50）/100］+ceil［（2 500−500−500）/200］+2=5+5+3+8+2 | 23 |
| | 箍筋长度小计（mm） | | 1 188.4×（3+29+24+23） | 93 884 |

（3）柱纵筋、箍筋及接头工程量为：

ϕ25 内带肋钢筋：86.663×2（kg）=173（kg）=0.173（t）

ϕ10 内圆钢：3.498×0.617（kg）=2（kg）=0.002（t）

ϕ10 内箍筋：93.884×0.395（kg）=37（kg）=0.037（t）

直螺纹套筒连接接头：24 个

计算说明：本章例题在计算钢筋单根长度（单位为 mm）时，除单根箍筋（或拉筋）长度取值仍保留小数点后一位有效数字（箍筋或拉筋单根长度短，根数多）外，

其他钢筋单根长度取值统一四舍五入为整数，所有钢筋总长度取值也均为整数；钢筋工程量单位为“kg”时取整数，单位为“t”时取小数点后三位有效数字。

## 二、梁的钢筋工程量计算

以框架梁和非框架梁为例，以下是按新平法规范中关于梁的钢筋构造要求归纳的具体工程量计算公式及方法。

### 1. 楼层框架梁纵筋长度的计算

楼层框架梁纵向钢筋如图 8–15 所示。当 $h_c$（支座宽）$-c$（混凝土保护层厚度）≥ $l_{aE}$ 时，梁纵筋在端支座处直锚（见图 8–15c）；当 $h_c-c<l_{aE}$ 时，梁纵筋在端支座处不够直锚，则伸至梁端（水平长度≥ $0.4l_{abE}$）弯折 $15d$（见图 8–15a），或者在端支座处加锚头（锚板）锚固（见图 8–15b）。

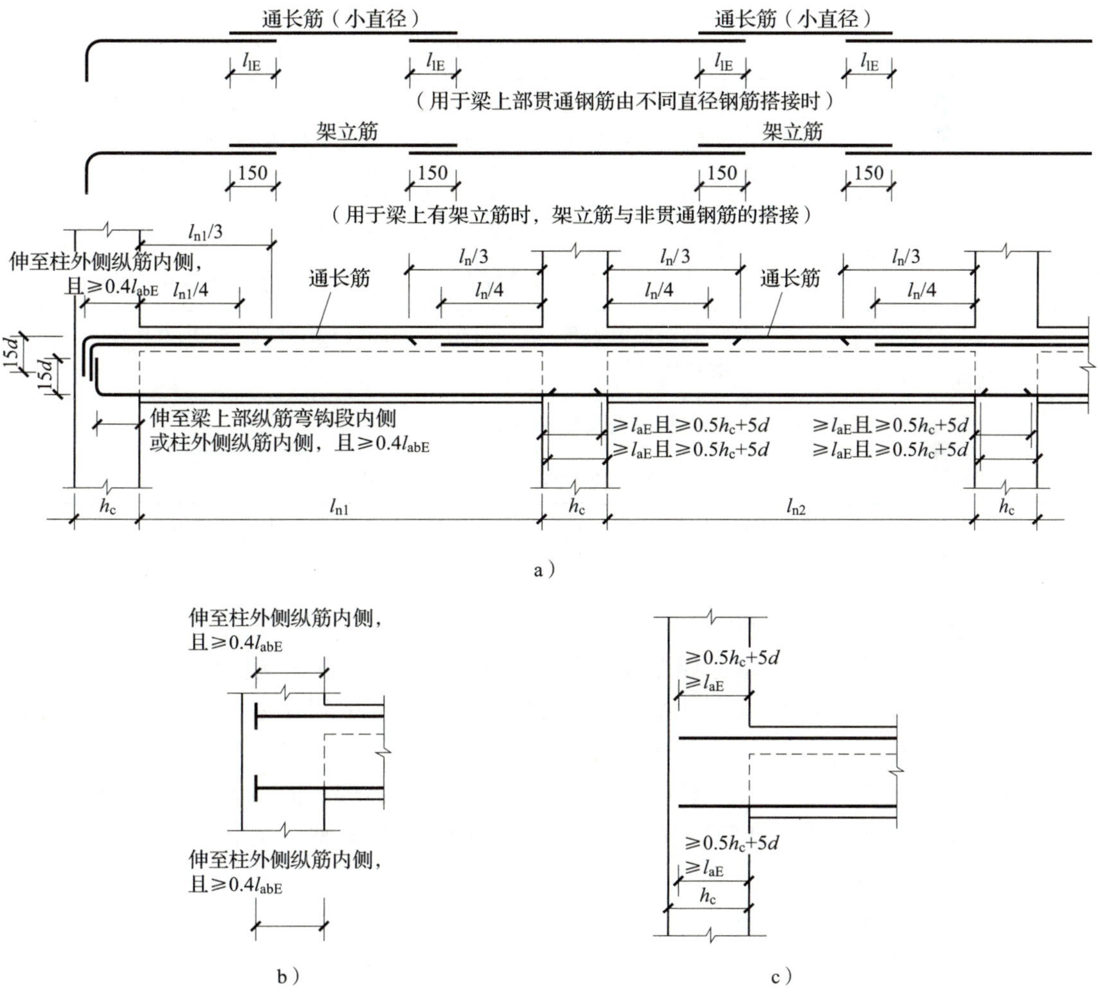

图 8–15　楼层框架梁纵向钢筋

a）楼层框架梁纵向钢筋构造

b）端支座加锚头（锚板）锚固　c）端支座直锚

第一排梁上部非贯通筋（以下称梁支座负筋）伸入梁跨内 $l_n/3$，第二排梁支座负筋伸入梁跨内 $l_n/4$，其中 $l_n$ 为净跨长，取左跨 $l_{ni}$ 与右跨 $l_{ni+1}$ 之较大值。

梁架立筋与梁支座负筋搭接 150 mm。

梁下部纵筋（以下称梁底筋）伸入中间支座长度不小于 $l_{aE}$ 且不小于 $0.5h_c+5d$。

根据以上构造规范要求，不考虑端支座处加锚头（锚板）锚固的情况，一般情况下楼层框架梁纵筋长度的计算公式见表 8–16。

表 8–16　楼层框架梁纵筋长度的计算公式

| 纵筋类别 | 节点方式 | 计算公式 |
|---|---|---|
| 上部通长筋 | 图 8–15a | 通长筋长度 = 梁总长 $-2c+15d\times2-90°$ 弯折弯曲调整值 ×2 |
| | 图 8–15c | 通长筋长度 = 梁总长 $-2h_c+\max(l_{aE},\ 0.5h_c+5d)\times2$ |
| 端支座负筋 | 图 8–15a | 第一排：端支座负筋长度 $=h_c-c+15d+l_{ni}/3-90°$ 弯折弯曲调整值<br>第二排：端支座负筋长度 $=h_c-c+15d+l_{ni}/4-90°$ 弯折弯曲调整值 |
| | 图 8–15c | 第一排：端支座负筋长度 $=\max(l_{aE},\ 0.5h_c+5d)+l_{ni}/3$<br>第二排：端支座负筋长度 $=\max(l_{aE},\ 0.5h_c+5d)+l_{ni}/4$ |
| 中间支座负筋 | | 第一排：中间支座负筋长度 $=h_c+l_n/3\times2$<br>第二排：中间支座负筋长度 $=h_c+l_n/4\times2$ |
| 架立筋 | | 架立筋长度 $=l_{ni}-$ 支座负筋在跨中左右长度之和 $+150\times2$ |
| 端跨底筋 | 图 8–15a | 端跨底筋长度 $=h_c-c+15d+l_{ni}+\max(l_{aE},\ 0.5h_c+5d)-90°$ 弯折弯曲调整值 |
| | 图 8–15c | 端跨底筋长度 $=l_{ni}+\max(l_{aE},\ 0.5h_c+5d)\times2$ |
| 中间跨下部纵筋 | | 中间跨底筋长度 $=l_{ni}+\max(l_{aE},\ 0.5h_c+5d)\times2$ |

注：表中公式中，$l_{ni}$ 为该跨净长，$l_n$ 为净跨长，取左跨 $l_{ni}$ 与右跨 $l_{ni+1}$ 之较大值，$h_c$ 为支座宽，$c$ 为梁混凝土保护层厚度，$d$ 为梁纵筋直径。

### 2. 屋面框架梁纵筋长度的计算

屋面框架梁纵向钢筋构造如图 8–16 所示。梁上部纵筋在端支座处伸至梁端向下弯折至梁底，梁下部纵筋构造与楼层框架梁相同，梁上部中间支座负筋和架立筋构造与楼层框架梁相同。

根据以上构造规范要求，不考虑端支座处加锚头（锚板）锚固的情况，一般情况下屋面框架梁纵筋长度的计算公式见表 8–17（梁中间支座负筋、架立筋及梁底筋的计算公式见表 8–16）。

### 3. 框架梁箍筋长度的计算

框架梁箍筋加密区范围如图 8–17 所示，其中，图 8–17a 是梁支座为框架柱的情况，梁箍筋加密区范围为梁跨两端，跨中不加密；图 8–17b 是梁支座一端为主梁的情况，此时主梁为支座的那端梁箍筋可不加密，该端梁纵筋构造同非框架梁（见本节后面第 4 点，非框架梁纵筋及箍筋长度的计算）。梁第一根箍筋离支座 50 mm。

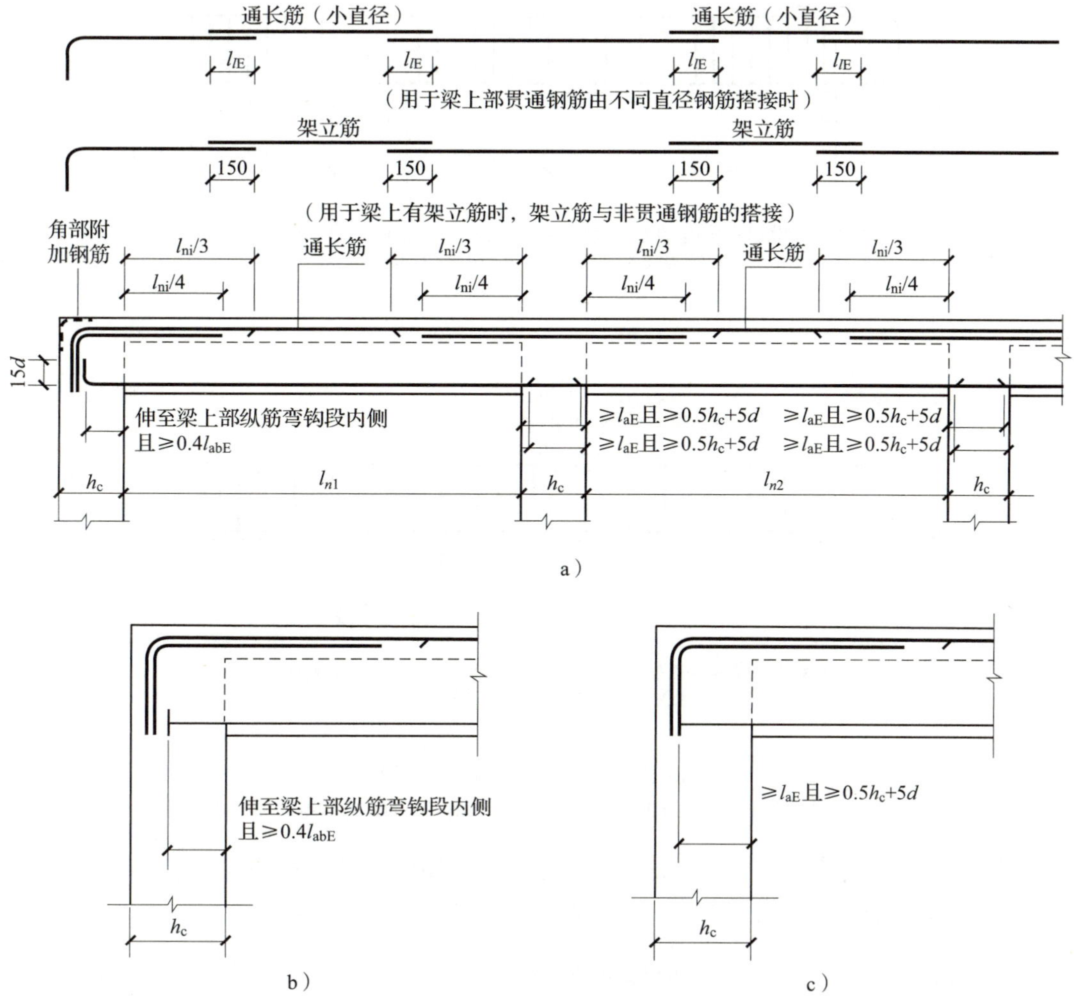

a）

b）

c）

图 8-16　屋面框架梁纵向钢筋构造

a）屋面框架梁纵向钢筋构造　b）顶层端支座梁下部钢筋加锚头（锚板）锚固

c）顶层端支座梁下部钢筋直锚

**表 8-17　　屋面框架梁纵筋长度的计算公式**

| 纵筋类别 | 计算公式 |
|---|---|
| 上部通长筋 | 通长筋长度 = 梁总长 $-2c+$（$h_b-c$）$\times 2-90°$ 弯折弯曲调整值（$D=12d$ 或 $D=16d$）$\times 2$ |
| 端支座负筋 | 第一排：端支座负筋 $=h_b-c+h_c-c+l_{ni}/3-90°$ 弯折弯曲调整值（$D=12d$ 或 $D=16d$）<br>第二排：端支座负筋 $=h_b-c+h_c-c+l_{ni}/4-90°$ 弯折弯曲调整值（$D=12d$ 或 $D=16d$） |

注：表中公式中，$h_b$ 为梁截面高度，$l_{ni}$ 为该跨净长，$h_c$ 为支座宽，$c$ 为梁混凝土保护层厚度，$d$ 为梁纵筋直径。顶层梁上部纵筋角部弯折处弯弧内直径 $D=12d$（$d \leq 25$ mm 时）或 $D=16d$（$d>25$ mm 时）。

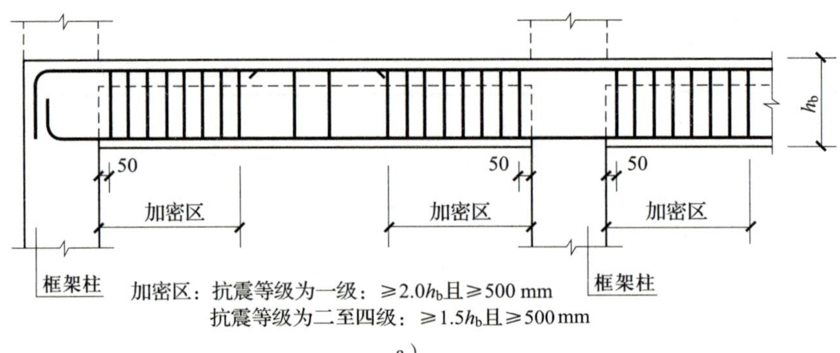


a）

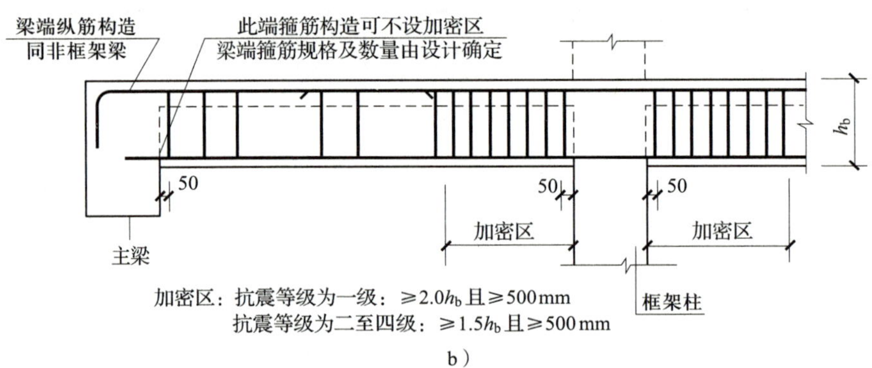


b）

图 8–17　框架梁箍筋加密区范围

a）梁支座为框架柱的箍筋加密区范围　b）梁支座一端为主梁的箍筋加密区范围

根据以上构造规范要求，一般情况下框架梁箍筋根数的计算公式见表 8–18（梁箍筋长度的计算公式已在前面讲过，此处略）。

表 8–18　　框架梁箍筋根数的计算公式

| 节点方式 | 计算公式 |
|---|---|
| 图 8–17a | 某跨箍筋根数 =2×ceil［（加密区 –50）/ 加密区间距］+ceil［（$l_{ni}$– 加密区 ×2）/ 非加密区间距］+1 |
| 图 8–17b | 某跨箍筋根数 =ceil［（加密区 –50）/ 加密区间距］+ceil［（$l_{ni}$–50– 加密区）/ 非加密区间距］+1 |

注：表中公式中，$l_{ni}$ 为该跨净长；抗震等级为一级时，加密区 =max（2.0$h_b$，500），抗震等级为二至四级时，加密区 =max（1.5$h_b$，500）；$h_b$ 为梁截面高度，ceil（ ）表示向上取整，max（ ）表示取大值。

### 4. 非框架梁纵筋及箍筋长度的计算

非框架梁配筋构造如图 8–18 所示。梁上部纵筋在端支座处伸至梁端向下弯折 15$d$。梁支座负筋伸入梁跨内 $l_n$/3，其中 $l_n$ 为净跨长，取左跨 $l_{ni}$ 与右跨 $l_{ni+1}$ 之较大值。梁架立筋与梁支座负筋搭接 150 mm。当 $h_c$（端支座宽）–$c$（混凝土保护层厚度）≥ 12$d$ 时，端支座满足底筋直锚条件，梁底筋伸入支座锚固 12$d$（见图 8–18a）；当 $h_c$（端

支座宽）$-c$（混凝土保护层厚度）<12$d$ 时，端支座不满足底筋直锚条件，则梁底筋伸入支座弯锚（见图 8-18b）；梁箍筋在全长范围均不加密，第一根箍筋离支座 50 mm。

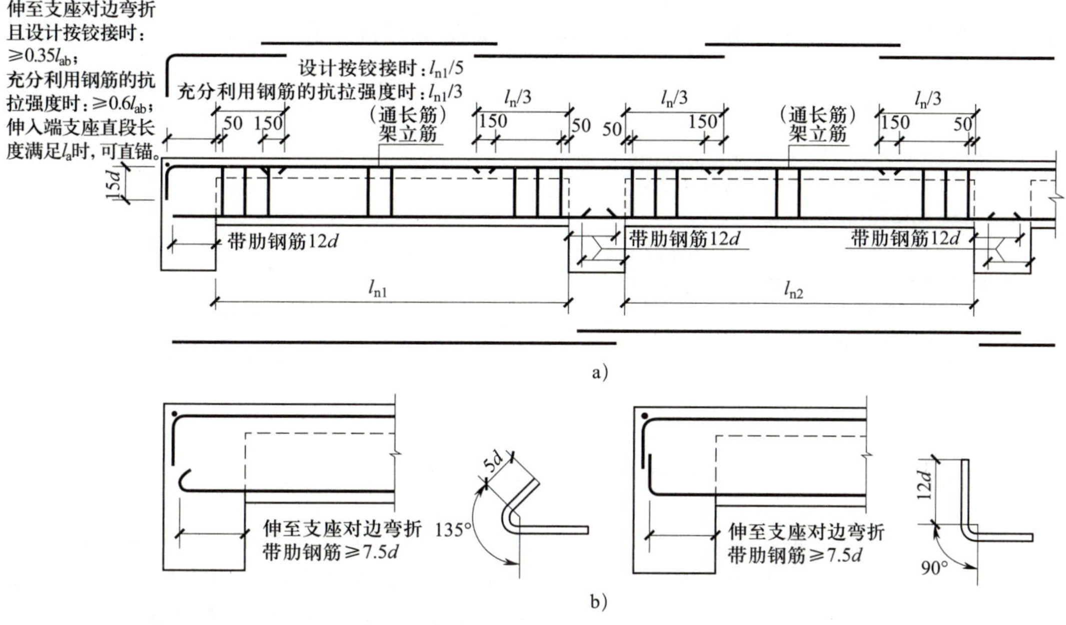


图 8-18　非框架梁配筋构造

a）非框架梁配筋构造（端支座底筋直锚）　b）非框架梁配筋构造（端支座底筋弯锚）

根据以上构造规范要求，一般情况下，非框架梁纵筋长度及梁箍筋根数的计算公式见表 8-19。

表 8-19　　非框架梁纵筋长度及梁箍筋根数的计算公式

| 纵筋类别 | 计算公式 |
| --- | --- |
| 上部通长筋 | 通长筋长度 = 梁总长 $-2c+15d\times2-90°$ 弯折弯曲调整值 ×2 |
| 端支座负筋 | 端支座负筋长度 $=h_c-c+15d+l_{ni}/5$（设计按铰接时）$-90°$ 弯折弯曲调整值<br>端支座负筋长度 $=h_c-c+15d+l_{ni}/3$（充分利用钢筋的抗拉强度时）$-90°$ 弯折弯曲调整值 |
| 中间支座负筋 | 中间支座负筋长度 $=h_c+2\times l_{ni}/3$ |
| 架立筋 | 架立筋长度 $=l_{ni}-$ 支座负筋在跨中左右长度之和 $+150\times2$ |
| 下部底筋（直锚，见图 8-18a） | 下部底筋长度 $=l_{ni}+12d\times2$ |
| 端支座下部底筋（弯锚，见图 8-18b） | 下部底筋长度 $=l_{ni}+12d+h_c-c+12.93d$（90° 弯钩，HRB400）<br>下部底筋长度 $=l_{ni}+12d+h_c-c+7.89d$（135° 弯钩，HRB400） |
| 箍筋 | 某跨箍筋根数 = ceil［（$l_{ni}-50\times2$）/ 非加密区间距］+1 |

注：表中公式中，$l_{ni}$ 为该跨净长，$h_c$ 为支座宽，$c$ 为梁混凝土保护层厚度，$d$ 为梁纵筋直径，ceil（ ）表示向上取整。

### 5. 梁附加钢筋、侧面纵筋及拉筋长度的计算

梁附加钢筋一般设在主次梁相交处的主梁上，或梁上起柱的梁集中载荷处，如图 8–19 所示。其中，图 8–19a 是框架梁附加箍筋，附加箍筋按设计标注的根数计算，直径与梁箍筋直径相同；图 8–19b 是框架梁附加吊筋，吊筋根数、直径由设计标注。

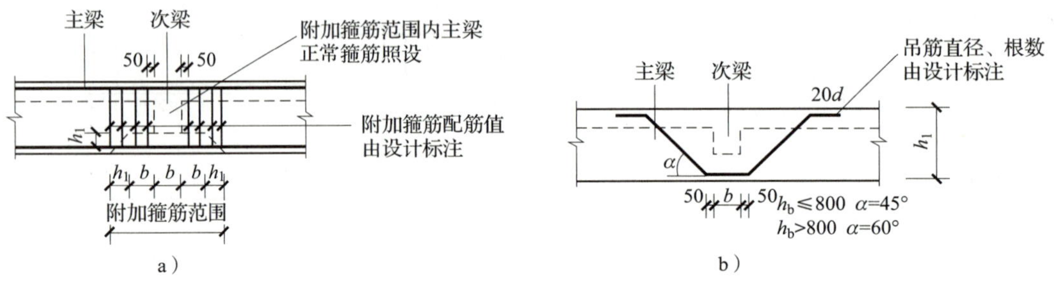


图 8–19　梁附加钢筋

a）框架梁附加箍筋　b）框架梁附加吊筋

梁侧面纵筋及拉筋如图 8–20 所示。当梁腹板高度（梁高 – 板厚）$h_w \geqslant 450$ mm 时，在梁的两个侧面应沿高度配置纵向构造钢筋，构造纵筋注写值用大写字母 G 打头，纵向构造钢筋间距 $a \leqslant 200$ mm。当梁侧面配有直径不小于构造纵筋的受扭纵筋时，受扭纵筋可以代替构造钢筋，受扭纵筋注写值用大写字母 N 打头。

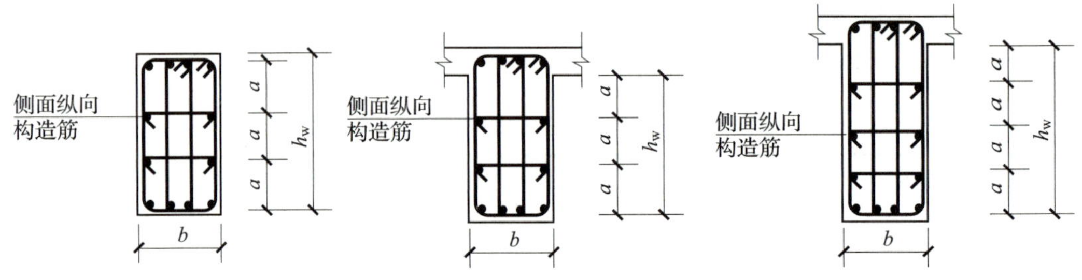


图 8–20　梁侧面纵筋及拉筋

梁侧面构造纵筋的搭接与锚固长度可取为 15$d$；受扭纵筋搭接长度为 $l_{lE}$（框架梁）或 $l_l$（非框架梁），框架梁受扭纵筋的锚固方式同框架梁底筋，非框架梁受扭纵筋的锚固方式如图 8–18 所示。

梁宽不大于 350 mm 时，拉筋直径为 6 mm；梁宽大于 350 mm 时，拉筋直径为 8 mm。拉筋间距为非加密区箍筋间距的 2 倍。当设有多排拉筋时，上下两排拉筋竖向错开设置。

根据以上构造规范要求，一般情况下框架梁附加钢筋、侧面构造纵筋长度及拉筋根数的计算公式见表 8–20。梁侧面受扭纵筋的计算公式见表 8–16 和表 8–19。

### 6. 悬挑梁纵筋及箍筋长度的计算

悬挑梁①节点配筋构造如图 8–21 所示。

表 8-20 框架梁附加钢筋、侧面构造纵筋长度及拉筋根数的计算公式

| 钢筋类别 | 计算公式 |
|---|---|
| 附加吊筋 | 附加吊筋长度 =2×20$d$+2× 斜段长度 + 次梁宽 $b$+2×50–45°或 60°弯折弯曲调整值×4 |
| 通长侧面构造纵筋 | 通长侧面构造纵筋长度 = 梁总长 –2×$h_c$+2×15$d$ |
| 非贯通侧面构造纵筋 | 某跨侧面构造纵筋长度 =$l_{ni}$+2×15$d$ |
| 拉筋 | 某跨拉筋根数 =ceil［（$l_{ni}$–50×2）/ 拉筋间距］+1 |

注：表中公式中，$l_{ni}$ 为该跨净长，$h_c$ 为支座宽，$d$ 为梁纵筋直径，ceil（ ）表示向上取整。

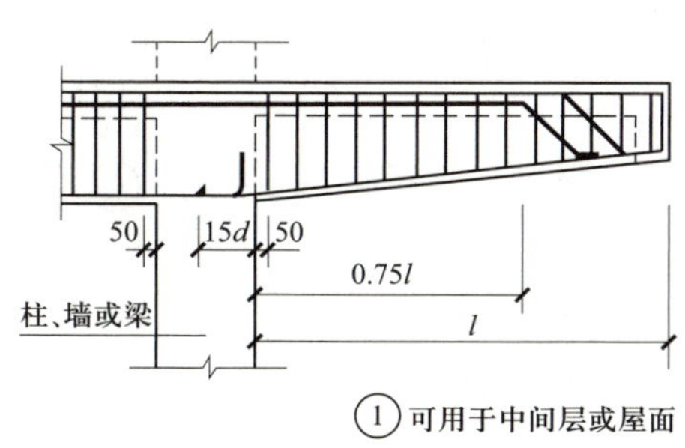


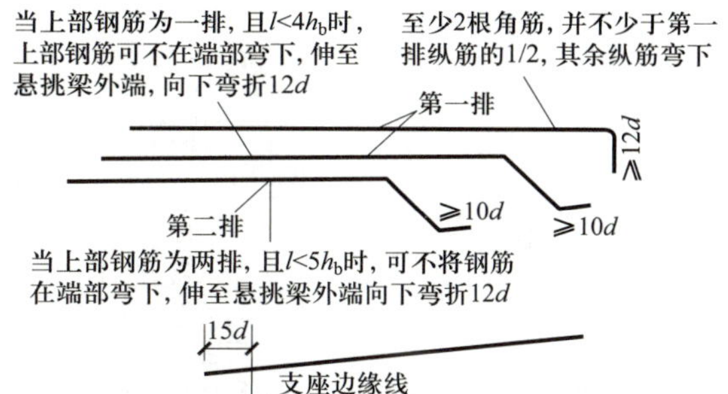


图 8-21 悬挑梁①节点配筋构造

悬挑梁上部至少 2 根角筋且不少于第一排纵筋 1/2 的纵筋伸至梁端向下弯折 12$d$，其余纵筋弯下；当 $l$<4$h_b$ 时，可不将钢筋在端部弯下，$h_b$ 为悬挑梁根部高度。

悬挑梁箍筋按设计间距计算，端部第一根箍筋离端部外缘一个保护层。悬挑梁端附加箍筋按图 8-22 构造要求配置，第一根箍筋离悬挑端封口梁内侧 50 mm。

根据以上构造规范要求，悬挑梁①节点纵筋长度及箍筋根数的计算公式见表 8-21。

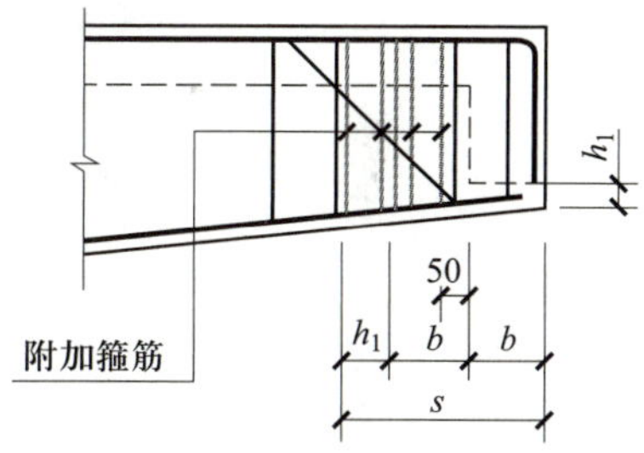


图 8-22 悬挑梁端附加箍筋

表 8-21 悬挑梁纵筋长度及箍筋根数的计算公式

| 纵筋类别 | 计算公式 |
|---|---|
| 上部第一排纵筋 | 上部第一排纵筋长度 =$l$–$c$+12$d$–90°弯折弯曲调整值 |
| 上部第一排弯起筋 | 上部第一排弯起筋长度 =$l$–$c$+0.414×（梁高 –2$c$）–45°弯折弯曲调整值 ×2 |
| 上部第二排弯起筋 | 上部第二排弯起筋长度 =0.75$l$+1.414×（梁高 –2$c$）+10$d$–45°弯折弯曲调整值 ×2 |
| 底筋 | 底筋长度 =$l$–$c$+15$d$ |
| 箍筋 | 箍筋根数 =ceil［（$l$–50–$c$）/ 箍筋间距］+1+ 附加箍筋根数 |

注：表中公式中，$l$ 为悬挑跨长度，$c$ 为梁混凝土保护层厚度，ceil（ ）表示向上取整。

**［例 8-2］** 某工程屋面梁配筋平面图如图 8-23 所示，已知该工程抗震等级为三级，KZ1、KZ2 尺寸为 300 mm × 300 mm，梁混凝土强度等级为 C30，梁纵筋连接方式为直螺纹套筒连接，带肋钢筋定尺长为 9 m；所有主梁集中重处除加图示附加吊筋外，均另加附加箍筋 6 根，悬挑梁端另加附加箍筋 3 根，试计算 1/C × 1 ~ 3 轴 WL1 及 3 × A ~ D 轴 WKL3 的钢筋工程量。

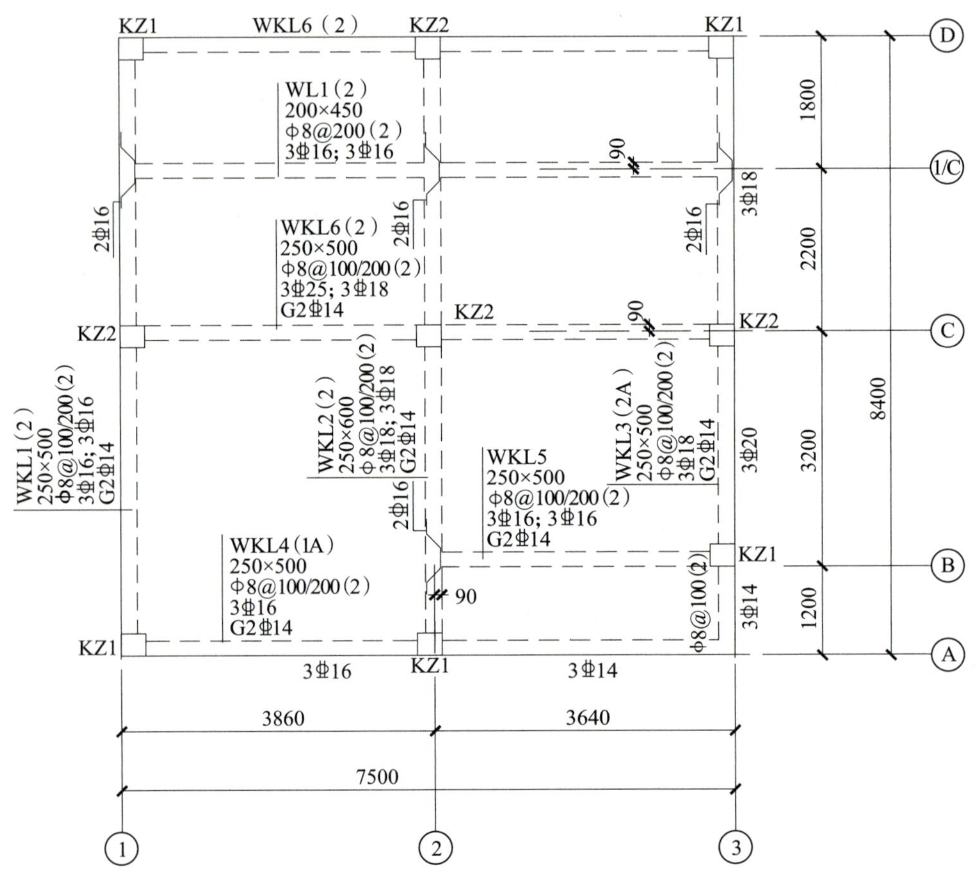


图 8-23　某工程屋面梁配筋平面图

**解：**

本工程抗震等级为三级，混凝土强度等级为 C30，图示纵筋长均小于 9 m，不用计算由定尺长度引起的搭接接头个数。$l_{aE}=l_{abE}=37d$，$l_a=l_{ab}=35d$，梁保护层厚度为 20 mm；WKL3 箍筋加密区范围 max（$1.5h_b$，500）=750（mm）；当底筋为 Φ18 mm 时，支座宽度 − 梁保护层厚度 =300−20（mm）=280（mm）$<l_{abE}$=37 × 18（mm）=666（mm），底筋在端部应弯折。

WKL3：0 跨长 $l_{n0}$=1.2 m，第一跨净长 $l_{n1}$=3 200+90−300 × 2（mm）=2 690（mm），加密区范围为 750 mm，非加密区范围 =2 690−750 × 2（mm）=1 190（mm），第二跨净长 $l_{n2}$=4 000−90−300（mm）=3 610（mm），加密区范围为 750 mm，非加密区范围 =3 610−750 × 2（mm）=2 110（mm）。

WL1：第一跨净长 $l_{n1}$=3 860+90−250×2（mm）=3 450（mm），第二跨净长 $l_{n2}$=3 640−90−250（mm）=3 300（mm）；当上部纵筋为 ⌀16 mm 时，支座宽度 − 梁保护层厚度 =250−20（mm）=230（mm）<$l_a$=35×16（mm）=560（mm），非框架梁上部纵筋两端伸至支座对边弯折 15*d*，且锚入支座内水平段长度 =230（mm）≥ 0.35$l_{ab}$=0.35×560（mm）=196（mm）；非框架梁下部通长筋即底筋两端锚入支座长应为 12*d*，当底筋为 ⌀16 mm 时，支座宽度 − 梁保护层厚度 =250−20（mm）=230（mm）>12*d*=12×16（mm）=192（mm），则底筋在端部直锚 12*d*。

3×A～D 轴 WKL3 及 1/C×1～3 轴 WL1 的钢筋工程量计算分别见表 8−22 和表 8−23。

表 8−22　　WKL3 钢筋工程量计算

| 纵筋类别 | 纵筋直径（mm） | 计算公式 | 长度（mm） | 根数 |
|---|---|---|---|---|
| 上部通长筋 | ⌀18 | 8 400−20×2+500−20+12×18−2.08×18−3.8×18 | 8 950 | 2 |
| 上部通长筋 | ⌀18 | 8 400−20×2+500−20+0.414×(500−20×2)−3.8×18−0.52×18×2 | 8 943 | 1 |
| 梁侧面构造纵筋 | ⌀14 | 8 400−20−300+15×14 | 8 290 | 2 |
| 拉筋 | ϕ6 | 长度 =（250−20×2）+2×75+2×1.9×6<br>根数 =ceil［（1 200−20−50）/400］+ceil［（2 690−100）/400］+ceil［（3 610−100）/400］+3=3+7+9+3 | 382.8 | 22 |
| 悬臂跨底筋 | ⌀14 | 1 200−20+15×14 | 1 390 | 3 |
| 第一跨底筋 | ⌀20 | 2 690+37×20×2 | 4 170 | 3 |
| 第二跨底筋 | ⌀18 | 3 610+37×18+300−20+15×18−2.08×18 | 4 789 | 3 |
| 附加吊筋 | ⌀16 | 200+100+1.414×（500−20×2）×2+20×16×2−0.52×16×4 | 2 208 | 2 |
| 箍筋 | ϕ8 | 长度 =(250+500)×2−20×8+2×11.9×8−1.75×8×3<br>根数 =ceil[(1 200−20−50)/100]+2×ceil[(750−50)/100]+ceil（1 190/200）+2×ceil［(750−50)/100］+ceil（2 110/200）+3=12+14+6+14+11+3 | 1 488.4 | 60 |

续表

| 纵筋类别 | 纵筋直径（mm） | 计算公式 | 长度（mm） | 根数 |
|---|---|---|---|---|
| 附加箍筋 | ϕ8 | 根数 = 主次梁相交处 6+ 悬臂端 3 | 1 488.4 | 9 |
| 小计 | ⌀20 | 4 170 × 3 | 12 510 | |
| | ⌀18 | 8 950 × 2+8 943+4 789 × 3 | 41 210 | |
| | ⌀16 | 2 208 × 2 | 4 416 | |
| | ⌀14 | 8 290 × 2+1 390 × 3 | 20 750 | |
| | ϕ8 | 1 488.4 ×（60+9） | 102 700 | |
| | ϕ6 | 382.8 × 22 | 8 422 | |

注：顶层端节点处的梁上部纵筋在角部弯折处的弯弧内直径 $D$=12$d$（$d$ ≤ 25 mm 时），此时弯曲调整值为 3.8$d$（HRB400）；悬挑端上部梁弯弧内直径仍按 $D$=4$d$（HRB400）取值 2.08$d$。弯下筋和吊筋弯折 45° 弯曲调整值为 0.52$d$（HRB400）。

带肋钢筋定尺长为 9 m，本例中通长筋最长也不超过 9 m，故没有钢筋接头。

**表 8–23　WL1 钢筋工程量计算**

| 纵筋类别 | 纵筋直径（mm） | 计算公式 | 长度（mm） | 根数 |
|---|---|---|---|---|
| 上部通长筋 | ⌀16 | 7 500–20 × 2+15 × 16 × 2–2.08 × 16 × 2 | 7 873 | 3 |
| 下部通长筋（底筋） | ⌀16 | 7 500–250 × 2+12 × 16 × 2 | 7 384 | 3 |
| 箍筋 | ϕ8 | 长度 =（200+450）× 2–20 × 8+2 × 11.9 × 8–1.75 × 8 × 3<br>根数 =ceil［（3 450–100）/200］+ceil［（3 300–100）/200］+2=17+16+2 | 1 288.4 | 35 |
| 小计 | ⌀16 | （7 873+7 384）× 3 | 45 771 | |
| | ϕ8 | 1 288.4 × 35 | 45 094 | |

注：上表箍筋根数的计算中，所有箍筋及拉筋根数均为向上取整。

则梁纵筋及箍筋工程量为：

ϕ25 内带肋钢筋：12.51 × 2.47+41.21 × 2+（4.416+45.771）× 1.58+20.75 × 1.21（kg）= 217.723（kg）=0.218（t）

ϕ10 内箍筋：（102.7+45.094）× 0.395+8.422 × 0.222（kg）=60.248（kg）=0.06（t）

## 三、板的钢筋工程量计算

以有梁楼盖楼面板和屋面板为例，新平法规范（22G101—1）中其钢筋构造如图 8-24 所示。其中，图 8-24b 为板端支座为梁时的普通楼屋面板在端部的锚固构造，板端部支座为剪力墙的锚固构造略去不讲。

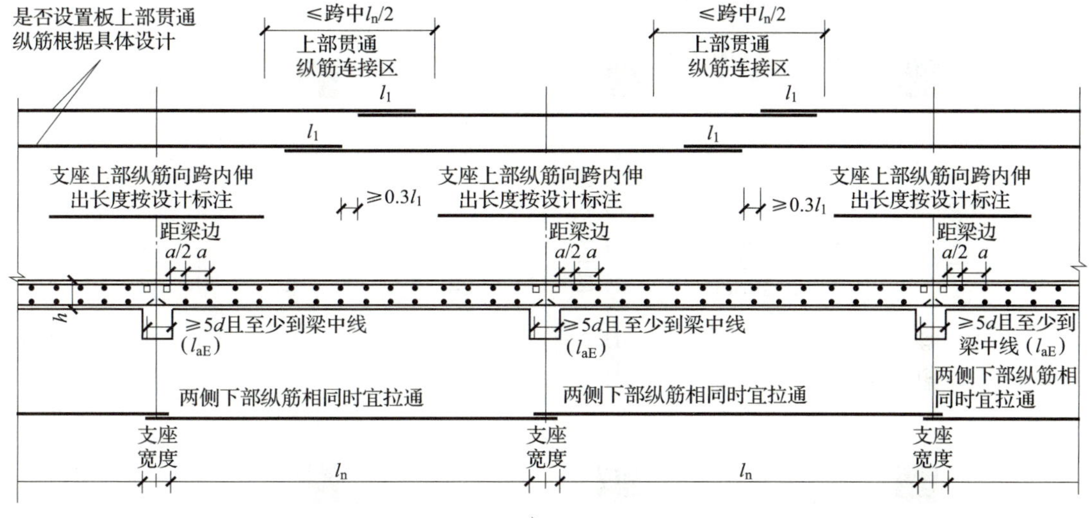


a）

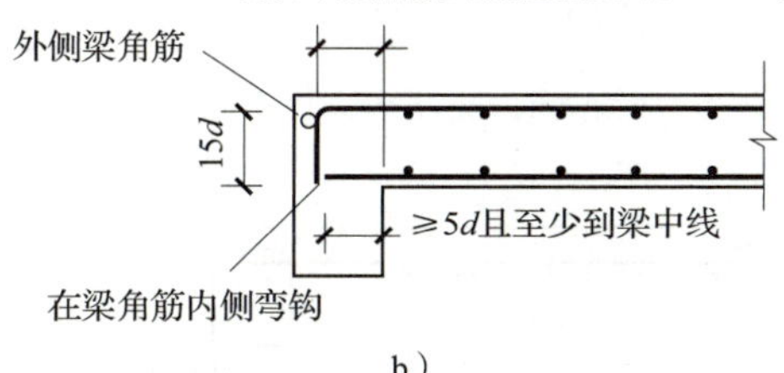


b）

图 8-24 有梁楼盖楼面板和屋面板的钢筋构造

a）楼面板 LB 和屋面板 WB 的钢筋构造

b）板端支座为梁时的普通楼屋面板在端部的锚固构造

### 1. 板底筋、面筋

板底筋、面筋又称板下部贯通筋和上部贯通筋。标注中以 B 表示下部贯通筋，以 T 表示上部贯通筋，图 8-25 的 LB1 底筋 $X$ 向和 $Y$ 向均为 ⌀12@150，面筋 $X$ 向和 $Y$ 向均为 ⌀10@150。

#### （1）底筋的计算

根据图 8-24 的构造规范要求，底筋伸入支座锚固长度 =max（1/2 支座宽，5$d$），两侧下部纵筋相同时宜拉通。

则单跨板底筋长度计算（见图 8-26a）公式为：

底筋长度 = 净跨长 + 支座锚固长度 ×2+6.25$d$×2（圆钢）

底筋长度 = 净跨长 + 支座锚固长度 ×2（带肋钢筋）

如果不考虑钢筋的定尺长度引起的搭接，则两跨板相同底筋拉通的长度计算（见图 8–26b）公式为：

底筋长度 = 两跨净长 + 支座锚固长度 ×2+6.25$d$×2（圆钢）

底筋长度 = 两跨净长 + 支座锚固长度 ×2（带肋钢筋）

两跨以上板相同底筋拉通的长度计算公式以此类推。

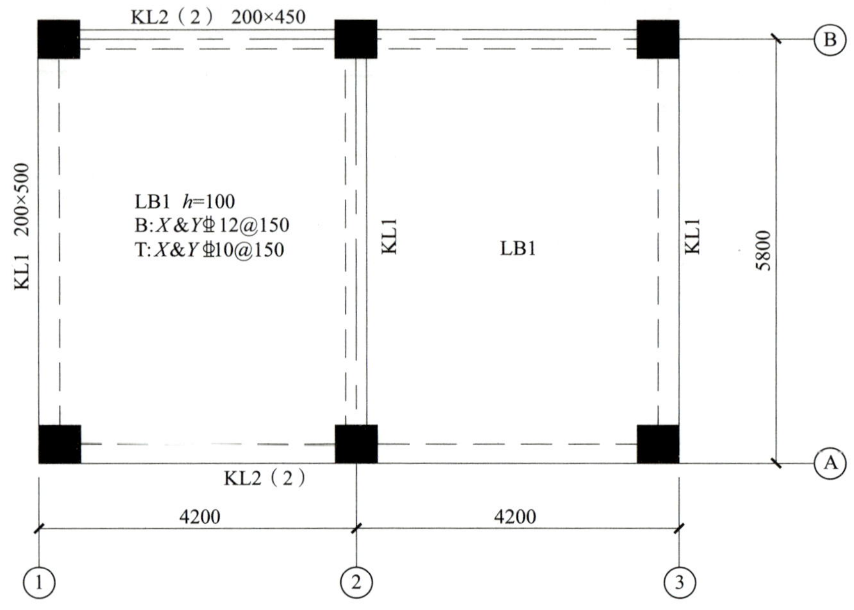


图 8–25 板底筋、面筋平法集中标注示例

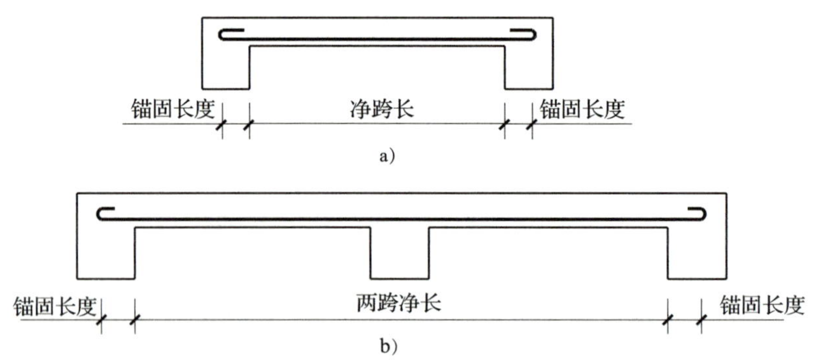


图 8–26 板底筋长度计算示意图

a）单跨板板底筋长度计算示意图 b）两跨板相同底筋拉通的长度计算示意图

根据图 8–24 的构造规范要求，第一根底筋离支座边距离 =1/2 板筋间距（见图 8–27），则板底筋根数计算公式为：

底筋根数 =ceil（布筋范围 ÷ 板筋间距）+1

其中，布筋范围 = 净跨长 – 板筋间距；ceil（ ）表示向上取整。

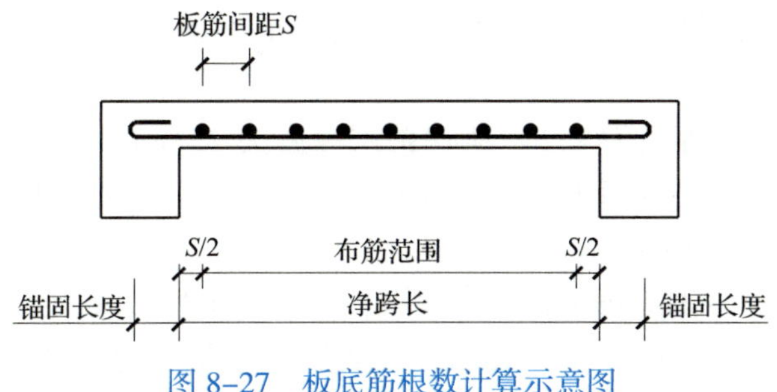


图 8-27　板底筋根数计算示意图

（2）面筋的计算

根据图 8-24 的构造规范要求，端部支座为梁时，面筋伸入支座水平段不小于 $0.35l_{ab}$（设计按铰接时）或不小于 $0.6l_{ab}$（设计充分利用钢筋的抗拉强度时），然后向下弯折 15*d*，面筋伸入支座内的平直段长度不小于 $l_a$ 时可不弯折。为了简化计算，一般实际计算时按面筋伸至支座边留保护层后向下弯折 15*d* 考虑（见图 8-28），则板面筋长度计算公式为：

面筋长度 = 净跨 + 支座宽 × 2– 梁混凝土保护层厚度（*c*）× 2+15*d* × 2–90° 弯折弯曲调整值 × 2

两跨或两跨以上板相同面筋拉通的长度计算公式以此类推。

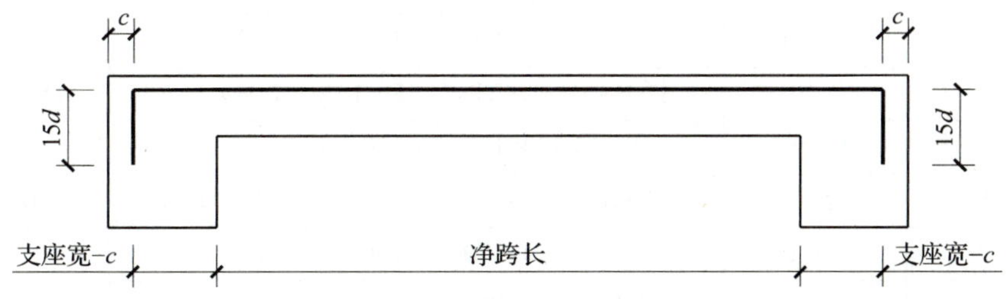


图 8-28　板面筋长度计算示意图

根据图 8-24 的构造规范要求，第一根面筋离支座边距离 =1/2 板筋间距（见图 8-29），则板面筋根数计算公式为：

面筋根数 =ceil（布筋范围 ÷ 板筋间距）+1，

其中，布筋范围 = 净跨长 – 板筋间距，ceil（ ）表示向上取整。

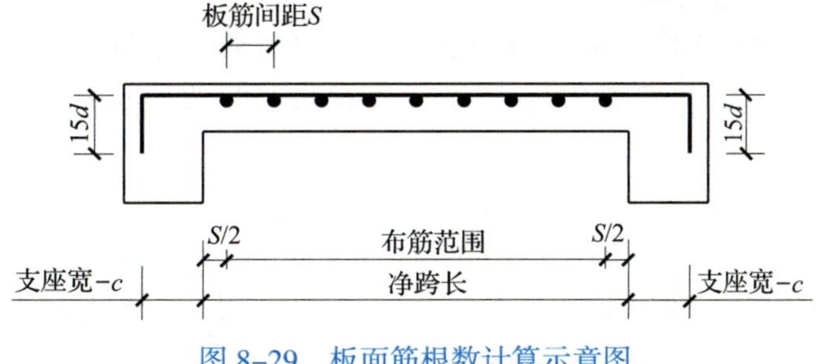


图 8-29　板面筋根数计算示意图

[例 8-3] 某工程楼面板 LB1 配筋平面如图 8-25 所示，已知该工程抗震等级为三级，有梁板混凝土强度等级为 C25，试计算图示板的底筋与面筋的钢筋工程量。

**解：**

本工程混凝土强度等级为 C25，梁保护层厚度为 25 mm，板保护层厚度为 20 mm。LB1 的底筋 $X$ 向和 $Y$ 向均为 ⌀12@150，面筋 $X$ 向和 $Y$ 向均为 ⌀10@150。两跨板 $X$ 向相同底筋和面筋均拉通计算。

$l_a=l_{ab}=40d$，面筋为 ⌀10，面筋伸入支座平直段 = 支座宽 − 保护层厚度 =200−25（mm）=175（mm）$<l_a$=40×10（mm）=400（mm），面筋在端部应弯折 15$d$。支座宽 − 保护层厚度 =175（mm）$>0.35l_{ab}$=0.35×400（mm）=140（mm），面筋满足规范规定的平直段不小于 $0.35l_{ab}$ 的条件。

$X$ 向单净跨长 =4.2−0.2−0.1（m）=3.9（m），两跨净长 =8.4−0.2×2（m）=8（m），$Y$ 向净跨长 =5.8−0.2−0.1（m）=5.5（m），则板的底筋与面筋钢筋工程量计算见表 8-24。

表 8-24　　板的底筋与面筋钢筋工程量长度计算

| 类别 | | 直径或间距（mm） | 计算公式 | 长度（mm） | 根数 |
|---|---|---|---|---|---|
| $X$ 向底筋 | 长度 | ⌀12 | 8 000+max（100，5×12）×2 | 8 200 | |
| | 根数 | @150 | ceil［（5 500−150）÷150］+1 | | 37 |
| $Y$ 向底筋 | 长度 | ⌀12 | 5 500+max（100，5×12）×2 | 5 700 | |
| | 根数 | @150 | ceil［（3 900−150）÷150］×2+2 | | 52 |
| $X$ 向面筋 | 长度 | ⌀10 | 8 000+200×2−25×2+15×10×2−2.08×10×2 | 8 608 | |
| | 根数 | @150 | ceil［（5 500−150）÷150］+1 | | 37 |
| $Y$ 向面筋 | 长度 | ⌀10 | 5 500+200×2−25×2+15×10×2−2.08×10×2 | 6 108 | |
| | 根数 | @150 | ceil［（3 900−150）÷150］×2+2 | | 52 |
| 小计 | | ⌀12 | 8 200×37+5 700×52 | 599 800 | |
| | | ⌀10 | 8 608×37+6 108×52 | 636 112 | |

则底筋与面筋质量为：

ϕ10 内带肋钢筋：636.112×0.617（kg）=392（kg）=0.392（t）

ϕ25 内带肋钢筋：599.8×0.888（kg）=533（kg）=0.533（t）

## 2. 板支座负筋、分布筋

板支座负筋又称板支座上部非贯通筋，板支座负筋为原位标注，分布筋为垂直于负筋方向的非受力钢筋，如图 8-30 所示。支座负筋自支座边线向跨内的伸出长度，注写在线段的下方位置。

### （1）支座负筋的计算

根据图 8-24 的构造规范要求，端部支座为梁时，支座负筋靠支座端伸入支座边留保护层后向下弯折 15$d$，负筋伸入支座内的平直段长度不小于 $l_a$ 时可不弯折。伸入板跨内长度按图示标注尺寸计算（见图 8-31a），则板端支座负筋长度计算公式为：

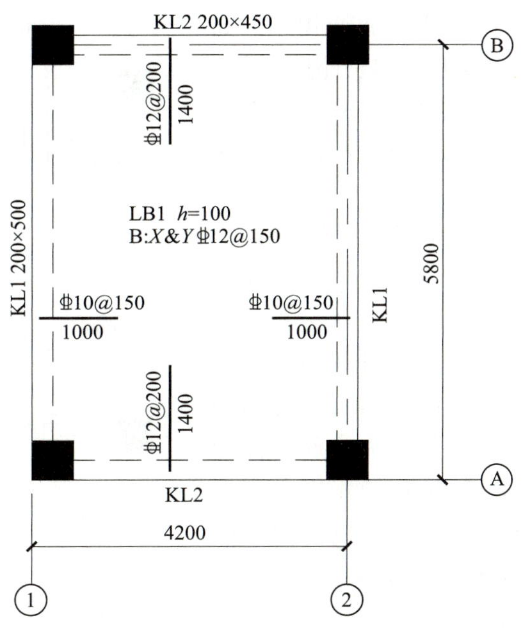


图 8-30　板支座负筋平法标注示例

支座负筋长度 = 标注尺寸 + 支座宽 – 梁混凝土保护层厚度（$c$）+15$d$–90°弯折弯曲调整值

如图 8-31b 所示，板中间支座负筋长度计算公式为：

支座负筋长度 = 标注尺寸 ×2+ 支座宽

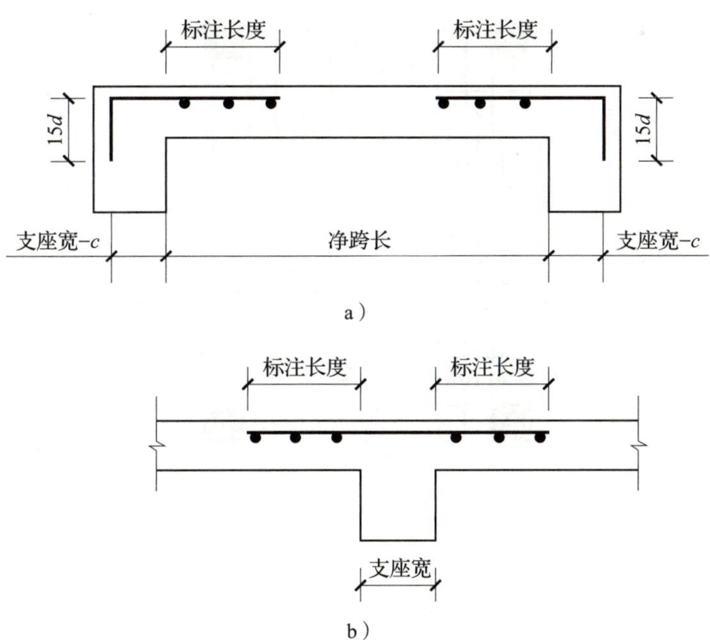


图 8-31　板支座负筋长度计算示意图

a）板端支座负筋长度计算示意图　b）板中间支座负筋长度计算示意图

板支座负筋根数计算方法与面筋相同，如图 8–32 所示，即第一根支座负筋离支座边距离 = 1/2 板筋间距，支座负筋根数计算公式为：

支座负筋根数 =ceil（布筋范围 ÷ 板筋间距）+1，

其中，布筋范围 = 净跨长 – 板筋间距，ceil（ ）表示向上取整。

（2）分布筋的计算

根据新平法规范，分布筋自身及与受力主筋、构造钢筋的搭接长度为 150 mm。当分布筋兼作抗温度筋时，其自身及与受力主筋、构造钢筋的搭接长度为 $l_l$。如图 8–33 所示的分布筋为 ϕ6@200，它与支座负筋参差长度（即交错长度）为 150 mm，则板负筋的分布筋长度计算公式为：

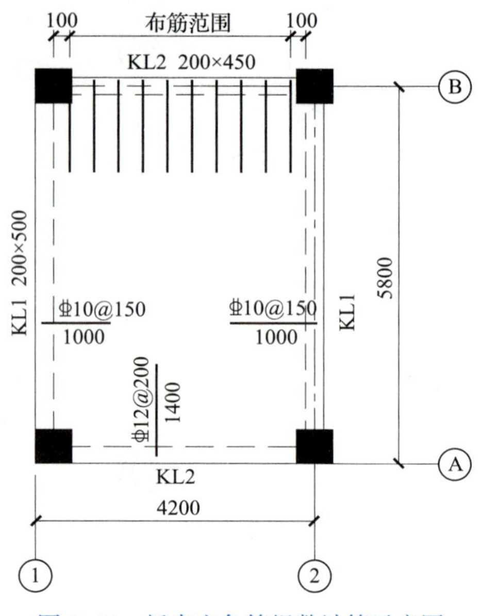

图 8–32　板支座负筋根数计算示意图

分布筋长度 = 净跨长度 – 负筋标注长度 × 2+150 × 2

分布筋根数计算公式为：

分布筋根数 =floor（布筋范围 ÷ 分布筋间距）+1，

其中，布筋范围 = 负筋标注长度 – 分布筋间距 × 1/2，floor（ ）表示向下取整。由于分布筋不是受力钢筋，所以计算根数时一般向下取整。

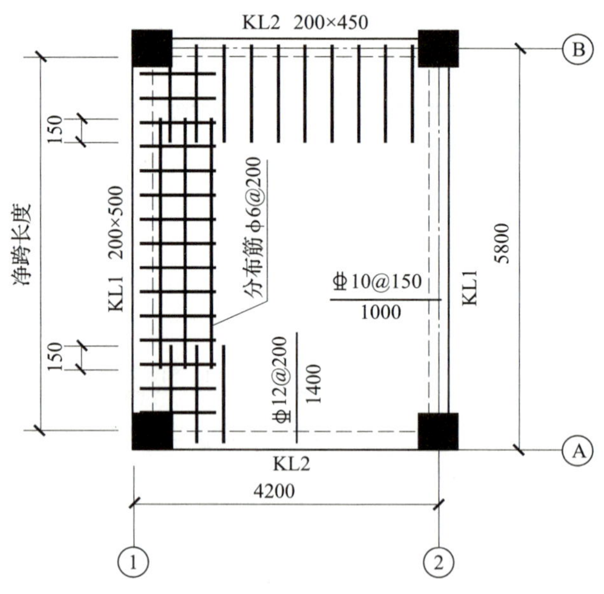

图 8–33　板负筋的分布筋长度计算示意图

［例 8–4］某工程楼面板 LB1 的支座负筋和分布筋的配筋平面如图 8–33 所示，已知该工程抗震等级为三级，有梁板混凝土强度等级为 C25，板厚为 100 mm，试计算图

示板的支座负筋和分布筋的工程量。

**解：**

本工程混凝土强度等级为C25，梁保护层厚度为25 mm，板保护层厚度为20 mm。LB1的支座A、B×1～2的负筋为⌀12@200，支座1、2×A～B的负筋为⌀10@150，分布筋为 φ6@200。

$l_a=l_{ab}$=40$d$，支座负筋为⌀10时，面筋伸入支座平直段 = 支座宽度 – 保护层厚度 = 200–25（mm）=175（mm）<$l_a$=40×10（mm）=400（mm），所以支座负筋⌀10在端部应弯折15$d$，同理，支座负筋⌀12在端部也应弯折15$d$。支座宽度 – 保护层厚度 = 175 mm>0.35$l_{ab}$=0.35×40×12（mm）=168（mm），支座负筋⌀12满足规范规定的平直段≥ 0.35$l_{ab}$的条件；同理，支座负筋⌀10也满足规范规定的平直段≥ 0.35$l_{ab}$的条件。

$X$向净跨长 =4.2–0.2–0.1（m）=3.9（m），$Y$向净跨长 =5.8–0.2–0.1（m）=5.5（m），则板的支座负筋和分布筋钢筋工程量计算见表8–25。

表8–25　　板的支座负筋和分布筋钢筋工程量计算

| 类别 | | 直径 / 间距（mm） | 计算公式 | 长度（mm） | 单边根数 |
|---|---|---|---|---|---|
| A、B×1～2的负筋 | 长度 | ⌀12 | 1 400+200–25+15×12–2.08×12 | 1 730 | |
| | 根数 | @200 | ceil［（3 900–200）÷200］+1 | | 20 |
| 1、2×A～B的负筋 | 长度 | ⌀10 | 1 000+200–25+15×10–2.08×10 | 1 304 | |
| | 根数 | @150 | ceil［（5 500–150）÷150］+1 | | 37 |
| $X$向分布筋 | 长度 | φ6 | 3 900–1 000×2+150×2 | 2 200 | |
| | 根数 | @200 | floor［（1 400–100）÷200］+1 | | 7 |
| $Y$向分布筋 | 长度 | φ6 | 5 500–1 400×2+150×2 | 3 000 | |
| | 根数 | @200 | floor［（1 000–100）÷200］+1 | | 5 |
| 小计 | | ⌀12 | 1 730×20×2 | 69 200 | |
| | | ⌀10 | 1 304×37×2 | 96 496 | |
| | | φ6 | （2 200×7+3 000×5）×2 | 60 800 | |

注：上表中支座负筋根数的计算为向上取整（ceil），分布筋根数的计算为向下取整（floor）。

则支座负筋和分布筋的工程量为：

φ25 mm内带肋钢筋：69.2×0.888（kg）=61（kg）=0.061（t）

φ10 mm内带肋钢筋：96.496×0.617（kg）=60（kg）=0.06（t）

φ10 mm内圆钢：60.8×0.222（kg）=13（kg）=0.013（t）

### 3. 板抗温度筋、抗裂构造筋

在温度、收缩应力较大的现浇板区域（如屋面板），应在板的表面配置双向防裂构造钢筋，即抗温度、收缩应力构造钢筋（以下简称温度筋）。当板面受力筋通长配置时，可兼做温度筋。

新平法规范中板的温度筋构造如图 8–34 所示。图 8–34a 为板上部纵筋分离式构造。图中上部受力钢筋为支座负筋，如果板的表面中间部分因受温度、收缩应力较大而需配置温度筋时，温度筋与两边支座负筋搭接 $L_l$，其中 $L_l$ 为非抗震搭接长度。

图 8–34b 为部分贯通式配筋构造，板面有部分受力筋通长配置，可兼做温度筋，工程中板是否应设置温度筋由设计者确定。

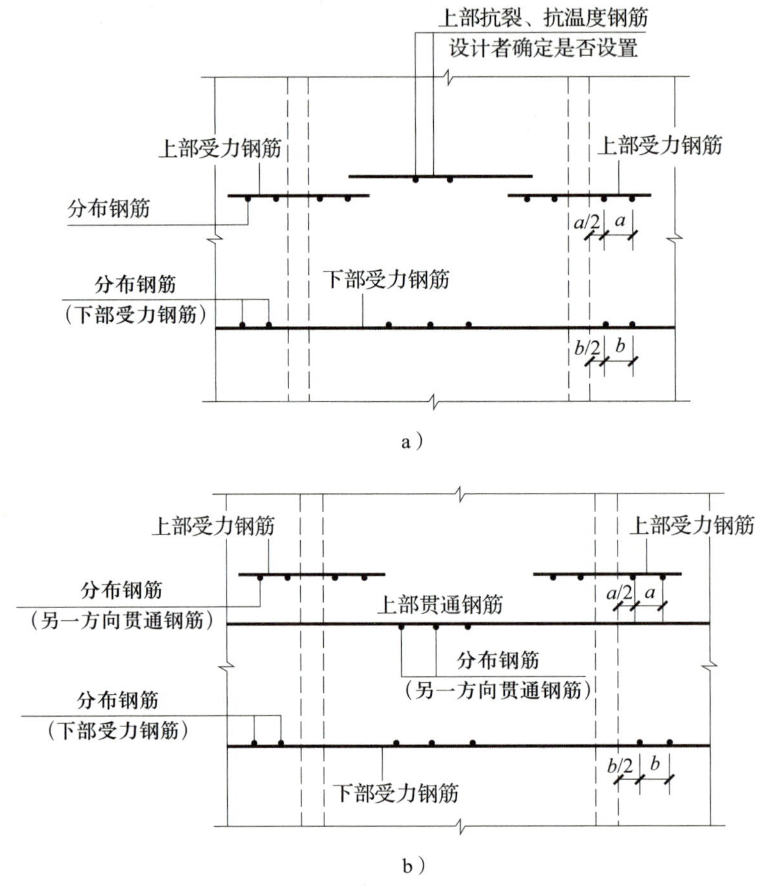


图 8–34　新平法规范中板的温度筋构造

a）板上部纵筋分离式构造　b）部分贯通式配筋构造

温度筋与受力主筋（板支座负筋）搭接长度为 $L_l$（见图 8–35），则温度筋的长度计算公式为：

温度筋长度 = 净跨长度 – 负筋标注长度 ×2+$L_l$×2

第一根温度筋离支座负筋的分布筋间距为温度筋间距，则温度筋的根数计算公式为：

温度筋根数 =ceil［(净跨长 – 负筋标注长度 ×2) ÷ 温度筋间距］–1

注：ceil（ ）表示向上取整。

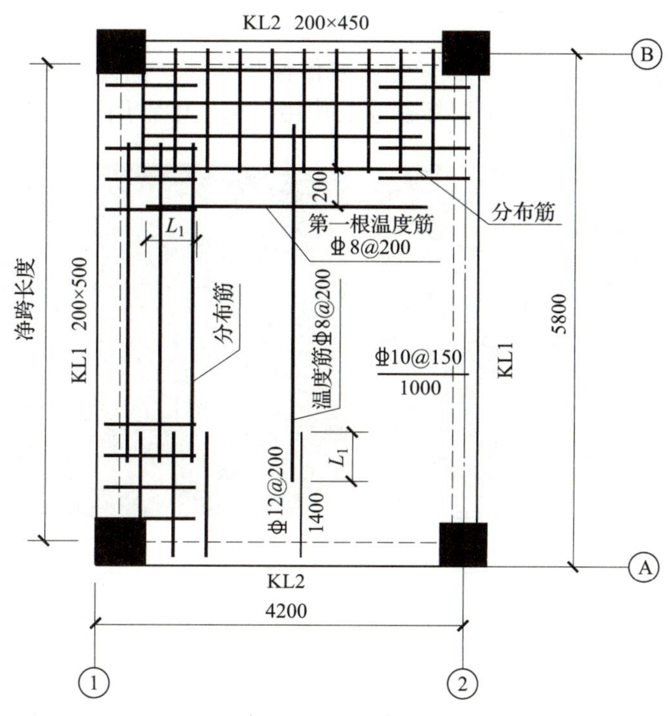


图 8-35 板温度筋构造

**[例 8-5]** 某工程楼面板 LB1 的温度筋配筋构造如图 8-35 所示，已知该工程抗震等级为三级，有梁板混凝土强度等级为 C25，试计算图示板的温度筋的钢筋工程量。

**解：**

本工程混凝土强度等级为 C25，LB1 的 $X$ 向和 $Y$ 向温度筋均为 Φ8@200，$L_1$=64$d$=64×8（mm）=512（mm）。

$X$ 向净跨长 =4.2−0.2−0.1（m）=3.9（m），$Y$ 向净跨长 =5.8−0.2−0.1（m）=5.5（m），则板的温度筋钢筋工程量计算见表 8-26。

**表 8-26　板的温度筋钢筋工程量计算**

| 类别 | | 直径 / 间距（mm） | 计算公式 | 长度（mm） | 根数 |
|---|---|---|---|---|---|
| $X$ 向温度筋 | 长度 | Φ8 | 3 900−1 000×2+512×2 | 2 924 | |
| | 根数 | @200 | ceil［（5 500−1 400×2）÷200］−1 | | 13 |
| $Y$ 向温度筋 | 长度 | Φ8 | 5 500−1 400×2+512×2 | 3 724 | |
| | 根数 | @200 | ceil［（3 900−1 000×2）÷200］−1 | | 9 |
| 小计 | | Φ8 | 2 924×13+3 724×9 | 71 528 | |

则温度筋工程量为：

ϕ10 内带肋钢筋：71.528×0.395（kg）=28（kg）=0.028（t）

### 4. 马凳筋

马凳筋是施工术语，因其形状像凳子故俗称马凳筋，也称撑筋、支撑钢筋，用于上下两层板钢筋中间，起固定上层板钢筋的作用。施工中常用马凳筋如图 8–36 所示。

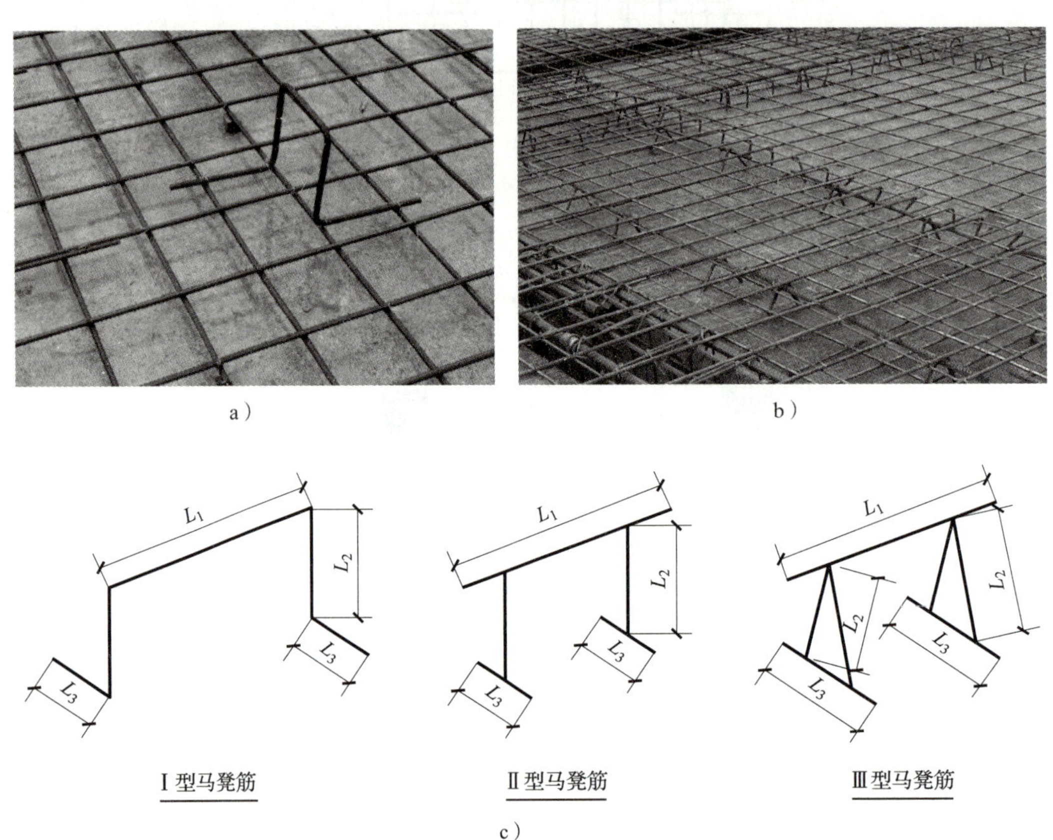


图 8–36 施工中常用马凳筋

a）Ⅰ型马凳筋 b）Ⅲ型马凳筋 c）Ⅰ、Ⅱ、Ⅲ型马凳筋示意图

2013 年清单计量规范规定，现浇构件中固定双层钢筋的铁马凳、垫铁等，按设计图纸规定要求和施工验收规范要求另列“支撑钢筋”清单项目计算。

如果图纸设计未明确马凳筋，一般情况下预算时可按Ⅰ型马凳筋计算，当板较厚时（如不小于 300 mm），也可按Ⅱ型、Ⅲ型马凳筋计算，结算时按签证数量调整。

按Ⅰ型马凳筋计算时，可按如下原则取值：板厚不大于 140 mm，板的受力钢筋和分布钢筋不大于 10 mm 时，马凳筋大小可采用 ϕ8 mm；板厚为 140 ~ 200 mm，板的受力钢筋和分布钢筋不大于 12 mm 时，马凳筋可采用 ϕ10 mm；板厚为 200 ~ 300 mm，板的受力钢筋和分布钢筋不大于 14 mm 时，马凳筋可采用 ϕ12 mm。

马凳筋间距一般设置为 @1 000 mm × 1 000 mm，如板筋为双层双向 ϕ8 mm，钢筋刚度较低，则需缩小间距，如 @800 mm × 800 mm。

Ⅰ型马凳筋的尺寸（见图 8–36c）可按如下公式计算：

$L_1$= 面筋间距 +50

$L_2=h-2c-\Sigma$（上部板筋与板最下排钢筋直径之和）

$L_3>a$（$a$ 为底筋间距，或为板筋间距 +50 mm）

注：$c$ 为板的混凝土保护层厚度。

［例 8-6］某工程楼面板 LB1 配筋平面图如图 8-25 所示，有梁板混凝土强度等级为 C25，设计支撑 LB1 的面筋的马凳筋为Ⅰ型马凳筋，直径、间距为 ϕ8 mm、@1 000 mm×1 000 mm，试计算马凳筋的钢筋工程量。

**解：**

单块板 LB1 的 $X$ 向和 $Y$ 向净长和净宽分别为：$X$ 向净跨长 =4.2−0.2−0.1（m）=3.9（m），$Y$ 向净跨长 =5.8−0.2−0.1（m）=5.5（m），则单块板马凳筋的个数 =ceil［（3.9×5.5）/（1×1）］=22（个）。

LB1 的板厚 $h$=100 mm，板保护层厚度 $c$=20 mm，底筋为双向 ⌽12@150，面筋为双向 ⌽10@150，则 $L_1$=150+50（mm）=200（mm），$L_2$=100−20×2−（10×2+12）（mm）=28（mm），$L_3$=150+50（mm）=200（mm），

单根马凳筋的长度 =200+28×2+200×2（mm）=656（mm）=0.656（m）

马凳筋的钢筋（ϕ10 mm 内圆钢）工程量 =0.656×22×2×0.395（kg）=11（kg）=0.011（t）

## 四、基础的钢筋工程量计算

### 1. 独立基础

新平法规范（22G101—3）中关于普通独立基础（DJ）或杯口独立基础（BJ）底板的配筋构造如图 8-37 所示。其中，图 8-37a 是阶形独立基础（$DJ_J$、$BJ_J$）配筋构造图，图 8-37b 是锥形独立基础（$DJ_z$、$BJ_z$）配筋构造图。

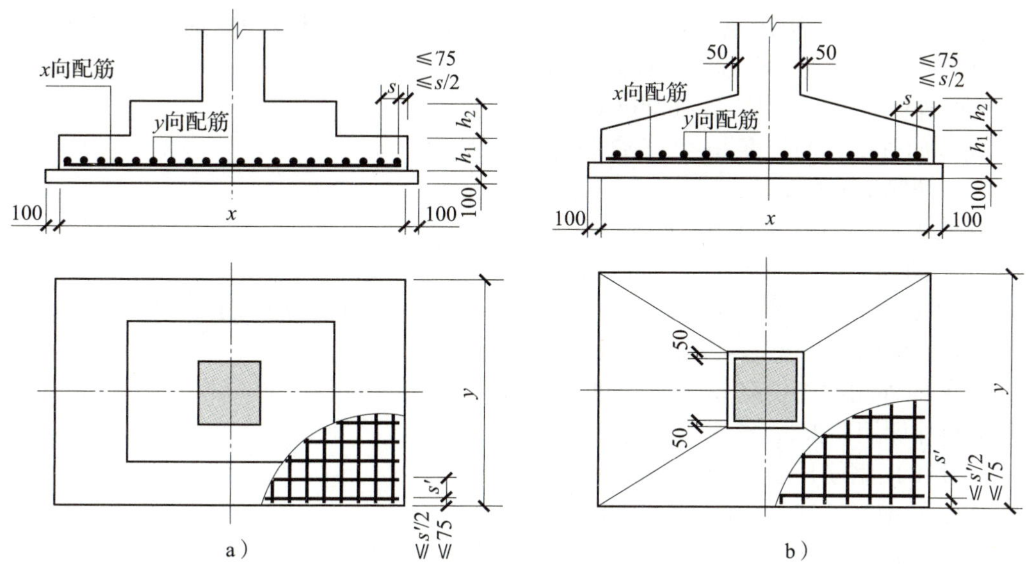


图 8-37　阶形和锥形独立基础的配筋构造

a）阶形独立基础配筋构造图　b）锥形独立基础配筋构造图

根据图 8–37 的构造规范要求，独立基础底板 $X$、$Y$ 方向成网格状配筋，第一根钢筋与基础边缘距离 =min（$s'/2$，75）或 min（$s/2$，75），其中 $s'$ 和 $s'$ 分别为 $X$、$Y$ 方向钢筋间距。基础底板 $X$ 向及 $Y$ 向钢筋长度、根数的计算公式为：

$X$ 向钢筋长度 $=x-2c+6.25d\times2$（圆钢）或 $X$ 向钢筋长度 $=x-2c$（带肋钢筋）

$Y$ 向钢筋长度 $=y-2c+6.25d\times2$（圆钢）或 $Y$ 向钢筋长度 $=y-2c$（带肋钢筋）

$X$ 向钢筋根数 =ceil｛[ $y-2$ min（$s'/2$，75）] ÷ $X$ 向钢筋间距｝+1

$Y$ 向钢筋根数 =ceil｛[ $x-2$ min（$s/2$，75）] ÷ $Y$ 向钢筋间距｝+1

其中，$x$、$y$ 分别为独立基础 $X$ 向和 $Y$ 向长度，$c$ 为混凝土保护层厚度，$d$ 为钢筋直径，ceil（ ）表示向上取整，min（ ）表示取小值。

图 8–38 是新平法规范（22G101—3）中关于对称独立基础底板配筋长度减短 10% 的构造图，当独立基础底板长度不小于 2 500 mm 时，除外侧钢筋外，底板配筋长度可取相应方向底板长度的 0.9 倍。

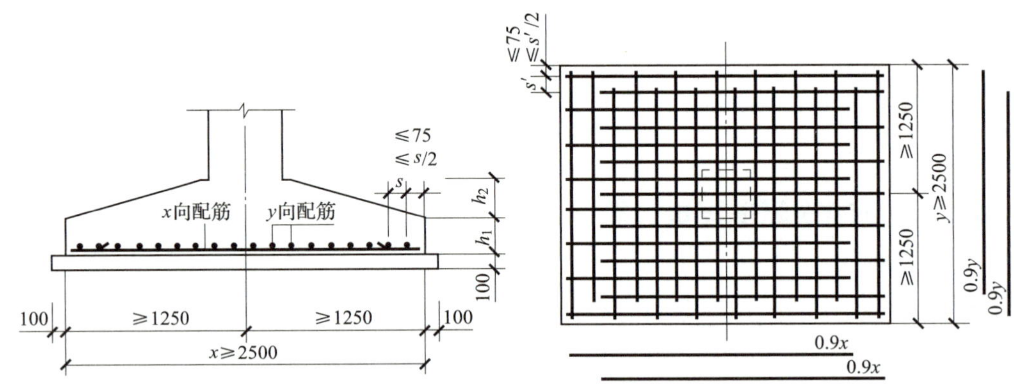


图 8–38 对称独立基础底板配筋长度减短 10% 的构造图

根据图 8–38 的构造规范要求，独立基础底板长度不小于 2 500 mm 时，基础底板 $X$ 向及 $Y$ 向钢筋长度、根数的计算公式为：

$X$ 向外侧钢筋长度 $=x-2c+6.25d\times2$（圆钢）

或 $X$ 向外侧钢筋长度 $=x-2c$（带肋钢筋）

$X$ 向外侧钢筋根数 =2

其他 $X$ 向钢筋长度 $=0.9x+6.25d\times2$（圆钢）

或 $X$ 向钢筋长度 $=0.9x$（带肋钢筋）

其他 $X$ 向钢筋根数 =ceil｛[ $y-2$ min（$s'/2$，75）] ÷ $X$ 向钢筋间距｝−1

$Y$ 向外侧钢筋长度 $=y-2c+6.25d\times2$（圆钢）

或 $Y$ 向外侧钢筋长度 $=y-2c$（带肋钢筋）

$Y$ 向外侧钢筋根数 =2

其他 $Y$ 向钢筋长度 $=0.9y+6.25d\times2$（圆钢）

或 $Y$ 向钢筋长度 $=0.9y$（带肋钢筋）

其他 $Y$ 向钢筋根数 =ceil｛[ $x-2$ min（$s/2$，75）] ÷ $Y$ 向钢筋间距｝−1

其中，$x$、$y$ 分别为独立基础 $X$ 向和 $Y$ 向长度，$c$ 为基础混凝土保护层厚度，$d$ 为钢筋直径，ceil（ ）表示向上取整，min（ ）表示取小值。

非对称独立基础底板配筋长度减短 10% 的构造见新平法规范（22G101—3），其钢筋的计算公式以此类推。

## 2. 矩形桩承台

新平法规范（22G101—3）中关于阶形截面矩形独立承台（$CT_J$）的配筋构造如图 8-39 所示。

根据图 8-39 的构造规范要求，矩形独立承台 $X$、$Y$ 方向底筋均伸至承台边缘留保护层向上弯折 $10d$，且底筋自桩内侧算起锚至承台边缘的水平段长度需满足不小于 $25d$（方桩）或不小于 $25d+0.1D$（圆桩）。如果底筋自桩内侧算起锚至承台边缘的水平段长度不小于 $35d$（方桩）或不小于 $35d+0.1D$（圆桩）时，底筋可不弯折，只需伸至承台边缘留保护层即可（即直锚）。当桩直径或桩截面边长小于 800 mm 时，桩顶嵌入承台 50 mm；当桩直径或桩截面边长不小于 800 mm 时，桩顶嵌入承台 100 mm。

则矩形独立承台 $X$ 向及 $Y$ 向钢筋长度、根数的计算公式为：

$X$ 向钢筋长度 $=x-2c+10d$（弯锚）$-90°$ 弯折弯曲调整值 $\times2$ 或 $X$ 向钢筋长度 $=x-2c$（直锚）

$Y$ 向钢筋长度 $=y-2c+10d$（弯锚）$-90°$ 弯折弯曲调整值 $\times2$ 或 $Y$ 向钢筋长度 $=y-2c$（直锚）

$X$ 向钢筋根数 =ceil［（$y-2c$）÷$X$ 向钢筋间距］+1

$Y$ 向钢筋根数 =ceil［（$x-2c$）÷$Y$ 向钢筋间距］+1

其中，$x$、$y$ 分别为独立基础 $X$ 向和 $Y$ 向长度，$c$ 为基础混凝土保护层厚度，$d$ 为钢筋直径，ceil（ ）表示向上取整。

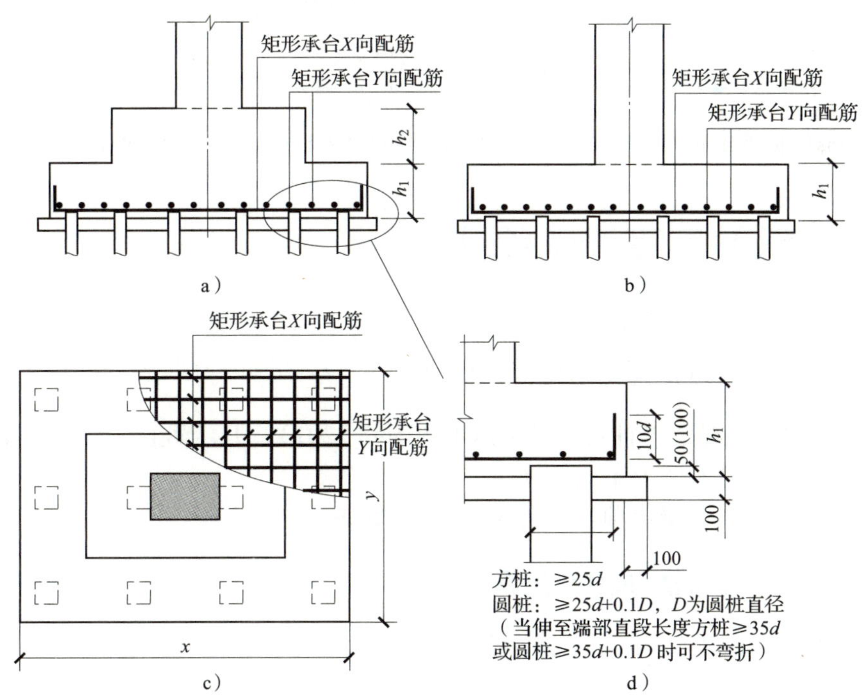


图 8-39　矩形独立承台（阶形截面）配筋构造

a）阶形截面 $CT_J$　b）单阶形截面 $CT_J$　c）配筋平面图　d）局部大样图

锥形截面矩形独立承台（$CT_z$）的配筋构造见新平法规范（22G101—3），其钢筋的计算公式与阶形截面承台相同。

［例 8–7］某工程独立基础底板配筋平面图如图 8–40 所示，已知该独立基础混凝土强度等级为 C30，独立基础下混凝土垫层强度等级为 C15，试计算图示独立基础底板的钢筋工程量。

**解：**

本工程基础混凝土保护层厚度为 40 mm，独立基础底筋 *X* 向和 *Y* 向均为 ⌀16@120，第一根钢筋与基础边缘距离 =min（*s*′/2，75）=min（120/2，75）=60（mm），则底筋的钢筋工程量计算见表 8–27。

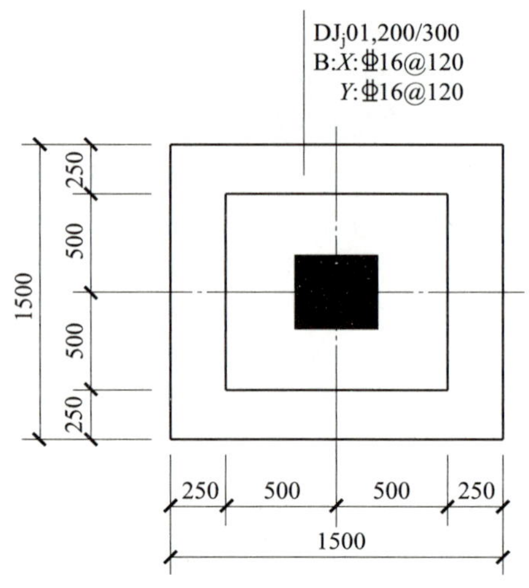

图 8–40　某工程独立基础底板配筋平面图

表 8–27　底筋的钢筋工程量计算

| 类别 | | 直径 / 间距（mm） | 计算公式 | 长度（mm） | 单边根数 |
|---|---|---|---|---|---|
| *X*、*Y* 向底筋 | 长度 | ⌀16 | 1 500–40 × 2 | 1 420 | |
| | 根数 | @120 | ceil［（1 500–60 × 2）÷ 120］+1 | | 13 |
| 小计 | | ⌀16 | 1 420 × 13 × 2 | 36 920 | |

则底筋（ϕ25 mm 内带肋钢筋）工程量 =36.92 × 1.58=58 kg=0.058 t

# 第三节　钢筋工程量清单计价

## 一、钢筋工程量清单项目的设置

《建设工程工程量清单计价规范》（GB 50500—2013）中，钢筋工程量清单包括钢筋工程，螺栓、铁件共两节十三个项目。

常用的钢筋工程量清单项目设置见表 8–28 和表 8–29。

## 二、钢筋工程量清单组价内容

以 2018 年广东省定额为依据，常用现浇构件钢筋工程量清单的组价内容见表 8–30。

表 8-28　　E.15 钢筋工程（编码：010515）

| 项目编码 | 项目名称 | 项目特征 | 计量单位 | 工程量计算规则 | 工作内容 |
|---|---|---|---|---|---|
| 010515001 | 现浇构件钢筋 | 钢筋种类、规格 | t | 按设计图示钢筋（网）长度（面积）× 单位理论质量计算 | 1. 钢筋制作、运输<br>2. 钢筋安装<br>3. 焊接（绑扎） |
| 010515003 | 钢筋网片 | | | | 1. 钢筋网制作、运输<br>2. 钢筋网安装<br>3. 焊接（绑扎） |
| 010515004 | 钢筋笼 | | | | 1. 钢筋笼制作、运输<br>2. 钢筋笼安装<br>3. 焊接（绑扎） |
| 010515009 | 支撑钢筋（铁马） | 1. 钢筋种类<br>2. 规格 | | 按钢筋长度 × 单位理论质量计算 | 钢筋制作、焊接、安装 |

表 8-29　　E.16 螺栓、铁件（编码：010516）

| 项目编码 | 项目名称 | 项目特征 | 计量单位 | 工程量计算规则 | 工作内容 |
|---|---|---|---|---|---|
| 010516001 | 螺栓 | 1. 螺栓种类<br>2. 规格 | t | 按设计图示尺寸以质量计算 | 1. 螺栓、铁件制作、运输<br>2. 螺栓、铁件安装 |
| 010516002 | 预埋铁件 | 1. 钢材种类<br>2. 规格<br>3. 铁件尺寸 | | | |
| 010516003 | 机械连接 | 1. 连接方式<br>2. 螺纹套筒种类<br>3. 规格 | 个 | 按数量计算 | 1. 钢筋套丝<br>2. 套筒连接 |

表 8-30　　常用钢筋工程量清单组价内容

| 项目编码 | 项目名称 | 计量单位 | 可组合的内容 | 对应的定额子目名称举例 |
|---|---|---|---|---|
| 010515001 | 现浇构件钢筋 | t | 1. 钢筋制作、运输<br>2. 钢筋安装<br>3. 焊接（绑扎） | 现浇构件圆钢、螺纹钢、箍筋制作安装 |
| | | | | 电渣压力焊接 |

续表

| 项目编码 | 项目名称 | 计量单位 | 可组合的内容 | 对应的定额子目名称举例 |
|---|---|---|---|---|
| 010515003 | 钢筋网片 | t | 1. 钢筋网制作、运输<br>2. 钢筋网安装<br>3. 焊接（绑扎） | 网片制作安装 |
| | | | | 电渣压力焊接 |
| 010515004 | 钢筋笼 | t | 1. 钢筋笼制作、运输<br>2. 钢筋笼安装<br>3. 焊接（绑扎） | 桩钢筋笼制作安装 |
| | | | | 电渣压力焊接 |
| 010515009 | 支撑钢筋（铁马） | t | 钢筋制作、焊接、安装 | 现浇构件圆钢、螺纹钢制作安装 |
| 010516001 | 螺栓 | t | 1. 螺栓、铁件制作、运输<br>2. 螺栓、铁件安装 | 预埋螺栓 |
| 010516002 | 预埋铁件 | | | 预埋铁件 |
| 010516003 | 机械连接 | 个 | 1. 钢筋套丝<br>2. 套筒连接 | 套筒直螺纹钢筋接头、套筒锥型螺栓钢筋接头 |

## 三、钢筋工程量清单综合单价的计算

钢筋工程量清单综合单价的计算是以 2018 年广东省定额为依据，并根据工程实际情况确定具体的工程量清单项目组价内容，利用综合单价分析表，将组成钢筋工程量清单项目的费用汇总计算，最后得出钢筋工程量清单项目的综合单价。费用的计算以定额消耗量为依据，人工、材料、机械单价按指定计价时期的价格调整，并按项目实际情况计算利润。

［例 8-8］以例 8-1～例 8-7 中钢筋工程量计算结果为依据，计算钢筋工程量清单综合单价，并汇总分部工程量清单计价表。已知该工程人工费按定额人工费 × 108.76/100 计算，管理费按（人工费 + 机具费）× 28.75% 计算，利润按（人工费 + 机具费）× 20% 计算。

另外，主材料现行税前价格如下：ϕ10 mm 内圆钢 HPB300 为 4 880.83 元 /t，ϕ10 mm 内螺纹钢 HRB400 为 4 838.13 元 /t，ϕ12～25 mm 螺纹钢 HRB400 为 4 680.63 元 /t，钢筋直螺纹连接套筒 ϕ32 mm 以内为 3.31 元 / 个，其余费用按 2018 年广东省定额的规定计算。

**解：**

计算过程如下：

（1）例 8-1～例 8-7 中的钢筋工程量计算结果汇总见表 8-31。

（2）以上构件钢筋均为现浇构件钢筋，现浇构件钢筋应按不同钢筋类别及不同直径列项，即按表 8-31 汇总结果列项，钢筋工程量清单及定额列项见表 8-32。

（3）以现浇构件钢筋（ϕ10 mm 内箍筋）的综合单价计算为例，其清单综合单价的计算过程见表 8-33。

表 8–31　　钢筋工程量计算结果汇总

| 实例 | Φ10 mm 内箍筋（t） | Φ10 mm 内圆钢（t） | Φ10 mm 内带肋钢筋（t） | Φ25 mm 内带肋钢筋（t） | 支撑钢筋（Φ10 mm 内圆钢）（t） | 直螺纹套筒连接接头个数（个） | 备注 |
|---|---|---|---|---|---|---|---|
| 例 8–1 | 0.037 | 0.002 | | 0.173 | | 24 | KZ1 |
| 例 8–2 | 0.06 | | | 0.218 | | | WKL3、WL1 |
| 例 8–3 | | | 0.392 | 0.533 | | | 板底筋、面筋 |
| 例 8–4 | | 0.013 | 0.06 | 0.061 | | | 板支座负筋与分布筋 |
| 例 8–5 | | | 0.028 | | | | 板温度筋 |
| 例 8–6 | | | | | 0.011 | | 马凳筋 |
| 例 8–7 | | | | 0.058 | | | 独立基础 |
| 小计 | 0.097 | 0.015 | 0.480 | 1.043 | 0.011 | 24 | |

表 8–32　　钢筋工程量清单及定额列项

| 序号 | 清单项目 | | | 定额项目 | | |
|---|---|---|---|---|---|---|
| | 项目名称 | 计量单位 | 工程量 | 项目名称 | 计量单位 | 工程量 |
| 1 | 现浇构件钢筋（ϕ10 mm 内箍筋） | t | 0.097 | 现浇构件钢筋 ϕ10 mm 内箍筋制作安装 | t | 0.097 |
| 2 | 现浇构件钢筋（ϕ10 mm 内圆钢） | t | 0.015 | 现浇构件钢筋 ϕ10 mm 内圆钢制作安装 | t | 0.015 |
| 3 | 现浇构件钢筋（ϕ10 mm 内带肋钢筋） | t | 0.480 | 现浇构件钢筋 ϕ10 mm 内带肋钢筋制作安装 | t | 0.480 |
| 4 | 现浇构件钢筋（ϕ25 mm 内带肋钢筋） | t | 1.043 | 现浇构件钢筋 ϕ25 mm 内带肋钢筋制作安装 | t | 1.043 |
| 5 | 支撑钢筋（ϕ10 mm 内圆钢） | t | 0.011 | 现浇构件钢筋 ϕ10 mm 内圆钢制作安装 | t | 0011 |
| 6 | 机械连接 | 个 | 24 | 套筒直螺纹钢筋接头（ϕ18 mm 内） | 个 | 24 |

表 8–33　　工程量清单综合单价分析表

| 工程名称：×× 工程 | | | | | | | | | | 第　页，共　页 | | | |
|---|---|---|---|---|---|---|---|---|---|---|---|---|---|
| 项目编码 | | 010515001001 | | 项目名称 | | 现浇构件钢筋（ϕ10 mm 内箍筋） | | 计量单位 | t | 清单工程量 | | 0.097 | |
| 清单综合单价组成明细 | | | | | | | | | | | | | |
| 定额编号 | 定额子目名称 | 定额单位 | 工程数量 | 单价（元） | | | | | 合价（元） | | | | |
| | | | | 人工费 | 材料费 | 机具费 | 管理费 | 利润 | 人工费 | 材料费 | 机具费 | 管理费 | 利润 |
| A1-5-111 | 现浇构件钢筋（ϕ10 mm 内箍筋） | t | 1.000 | 1 355.26 | 5 037.09 | 59.43 | 406.72 | 282.94 | 1 355.26 | 5 037.09 | 59.43 | 406.72 | 282.94 |
| | | | | | | | | | | | | | |
| | | 小计 | | | | | | | 1 355.26 | 5 037.09 | 59.43 | 406.72 | 282.94 |
| | | 未计价材料费 | | | | | | | 0.00 | | | | |
| 清单项目综合单价 | | | | | | | | | 7 141.44 | | | | |

（4）其他现浇构件钢筋工程量清单综合单价的计算过程略，计算的最后报价见表 8–34。

表 8–34　　分部分项工程量清单与计价

| 序号 | 项目编码 | 项目名称 | 项目特征描述 | 计量单位 | 工程数量 | 金额（元） | | |
|---|---|---|---|---|---|---|---|---|
| | | | | | | 综合单价 | 合价 | 暂估价 |
| 1 | 010515001001 | 现浇构件钢筋 | 钢筋种类、规格：ϕ10 mm 内箍筋 | t | 0.097 | 7 141.44 | 692.72 | |
| 2 | 010515001002 | 现浇构件钢筋 | 钢筋种类、规格：ϕ10 mm 内圆钢 | t | 0.015 | 6 230.66 | 93.46 | |
| 3 | 010515001003 | 现浇构件钢筋 | 钢筋种类、规格：ϕ10 mm 内带肋钢筋 | t | 0.480 | 6 082.17 | 2 919.44 | |
| 4 | 010515001004 | 现浇构件钢筋 | 钢筋种类、规格：ϕ25 mm 内带肋钢筋 | t | 1.043 | 5 733.70 | 5 980.25 | |
| 5 | 010515009001 | 支撑钢筋 | 1. 钢筋种类：圆钢<br>2. 规格：ϕ8 mm | t | 0.011 | 6 230.66 | 68.54 | |
| 6 | 010516003001 | 机械连接 | 1. 连接方式：套筒连接<br>2. 螺纹套筒种类：直螺纹套筒<br>3. 规格：ϕ18 mm 内 | 个 | 24 | 13.18 | 316.32 | |
| | | | 小计 | | | | 10 070.73 | |

## 技能训练 6　某工程现浇构件钢筋工程计量与计价

1. 某工程柱平面如图 8–14a 所示，工程层高及 KZ2 节点同图 8–14b 中 KZ1，KZ2 平法配筋如图 8–41 所示，已知该工程抗震等级为三级，KZ2 混凝土强度等级为 C30，纵筋连接形式为直螺纹套筒连接，试计算 2 × D 轴边柱 KZ2 的钢筋工程量及工程量清单综合单价，并编制其分部分项工程量清单与计价表。

该工程人工费、材料费、管理费、利润及其他费用均按当地定额及市场价格文件的规定计算。

2. 某工程二层楼面梁配筋平面图如图 8–42 所示，已知该工程抗震等级为三级，KZ1、KZ2 尺寸为 300 mm × 300 mm，梁混凝



图 8–41　KZ2 平法配筋图

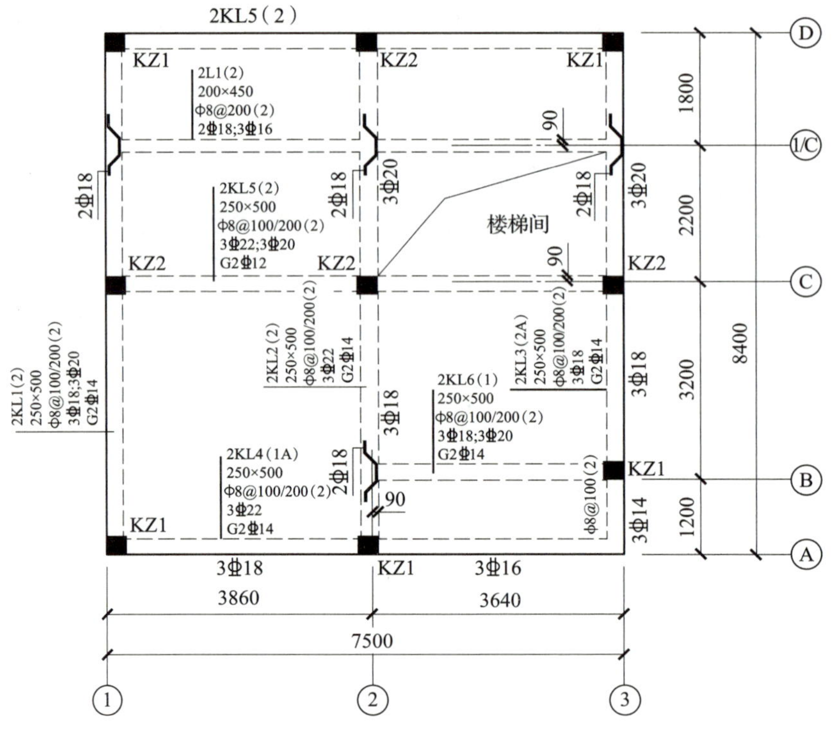


图 8-42　某工程二层楼面梁配筋平面图

土强度等级为 C30，梁纵筋连接方式为绑扎搭接，带肋钢筋定尺长为 9 m；所有主梁集中重处除加图示附加吊筋外，均另加附加箍筋 6 根，试计算 1/C × 1 ~ 3 轴 2L1 及 2 × A ~ D 轴 2KL2 的钢筋工程量及工程量清单综合单价，并编制其分部分项工程量清单与计价表。

该工程人工费、材料费、管理费、利润及其他费用均按当地定额及市场价格文件的规定计算。

3. 某工程楼面板 LB2 配筋平面图如图 8-43 所示，已知该工程抗震等级为三级，有梁板混凝土强度等级为 C30，板厚为 120 mm，板支座负筋的分布筋为 ϕ6@250，设计支撑 LB2 的面筋的马凳筋为Ⅰ型马凳筋，直径间距为 ϕ8@1 000 × 1 000，试计算图示板的钢筋工程量及工程量清单综合单价，并编制其分部分项工程量清单与计价表。

该工程人工费、材料费、管理费、利润及其他费用均按当地定额及市场价格文件的规定计算。

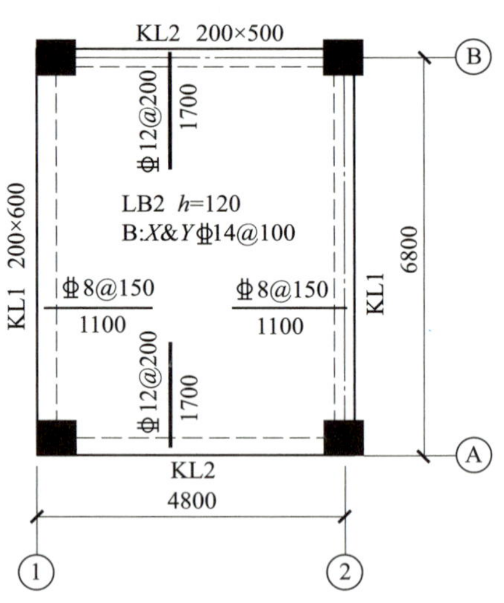


图 8-43　某工程楼面板 LB2 配筋平面图

# 第九章 屋面防水及保温隔热工程

学习目标

掌握屋面防水及保温隔热工程量清单及综合单价的编制方法，能熟练计算屋面防水及保温隔热工程的清单工程量，编制工程量清单，并能根据屋面防水及保温隔热清单的工作内容合理组合相应的定额子目，计算定额工程量及工程量清单综合单价。

## 第一节 屋面防水及保温隔热工程量清单编制及清单工程量计算

### 一、屋面防水及保温隔热工程量清单项目的设置

2013年清单计量规范中，屋面防水及保温隔热工程量清单分为屋面及防水工程和保温、隔热、防腐工程两章，共七节三十七个项目。

略去防腐工程项目不讲，其他常用的建筑物屋面防水工程、保温隔热工程量清单项目见表9–1～表9–5。

表9–1　J.1 瓦、型材及其他屋面（编码：010901）

| 项目编码 | 项目名称 | 项目特征 | 计量单位 | 工程量计算规则 | 工作内容 |
|---|---|---|---|---|---|
| 010901001 | 瓦屋面 | 1. 瓦品种、规格<br>2. 黏结层砂浆的配合比 | $m^2$ | 按设计图示尺寸以斜面积计算 | 1. 砂浆制作、运输、摊铺、养护<br>2. 安瓦、作瓦脊 |

续表

| 项目编码 | 项目名称 | 项目特征 | 计量单位 | 工程量计算规则 | 工作内容 |
|---|---|---|---|---|---|
| 010901002 | 型材屋面 | 1. 型材品种、规格<br>2. 金属檩条材料品种、规格<br>3. 接缝、嵌缝材料种类 | $m^2$ | 按设计图示尺寸以斜面积计算 | 1. 檩条制作、运输、安装<br>2. 屋面型材安装<br>3. 接缝、嵌缝 |

**表 9–2　J.2 屋面防水及其他（编码：010902）**

| 项目编码 | 项目名称 | 项目特征 | 计量单位 | 工程量计算规则 | 工作内容 |
|---|---|---|---|---|---|
| 010902001 | 屋面卷材防水 | 1. 卷材品种、规格、厚度<br>2. 防水层数<br>3. 防水层做法 | $m^2$ | 按设计图示尺寸以面积计算 | 1. 基层处理<br>2. 刷底油<br>3. 铺油毡卷材、接缝 |
| 010902002 | 屋面涂膜防水 | 1. 防水膜品种<br>2. 涂膜厚度、遍数<br>3. 增强材料种类 | | | 1. 基层处理<br>2. 刷基层处理剂<br>3. 铺布、喷涂防水层 |
| 010902003 | 屋面刚性层 | 1. 刚性层厚度<br>2. 混凝土种类<br>3. 混凝土强度等级<br>4. 嵌缝材料种类<br>5. 钢筋规格、型号 | | | 1. 基层处理<br>2. 混凝土制作、运输、铺筑、养护<br>3. 钢筋制作安装 |
| 010902008 | 屋面变形缝 | 1. 嵌缝材料种类<br>2. 止水带材料种类<br>3. 盖缝材料<br>4. 防护材料种类 | m | 按设计图示以长度计算 | 1. 清缝<br>2. 填塞防水材料<br>3. 止水带安装<br>4. 盖缝制作安装<br>5. 刷防护材料 |

表 9-3　　J.3 墙面防水、防潮（编码：010903）

| 项目编码 | 项目名称 | 项目特征 | 计量单位 | 工程量计算规则 | 工作内容 |
|---|---|---|---|---|---|
| 010903001 | 墙面卷材防水 | 1. 卷材品种、规格、厚度<br>2. 防水层数<br>3. 防水层做法 | $m^2$ | 按设计图示尺寸以面积计算 | 1. 基层处理<br>2. 刷黏结剂<br>3. 铺防水卷材<br>4. 接缝、嵌缝 |
| 010903002 | 墙面涂膜防水 | 1. 防水膜品种<br>2. 涂膜厚度、遍数<br>3. 增强材料种类 | | | 1. 基层处理<br>2. 刷基层处理剂<br>3. 铺布、喷涂防水层 |
| 010903003 | 墙面砂浆防水（防潮） | 1. 防水层做法<br>2. 砂浆厚度、配合比<br>3. 钢丝网规格 | | | 1. 基层处理<br>2. 挂钢丝网片<br>3. 设置分格缝<br>4. 砂浆制作、运输、摊铺、养护 |
| 010903004 | 墙面变形缝 | 1. 嵌缝材料种类<br>2. 止水带材料种类<br>3. 盖缝材料<br>4. 防护材料种类 | m | 按设计图示以长度计算 | 1. 清缝<br>2. 填塞防水材料<br>3. 止水带安装<br>4. 盖缝制作、安装<br>5. 刷防护材料 |

表 9-4　　J.4 楼（地）面防水、防潮（编码：010904）

| 项目编码 | 项目名称 | 项目特征 | 计量单位 | 工程量计算规则 | 工作内容 |
|---|---|---|---|---|---|
| 010904001 | 楼（地）面卷材防水 | 1. 卷材品种、规格、厚度<br>2. 防水层数<br>3. 防水层做法<br>4. 反边高度 | $m^2$ | 按设计图示尺寸以面积计算 | 1. 基层处理<br>2. 刷黏结剂<br>3. 铺防水卷材<br>4. 接缝、嵌缝 |
| 010904002 | 楼（地）面涂膜防水 | 1. 防水膜品种<br>2. 涂膜厚度、遍数<br>3. 增强材料种类<br>4. 反边高度 | | | 1. 基层处理<br>2. 刷基层处理剂<br>3. 铺布、喷涂防水层 |

续表

| 项目编码 | 项目名称 | 项目特征 | 计量单位 | 工程量计算规则 | 工作内容 |
| --- | --- | --- | --- | --- | --- |
| 010904003 | 楼（地）面砂浆防水（防潮） | 1. 防水层做法<br>2. 砂浆厚度、配合比<br>3. 反边高度 | $m^2$ | 按设计图示尺寸以面积计算 | 1. 基层处理<br>2. 砂浆制作、运输、摊铺、养护 |
| 010904004 | 楼（地）面变形缝 | 1. 嵌缝材料种类<br>2. 止水带材料种类<br>3. 盖缝材料<br>4. 防护材料种类 | m | 按设计图示以长度计算 | 1. 清缝<br>2. 填塞防水材料<br>3. 止水带安装<br>4. 盖缝制作、安装<br>5. 刷防护材料 |

表 9–5　　K.1 保温、隔热（编码：011001）

| 项目编码 | 项目名称 | 项目特征 | 计量单位 | 工程量计算规则 | 工作内容 |
| --- | --- | --- | --- | --- | --- |
| 011001001 | 保温隔热屋面 | 1. 保温隔热材料品种、规格、厚度<br>2. 隔气层材料品种、厚度<br>3. 黏结材料种类、做法<br>4. 防护材料种类、做法 | $m^2$ | 按设计图示尺寸以面积计算 | 1. 基层清理<br>2. 刷黏结材料<br>3. 铺粘保温层<br>4. 铺、刷（喷）防护材料 |
| 011001002 | 保温隔热天棚 | 1. 保温隔热面层材料品种、规格、性能<br>2. 保温隔热材料品种、规格、厚度<br>3. 黏结材料种类、做法<br>4. 防护材料种类、做法 | | | |

续表

<table>
<tr><th>项目编码</th><th>项目名称</th><th>项目特征</th><th>计量单位</th><th>工程量计算规则</th><th>工作内容</th></tr>
<tr><td>011001003</td><td>保温隔热墙面</td><td rowspan="2">1. 保温隔热部位<br>2. 保温隔热方式<br>3. 踢脚线、勒脚线保温做法<br>4. 龙骨材料品种、规格<br>5. 保温隔热面层材料品种、规格、性能<br>6. 保温隔热材料品种、规格、厚度<br>7. 增强网及抗裂防水砂浆种类<br>8. 黏结材料种类、做法<br>9. 防护材料种类、做法</td><td rowspan="3">$m^2$</td><td rowspan="3">按设计图示尺寸以面积计算</td><td rowspan="2">1. 基层清理<br>2. 刷界面剂<br>3. 安装龙骨<br>4. 填贴保温材料<br>5. 保温板安装<br>6. 粘贴面层<br>7. 铺设增强格网、抹抗裂、防水砂浆面层<br>8. 嵌缝<br>9. 铺、刷（喷）防护材料</td></tr>
<tr><td>011001004</td><td>保温柱、梁</td></tr>
<tr><td>011001005</td><td>保温隔热楼地面</td><td>1. 保温隔热部位<br>2. 保温隔热材料品种、规格、厚度<br>3. 隔气层材料品种、厚度<br>4. 黏结材料种类、做法<br>5. 防护材料种类、做法</td><td>1. 基层清理<br>2. 刷黏结材料<br>3. 铺粘保温层<br>4. 铺、刷（喷）防护材料</td></tr>
</table>

## 二、屋面防水及保温隔热清单工程量计算

### 1. 瓦屋面、型材屋面

瓦屋面项目适用于小青瓦、平瓦、琉璃瓦、石棉水泥瓦、西班牙瓦等屋面。型材屋面项目适用于压型钢板、金属压型夹心板等屋面。工程量按设计图示尺寸以斜面积计算。不扣除房上烟囱、风帽底座、风道、小气窗、斜沟等所占面积。小气窗的出檐

部分不增加面积。

屋面斜面积 = 屋面水平投影面积 × 屋面坡度系数

其中，屋面坡度系数的计算方法如下：

（1）方法一

已知屋面板高差（屋面板最高点标高 – 最低点标高）时，如图 9–1a 所示，斜板 2 的水平投影为 $\Delta ABC$，其对应的斜板为 $\Delta A'BC$，设 $\Delta ABC$ 的高为 $h_1$，其对应的 $\Delta A'BC$ 的高为 $h_1'$，斜板 2 的高差（即 $A'$ 点到水平投影面的投影高度）为 $H$，则 $h_1$、$h_1'$ 和 $H$ 为直角三角形的三条边（见图 9–1b），则有：

$$\text{屋面坡度系数}\ r=\text{屋面斜面积}/\text{屋面水平投影面积}=\frac{1/2\times BC\times h_1'}{1/2\times BC\times h_1}=\frac{h_1'}{h_1}=\frac{\sqrt{h_1^2+H^2}}{h_1}\quad\text{（公式一）}$$

其他形状（如梯形）的屋面坡度系数也适用于以上公式。

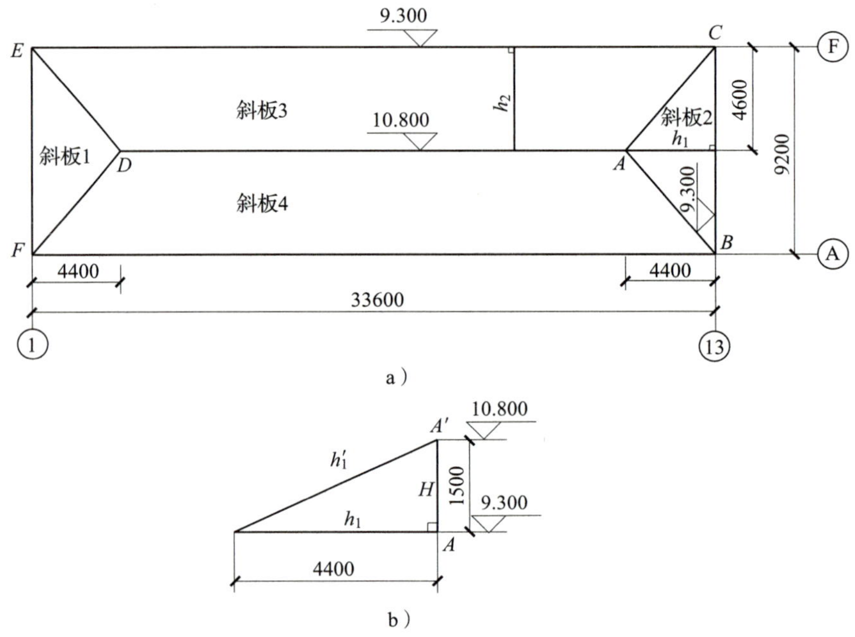


图 9–1　瓦屋面坡度系数计算方法一

a）瓦屋面平面图　b）瓦屋面斜面高 $h'_1$ 与水平投影高 $h_1$ 的关系示意图

**[ 例 9–1 ]** 某建筑物屋顶为四坡瓦屋面，为 20 mm 厚 1∶2 水泥砂浆找平，M5 水泥砂浆黏结西班牙瓦。其平面图如图 9–1a 所示，试计算该瓦屋面的清单工程量。

**解：**

清单列项：瓦屋面

本工程斜板 1、2 相同，其水平投影面上的高 $h_1$ 为 4.4 m；斜板 3、4 相同，其水平投影面上的高 $h_2$ 为 4.6 m；屋面板高差 $H$=10.8–9.3（m）=1.5（m），则：

$$\text{斜板 1、2 的屋面坡度系数}\ r_1=\frac{\sqrt{4.4^2+1.5^2}}{4.4}=1.057$$

斜板 3、4 的屋面坡度系数 $r_2=\dfrac{\sqrt{4.6^2+1.5^2}}{4.6}=1.052$

斜板 1、2 斜面积 =1/2 × 9.2 × 4.4 × 1.057（$m^2$）= 21.39（$m^2$）

斜板 3、4 斜面积 =1/2 ×（24.8+33.6）× 4.6 × 1.052（$m^2$）=141.30（$m^2$）

小计：瓦屋面工程量 =21.39 × 2+141.30 × 2（$m^2$）=325.38（$m^2$）

（2）方法二

已知屋面板坡度时，如图 9–2a 所示，斜板 2 的坡度 $i$=1∶2.5，设斜板 2 的水平投影为 Δ$ABC$，Δ$ABC$ 的高为 $h_1$，斜板 2 的高差为 $H$，则坡度 $i=H/h_1$=1∶2.5（见图 9–2b），则有：

$$\text{屋面坡度系数 } r=\text{屋面斜面积 / 屋面水平投影面积}=\frac{\sqrt{h_1^2+H^2}}{h_1}=\sqrt{\frac{h_1^2+H^2}{h_1^2}}=\sqrt{1+i^2}$$

（公式二）

其他形状（如梯形）的屋面坡度系数也适用于以上公式。

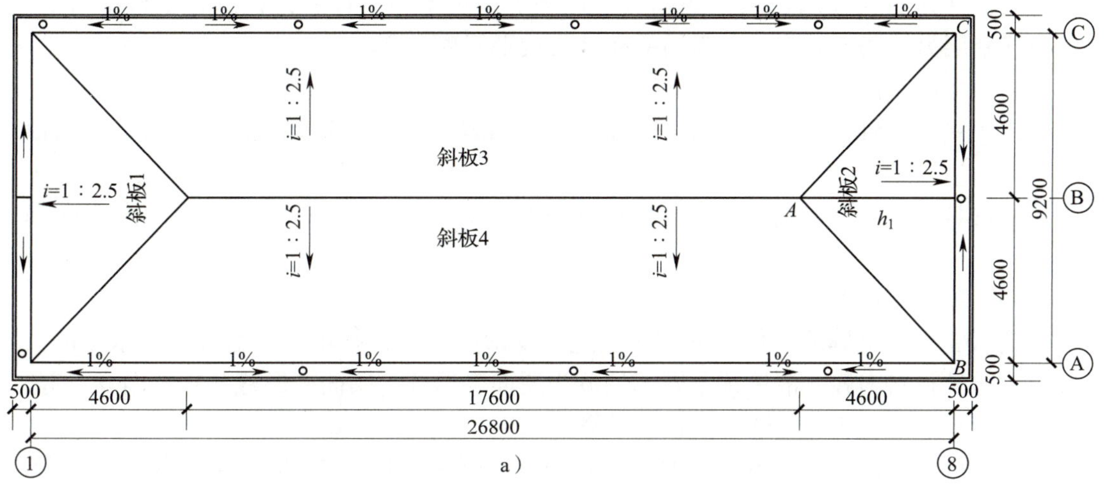

a）

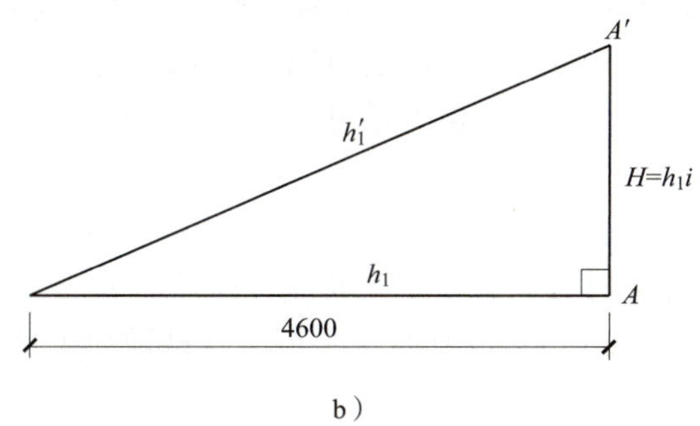

b）

图 9–2　瓦屋面坡度系数计算方法二

a）瓦屋面平面图　b）瓦屋面坡度 $i=H/h_1$ 示意图

**［例 9–2］**某建筑物屋顶为四坡彩钢波纹瓦屋面（安装于 S 形轻型钢檩条上），其水平投影平面如图 9–2a 所示，试计算该型材屋面的清单工程量。

**解：**

清单列项：型材屋面

本工程斜板1、2相同，其水平投影面上的高 $h_1$ 为4.6 m；斜板3、4相同，其水平投影面上的高 $h_2$ 为4.6 m；斜板1、2、3、4坡度 $i=1:2.5=0.4$，则：

斜板1、2、3、4的屋面坡度系数 $r=\sqrt{1+0.4^2}=1.077$

则型材屋面工程量＝斜板1、2、3、4的斜面积 $=26.8\times9.2\times1.077$（$m^2$）＝265.55（$m^2$）

## 2. 屋面防水及其他

### （1）屋面卷材防水、屋面涂膜防水

屋面卷材防水、屋面涂膜防水统称屋面柔性防水，其工程量均按设计图示尺寸以面积计算。斜屋顶（不包括平屋顶找坡）按斜面积计算，平屋顶按水平投影面积计算。不扣除房上烟囱、风帽底座、风道、屋面小气窗和斜沟所占面积。

屋面的女儿墙、伸缩缝和天窗等处的弯起部分并入屋面工程量内。弯起部分按设计图示尺寸计算。

屋面防水搭接及附加层（如基层处理剂）用量不另行计算，在综合单价中考虑。屋面找平层另按楼地面装饰工程的平面砂浆找平层项目列项。

### （2）屋面刚性层

工程量按设计图示尺寸以面积计算，不扣除房上烟囱、风帽底座、风道等所占面积。

屋面刚性层项目包括分格缝和钢筋网内容，如无钢筋网，则项目特征不必描述。

### （3）屋面变形缝

变形缝包括沉降缝、伸缩缝和防震缝；变形缝项目包括填缝、盖缝、止水带的安装及刷防护材料内容，清单按不同部位分为屋面变形缝、墙面变形缝及楼地面变形缝，工程量计算方法均按设计图示以长度计算。

**［例9–3］**某建筑物屋面平面图如图9–3a所示，屋面防水及保温隔热大样图如图9–3b所示，已知女儿墙厚120 mm，卷材冷贴，柔性材料上翻300 mm高。屋面C25细石混凝土防水层分格缝宽15 mm，填建筑油膏；细石混凝土防水层与女儿墙及外墙交接处留20 mm宽凹缝，缝内填建筑油膏。试计算该屋面防水的清单工程量。

**解：**

本工程屋面防水有卷材防水、涂膜防水及刚性防水，其中，卷材防水、涂膜防水沿女儿墙及梯屋墙上翻300 mm，水泥砂浆找平层另在楼地面工程中列项。则防水工程量清单列项及计算过程为：

（1）屋面涂膜防水（2 mm厚聚氨酯防水涂膜）

平面面积＝（12−0.24）×（9.3−0.24）−（2.25−0.12）×4.56（$m^2$）=96.83（$m^2$）

上翻面积＝（12−0.24+9.3−0.24+2.25−0.12）×2×0.3（$m^2$）=13.77（$m^2$）

合计面积 $S_1$=96.83+13.77（$m^2$）=110.60（$m^2$）

（2）屋面卷材防水（3 mm厚SBS改性沥青防水卷材）

$$S_2=S_1=110.60\ (\text{m}^2)$$

（3）屋面刚性层（40 mm 厚 C25 细石混凝土）

屋面刚性层不上翻，则其工程量为平面面积，即：

$$S_3=96.83\ (\text{m}^2)$$

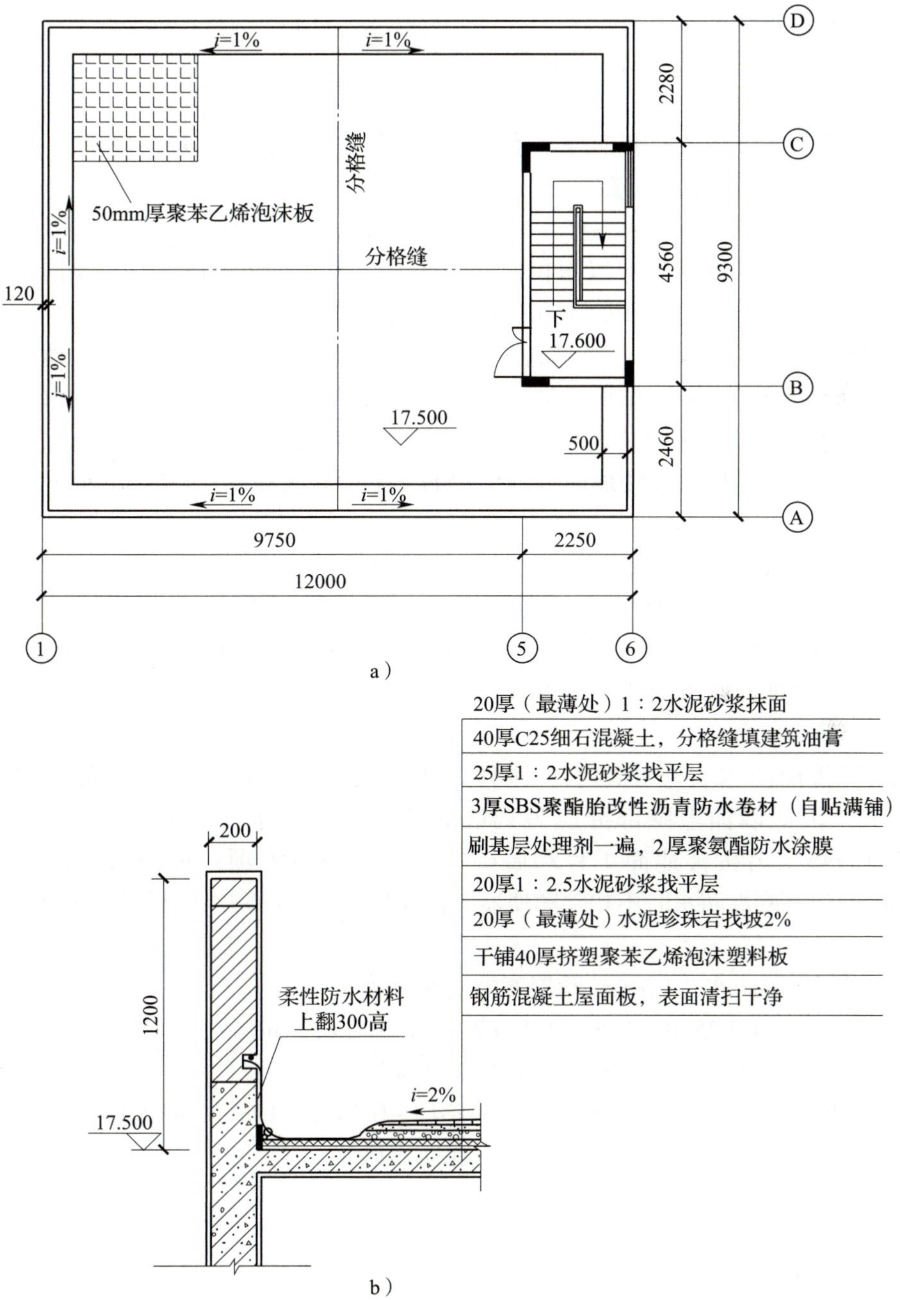

a）



b）

图 9-3　某建筑物屋面平面及大样图

a）屋面平面图　b）屋面防水及保温隔热大样图

### 3. 墙面防水、防潮

（1）墙面卷材防水、墙面涂膜防水

工程量均按设计图示尺寸以面积计算。墙面防水搭接及附加层（如基层处理剂）用量不另行计算，在综合单价中考虑。墙面找平层另按墙柱面装饰工程的“立面砂浆找平层”项目列项。

（2）墙面砂浆防水（防潮）

工程量按设计图示尺寸以面积计算。

（3）墙面变形缝

工程量计算方法见屋面变形缝。墙面变形缝若做双面，工程量乘以系数 2。

### 4. 楼（地）面防水、防潮

（1）楼（地）面卷材防水、楼（地）面涂膜防水、楼（地）面砂浆防水（防潮）

工程量均按设计图示尺寸以面积计算，按主墙间净空面积计算，扣除凸出地面的构筑物、设备基础等所占面积，不扣除间壁墙及单个面积不大于 0.3 $m^2$ 的柱、垛、烟囱和孔洞所占面积。此处的“间壁墙”指墙厚不大于 120 mm 的墙。楼（地）面防水反边高度不大于 300 mm 算作地面防水，反边高度大于 300 mm 按墙面防水计算。楼（地）面防水搭接及附加层（如基层处理剂）用量不另行计算，在综合单价中考虑。

楼（地）面找平层另按楼地面装饰工程的“平面砂浆找平层”项目列项。

（2）楼（地）面变形缝

工程量计算方法见屋面变形缝。

**［例 9–4］**某卫生间平面图及 1—1 剖面大样图如图 9–4 所示，已知外墙厚 200 mm，内墙厚 100 mm，蹲便器所占面积小于 0.3 $m^2$，聚氨酯防水涂膜层上翻至墙面 400 mm 高。试计算该楼地面防水的清单工程量。

**解：**

本工程楼面防水有涂膜防水及刚性防水，其中，涂膜防水沿墙面上翻高度大于 300 mm，因此墙面上翻部分应另列墙面防水项目。水泥砂浆找平层（保护层）及水泥炉渣垫层另按楼地面工程和砖砌体中相关项目列项。蹲便器所占面积小于 0.3 $m^2$，因此计算刚性防水时不扣除蹲便器所占面积。则楼面防水工程量清单列项及计算过程为：

（1）楼面涂膜防水（1.5 mm 厚聚氨酯防水涂膜）

平面面积 $S_1$=（2.75–0.2）×（1.7–0.2）（$m^2$）=3.83（$m^2$）

（2）墙面涂膜防水（1.5 mm 厚聚氨酯防水涂膜）

上翻面积 $S_2$=（2.45+1.4）×2×（0.5+0.4）–0.7×0.4（$m^2$）=6.65（$m^2$）

（3）楼面砂浆防水（20 mm 厚 1∶2 水泥防水砂浆）

平面面积 $S_3$=$S_1$=3.83 $m^2$

### 5. 保温、隔热

（1）保温隔热屋面

工程量按设计图示尺寸以面积计算，扣除面积大于 0.3 $m^2$ 的孔洞及占位面积。屋面找平层另按楼地面装饰工程的“平面砂浆找平层”项目列项。

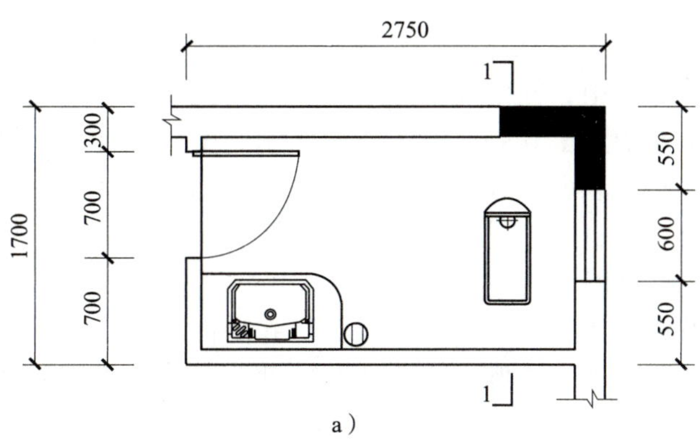


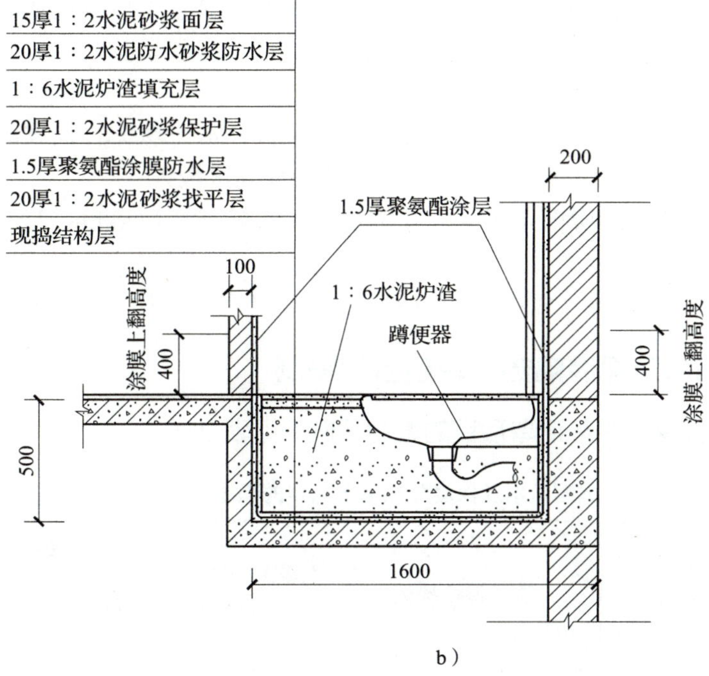


图 9–4　某卫生间平面图及 1—1 剖面大样图

a）卫生间平面图　b）卫生间 1—1 剖面大样图

（2）保温隔热天棚

工程量按设计图示尺寸以面积计算，扣除面积大于 0.3 $m^2$ 的柱、垛、孔洞所占面积，与天棚相连的梁按展开面积计算并入天棚工程量内。柱帽保温隔热应并入天棚保温隔热工程内。

（3）保温隔热墙面

工程量按设计图示尺寸以面积计算。扣除门窗洞口以及面积大于 0.3 $m^2$ 的梁、孔洞所占面积；门窗洞口侧壁以及与墙相连的柱并入保温墙体工程量内。墙面找平层另按墙柱面装饰工程的“立面砂浆找平层”项目列项。

（4）保温柱、梁

保温柱、梁适用于不与墙、天棚相连的独立柱、梁的保温，工程量按设计图示尺寸以面积计算。其中，柱按设计图示柱断面保温层中心线展开长度乘保温层高度以面积计算，扣除面积大于 0.3 $m^2$ 的梁所占面积；梁按设计图示梁断面保温层中心线展开长度乘保温层长度以面积计算。柱梁面找平层另按墙柱面装饰工程的“立面砂浆找平层”项目列项。

（5）保温隔热楼地面

工程量按设计图示尺寸以面积计算。扣除面积大于 0.3 $m^2$ 的柱、垛、孔洞所占面积，门洞、空圈、暖气包槽、壁龛的开口部分不增加面积。楼地面找平层另按楼地面装饰工程的“平面砂浆找平层”项目列项。

［例 9–5］某建筑物屋面平面图如图 9–3a 所示，其屋面防水及保温隔热大样图如图 9–3b 所示，已知女儿墙厚 120 mm，屋面挤塑聚苯乙烯泡沫塑料板和水泥珍珠岩找坡层离女儿墙边 500 mm。试计算该屋面保温隔热的清单工程量。

**解：**

本工程屋面保温隔热为挤塑聚苯乙烯泡沫塑料板，水泥珍珠岩找坡层也应列入保温隔热屋面清单项目。保温隔热工程量清单列项及计算过程为：

清单列项：保温隔热屋面（40 mm 厚挤塑聚苯乙烯泡沫塑料板，20 mm 厚水泥珍珠岩找坡层）

$S_1$=（12–0.24–0.5×2）×（9.3–0.24–0.5×2）–（2.25–0.12–0.5）×4.56（$m^2$）=79.29（$m^2$）

## 三、屋面防水及保温隔热清单项目的编制

### 1. 屋面防水及保温隔热清单项目的编制示例（见表 9–6）

表 9–6　　屋面防水及保温隔热清单项目的编制示例

| 序号 | 项目编码 | 项目名称 | 项目特征描述 | 计量单位 | 工程数量 | 金额（元） | | |
|---|---|---|---|---|---|---|---|---|
| | | | | | | 综合单价 | 合价 | 暂估价 |
| 1 | 010901001001 | 瓦屋面 | 1. 瓦品种、规格：西班牙瓦<br>2. 黏结层砂浆的配合比：M5 水泥砂浆 | $m^2$ | 325.38 | | | |
| 2 | 010901002001 | 型材屋面 | 1. 型材品种、规格：彩钢波纹瓦<br>2. 金属檩条材料品种、规格：S 形轻型钢檩条<br>3. 接缝、嵌缝材料种类：填缝油膏 | $m^2$ | 265.55 | | | |

续表

| 序号 | 项目编码 | 项目名称 | 项目特征描述 | 计量单位 | 工程数量 | 金额（元） | | |
|---|---|---|---|---|---|---|---|---|
| | | | | | | 综合单价 | 合价 | 暂估价 |
| 3 | 010902001001 | 屋面卷材防水 | 1. 卷材品种、规格、厚度：3 mm 厚 SBS 改性沥青防水卷材<br>2. 防水层数：1 层<br>3. 防水层做法：自贴满铺卷材 | $m^2$ | 110.60 | | | |
| 4 | 010902002001 | 屋面涂膜防水 | 1. 防水膜品种：聚氨酯防水涂膜<br>2. 涂膜厚度、遍数：2 mm 厚、一遍 | $m^2$ | 110.60 | | | |
| 5 | 010902003001 | 屋面刚性层 | 1. 刚性层厚度：40 mm 厚<br>2. 混凝土种类：普通预拌混凝土<br>3. 混凝土强度等级：C25 细石混凝土<br>4. 嵌缝材料种类：建筑油膏 | $m^2$ | 96.83 | | | |
| 6 | 010903002001 | 墙面涂膜防水 | 1. 防水膜品种：聚氨酯防水涂膜<br>2. 涂膜厚度、遍数：1.5 mm 厚、一遍 | $m^2$ | 6.65 | | | |
| 7 | 010904002001 | 楼面涂膜防水 | 1. 防水膜品种：聚氨酯防水涂膜<br>2. 涂膜厚度、遍数：1.5 mm 厚、一遍<br>3. 反边高度：900 mm | $m^2$ | 3.83 | | | |
| 8 | 010904003001 | 楼面砂浆防水 | 砂浆厚度、配合比：20 mm 厚 1 : 2 水泥防水砂浆 | $m^2$ | 3.83 | | | |
| 9 | 011001001001 | 保温隔热屋面 | 1. 保温隔热材料品种、规格、厚度：40 mm 厚挤塑聚苯乙烯泡沫塑料板，20 mm 厚水泥珍珠岩找坡层<br>2. 黏结材料种类、做法：干铺、无黏结材料 | $m^2$ | 79.29 | | | |

### 2. 编制屋面防水及保温隔热项目清单应注意的问题

（1）瓦屋面若是在木基层上铺瓦，项目特征不必描述黏结层砂浆的配合比；瓦屋面铺防水层按屋面防水及其他相关项目另列清单项。

（2）型材屋面的柱、梁、屋架按金属结构工程或木结构工程的相关项目编码列项。

（3）屋面涂膜防水项目中的“增强材料种类”是指在涂膜防水层中增强用的聚酯无纺布、化纤无纺布、玻纤网格布等材料，如实际中没有则无须描述。

（4）保温隔热项目中“保温隔热方式”可描述为内保温、外保温、夹心保温。其他如“隔气层材料品种、厚度”“防护材料种类及做法”等特征如实际没有可不描述。

# 第二节 屋面防水及保温隔热工程量清单组价内容及工程量计算

## 一、屋面防水及保温隔热工程量清单组价内容

以 2018 年广东省定额为依据，常用屋面防水及保温隔热工程量清单的组价内容见表 9–7。

表 9–7　　常用屋面防水及保温隔热工程量清单组价内容

| 项目编码 | 项目名称 | 计量单位 | 可组合的内容 | 对应的定额子目名称举例 |
| --- | --- | --- | --- | --- |
| 010901001 | 瓦屋面 | $m^2$ | 安瓦 | 土瓦、小青瓦、西班牙瓦、琉璃瓦屋面等 |
| | | | 作瓦脊 | 正斜脊、琉璃瓦脊、小青瓦叠脊等 |
| | | | 其他 | 琉璃瓦檐口线、琉璃正吻、宝顶等 |
| 010901002 | 型材屋面 | $m^2$ | 屋面型材安装 | 彩钢板屋面、镀锌薄钢板屋面等 |
| | | | 檩条制作安装 | 钢檩制作安装、木檩制作安装 |
| 010902001 | 屋面卷材防水 | $m^2$ | 铺油毡卷材（包基层处理、刷底油） | 屋面改性沥青防水卷材、屋面高分子卷材、屋面聚氯乙烯防水卷材等 |
| 010902002 | 屋面涂膜防水 | $m^2$ | 铺布、喷涂防水层（包基层处理、刷基层处理剂） | 屋面聚氨酯防水涂膜、屋面聚合物水泥防水涂料、屋面水泥基渗透结晶型涂料等 |
| | | | 其他 | 玻璃纤维布、无纺布等 |

续表

| 项目编码 | 项目名称 | 计量单位 | 可组合的内容 | 对应的定额子目名称举例 |
|---|---|---|---|---|
| 010902003 | 屋面刚性层 | $m^2$ | 混凝土制作、运输、铺筑、养护 | 细石混凝土刚性防水、水泥砂浆二次抹压防水、屋面防水砂浆等 |
| | | | 分格缝 | 屋面刚性层填分格缝 |
| | | | 钢筋网制作安装 | ϕ4 mm 内圆钢制作安装 |
| 010902008 | 屋面变形缝 | m | 填塞防水材料 | 填缝（油浸麻丝、玛蹄脂、建筑油膏等） |
| | | | 止水带安装 | 紫铜板止水带、聚氯乙烯胶泥、钢板止水带等 |
| | | | 盖缝制作、安装 | 盖缝（镀锌薄钢板、铝板、不锈钢板等） |
| 010903001 | 墙面卷材防水 | $m^2$ | 铺油毡卷材（包基层处理、刷底油） | 立面卷材防水（改性沥青防水卷材、HDPE 自粘胶膜防水卷材、高分子卷材等） |
| 010903002 | 墙面涂膜防水 | $m^2$ | 铺布、喷涂防水层（包基层处理、刷基层处理剂） | 立面涂膜（聚合物水泥防水涂料、水泥基渗透结晶型涂料、丙烯酸防水涂料等） |
| | | | 其他 | 聚酯布、无纺布等 |
| 010903003 | 墙面砂浆防水（防潮） | $m^2$ | 砂浆制作、运输、摊铺、养护 | 立面防水砂浆等 |
| | | | 挂钢丝网片 | 墙柱面钉挂钢网 |
| 010903004 | 墙面变形缝 | m | 填塞防水材料 | 填缝（油浸麻丝、玛蹄脂、建筑油膏等） |
| | | | 止水带安装 | 紫铜板止水带、聚氯乙烯胶泥、钢板止水带等 |
| | | | 盖缝制作、安装 | 盖缝（镀锌薄钢板、铝板、不锈钢板、木板盖缝等） |
| 010904001 | 楼（地）面卷材防水 | $m^2$ | 铺油毡卷材（包基层处理、刷底油） | 平面卷材防水（改性沥青防水卷材、HDPE 自粘胶膜防水卷材、高分子卷材等） |
| 010904002 | 楼（地）面涂膜防水 | $m^2$ | 铺布、喷涂防水层（包基层处理、刷基层处理剂） | 平面涂膜（聚氨酯涂膜、聚合物水泥防水涂料、水泥基渗透结晶型涂料、丙烯酸防水涂料等） |
| | | | 其他 | 聚酯布、无纺布等 |

续表

| 项目编码 | 项目名称 | 计量单位 | 可组合的内容 | 对应的定额子目名称举例 |
|---|---|---|---|---|
| 010904003 | 楼（地）面砂浆防水（防潮） | $m^2$ | 砂浆制作、运输、摊铺、养护 | 平面防水砂浆等 |
| 010904004 | 楼（地）面变形缝 | m | 填塞防水材料 | 填缝（油浸麻丝、玛蹄脂、建筑油膏等） |
| | | | 止水带安装 | 紫铜板止水带、聚氯乙烯胶泥、钢板止水带等 |
| | | | 盖缝制作、安装 | 盖缝（钢板、铝板、聚氯乙烯板等） |
| 011001001 | 保温隔热屋面 | $m^2$ | 铺粘保温层（包基层清理、刷黏结材料等） | 屋面保温（无机轻集料保温砂浆、干铺珍珠岩、现浇水泥珍珠岩、干铺聚苯乙烯泡沫板等）、屋面隔热（现浇陶粒混凝土、大阶砖、隔热砌块等） |

## 二、屋面防水及保温隔热定额工程量的计算

### 1. 瓦、型材屋面

瓦屋面清单项目可组合安瓦、作瓦脊及其他内容相关的定额子目。型材屋面清单项目可组合屋面型材安装和檩条制作安装内容相关的定额子目。屋面型材安装定额子目已包含檩条制作安装的，则不用另组檩条制作安装子目。

下面以瓦屋面为例，讲述组价定额子目的工程量计算方法。型材屋面的组价定额子目工程量计算与型材屋面清单工程量相同。

#### （1）安瓦

安瓦的定额工程量计算方法同瓦屋面清单工程量计算方法。

#### （2）作瓦脊（正斜脊）

瓦脊工程量按设计图示尺寸以长度计算。

**［例 9–6］**试计算例 9–1 中瓦屋面清单项目应组合的定额子目工程量。

**解：**

瓦屋面清单项目应组合的定额子目列项及工程量计算如下：

（1）西班牙瓦屋面（四坡）

$S$=325.38（$m^2$）

M5 水泥砂浆制作：0.22 × 325.38/10（$m^3$）=7.16（$m^3$）

1 : 2 水泥砂浆制作：0.22 × 325.38/10（$m^3$）=7.16（$m^3$）

（2）正斜脊

正脊长度 =33.6−4.4×2（m）=24.80（m）

斜脊长度的计算如下：设单条斜脊长度为$a'$，$a'$对应的水平投影为$a$，根据如图 9-5a 所示的直角三角形 $ABO$ 和如图 9-5b 所示的直角三角形 $ABP$ 的三条边的关系，有：

$a=\sqrt{4.6^2+4.4^2}=6.366$（m）

$a'=\sqrt{6.366^2+1.5^2}=6.54$（m）

斜脊长度 =6.54×4（m）=26.16（m）

正斜脊总长 =24.80+26.16（m）=50.96（m）

M5 水泥石灰砂浆制作：0.09×50.96/10（$m^3$）=0.46（$m^3$）

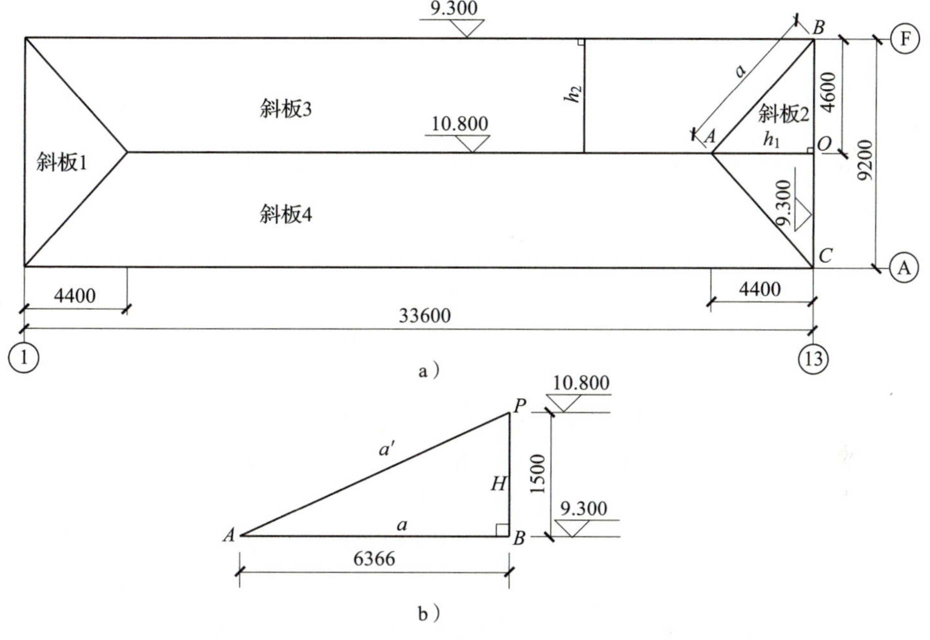


图 9-5　例 9—6 图

a）瓦屋面的水平投影平面图　b）瓦屋面斜脊 $a_1'$ 与水平投影 $a_1$ 的关系

［例 9–7］试计算例 9–2 中型材屋面（彩钢波纹瓦屋面）清单项目应组合的定额子目工程量。

**解：**

型材屋面清单项目可组合的定额子目为彩钢波纹瓦屋面，其轻钢檩条已包含在彩钢波纹瓦屋面中，因此不另列檩条定额子目，其工程量与清单工程量相同，即彩钢波纹瓦屋面（安装于 S 形轻型钢檩条上）：

$S=265.55$（$m^2$）

### 2. 屋面卷材防水、屋面涂膜防水

屋面卷材防水清单项目可组合铺屋面改性沥青防水卷材、屋面高分子卷材等（包

基层处理、刷底油）相关定额子目。屋面涂膜防水清单项目可组合铺布、喷涂防水层（包基层处理、刷基层处理剂）和其他（玻璃纤维布、无纺布等）相关定额子目，如涂膜定额子目已包玻璃纤维布等增强材料，则无须另列定额子目计算。

屋面卷材防水、屋面涂膜防水定额工程量计算方法同清单工程量计算方法。

### 3. 屋面刚性层

屋面刚性层清单项目可组合屋面刚性防水（混凝土或砂浆）、分格缝及钢筋网相关定额子目。

#### （1）屋面刚性防水

屋面刚性防水（混凝土或砂浆）定额工程量计算方法同清单工程量计算方法。

#### （2）分格缝

分格缝定额工程量按图示尺寸以长度计算。

#### （3）钢筋网

钢筋网定额工程量按图示尺寸以质量计算，按钢筋混凝土工程相关定额子目套价。

**[例 9–8]** 试计算例 9–3 中屋面防水清单项目应组合的定额子目工程量。

**解：**

屋面防水清单项目应组合的定额子目列项及工程量计算如下：

（1）屋面涂膜防水应组合的定额子目为：

屋面聚氨酯防水涂膜防水（2 mm 厚）：$S$=110.60（$m^2$）

（2）屋面卷材防水应组合的定额子目为：

SBS 改性沥青防水卷材（3 mm 厚）：$S$=110.60（$m^2$）

（3）屋面刚性层应组合的定额子目为：

1）屋面细石混凝土防水层（C25 混凝土 40 mm 厚）：$S$=96.83（$m^2$）

C25 现场搅拌细石混凝土制作：（3.57+0.51）×96.83/100（$m^3$）=3.95（$m^3$）

1∶2 水泥砂浆制作：0.51×96.83/100（$m^3$）=0.49（$m^3$）

2）屋面分格缝（细石混凝土）。屋面分格缝包括防水层与女儿墙及外墙交接处留 20 mm 宽的凹缝，则：

$L$=（12−0.24）×3+（2.25−0.12）+（9.3−0.24）×3（m）=64.59（m）

1∶2 水泥砂浆制作：0.03×64.59/100（$m^3$）=0.02（$m^3$）

### 4. 墙面防水、防潮

墙面防水、防潮包括墙面卷材防水、墙面涂膜防水、墙面砂浆防水（防潮）和墙面变形缝等清单项目，可以组合的定额子目及定额工程量计算方法如下：

（1）墙面卷材防水清单项目可组合立面卷材防水（改性沥青防水卷材、HDPE 自粘胶膜防水卷材、高分子卷材等）相关定额子目。墙面卷材防水定额工程量计算方法同清单工程量计算方法。

（2）墙面涂膜防水清单项目可组合立面涂膜（聚合物水泥防水涂料、水泥基渗透结晶型涂料、丙烯酸防水涂料等）和其他（聚酯布、无纺布等）相关定额子目，如果涂膜定额子目已包聚酯布等增强材料，则无须另列定额子目计算。墙面涂膜防水定额工程量计算方法同清单工程量计算方法。

（3）墙面砂浆防水（防潮）清单项目可组合立面防水砂浆、墙柱面钉挂钢网相关定额子目。其定额工程量计算方法同清单工程量计算方法，均以立面图示尺寸以面积计算。其中，墙柱面钉挂钢网按墙柱面工程相应定额子目套价。

### 5. 楼（地）面防水、防潮

楼（地）面防水、防潮包括楼（地）面卷材防水、楼（地）面涂膜防水、楼（地）面砂浆防水（防潮）和楼（地）面变形缝等清单项目，可以组合的定额子目及定额工程量计算方法如下：

（1）楼（地）面卷材防水清单项目可组合平面卷材防水（改性沥青防水卷材、HDPE 自粘胶膜防水卷材、高分子卷材等）相关定额子目。楼（地）面卷材防水定额工程量计算方法同清单工程量计算方法。

（2）楼（地）面涂膜防水清单项目可组合平面涂膜（聚氨酯涂膜、聚合物水泥防水涂料、水泥基渗透结晶型涂料、丙烯酸防水涂料等）和其他（聚酯布、无纺布等）相关定额子目，如涂膜定额子目已包聚酯布等增强材料，则无须另列定额子目计算。楼（地）面涂膜防水定额工程量计算方法同清单工程量计算方法。

（3）楼（地）面砂浆防水（防潮）清单项目可组合平面防水砂浆相关定额子目。其定额工程量计算方法同清单工程量计算方法。

### 6. 屋面变形缝、墙面变形缝、楼（地）面变形缝

屋面变形缝、墙面变形缝和楼（地）面变形缝清单项目可组合的定额子目相同，均包括填缝（油浸麻丝、玛蹄脂、建筑油膏等）、止水带（紫铜板止水带、聚氯乙烯胶泥、钢板止水带等）和盖缝（镀锌薄钢板、铝板、不锈钢板、聚氯乙烯板盖缝等）相关定额子目。其定额工程量计算方法同清单工程量计算方法，均按图示尺寸以长度计算。

**［例 9–9］**试计算例 9–4 中楼地面防水清单项目应组合的定额子目工程量。

**解：**

楼地面防水清单项目应组合的定额子目列项及工程量计算如下：

（1）楼面涂膜防水应组合的定额子目为：

聚氨酯防水涂膜防水（1.5 mm 厚）：$S$=3.83（$m^2$）

（2）墙面涂膜防水应组合的定额子目为：

聚氨酯防水涂膜防水（1.5 mm 厚）：$S$=6.65（$m^2$）

（3）楼面砂浆防水应组合的定额子目为：

20 mm 厚 1 : 2 水泥防水砂浆：$S$=3.83（$m^2$）

1 : 2 水泥防水砂浆制作 :2.04 × 3.83/100（$m^3$）=0.078（$m^3$）

### 7. 保温隔热屋面

保温隔热屋面清单项目可组合屋面保温（干铺珍珠岩、现浇水泥珍珠岩、干铺聚苯乙烯泡沫板等）或屋面隔热（现浇陶粒混凝土、大阶砖、隔热砌块等）相关定额子目。定额工程量计算方法与清单工程量相同。

**［例 9–10］**试计算例 9–5 中屋面保温隔热清单项目应组合的定额子目工程量。

**解：**

屋面保温隔热清单项目应组合的定额子目列项及工程量计算如下：

（1）屋面挤塑聚苯乙烯泡沫塑料板（40 mm 厚）：$S$=79.29（$m^2$）

（2）屋面现浇水泥珍珠岩找坡层（20 mm 厚）：$S$=79.29（$m^2$）

## 第三节 屋面防水及保温隔热工程量清单综合单价计算

屋面防水及保温隔热工程量清单综合单价的计算是以 2018 年广东省定额为依据，并根据工程实际情况确定具体的工程量清单项目组价内容，利用综合单价分析表，将组成屋面防水及保温隔热清单项目的费用汇总计算，最后得出屋面防水及保温隔热工程量清单项目的综合单价。费用的计算以定额消耗量为依据，人工、材料、机械单价按指定计价时期的价格调整，并按项目实际情况计算利润。

**[例 9–11]** 以例 9–1~例 9–10 中计算的屋面防水及保温隔热的清单及定额工程量计算结果为依据，计算其工程量清单综合单价，并汇总分部工程量清单计价表。已知该工程人工费按定额人工费 ×108.76/100 计算，管理费按（人工费 + 机具费）×14.46% 计算，利润按（人工费 + 机具费）×20% 计算。

另外，主材料现行税前价格为：西班牙瓦 5 200 元 /1 000 块，彩钢波纹瓦 32 元 /$m^2$，3 mm 厚 SBS 改性沥青防水卷材 34.32 元 /$m^2$，聚氨酯（甲料、乙料）12.60 元 /kg，C25 商品细石混凝土 586 元 /$m^3$，M5 湿拌水泥砂浆（砌筑）596 元 /$m^3$，1∶2 湿拌水泥砂浆（地面）630 元 /$m^3$，1∶3 湿拌水泥砂浆（地面）618 元 /$m^3$，1∶2 湿拌水泥防水砂浆 649 元 /$m^3$，40 mm 厚挤塑聚苯乙烯泡沫塑料板 30.87 元 /$m^3$，其余费用按 2018 年广东省定额的规定计算。

**解：**

计算过程如下：

（1）例 9–1 ~例 9–10 中计算的屋面防水及保温隔热清单及定额工程量计算结果汇总见表 9–8。

（2）以瓦屋面的综合单价计算为例，其工程量清单综合单价的计算过程见表 9–9。

**表 9–8　屋面防水及保温隔热清单及定额工程量计算结果汇总**

| 序号 | 清单项目 | | | 定额项目 | | |
|---|---|---|---|---|---|---|
| | 项目名称 | 计量单位 | 工程量 | 项目名称 | 计量单位 | 工程量 |
| 1 | 瓦屋面 | $m^2$ | 325.38 | （1）西班牙瓦屋面（四坡） | $m^2$ | 325.38 |
| | | | | M5 水泥砂浆制作 | $m^3$ | 7.16 |
| | | | | 1∶2 水泥砂浆制作 | $m^3$ | 7.16 |
| | | | | （2）正斜脊 | m | 50.96 |
| | | | | M5 水泥砂浆制作 | $m^3$ | 0.46 |

续表

| 序号 | 清单项目 | | | 定额项目 | | |
|---|---|---|---|---|---|---|
| | 项目名称 | 计量单位 | 工程量 | 项目名称 | 计量单位 | 工程量 |
| 2 | 型材屋面 | $m^2$ | 265.55 | 彩钢波纹瓦屋面（安装于S形轻型钢檩条上） | $m^2$ | 265.55 |
| 3 | 屋面卷材防水 | $m^2$ | 110.60 | SBS聚胎酯改性沥青防水卷材（3 mm厚） | $m^2$ | 110.60 |
| 4 | 屋面涂膜防水 | $m^2$ | 110.60 | 屋面聚氨酯防水涂膜防水（2 mm厚） | $m^2$ | 110.60 |
| 5 | 屋面刚性层 | $m^2$ | 96.83 | （1）屋面细石混凝土防水层 | $m^2$ | 96.83 |
| | | | | C25商品细石混凝土制作 | $m^3$ | 3.95 |
| | | | | 1∶2水泥砂浆制作 | $m^3$ | 0.49 |
| | | | | （2）屋面分格缝（细石混凝土） | m | 64.59 |
| | | | | 1∶2水泥砂浆制作 | $m^3$ | 0.02 |
| 6 | 墙面涂膜防水 | $m^2$ | 6.65 | 立面聚氨酯防水涂膜防水（1.5 mm厚） | $m^2$ | 6.65 |
| 7 | 楼面涂膜防水 | $m^2$ | 3.83 | 平面聚氨酯防水涂膜防水（1.5 mm厚） | $m^2$ | 3.83 |
| 8 | 楼面砂浆防水 | $m^2$ | 3.83 | 平面20 mm厚水泥防水砂浆 | $m^2$ | 3.83 |
| | | | | 1∶2水泥防水砂浆制作 | $m^3$ | 0.078 |
| 9 | 保温隔热屋面 | $m^2$ | 79.29 | （1）屋面聚苯乙烯泡沫板（40 mm厚） | $m^2$ | 79.29 |
| | | | | （2）屋面现浇水泥珍珠岩找坡层（20 mm厚） | $m^2$ | 79.29 |

表 9-9　瓦屋面工程量清单综合单价的计算过程

| 工程名称：× × 工程 | | | | | | | | | | 第　页，共　页 | | | |
|---|---|---|---|---|---|---|---|---|---|---|---|---|---|
| 项目编码 | | 010901001001 | | 项目名称 | | 瓦屋面 | | 计量单位 | | $m^2$ | 清单工程量 | | 325.38 |
| 清单综合单价组成明细 | | | | | | | | | | | | | |
| 定额编号 | 定额子目名称 | 定额单位 | 工程数量 | 单价（元） | | | | | 合价（元） | | | | |
| | | | | 人工费 | 材料费 | 机具费 | 管理费 | 利润 | 人工费 | 材料费 | 机具费 | 管理费 | 利润 |
| A1-10-5 | 西班牙瓦屋面 | 10 $m^2$ | 0.1 | 387.64 | 849.82 | | 56.05 | 77.53 | 38.76 | 84.98 | | 5.61 | 7.75 |
| 8005911 | 水泥砂浆 1∶2 | $m^3$ | 0.022 | | 630 | | | | | 13.86 | | | |
| 8005901 | 水泥砂浆 M5 | $m^3$ | 0.022 | | 596 | | | | | 13.11 | | | |
| A7-7 | 西班牙瓦屋面正斜脊 | 10 m | 0.015 7 | 242.32 | 323.17 | | 35.04 | 48.46 | 3.80 | 5.07 | | 0.55 | 0.76 |
| 8005901 | 水泥砂浆 M5 | $m^3$ | 0.001 4 | | 596 | | | | | 0.83 | | | |
| | | 小计 | | | | | | | 42.56 | 117.85 | | 6.16 | 8.51 |
| | | 未计价材料费 | | | | | | | 0.00 | | | | |
| 清单项目综合单价 | | | | | | | | | 175.08 | | | | |

（3）其他屋面防水及保温隔热工程量清单综合单价的计算过程略，计算的最后报价见表 9–10。

表 9–10 分部分项工程量清单与计价

| 序号 | 项目编码 | 项目名称 | 项目特征 | 计量单位 | 工程数量 | 金额（元） | | |
|---|---|---|---|---|---|---|---|---|
| | | | | | | 综合单价 | 合价 | 暂估价 |
| 1 | 010901001001 | 瓦屋面 | 1. 瓦品种、规格：西班牙瓦<br>2. 黏结层砂浆的配合比：M5 水泥砂浆 | $m^2$ | 325.38 | 175.08 | 56 967.53 | |
| 2 | 010901002001 | 型材屋面 | 1. 型材品种、规格：彩钢波纹瓦<br>2. 金属檩条材料品种、规格：S 形轻型钢檩条<br>3. 接缝、嵌缝材料种类：填缝油膏 | $m^2$ | 265.55 | 112.25 | 29 807.99 | |
| 3 | 010902001001 | 屋面卷材防水 | 1. 卷材品种、规格、厚度：3 mm 厚 SBS 聚酯胎改性沥青防水卷材<br>2. 防水层数：1 层<br>3. 防水层做法：自贴满铺卷材 | $m^2$ | 110.60 | 56.76 | 6 277.66 | |
| 4 | 010902002001 | 屋面涂膜防水 | 1. 防水膜品种：聚氨酯防水涂膜<br>2. 涂膜厚度、遍数：2 mm 厚、一遍 | $m^2$ | 110.60 | 47.64 | 5 268.98 | |
| 5 | 010902003001 | 屋面刚性层 | 1. 刚性层厚度：40 mm 厚<br>2. 混凝土种类：普通预拌混凝土<br>3. 混凝土强度等级：C25 细石混凝土<br>4. 嵌缝材料种类：建筑油膏 | $m^2$ | 96.83 | 54.30 | 5 257.87 | |
| 6 | 010903002001 | 墙面涂膜防水 | 1. 防水膜品种：聚氨酯防水涂膜<br>2. 涂膜厚度、遍数：1.5 mm 厚、一遍 | $m^2$ | 6.65 | 41.73 | 277.50 | |

续表

| 序号 | 项目编码 | 项目名称 | 项目特征 | 计量单位 | 工程数量 | 金额（元） | | |
|---|---|---|---|---|---|---|---|---|
| | | | | | | 综合单价 | 合价 | 暂估价 |
| 7 | 010904002001 | 楼面涂膜防水 | 1. 防水膜品种：聚氨酯防水涂膜<br>2. 涂膜厚度、遍数：1.5 mm 厚、一遍<br>3. 反边高度：900 mm | $m^2$ | 3.83 | 39.36 | 150.75 | |
| 8 | 010904003001 | 楼面砂浆防水 | 砂浆厚度、配合比：20 mm 厚 1∶2 水泥防水砂浆 | $m^2$ | 3.83 | 25.70 | 98.43 | |
| 9 | 011001001001 | 保温隔热屋面 | 1. 保温隔热材料品种、规格、厚度：40 mm 厚挤塑聚苯乙烯泡沫塑料板，20 mm 厚水泥珍珠岩找坡层<br>2. 黏结材料种类、做法：干铺、无黏结材料 | $m^2$ | 79.29 | 60.12 | 4 766.91 | |
| | | | 小计 | | | | 108 873.63 | |

## 技能训练 7　某工程屋面防水及保温隔热工程计量与计价

某住宅的天面平面图如图 9-6 所示，该住宅天面防水及隔热层做法为：防水层为 C25 细石混凝土防水层 40 mm 厚（水泥浆压光），内配 ϕ4@200 钢筋网，沿分水线及女儿墙与刚性防水交接处留 20 mm 宽分格缝，建筑油膏嵌缝；隔热层为 20 mm 厚 1∶2.5 水泥砂浆找平层，M5 水泥砂浆砌 300 mm × 300 mm × 65 mm 膨胀珍珠岩隔热块，隔热砌块离女儿墙边 300 mm，女儿墙厚为 120 mm。试计算：

（1）该工程天面防水及隔热层的清单及定额工程量。

（2）上述防水及隔热层工程量清单综合单价，并编制其分部分项工程量清单与计价表。

该工程人工费、材料费、管理费、利润及其他费用均按当地定额及市场价格文件的规定计算。

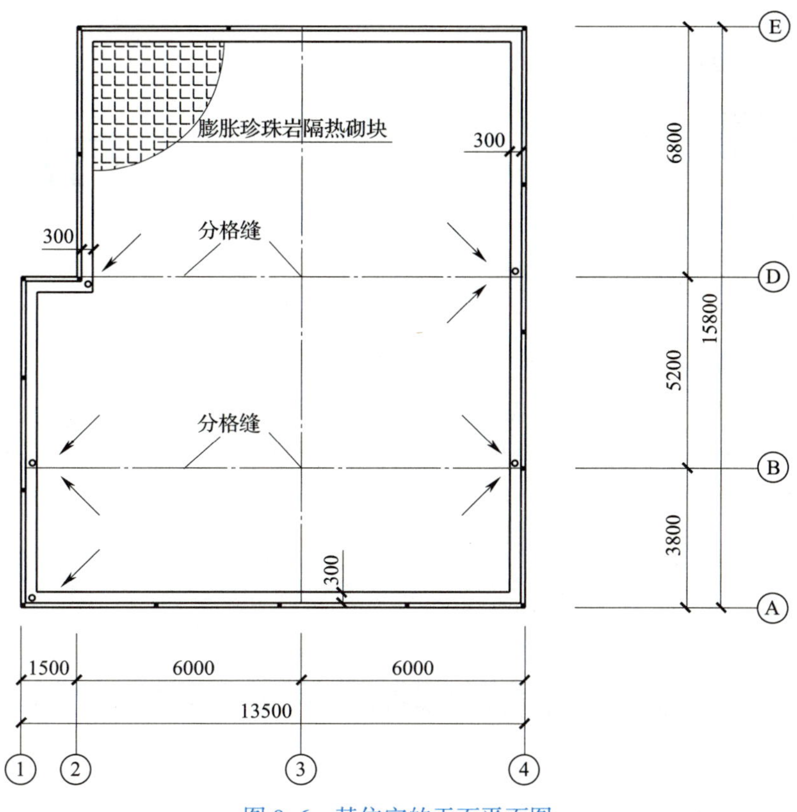


图 9-6　某住宅的天面平面图

# 门窗工程

学习目标

掌握常用门窗工程量清单及综合单价的编制方法，能熟练计算门窗工程的清单工程量，编制工程量清单，并能根据门窗清单的工作内容合理组合相应的定额子目，计算定额工程量及工程量清单综合单价。

## 第一节 门窗工程量清单编制及清单工程量计算

### 一、门窗工程量清单项目的设置

2013年清单计量规范中，门窗工程量清单分为木门、金属门、金属卷帘（闸）门、厂库房大门及特种门、其他门、木窗、金属窗、门窗套、窗台板，以及窗帘、窗帘盒、轨共十节五十五个项目。

略去精装饰门窗工程项目不讲，其他常用的门窗工程量清单项目见表10–1～表10–3。

表10–1　　表H.1 木门（编码：010801）

| 项目编码 | 项目名称 | 项目特征 | 计量单位 | 工程量计算规则 | 工作内容 |
|---|---|---|---|---|---|
| 010801001 | 木质门 | 1. 门代号及洞口尺寸<br>2. 镶嵌玻璃品种、厚度 | 1. 樘<br>2. $m^2$ | 1. 以樘计量，按设计图示数量计算<br>2. 以平方米计量，按设计图示洞口尺寸以面积计算 | 1. 门安装<br>2. 玻璃安装<br>3. 五金安装 |
| 010801002 | 木质门带套 | | | | |
| 010801003 | 木质连窗门 | | | | |
| 010801004 | 木质防火门 | | | | |

续表

| 项目编码 | 项目名称 | 项目特征 | 计量单位 | 工程量计算规则 | 工作内容 |
|---|---|---|---|---|---|
| 010801005 | 木门框 | 1. 门代号及洞口尺寸<br>2. 框截面尺寸<br>3. 防护材料种类 | 1. 樘<br>2. m | 1. 以樘计量，按设计图示数量计算<br>2. 以米计量，按设计图示框的中心线以延长米计算 | 1. 木门框制作、安装<br>2. 运输<br>3. 刷防护材料 |
| 010801006 | 门锁安装 | 1. 锁品种<br>2. 锁规格 | 个（套） | 按设计图示数量计算 | 安装 |

**表 10–2　　表 H.2 金属门（编码：010802）**

| 项目编码 | 项目名称 | 项目特征 | 计量单位 | 工程量计算规则 | 工作内容 |
|---|---|---|---|---|---|
| 010802001 | 金属（塑钢）门 | 1. 门代号及洞口尺寸<br>2. 门框或扇外围尺寸<br>3. 门框、扇材质<br>4. 玻璃品种、厚度 | 1. 樘<br>2. $m^2$ | 1. 以樘计量，按设计图示数量计算<br>2. 以平方米计量，按设计图示洞口尺寸以面积计算 | 1. 门安装<br>2. 五金安装<br>3. 玻璃安装 |
| 010802002 | 彩板门 | 1. 门代号及洞口尺寸<br>2. 门框或扇外围尺寸 | | | |
| 010802003 | 钢质防火门 | 1. 门代号及洞口尺寸<br>2. 门框或扇外围尺寸<br>3. 门框、扇材质 | | | |
| 010802004 | 防盗门 | | | | 1. 门安装<br>2. 五金安装 |

表 10–3　　　　表 H.7 金属窗（编码：010807）

<table>
<tr><th>项目编码</th><th>项目名称</th><th>项目特征</th><th>计量单位</th><th>工程量计算规则</th><th>工作内容</th></tr>
<tr><td>010807001</td><td>金属（塑钢、断桥）窗</td><td rowspan="3">1. 窗代号及洞口尺寸<br>2. 框、扇材质<br>3. 玻璃品种、厚度</td><td rowspan="7">1. 樘<br>2. $m^2$</td><td rowspan="3">1. 以樘计量，按设计图示数量计算<br>2. 以平方米计量，按设计图示洞口尺寸以面积计算</td><td rowspan="2">1. 窗安装<br>2. 五金、玻璃安装</td></tr>
<tr><td>010807002</td><td>金属防火窗</td></tr>
<tr><td>010807003</td><td>金属百叶窗</td><td rowspan="2">1. 窗安装<br>2. 五金安装</td></tr>
<tr><td>010807004</td><td>金属纱窗</td><td>1. 窗代号及框外围尺寸<br>2. 框材质<br>3. 窗纱材料品种、规格</td><td>1. 以樘计量，按设计图示数量计算<br>2. 以平方米计量，按框的外围尺寸以面积计算</td></tr>
<tr><td>010807007</td><td>金属（塑钢、断桥）飘（凸）窗</td><td>1. 窗代号<br>2. 框外围展开面积<br>3. 框、扇材质<br>4. 玻璃品种、厚度</td><td>1. 以樘计量，按设计图示数量计算<br>2. 以平方米计量，按设计图示尺寸以框外围展开面积计算</td><td rowspan="3">1. 窗安装<br>2. 五金、玻璃安装</td></tr>
<tr><td>010807008</td><td>彩板窗</td><td rowspan="2">1. 窗代号及洞口尺寸<br>2. 框外围尺寸<br>3. 框、扇材质<br>4. 玻璃品种、厚度</td><td rowspan="2">1. 以樘计量，按设计图示数量计算<br>2. 以平方米计量，按设计图示洞口尺寸或框外围以面积计算</td></tr>
<tr><td>010807009</td><td>复合材料窗</td></tr>
</table>

## 二、门窗清单工程量计算

### 1. 木质门、木质门带套、木质连窗门、木质防火门

木质门项目包括木门框、木门扇、玻璃和五金安装。其中，木门五金应包括折页、插销、门碰珠、弓背拉手、搭机、木螺钉、弹簧折页（自动门）、管子拉手（自由门、地弹门）、地弹簧（地弹门）、角铁、门轧头（地弹门、自由门）等。

木质门应区分镶板木门、企口木板门、实木装饰门、胶合板门、夹板装饰门、木纱门、全玻门（带木质扇框）、木质半玻门（带木质扇框）等项目，分别编码列项。

木质门带套项目包括木门套、木门扇、玻璃和五金安装。木质连窗门指和窗组合在一起的门。

工程量有两种计算方法：

（1）以樘计量，按设计图示数量计算。

（2）以平方米计量，按设计图示洞口尺寸以面积计算。木质门带套也是按洞口尺寸以面积计算，不包括门套的面积，但门套应计算在综合单价中。

### 2. 木门框

木门框指单独制作安装的木门框。

工程量有两种计算方法：

（1）以樘计量，按设计图示数量计算。

（2）以米计量，按设计图示框的中心线以延长米计算。

### 3. 门锁安装

工程量按设计图示数量计算。如果成品门价格已含门锁，则不用另列门锁安装项目。

### 4. 金属（塑钢）门、彩板门、钢质防火门、防盗门

金属（塑钢）门、彩板门、钢质防火门项目包括门、玻璃和五金安装，防盗门项目包括门和五金安装。其中，铝合金门五金应包括地弹簧、门锁、拉手、门插、门铰、螺钉等，其他金属门五金应包括L形执手插锁（双舌）、执手锁（单舌）、门轨头、地锁、防盗门机、门眼（猫眼）、门碰珠、电子锁（磁卡锁）、闭门器、装饰拉手等。

金属门应区分金属平开门、金属推拉门、金属地弹门、全玻门（带金属扇框）、金属半玻门（带扇框）等项目，分别编码列项。

工程量有两种计算方法：

（1）以樘计量，按设计图示数量计算。

（2）以平方米计量，按设计图示洞口尺寸以面积计算。

### 5. 金属（塑钢、断桥）窗、金属防火窗、金属百叶窗

金属（塑钢、断桥）窗、金属防火窗项目包括窗、玻璃和五金安装，金属百叶窗项目包括窗和五金安装。其中，金属窗五金应包括折页、螺钉、执手、卡锁、铰拉、风撑、滑轮、滑轨、拉把、拉手、角码等。

金属窗应区分金属组合窗、防盗窗等项目，分别编码列项。

工程量有两种计算方法：

（1）以樘计量，按设计图示数量计算。

（2）以平方米计量，按设计图示洞口尺寸以面积计算。

### 6. 金属纱窗

金属纱窗项目包括窗和五金安装。

工程量有两种计算方法：

（1）以樘计量，按设计图示数量计算。

（2）以平方米计量，按框的外围尺寸以面积计算。

### 7. 金属（塑钢、断桥）飘（凸）窗

金属（塑钢、断桥）飘（凸）窗项目包括窗、玻璃、五金安装。

工程量有两种计算方法：

（1）以樘计量，按设计图示数量计算。

（2）以平方米计量，按设计图示尺寸以框的外围展开面积计算。

### 8. 彩板窗、复合材料窗

彩板窗、复合材料窗项目包括窗、玻璃和五金安装。

工程量有两种计算方法：

（1）以樘计量，按设计图示数量计算。

（2）以平方米计量，按设计图示洞口尺寸或框外围以面积计算。

**［例 10–1］**某工程的门窗表和门窗大样如图 10–1 所示，其中 TLM1521 为 50 系列铝合金推拉门（壁厚 2 mm），玻璃为 12 mm 厚钢化玻璃；C1314 和 TC1 均为 60 系列铝塑共挤窗，玻璃为 5 mm 厚钢化白玻璃 +6A+5 mm 厚钢化白玻璃；防火门 FM1221 的门框用 1.2 mm 冷轧钢板，门扇面板用 1.0 mm 冷轧钢板，内里由耐火隔热材料填实。图中 TC1 平立面尺寸为框外围尺寸，其余门窗图中尺寸均为洞口尺寸。所有门窗均为成品安装。试计算该工程门窗的清单工程量。

| 类型 | 设计编号 | 洞口尺寸（mm） | 数量 | 部位 | 备注 |
|---|---|---|---|---|---|
| 门 | M0721 | 700×2100 | 20 | 卫生间 | 成品夹板门 |
| | M0921 | 900×2100 | 52 | 卧室 | 成品夹板门 |
| 防火门 | FM1221 | 1200×2100 | 20 | 入户门 | 乙级钢质防火门 |
| 推拉门 | TLM1521 | 1500×2100 | 30 | 阳台 | 安全玻璃50系列铝合金推拉门 |
| 窗 | C1314 | 1300×1400 | 52 | 卧室 | 铝塑共挤窗 |
| 凸窗 | TC1 | 尺寸见平面与大样图 | 52 | 卧室 | 铝塑共挤窗 |

a）

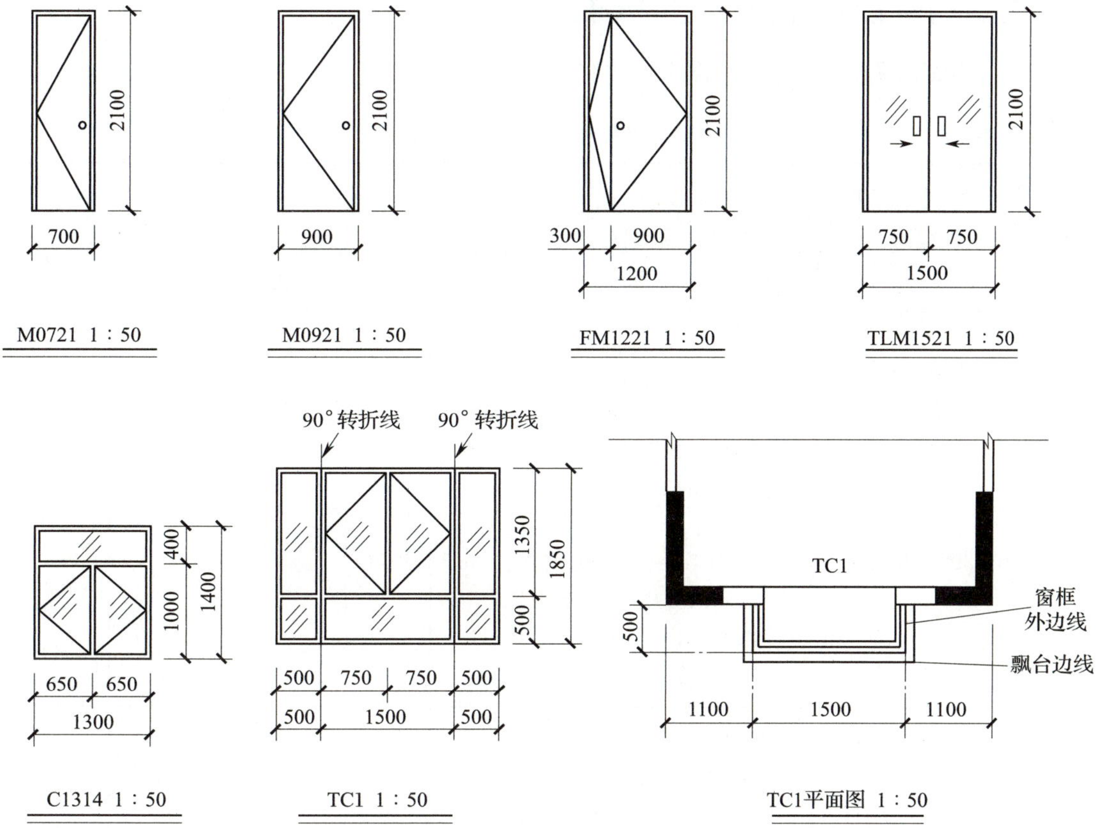

M0721 1 : 50

M0921 1 : 50

FM1221 1 : 50

TLM1521 1 : 50

C1314 1 : 50

TC1 1 : 50

TC1平面图 1 : 50

b）

图 10–1 某工程的门窗表和门窗大样

a）门窗表 b）门窗大样与 TC1 平面图

**解：**

门窗工程清单工程量可按数量（樘）或面积计算，本实例按面积计算。则门窗工程量清单列项及工程量计算如下：

（1）木质门（M0721、M0921）

$S$=0.7×2.1×20+0.9×2.1×52（$m^2$）=127.68（$m^2$）

（2）钢质防火门（FM1221）

$S$=1.2×2.1×20（$m^2$）=50.40（$m^2$）

（3）金属门（TLM1521）

$S$=1.5×2.1×30（$m^2$）=94.50（$m^2$）

（4）金属窗（C1314）

$S$=1.3×1.4×52（$m^2$）=94.64（$m^2$）

（5）金属飘窗（TC1）

飘窗按框的外围展开面积计算，转折处的展开宽度计至窗框的中心线。

$S$=（1.5+0.5×2）×1.85×52（$m^2$）=240.50（$m^2$）

## 三、门窗工程量清单项目的编制

### 1. 门窗工程量清单项目的编制示例（见表 10-4）

表 10-4 门窗工程量清单项目的编制示例

| 序号 | 项目编码 | 项目名称 | 项目特征 | 计量单位 | 工程数量 | 金额（元） | | |
|---|---|---|---|---|---|---|---|---|
| | | | | | | 综合单价 | 合价 | 暂估价 |
| 1 | 010801001001 | 木质门 | 门代号及洞口尺寸：M0721、M0921 | $m^2$ | 127.68 | | | |
| 2 | 010802003001 | 钢质防火门 | 1. 门代号及洞口尺寸：FM1221<br>2. 门框、扇材质：门框用 1.2 mm 冷轧钢板，门扇面板用 1.0 mm 冷轧钢板，内里由耐火隔热材料填实 | $m^2$ | 50.40 | | | |
| 3 | 010802001001 | 金属门 | 1. 门代号及洞口尺寸：TLM1521<br>2. 门框、扇材质：铝合金推拉门 50 系列 1.2 mm 厚型材<br>3. 玻璃品种、厚度：12 mm 厚钢化玻璃 | $m^2$ | 94.50 | | | |
| 4 | 010807001001 | 金属窗 | 1. 窗代号及洞口尺寸：C1314<br>2. 框、扇材质：60 系列铝塑共挤窗<br>3. 玻璃品种、厚度：5 mm 厚钢化白玻璃 +6A+5 mm 厚钢化白玻璃 | $m^2$ | 94.64 | | | |
| 5 | 010807007001 | 金属飘窗 | 1. 窗代号：TC1<br>2. 框、扇材质：60 系列铝塑共挤窗<br>3. 玻璃品种、厚度：5 mm 厚钢化白玻璃 +6A+5 mm 厚钢化白玻璃 | $m^2$ | 240.50 | | | |

### 2. 编制门窗工程项目清单应注意的问题

门窗如果以“樘”计量的，项目特征必须描述洞口尺寸，没有洞口尺寸的必须描述门框或门扇外围尺寸；以平方米计量的，项目特征可不描述洞口尺寸或框扇外围尺寸。金属飘（凸）窗以“樘”计量的，项目特征必须描述框外围展开面积；以平方米计量的，项目特征可不描述框外围展开面积。

# 第二节　门窗工程量清单组价内容及工程量计算

## 一、门窗工程量清单组价内容

以 2018 年广东省定额为依据，常用门窗工程量清单组价内容见表 10–5。

表 10–5　常用门窗工程量清单组价内容

| 项目编码 | 项目名称 | 计量单位 | 可组合的内容 | 对应的定额子目名称举例 |
|---|---|---|---|---|
| 010801001 | 木质门 | $m^2$ | 木门制作 | 按门窗价格表的相应项目 |
| | | | 木门安装 | 木门安装（包框扇）、木门扇安装 |
| | | | 其他 | 特殊五金安装 |
| 010801002 | 木质门带套 | $m^2$ | 木门制作 | 按门窗价格表的相应项目 |
| | | | 木门安装 | 成品套装门安装、成品木门扇安装、带门套成品木门制作安装 |
| | | | 其他 | 特殊五金安装 |
| 010801003 | 木质连窗门 | $m^2$ | 木门制作 | 按门窗价格表的相应项目 |
| | | | 木门安装 | 木门安装（包框扇） |
| | | | 木窗制作 | 按门窗价格表的相应项目 |
| | | | 木窗安装 | 木窗安装（包框扇） |
| | | | 其他 | 特殊五金安装 |
| 010801004 | 木质防火门 | $m^2$ | 木质防火门制作 | 按门窗价格表的相应项目 |
| | | | 木质防火门安装 | 木质防火门安装 |
| | | | 其他 | 特殊五金安装 |

续表

| 项目编码 | 项目名称 | 计量单位 | 可组合的内容 | 对应的定额子目名称举例 |
|---|---|---|---|---|
| 010801005 | 木门框 | $m^2$ | 木门框制作 | 按门窗价格表的相应项目 |
| | | | 木门框安装 | 木门框安装 |
| 010801006 | 门锁安装 | 个（套） | 门锁安装 | 门锁安装 |
| 010802001 | 金属（塑钢）门 | $m^2$ | 门制作 | 按门窗价格表的相应项目 |
| 010802002 | 彩板门 | $m^2$ | | |
| 010802003 | 钢质防火门 | $m^2$ | 门安装 | 成品门安装（铝合金门、塑钢门、铝塑共挤门、彩钢门、钢质防火门、防盗门等） |
| 010802004 | 防盗门 | $m^2$ | 其他 | 特殊五金安装 |
| 010807001 | 金属（塑钢、断桥）窗 | $m^2$ | 窗制作 | 按门窗价格表的相应项目 |
| 010807002 | 金属防火窗 | | | |
| 010807003 | 金属百叶窗 | | | |
| 010807004 | 金属纱窗 | | 窗安装 | 成品窗安装（铝合金窗、塑钢窗、铝塑共挤窗、金属百叶窗、金属纱窗、彩钢窗等） |
| 010807007 | 金属（塑钢、断桥）飘（凸）窗 | | | |
| 010807008 | 彩板窗 | | | |

## 二、门窗定额工程量的计算

### 1. 木质门、木质门带套、木质连窗门、木质防火门、木门框

木质门清单项目可组合木门制作、木门安装及特殊五金安装等内容相关的定额子目。木质门带套清单项目可组合木门制作、木门安装及特殊五金安装等内容相关的定额子目。木质连窗门清单项目按门和窗分开组价，可组合木门制作、木门安装、木窗制作、木窗安装及特殊五金安装等内容相关的定额子目。木质防火门清单项目可组合木质防火门制作、木质防火门安装及特殊五金安装等内容相关的定额子目。木门框清单项目用于单独制作的木门框，可组合木门框制作和木门框安装内容相关的定额子目。

2018 年广东省定额的门窗均考虑成品或半成品，其制作费参考门窗价格表的相应项目单价计算，单价除注明制作安装外，均不包括安装费用，安装费另套用定额相关子目。

有的定额项目如成品套装门安装等子目已包成品木门价格，则不用另按门窗价格表计算木门制作材料费。

（1）各类木门（窗）制作、安装，木质防火门制作、安装

工程量按设计图示尺寸以框外围面积计算。如果设计图示只标洞口尺寸，则按洞口尺寸每边减去 15 mm 计算。

（2）木门框制作、安装

工程量按设计图示框外围尺寸以长度计算。

（3）木门扇制作、安装

此定额子目用于单独制作的木门扇，工程量按设计图示尺寸以门扇面积计算。

（4）特殊五金安装

此定额子目用于门窗定额中未包含的五金，如拉手、地弹簧、门（猫）眼、门磁吸、闭门器等，工程量除另有注明外，按设计图示数量以套或台计算；吊轨、下轨安装按设计图示尺寸以长度计算。

### 2. 门锁安装

定额工程量计算方法与清单工程量相同。如果门成品价格已包含门锁费用，则不用另计算门锁安装。

### 3. 金属（铝塑共挤、塑钢）门（窗）

铝合金门（窗）、铝塑共挤门（窗）、塑钢门（窗）、钢质防火门、防盗门等，清单项目可组合相应门（窗）制作、安装及特殊五金安装等内容相关的定额子目。

（1）金属（铝塑共挤、塑钢）门（窗）制作、安装

工程量按设计图示尺寸以框外围面积计算。如果设计图示只标洞口尺寸，按洞口尺寸每边减去 15 mm 计算。

（2）特殊五金安装

此定额子目用于门窗定额中未包含的五金，工程量除另有注明外，按设计图示数量以套或台计算。

**［例 10–2］**试计算例 10–1 中门窗清单项目应组合的定额子目工程量。

**解：**

例 10–1 中门窗均为成品安装，成品单价中包五金、门锁等，定额工程量为门窗框的面积，则每项清单项目应组合的定额子目列项及工程量计算如下：

（1）木质门（M0721、M0921）应组合的定额子目：胶合板门制作（门窗价格表）、无纱胶合板门安装（单扇无亮）

$S=(0.7-0.03)\times(2.1-0.015)\times20+(0.9-0.03)\times(2.1-0.015)\times52\ (m^2)=122.26\ (m^2)$

（2）钢质防火门（FM1221）应组合的定额子目：钢质防火门制作（门窗价格表）、钢质防火门安装

$S=(1.2-0.03)\times(2.1-0.015)\times20\ (m^2)=48.79\ (m^2)$

（3）金属门（TLM1521）应组合的定额子目：50 系列铝合金推拉门制作（门窗价格表）、铝合金推拉门安装（含 12 mm 厚钢化玻璃）

$S$=（1.5−0.03）×（2.1−0.015）×30（$m^2$）=91.95（$m^2$）

（4）金属窗（C1314）应组合的定额子目：60 系列铝塑共挤平开窗制作（门窗价格表）、60 系列铝塑共挤固定窗制作（门窗价格表）、铝塑共挤平开窗（窗面积小于 1.25 $m^2$）安装、铝塑共挤固定窗（窗面积小于 1.25 $m^2$）安装

铝塑共挤平开窗制作安装：

$S_1$=（1.3−0.03）×（1−0.015）×52（$m^2$）=65.05（$m^2$）

铝塑共挤固定窗制作安装：

$S_2$=（1.3−0.03）×（0.4−0.015）×52（$m^2$）=25.43（$m^2$）

（5）金属飘窗（TC1）应组合的定额子目：60 系列铝塑共挤平开窗制作（门窗价格表）、60 系列铝塑共挤固定窗制作（门窗价格表）、铝塑共挤平开窗（窗面积小于 1.25 $m^2$）安装、铝塑共挤固定窗（窗面积小于 1.25 $m^2$）安装

铝塑共挤平开窗制作安装：

$S_1$=1.5×1.35×52（$m^2$）=105.30（$m^2$）

铝塑共挤固定窗制作安装：

$S_2$=240.50−105.30（$m^2$）=135.20（$m^2$）

## 第三节 门窗工程量清单综合单价计算

门窗工程量清单综合单价的计算是以 2018 年广东省定额为依据，并根据工程实际情况确定具体的工程量清单项目组价内容，利用综合单价分析表，将组成门窗工程量清单项目的费用汇总计算，并最后得出门窗工程量清单项目的综合单价。费用的计算以定额消耗量为依据，人工、材料、机械单价按指定计价时期的价格调整，并按项目实际情况计算利润。

**[ 例 10−3 ]** 以例 10−1 ~例 10−2 中计算的门窗工程的清单及定额工程量计算结果为依据，计算其工程量清单综合单价，并汇总分部工程量清单计价表。已知该工程人工费按定额人工费 ×108.76/100 计算，管理费按（人工费 + 机具费）×14.66% 计算，利润按（人工费 + 机具费）×20% 计算。

另外，主材料现行税前价格为：胶合板门（即夹板门）414 元 /$m^2$，50 系列铝合金推拉门 498 元 /$m^2$，钢质防火门（双扇乙级）412 元 /$m^2$，铝塑共挤平开窗（包 5 mm 厚钢化白玻璃 +6A+5 mm 厚钢化白玻璃）750 元 /$m^2$，铝塑共挤固定窗（包 5 mm 厚钢化白玻璃 +6A+5 mm 厚钢化白玻璃）500 元 /$m^2$，12 mm 厚钢化玻璃 156 元 /$m^2$，1∶3 湿拌水泥砂浆（抹灰）621 元 /$m^3$，其余费用按 2018 年广东省定额的规定计算。

**解：**

（1）例 10−1 ~例 10−2 中门窗工程量清单及定额工程量计算结果汇总见表 10−6。

表 10–6　门窗工程量清单及定额工程量计算结果汇总

<table>
<tr><th rowspan="2">序号</th><th colspan="3">清单项目</th><th colspan="3">定额项目</th></tr>
<tr><th>项目名称</th><th>计量单位</th><th>工程量</th><th>项目名称</th><th>计量单位</th><th>工程量</th></tr>
<tr><td rowspan="2">1</td><td rowspan="2">木质门</td><td rowspan="2">$m^2$</td><td rowspan="2">127.68</td><td>（1）胶合板门制作（门窗价格表）</td><td>$m^2$</td><td>122.26</td></tr>
<tr><td>（2）无纱胶合板门安装（单扇无亮）</td><td>$m^2$</td><td>122.26</td></tr>
<tr><td rowspan="2">2</td><td rowspan="2">钢质防火门</td><td rowspan="2">$m^2$</td><td rowspan="2">50.40</td><td>（1）钢质防火门制作（门窗价格表）</td><td>$m^2$</td><td>48.79</td></tr>
<tr><td>（2）钢质防火门安装</td><td>$m^2$</td><td>48.79</td></tr>
<tr><td rowspan="2">3</td><td rowspan="2">金属门</td><td rowspan="2">$m^2$</td><td rowspan="2">94.50</td><td>（1）50 系列铝合金推拉门制作（门窗价格表）</td><td>$m^2$</td><td>91.95</td></tr>
<tr><td>（2）铝合金推拉门安装（含 12 mm 厚钢化玻璃）安装</td><td>$m^2$</td><td>91.95</td></tr>
<tr><td rowspan="4">4</td><td rowspan="4">金属窗</td><td rowspan="4">$m^2$</td><td rowspan="4">94.64</td><td>（1）60 系列铝塑共挤平开窗制作（门窗价格表）</td><td>$m^2$</td><td>65.05</td></tr>
<tr><td>（2）铝塑共挤平开窗（窗面积小于 1.25 $m^2$）安装</td><td>$m^2$</td><td>65.05</td></tr>
<tr><td>（3）60 系列铝塑共挤固定窗制作（门窗价格表）</td><td>$m^2$</td><td>25.43</td></tr>
<tr><td>（4）铝塑共挤固定窗（窗面积小于 1.25 $m^2$）安装</td><td>$m^2$</td><td>25.43</td></tr>
<tr><td rowspan="4">5</td><td rowspan="4">金属飘窗</td><td rowspan="4">$m^2$</td><td rowspan="4">240.50</td><td>（1）60 系列铝塑共挤平开窗制作（门窗价格表）</td><td>$m^2$</td><td>105.30</td></tr>
<tr><td>（2）铝塑共挤平开窗（窗面积小于 1.25 $m^2$）安装</td><td>$m^2$</td><td>105.30</td></tr>
<tr><td>（3）60 系列铝塑共挤固定窗制作（门窗价格表）</td><td>$m^2$</td><td>135.20</td></tr>
<tr><td>（4）铝塑共挤固定窗（窗面积小于 1.25 $m^2$）安装</td><td>$m^2$</td><td>135.20</td></tr>
</table>

（2）以金属门（TLM1521）的综合单价计算为例，其工程量清单综合单价的计算过程见表 10–7。

**表 10-7** **金属门工程量清单综合单价计算过程**

<table>
<tr><td colspan="12">工程名称：× × 工程</td><td>第　页，共　页</td><td></td></tr>
<tr><td colspan="2">项目编码</td><td colspan="2">010802001001</td><td colspan="2">项目名称</td><td colspan="3">金属门（TLM1521）</td><td>计量单位</td><td>m²</td><td colspan="2">清单工程量</td><td>94.5</td></tr>
<tr><td colspan="14">清单综合单价组成明细</td></tr>
<tr><td rowspan="2">定额编号</td><td rowspan="2">定额子目名称</td><td rowspan="2">定额单位</td><td rowspan="2">工程数量</td><td colspan="5">单价（元）</td><td colspan="5">合价（元）</td></tr>
<tr><td>人工费</td><td>材料费</td><td>机具费</td><td>管理费</td><td>利润</td><td>人工费</td><td>材料费</td><td>机具费</td><td>管理费</td><td>利润</td></tr>
<tr><td>A1-9-205</td><td>推拉门安装铝合金门（6 mm 平板玻璃换为 12 mm 钢化玻璃）</td><td>100 m²</td><td>0.009 7</td><td>3 046.39</td><td>17 537.60</td><td></td><td>446.60</td><td>609.28</td><td>29.64</td><td>170.64</td><td></td><td>4.35</td><td>5.93</td></tr>
<tr><td></td><td>铝合金推拉门 50 系列</td><td>m²</td><td>0.973</td><td></td><td>498</td><td></td><td></td><td></td><td></td><td>484.56</td><td></td><td></td><td></td></tr>
<tr><td colspan="2"></td><td colspan="7">小计</td><td>29.64</td><td>655.20</td><td></td><td>4.35</td><td>5.93</td></tr>
<tr><td colspan="2"></td><td colspan="7">未计价材料费</td><td colspan="5">0.00</td></tr>
<tr><td colspan="9">清单项目综合单价</td><td colspan="5">695.12</td></tr>
</table>

（3）其他门窗工程量清单综合单价计算过程略，最后报价见表 10–8。

**表 10–8　　分部分项工程量清单与计价**

| 序号 | 项目编码 | 项目名称 | 项目特征描述 | 计量单位 | 工程数量 | 金额（元） | | |
|---|---|---|---|---|---|---|---|---|
| | | | | | | 综合单价 | 合价 | 暂估价 |
| 1 | 010801001001 | 木质门 | 门代号及洞口尺寸：M0721、M0921 | $m^2$ | 127.68 | 439.99 | 56 177.92 | |
| 2 | 010802003001 | 钢质防火门 | 1. 门代号及洞口尺寸：FM1221<br>2. 门框、扇材质：门框用 1.2 mm 冷轧钢板，门扇面板用 1.0 mm 冷轧钢板，内里由耐火隔热材料填实 | $m^2$ | 50.40 | 432.57 | 21 801.53 | |
| 3 | 010802001001 | 金属门 | 1. 门代号及洞口尺寸：TLM1521<br>2. 门框、扇材质：铝合金推拉门 50 系列 1.2 mm 厚型材<br>3. 玻璃品种、厚度：12 mm 厚钢化玻璃 | $m^2$ | 94.50 | 695.12 | 65 688.84 | |
| 4 | 010807001001 | 金属窗 | 1. 窗代号及洞口尺寸：C1314<br>2. 框、扇材质：60 系列铝塑共挤窗<br>3. 玻璃品种、厚度：5 mm 厚钢化白玻璃 + 6A+5 mm 厚钢化白玻璃 | $m^2$ | 94.64 | 773.47 | 73 201.20 | |
| 5 | 010807007001 | 金属飘窗 | 1. 窗代号：TC1<br>2. 框、扇材质：60 系列铝塑共挤窗<br>3. 玻璃品种、厚度：5 mm 厚钢化白玻璃 + 6A+5 mm 厚钢化白玻璃 | $m^2$ | 240.50 | 733.82 | 176 483.71 | |
| | | | 小计 | | | | 393 353.20 | |

# 技能训练 8　某工程门窗工程计量与计价

已知某工程的门窗表和门窗大样如图 10–2 所示，门窗均为成品安装，除 TC1 平立面尺寸为框外围尺寸外，其余门窗图中尺寸均为洞口尺寸。

试计算：

（1）该工程门窗的清单及定额工程量。

（2）上述门窗工程量清单综合单价，并编制其分部分项工程量清单与计价表。

该工程人工费、材料费、管理费、利润及其他费用均按当地定额及市场价格文件的规定计算。

| 编号 | 门窗名称 | 洞口尺寸（宽 × 高）(mm) | 数量 | 备注 |
|---|---|---|---|---|
| C1 | 铝合金推拉窗 | 2000×1500 | 20 | 70系列，平板玻璃5mm |
| C2 | 铝合金固定窗 | 590×900 | 20 | 70系列，平板玻璃5mm |
| TC1 | 铝合金飘窗 | 门框尺寸见平面及大样图 | 30 | 70系列，平板玻璃5mm |
| M1 | 夹板平开门 | 900×2200 | 60 | 杉木胶合板门 |
| M2 | 铝合金平开门 | 700×2200 | 30 | 70系列，12mm钢化玻璃 |
| GM1 | 不锈钢防盗门 | 1500×2200 | 20 | 普通型，门钢板厚1mm |

a）

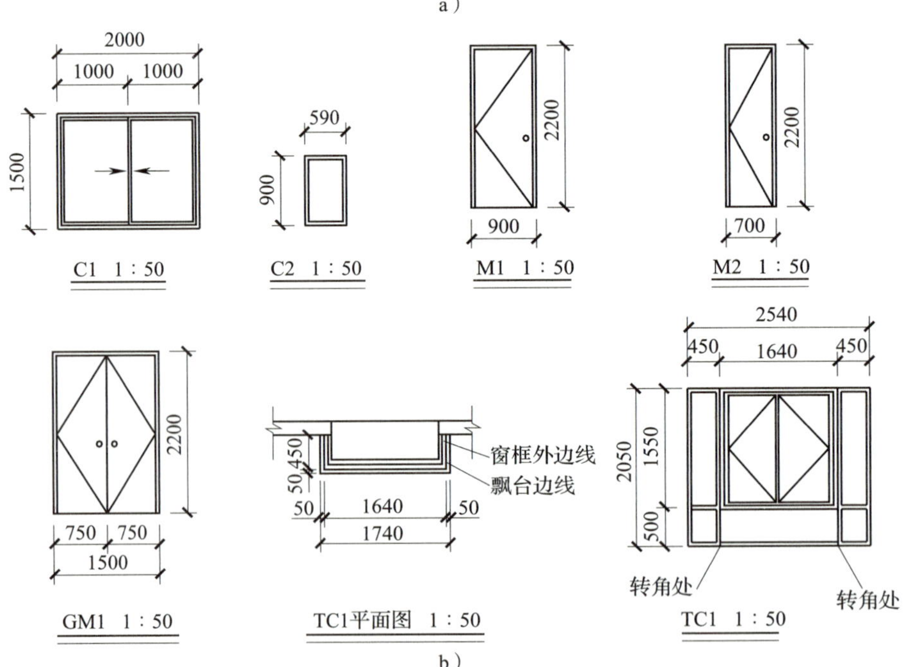


b）

图 10–2　某工程的门窗表和门窗大样

a）门窗表　b）门窗大样与 TC1 平面图

# 第三篇

# 建筑工程措施项目计量与计价及工程造价的计算

本篇从第十一章至第十四章介绍了民用建筑常用措施项目的计量与计价及工程造价的计算方法，其中第十一章至第十二章介绍混凝土模板及支架（撑）工程、脚手架工程的计量与计价方法，第一节是从招标方的角度介绍工程量清单编制及工程量计算方法，第二节是从投标方报价的角度介绍措施项目综合单价的计算方法；第十三章介绍措施项目费的计算方法，第一节介绍措施项目工程量清单编制方法及费用计算方法，第二节介绍措施项目费用汇总的计算方法；第十四章介绍工程造价的计算方法，第一节和第二节分别介绍其他项目、规费及税金的计算方法，第三节介绍工程造价的汇总计算方法。具体方法的计算均采用“方法阐述＋实例演示”的形式，适合学生自主学习。

# 第十一章 混凝土模板及支架（撑）工程计量与计价

学习目标

掌握现浇混凝土模板及支架（撑）工程量清单及综合单价的编制方法，能熟练计算现浇混凝土模板及支架（撑）的工程量，编制工程量清单，并计算其综合单价。

## 第一节 混凝土模板及支架（撑）工程量清单编制及工程量计算

### 一、混凝土模板及支架（撑）工程量清单项目的设置

混凝土模板及支架（撑）只适用于模板工程单列且以平方米计量的项目，若模板工程不单列且以立方米计量，则计入混凝土工程相应清单项目的综合单价中。

2013 年清单计量规范中，混凝土模板及支架（撑）工程量清单包括基础、矩形柱、矩形梁等共三十二个项目。

混凝土模板及支架（撑）工程量清单项目见表 11–1。

表 11–1　S.2 混凝土模板及支架（撑）（编码：011702）

| 项目编码 | 项目名称 | 项目特征 | 计量单位 | 工程量计算规则 | 工作内容 |
|---|---|---|---|---|---|
| 011702001 | 基础 | 基础类型 | $m^2$ | 按模板与现浇混凝土构件的接触面积计算 | 1. 模板制作 |
| 011702002 | 矩形柱 |  |  |  |  |
| 011702003 | 构造柱 |  |  |  |  |
| 011702004 | 异形柱 | 柱截面形状 |  |  |  |
| 011702005 | 基础梁 | 梁截面形状 |  |  |  |

续表

| 项目编码 | 项目名称 | 项目特征 | 计量单位 | 工程量计算规则 | 工作内容 |
|---|---|---|---|---|---|
| 011702006 | 矩形梁 | 支撑高度 | $m^2$ | 按模板与现浇混凝土构件的接触面积计算 | 2. 模板安装、拆除、整理堆放及场内外运输 |
| 011702007 | 异形梁 | 1. 梁截面形状<br>2. 支撑高度 | | | |
| 011702008 | 圈梁 | | | | |
| 011702009 | 过梁 | | | | |
| 011702010 | 弧形、拱形梁 | 1. 梁截面形状<br>2. 支撑高度 | | | |
| 011702011 | 直形墙 | | | | |
| 011702012 | 弧形墙 | | | | |
| 011702013 | 短肢剪力墙、电梯井壁 | | | | |
| 011702014 | 有梁板 | 支撑高度 | | | |
| 011702015 | 无梁板 | | | | |
| 011702016 | 平板 | | | | |
| 011702017 | 拱板 | | | | |
| 011702018 | 薄壳板 | | | | |
| 011702019 | 空心板 | | | | |
| 011702020 | 其他板 | | | | |
| 011702021 | 栏板 | | | | |
| 011702022 | 天沟、檐沟 | 构件类型 | | | |
| 011702023 | 雨篷、悬挑板、阳台板 | 1. 构件类型<br>2. 板厚度 | | 按图示外挑部分尺寸的水平投影面积计算 | |

续表

| 项目编码 | 项目名称 | 项目特征 | 计量单位 | 工程量计算规则 | 工作内容 |
|---|---|---|---|---|---|
| 011702024 | 楼梯 | 类型 | $m^2$ | 按楼梯的水平投影面积计算 | 3. 清理模板黏结物及模内杂物、刷隔离剂等 |
| 011702025 | 其他现浇构件 | 构件类型 | | 按模板与现浇混凝土构件的接触面积计算 | |
| 011702026 | 电缆沟、地沟 | 1. 沟类型<br>2. 沟截面 | | 按模板与电缆沟、地沟的接触面积计算 | |
| 011702027 | 台阶 | 台阶踏步宽 | | 按图示台阶水平投影面积计算 | |
| 011702028 | 扶手 | 扶手断面尺寸 | | 按模板与扶手的接触面积计算 | |
| 011702029 | 散水 | | | 按模板与散水的接触面积计算 | |
| 011702030 | 后浇带 | 后浇带部位 | | 按模板与后浇带的接触面积计算 | |
| 011702031 | 化粪池 | 1. 化粪池部位<br>2. 化粪池规格 | | 按模板与混凝土接触面积计算 | |
| 011702032 | 检查井 | 1. 检查井部位<br>2. 检查井规格 | | | |

## 二、混凝土模板及支架（撑）清单及定额工程量计算

除个别项目外，大部分混凝土模板及支架（撑）清单工程量与定额工程量计算方法相同，下列构件工程量计算方法如无特别说明，则清单及定额工程量计算方法相同。

### 1. 基础、柱、梁、墙、板

工程量按模板与现浇混凝土构件的接触面积计算。

（1）原槽浇灌的混凝土基础不计算模板。

（2）现浇钢筋混凝土墙、板单孔面积不大于 0.3 $m^2$ 的孔洞不予扣除，洞侧壁模板也不增加；单孔面积大于 0.3 $m^2$ 时应予扣除，洞侧壁模板面积并入墙、板工程量内计算。如图 11–5 所示的板上烟囱洞口不扣除，而检查孔则应予扣除。

（3）现浇框架分别按梁、板、柱有关规定计算；附墙柱、暗梁、暗柱并入墙内工程量计算。

（4）柱、梁、墙、板相互连接的重叠部分均不计算模板面积（见图 11–1）。

（5）构造柱按图示外露部分计算模板面积，如图 11–2 所示。

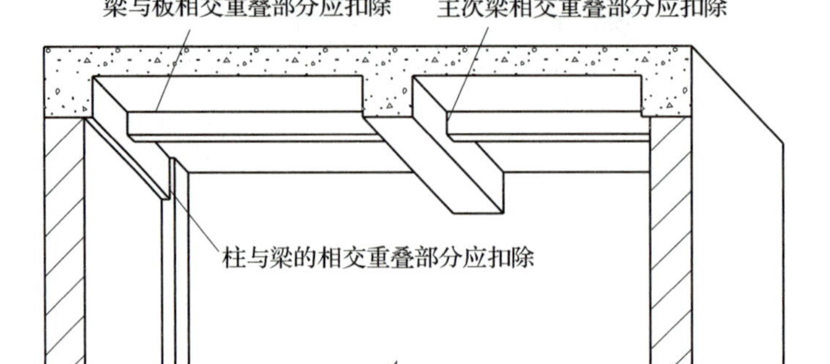


图 11-1　柱、梁、墙、板相互连接的重叠部分

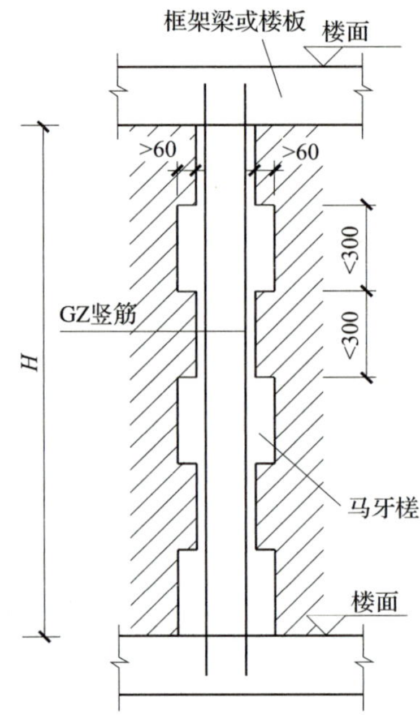


图 11-2　构造柱外露部分示意图

**[ 例 11-1 ]** 某工程有如图 11-3 所示的 C30 混凝土独立基础 15 个，试计算该工程独立基础及垫层的模板工程量。

**解：**

本工程独立基础和垫层的清单项目名称均为“基础”，但是因为是不同类型的基础，所以应分开列项，清单及定额工程量均按模板与基础的垂直面接触面积计算。依据 2013 年清单计量规范和 2018 年广东省定额，其清单及定额列项及工程量计算如下：

（1）独立基础的清单项目名称：基础

相应的定额子目名称为：独立基础模板

$S$=（2.7×4×0.5+1.4×4×0.6）×15（$m^2$）=131.40（$m^2$）

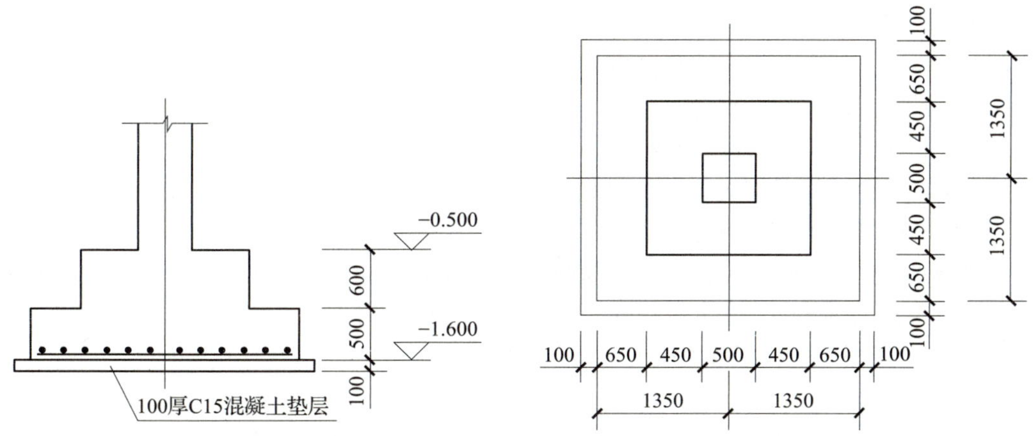


图 11-3　C30 混凝土独立基础

（2）垫层的清单项目名称：基础

相应的定额子目名称为：基础垫层模板

$S$=（2.9×4×0.1）×15（$m^2$）=17.40（$m^2$）

**［例 11-2］**某工程有如图 11-4 所示的构造柱共 16 个，该构造柱马牙槎宽 60 mm，试计算该构造柱模板的工程量。

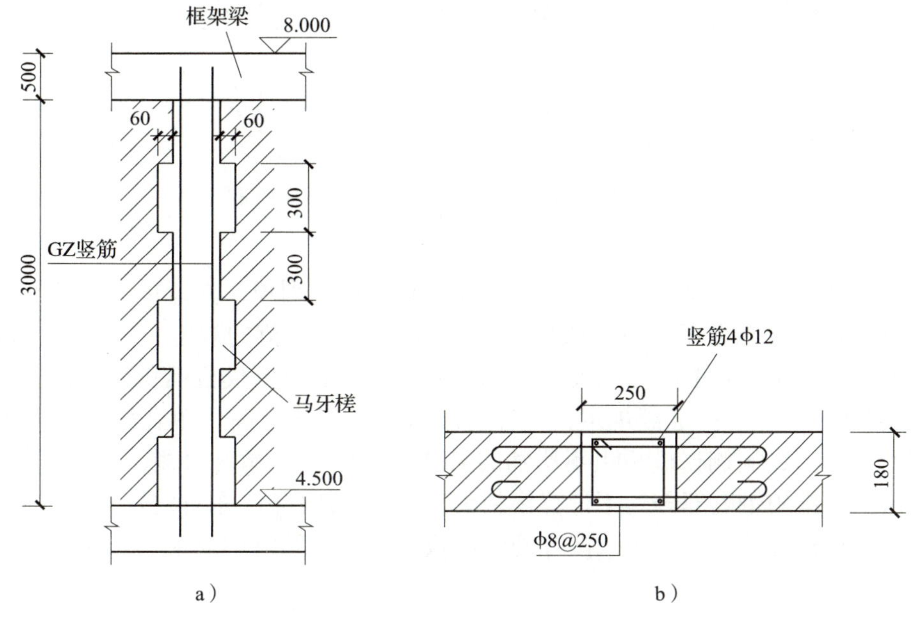


图 11-4　构造柱

a）构造柱立面大样图　b）构造柱配筋大样图

**解：**

本工程构造柱全高为楼板面计至上一层框架梁底，其清单模板工程量按图示外露部分两个面计算，伸入墙体内马牙槎宽 60 mm 模板并入柱身计算；而 2018 年广东省定额模板工程量考虑到实际施工做法，规定构造柱模板与砌体相连的那一面按接触面宽度每边加 10 cm 乘以柱高计算。则构造柱模板工程量为：

清单项目名称：构造柱

清单工程量 $S_1$=（0.25+0.06×2）×2×3.0×16（$m^2$）=35.52（$m^2$）

相应的定额子目名称为：矩形柱模板（周长 1.2 m 内，支模高度 3.6 m 内）

定额工程量 $S_2$=（0.25+0.1×2）×2×3.0×16（$m^2$）=43.20（$m^2$）

**［例 11–3］**某工程二层梁板（首层顶）结构平面图如图 11–5 所示，已知该工程首层层高为 3.2 m，KZ1 尺寸为 300 mm×300 mm，板厚为 100 mm，试计算该二层梁板（不包括阳台梁板）的模板工程量。

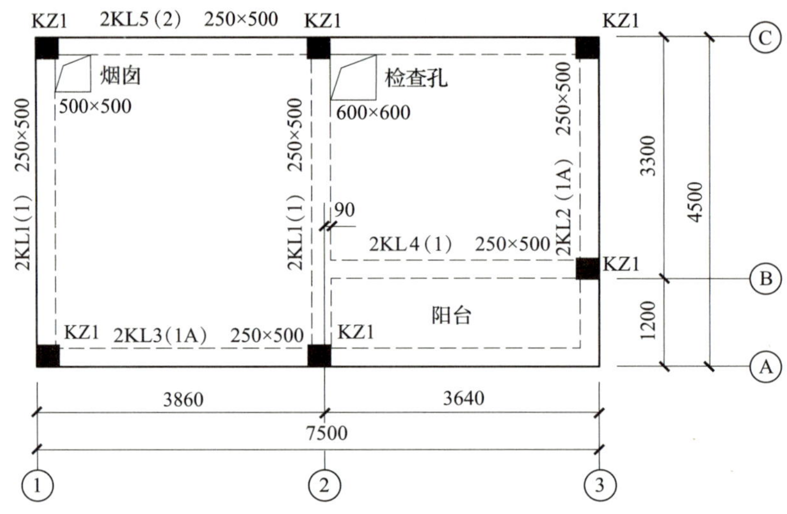


图 11–5 某工程二层梁板（首层顶）结构平面图

**解：**

本工程梁和板的清单应按“矩形梁”和“有梁板”列项，其清单及定额工程量均按模板与梁板的接触面积计算。依据 2013 年清单计量规范的规定，计算有梁板模板清单工程量时，应扣除单孔面积大于 0.3 $m^2$ 的孔洞，洞侧壁模板面积并入板工程量内计算；而 2018 年广东省定额规定，计算有梁板模板工程量时，单孔面积不大于 1 $m^2$ 的孔洞不予扣除，洞侧壁模板也不增加。另外，2013 年清单计量规范规定，柱、梁、墙、板相互连接的重叠部分均不计算模板面积；而 2018 年广东省定额规定，梁与梁、梁与墙、梁与柱交接时，不扣减接合处的模板面积。则其清单及定额列项及工程量计算如下：

（1）清单项目名称：矩形梁

1×A–C(250×500)：(4.5–0.3×2)×(0.25+0.4+0.5)($m^2$)=3.9×1.15($m^2$)=4.485($m^2$)

2×A–C(250×500)：(4.5–0.3×2)×(0.25+0.4×2)($m^2$)=3.9×1.05($m^2$)=4.095($m^2$)

3×B–C(250×500)：(3.3–0.3×2)×(0.25+0.4+0.5)($m^2$)=2.7×1.15($m^2$)=3.105($m^2$)

A×1–2（250×500）：（3.86+0.09–0.3×2）×（0.25+0.4+0.5）($m^2$)=3.853（$m^2$）

B×2–3（250×500）：（3.64–0.09–0.3）×（0.25+0.4×2）($m^2$)=3.413（$m^2$）

C×1-3（250×500）:（7.5−0.3×3）×（0.25+0.4+0.5）（$m^2$）=7.59（$m^2$）

扣主次梁相交处（2×B）:−0.25×0.4（$m^2$）=−0.1（$m^2$）

小计：清单工程量 $S_1$=26.44 $m^2$

相应的定额子目名称为：宽 25 cm 内单梁、连续梁模板（支模高度 3.6 m 内）

定额工程量 $S_2$=26.44+0.1（$m^2$）=26.54（$m^2$）

（2）清单项目名称：有梁板

1-2×A-C:（3.86+0.09−0.25×2）×（4.5−0.25×2）（$m^2$）=13.80（$m^2$）

2-3×B-C:（3.64−0.09−0.25）×（3.3−0.25×2）（$m^2$）=9.24（$m^2$）

扣柱角:−（0.3−0.25）×（0.3−0.25）×6（$m^2$）=−0.015（$m^2$）

扣检查孔:−0.6×0.6（$m^2$）=−0.36（$m^2$）

加检查孔侧壁：0.6×4×0.1（$m^2$）=0.24（$m^2$）

小计：清单工程量 $S_1$=22.91 $m^2$

相应的定额子目名称为：有梁板模板（支模高度 3.6 m 内）

定额工程量 $S_2$=13.8+9.24−0.015（$m^2$）=23.03（$m^2$）

### 2. 天沟、檐沟、雨篷、悬挑板、阳台板

#### （1）天沟、檐沟

工程量按模板与现浇混凝土构件的接触面积计算。

#### （2）雨篷、悬挑板、阳台板

工程量按图示外挑部分尺寸的水平投影面积计算，挑出墙外的悬臂梁及板边不另计算。

**[ 例 11-4 ]** 试计算图 11-5 中阳台板的模板工程量。

**解：**

阳台板的清单及定额工程量均按图示外挑部分尺寸的水平投影面积计算，轴线 A×2-3 和 3×A-B 的梁及板边不另计算模板面积。则阳台板模板工程量为：

清单项目名称：阳台板

相应的定额子目名称为：阳台模板（直形）

$S$=（3.64−0.09）×1.2（$m^2$）=4.26（$m^2$）

### 3. 楼梯

工程量按楼梯（包括休息平台、平台梁、斜梁和楼层板的连接梁）的水平投影面积计算，不扣除宽度不大于 500 mm 的楼梯井所占面积，楼梯踏步、踏步板、平台梁等侧面模板不另计算，伸入墙内部分亦不增加。

楼梯模板工程与楼梯混凝土清单工程量第一种算法相同。

**[ 例 11-5 ]** 某二层住宅楼梯平面图及 1—1 剖面图如图 11-6 所示，试计算该楼梯的模板工程量。

**解：**

楼梯井宽度为 120 mm<500 mm，所以计算水平投影面积时不扣除楼梯井，伸入墙内部分不计算。则直形楼梯清单及定额工程量计算过程如下：

清单项目名称：楼梯

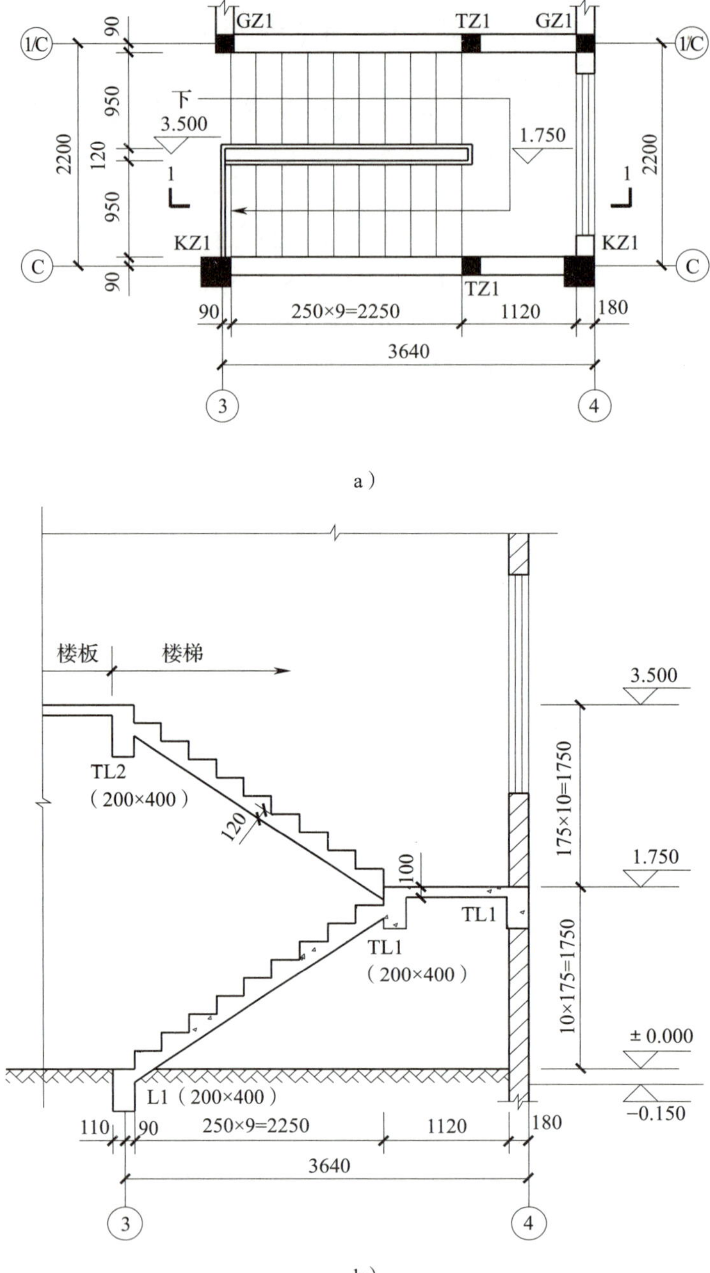


图 11-6　某二层住宅楼梯平面图及 1—1 剖面图

a）楼梯平面图　b）楼梯 1—1 剖面图

相应的定额子目名称为：楼梯模板（直形）

$S=（0.2+2.25+1.12）\times（2.2-0.18）(m^2)=7.21（m^2）$

## 4. 台阶

工程量按图示台阶水平投影面积计算，台阶端头两侧不另计算模板面积。架空式

混凝土台阶按现浇楼梯计算。

台阶模板工程与台阶混凝土清单工程量第一种算法相同。

### 5. 其他现浇构件、电缆沟、地沟、扶手、后浇带、化粪池、检查井

清单工程量均按模板与混凝土构件的接触面积计算。

定额工程量除扶手按长度以米计算外，其余子目均按模板与混凝土构件的接触面积计算。

[ 例 11–6 ] 如图 11–7 所示，女儿墙压顶长为 45 m，求该工程压顶的模板工程量。

**解：**

女儿墙压顶清单工程量按模板与混凝土构件的接触面积计算，其定额工程量按长度计算，则其模板工程量为：

（1）清单项目名称：扶手

$S$=45 ×（0.16 × 2+0.06）( $m^2$ ) =17.10（ $m^2$ ）

（2）相应的定额子目名称为：压顶模板

$L$=45 m

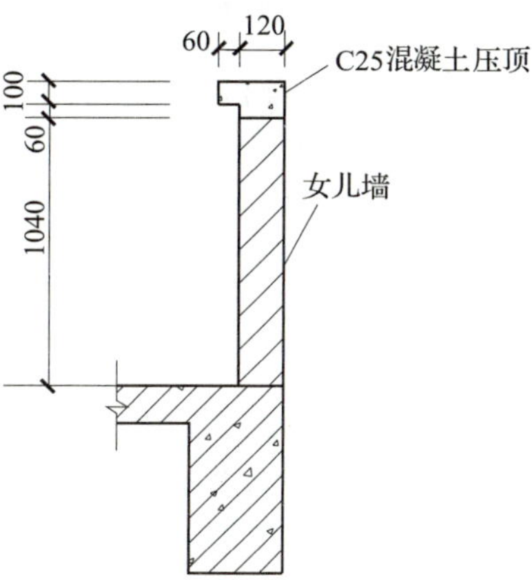

图 11–7　女儿墙压顶

## 三、混凝土模板及支架（撑）清单项目的编制

### 1. 混凝土模板及支架（撑）清单项目的编制示例（见表 11–2）

按 2018 年广东省定额规定，模板及支架（撑）定额子目中的钢支撑费用应列为绿色施工安全防护措施费，其余模板费用列为其他措施费，因此列项时应将其中的钢支撑费用单列。其工程量按柱梁板墙等定额子目中钢支撑的含量计算，本示例中是按例 11–2 ~ 例 11–4 中的构造柱、矩形梁、有梁板和阳台板中钢支撑的含量计算（基础、楼梯和扶手定额中没有钢支撑），即钢支撑工程量 =54.588 × 0.432+95.357 × 0.265 4+79.655 × 0.230 3+76.62 × 0.042 6（kg）=70.50（kg）。

表 11–2　　混凝土模板及支架（撑）清单项目的编制示例

| 序号 | 项目编码 | 项目名称 | 项目特征 | 计量单位 | 工程数量 | 金额（元） | | |
|---|---|---|---|---|---|---|---|---|
| | | | | | | 综合单价 | 合价 | 暂估价 |
| 1 | 011702001001 | 基础 | 基础类型：独立基础 | $m^2$ | 131.40 | | | |
| 2 | 011702001002 | 基础 | 基础类型：垫层 | $m^2$ | 17.40 | | | |
| 3 | 011702003001 | 构造柱 | | $m^2$ | 35.52 | | | |
| 4 | 011702006001 | 矩形梁 | 支撑高度：3.6 m 内 | $m^2$ | 26.44 | | | |
| 5 | 011702014001 | 有梁板 | 支撑高度：3.6 m 内 | $m^2$ | 22.91 | | | |

续表

| 序号 | 项目编码 | 项目名称 | 项目特征 | 计量单位 | 工程数量 | 金额（元） | | |
|---|---|---|---|---|---|---|---|---|
| | | | | | | 综合单价 | 合价 | 暂估价 |
| 6 | 011702023001 | 阳台板 | 1. 构件类型：阳台板<br>2. 板厚度：100 m | $m^2$ | 4.26 | | | |
| 7 | 011702024001 | 楼梯 | 类型：直形楼梯 | $m^2$ | 7.21 | | | |
| 8 | 011702028001 | 扶手 | 扶手断面尺寸：120 mm×160 mm +60 mm × 100 mm | $m^2$ | 17.10 | | | |
| 9 | 01B001 | 钢支撑 | | kg | 70.50 | | | |

### 2. 编制混凝土模板及支架（撑）项目清单应注意的问题

（1）若现浇混凝土梁、板支撑高度超过 3.6 m 时，项目特征应描述支撑高度，否则可以不描述支撑高度。

（2）采用清水模板时，应在项目特征描述时注明。

（3）“支撑高度”（即定额中的“支模高度”）指楼层高度。

## 第二节 混凝土模板及支架（撑）措施项目综合单价计算

混凝土模板及支架（撑）措施项目清单综合单价的计算是以 2018 年广东省定额为依据，按照一个清单项目对应一个定额子目的形式计算综合单价。费用的计算以定额消耗量为依据，人工、材料、机械单价按指定计价时期的价格调整，并按项目实际情况计算利润。

**[ 例 11–7 ]** 以表 11–2 中混凝土构件的模板及支架（撑）的清单工程量为依据，计算其措施项目清单综合单价，并汇总单价措施项目清单与计价表。已知该工程人工费按定额人工费 ×108.76/100 计算，管理费按（人工费 + 机具费）×26.35% 计算，利润按（人工费 + 机具费）×20% 计算。其余费用按 2018 年广东省定额的规定计算。

**解：**

按 2018 年广东省定额的规定，计算模板综合单价时应将其中的支撑费用扣除出来单列，计算过程如下：

（1）以基础综合单价计算为例，其清单综合单价计算过程见表 11–3。

表 11-3

## 基础清单综合单价计算过程

<table>
<tr><td colspan="12">工程名称：× × 工程</td><td colspan="2">第　页，共　页</td></tr>
<tr><td colspan="2">项目编码</td><td colspan="2">011702001001</td><td colspan="2">项目名称</td><td colspan="2">基础</td><td colspan="2">计量单位</td><td colspan="2">$m^2$</td><td>清单工程量</td><td>131.40</td></tr>
<tr><td colspan="14">清单综合单价组成明细</td></tr>
<tr><td rowspan="2">定额编号</td><td rowspan="2">定额子目名称</td><td rowspan="2">定额单位</td><td rowspan="2">工程数量</td><td colspan="5">单价（元）</td><td colspan="5">合价（元）</td></tr>
<tr><td>人工费</td><td>材料费</td><td>机具费</td><td>管理费</td><td>利润</td><td>人工费</td><td>材料费</td><td>机具费</td><td>管理费</td><td>利润</td></tr>
<tr><td>A1-20-3</td><td>独立基础模板</td><td>100 $m^2$</td><td>0.01</td><td>2 019.84</td><td>1 900.65</td><td>162.66</td><td>575.09</td><td>436.50</td><td>20.20</td><td>19.01</td><td>1.63</td><td>5.75</td><td>4.36</td></tr>
<tr><td></td><td></td><td></td><td></td><td></td><td></td><td></td><td></td><td></td><td></td><td></td><td></td><td></td><td></td></tr>
<tr><td colspan="2"></td><td colspan="7">小计</td><td>20.20</td><td>19.01</td><td>1.63</td><td>5.75</td><td>4.36</td></tr>
<tr><td colspan="2"></td><td colspan="7">未计价材料费</td><td colspan="5">0.00</td></tr>
<tr><td colspan="9">清单项目综合单价</td><td colspan="5">50.95</td></tr>
</table>

（2）其他模板及支架（撑）工程量清单综合单价的计算过程略，计算的最后报价见表 11–4。

表 11–4　　单价措施项目清单与计价

| 序号 | 项目编码 | 项目名称 | 项目特征描述 | 计量单位 | 工程数量 | 金额（元） | | |
|---|---|---|---|---|---|---|---|---|
| | | | | | | 综合单价 | 合价 | 暂估价 |
| 1 | 011702001001 | 基础 | 基础类型：独立基础 | $m^2$ | 131.40 | 50.95 | 6 694.83 | |
| 2 | 011702001002 | 基础 | 基础类型：垫层 | $m^2$ | 17.40 | 29.64 | 515.74 | |
| 3 | 011702003001 | 构造柱 | | $m^2$ | 35.52 | 85.15 | 3 024.53 | |
| 4 | 011702006001 | 矩形梁 | 支撑高度：3.6 m 内 | $m^2$ | 26.44 | 66.01 | 1 745.30 | |
| 5 | 011702014001 | 有梁板 | 支撑高度：3.6 m 内 | $m^2$ | 22.91 | 61.77 | 1 415.15 | |
| 6 | 011702023001 | 阳台板 | 1. 构件类型：阳台板<br>2. 板厚度：100 m | $m^2$ | 4.26 | 74.00 | 315.24 | |
| 7 | 011702024001 | 楼梯 | 类型：直形楼梯 | $m^2$ | 7.21 | 182.10 | 1 312.94 | |
| 8 | 011702028001 | 扶手 | 扶手断面尺寸：120 mm×160 mm+60 mm × 100 mm | $m^2$ | 17.10 | 109.42 | 1 871.08 | |
| | | | 模板工程小计 | | | | 16 894.81 | |
| 9 | 01B001 | 钢支撑 | | kg | 70.50 | 3.88 | 273.54 | |
| | | | 钢支撑小计 | | | | 273.54 | |

## 技能训练 9　某工程混凝土模板及支架（撑）工程计量与计价

某二层框架住宅的顶层梁结构平面如图 6–19 所示（见技能训练 4），其基础平面图及大样图如图 7–21 所示（见技能训练 5），已知该住宅二层楼面标高为 3.5 m，二层屋面标高为 6.7 m，二层楼板和屋面板厚均为 100 mm，KZ1、KZ2 尺寸为 300 mm × 300 mm，试计算：

（1）该工程独立基础、二层屋面梁板的模板及支架（撑）的工程量。

（2）上述混凝土模板及支架（撑）工程措施项目清单综合单价，编制并汇总分部分项工程和单价措施项目清单与计价表。

该工程人工费、材料费、管理费、利润及其他费用均按当地定额及市场价格文件的规定计算。

# 第十二章 脚手架工程计量与计价

学习目标

掌握脚手架工程量清单及综合单价的编制方法，能熟练计算脚手架的工程量，编制工程量清单，并计算其综合单价。

## 第一节 脚手架工程量清单编制及工程量计算

### 一、脚手架工程量清单项目的设置

脚手架工程是各地分项和计算方法最不一致的工程。与模板及支架（撑）工程不同，模板及支架（撑）工程虽属措施工程，但因为它与实体混凝土工程是紧密联系的，各地的计算方法同清单的计算方法差别不大；但脚手架的类型和施工方式方法选择很灵活，因此其分项方法和工程量计算方法在各地有非常大的不同。

2013 年清单计量规范与 2010 年和 2018 年广东省定额在脚手架的分项方法和工程量计算方法上有很大的不同，故广东省建设工程造价管理总站于 2013 年 9 月 30 日颁布了执行 2013 年清单计量规范的指导性文件《关于实施〈房屋建筑与装饰工程工程量计算规范〉（GB 50854—2013）等的若干意见》（粤建造发〔2013〕4 号），文件规定“脚手架工程计算暂不执行新清单表 S.1 的有关规定，按照粤表 S.1.1 执行”。鉴于脚手架计价需要与 2018 年广东省定额配套使用，列清单若用 2013 清单将造成较大的混乱，因此教材以广东省补充清单为准编制脚手架措施项目清单。

粤表 S.1.1 中，脚手架工程量清单包括综合钢脚手架、单排钢脚手架、满堂脚手架、里脚手架等共十二个项目，见表 12–1。

表 12–1　　粤表 S.1.1 脚手架工程（编码：粤 011701）

<table>
<tr><th>项目编码</th><th>项目名称</th><th>项目特征</th><th>计量单位</th><th>工程量计算规则</th><th>工作内容</th></tr>
<tr><td>粤 011701008</td><td>综合钢脚手架</td><td>搭设高度</td><td>$m^2$</td><td rowspan="11">按 2018 年广东省定额“脚手架工程”工程量计算规则相关规定计算</td><td>1. 场内、场外材料搬运<br>2. 搭、拆脚手架、斜道、上料平台<br>3. 安全网的铺设<br>4. 拆除脚手架后材料的堆放</td></tr>
<tr><td>粤 011701009</td><td>单排钢脚手架</td><td rowspan="3">搭设高度</td><td rowspan="6">$m^2$</td><td rowspan="9">1. 场内、场外材料搬运<br>2. 搭设<br>3. 拆除脚手架后材料的堆放</td></tr>
<tr><td>粤 011701010</td><td>满堂脚手架</td></tr>
<tr><td>粤 011701011</td><td>里脚手架</td></tr>
<tr><td>粤 011701012</td><td>活动脚手架</td><td>搭设部位</td></tr>
<tr><td>粤 011701013</td><td>靠脚手架安全挡板</td><td>搭设高度</td></tr>
<tr><td>粤 011701014</td><td>独立安全挡板</td><td>搭设方式<br>搭设高度</td></tr>
<tr><td>粤 011701015</td><td>电梯井脚手架</td><td>搭设高度</td><td rowspan="2">座</td></tr>
<tr><td>粤 011701016</td><td>烟囱脚手架</td><td>直径大小<br>搭设高度</td></tr>
<tr><td>粤 011701017</td><td>架空运输道</td><td>搭设高度</td><td rowspan="2">$m^2$</td></tr>
<tr><td>粤 011701018</td><td>围尼龙编织布</td><td>搭设高度</td><td>1. 场内、场外材料搬运<br>2. 围尼龙编织布<br>3. 拆除后材料堆放</td></tr>
<tr><td>粤 011701019</td><td>单独挂尼龙安全网</td><td>搭设高度</td><td>$m^2$</td><td></td><td>1. 场内、场外材料搬运<br>2. 安全网的铺设<br>3. 拆除后材料的堆放</td></tr>
</table>

## 二、脚手架清单及定额工程量计算

按粤建造发〔2013〕4号文件的规定，广东省补充脚手架清单工程量按定额工程量计算规则计算。

### 1. 综合钢脚手架

综合钢脚手架是指沿建筑物外墙外围搭设的脚手架，即用于外墙砌筑、勾缝、浇捣外轴线柱以及外墙装饰等施工用的脚手架，它综合了脚手架、平桥、斜桥、平台、护栏、挡脚板、安全网、托架和拉杆等（见图12–1）。

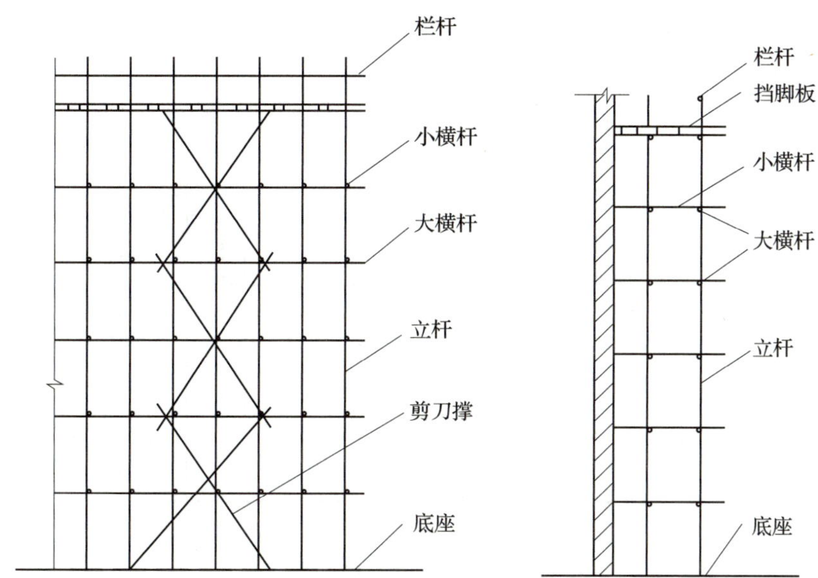


图12–1　综合钢脚手架正立面及侧立面

实际工程不论用什么材质或形式的脚手架，计算费用时均按综合钢脚手架计算。

综合钢脚手架清单项目包括综合钢脚手架搭拆和建筑用综合钢脚手架使用费两项定额子目费用。其中，综合钢脚手架清单工程量与综合钢脚手架搭拆定额工程量计算方法相同。

#### （1）综合钢脚手架搭拆

工程量按外墙外边线的凹凸总长度乘以设计外地坪至外墙的顶板面或檐口的高度计算（见图12–2a），有女儿墙者高度计至女儿墙顶面（见图12–2b），不扣除门、窗、洞口及穿过建筑物通道的面积。

**［例12–1］**某现浇框架结构四层住宅平面图及立面图如图12–3所示，试列项并计算该住宅外墙综合钢脚手架搭拆的工程量。

**解：**

列项及工程量计算如下：

清单项目名称：综合钢脚手架

相应的定额子目名称：12.5 m内综合钢脚手架搭拆

$S=[(3.3+3.6+2.7+3.6+3.3+5.0+5.0)\times2+1.4\times4]\times12.3\ (m^2)=720.78\ (m^2)$

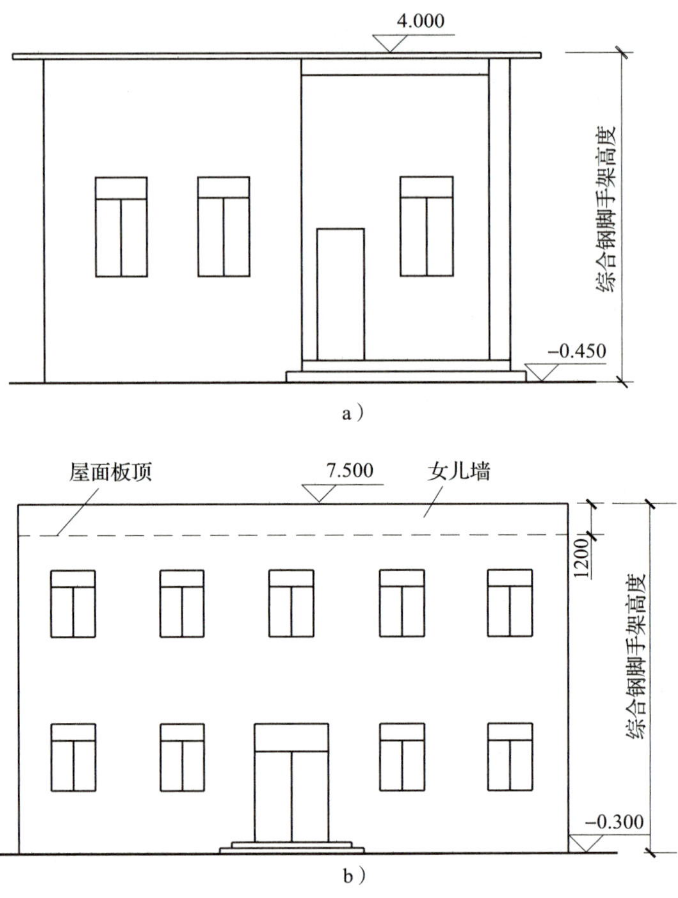


图 12-2 综合钢脚手架

a）综合钢脚手架高度计至檐口 b）综合钢脚手架高度计至女儿墙顶面

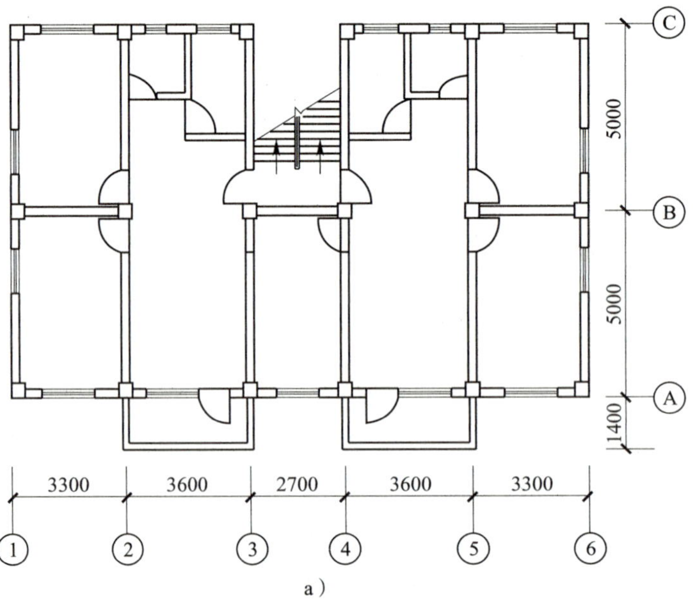

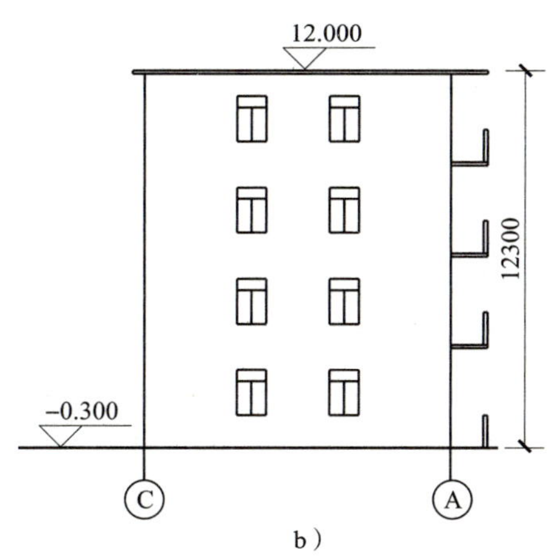


图 12-3　某现浇框架结构四层住宅平面图及立面图

a）平面图　b）立面图

（2）上层外墙有缩入的墙体或裙楼有缩入的塔楼的综合钢脚手架搭拆

上层外墙有缩入的墙体（见图 12-4）或裙楼有缩入的塔楼（见图 12-5）工程，其外墙脚手架不能沿外墙直上至楼顶，其缩入部分脚手架需另行搭设，因此其下层未缩入部分和上层缩入部分应按套价高度不同分开列项计算。

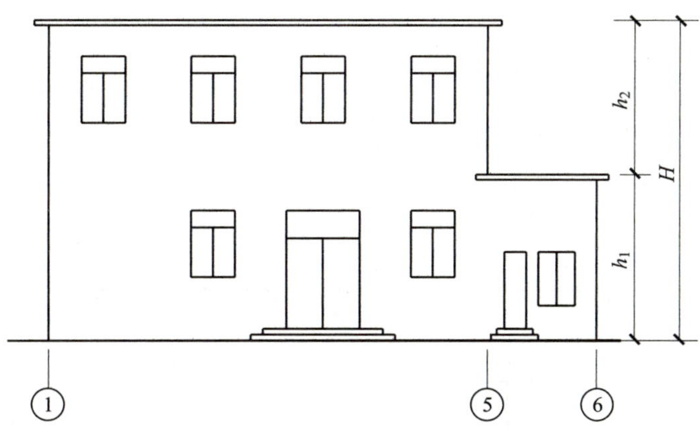


图 12-4　上层外墙有缩入的墙体

外墙未缩入部分综合钢脚手架搭拆工程量计算高度和套价高度仍按前述综合钢脚手架搭拆工程量计算方法计算。

上层缩入的部分综合钢脚手架搭拆工程量计算高度仍按缩入部分的实际搭设高度计算，但套价高度应由设计外地坪至塔楼顶面或上层缩入的外墙檐口高度计算。

如图 12-4 所示的二层建筑中，1～5 轴间外墙工程量计算高度和套价高度均按 $H$ 计算，首层 5～6 轴间外墙工程量计算高度和套价高度均按 $h_1$ 计算；二层 5 轴外墙工程量计算高度按 $h_2$ 计算，但套价高度应按总高度 $H$ 计算。

［例 12-2］某现浇框架结构六层商业大楼平面图及立面图如图 12-5 所示，试列项并计算该商业大楼外墙综合钢脚手架搭拆的工程量。

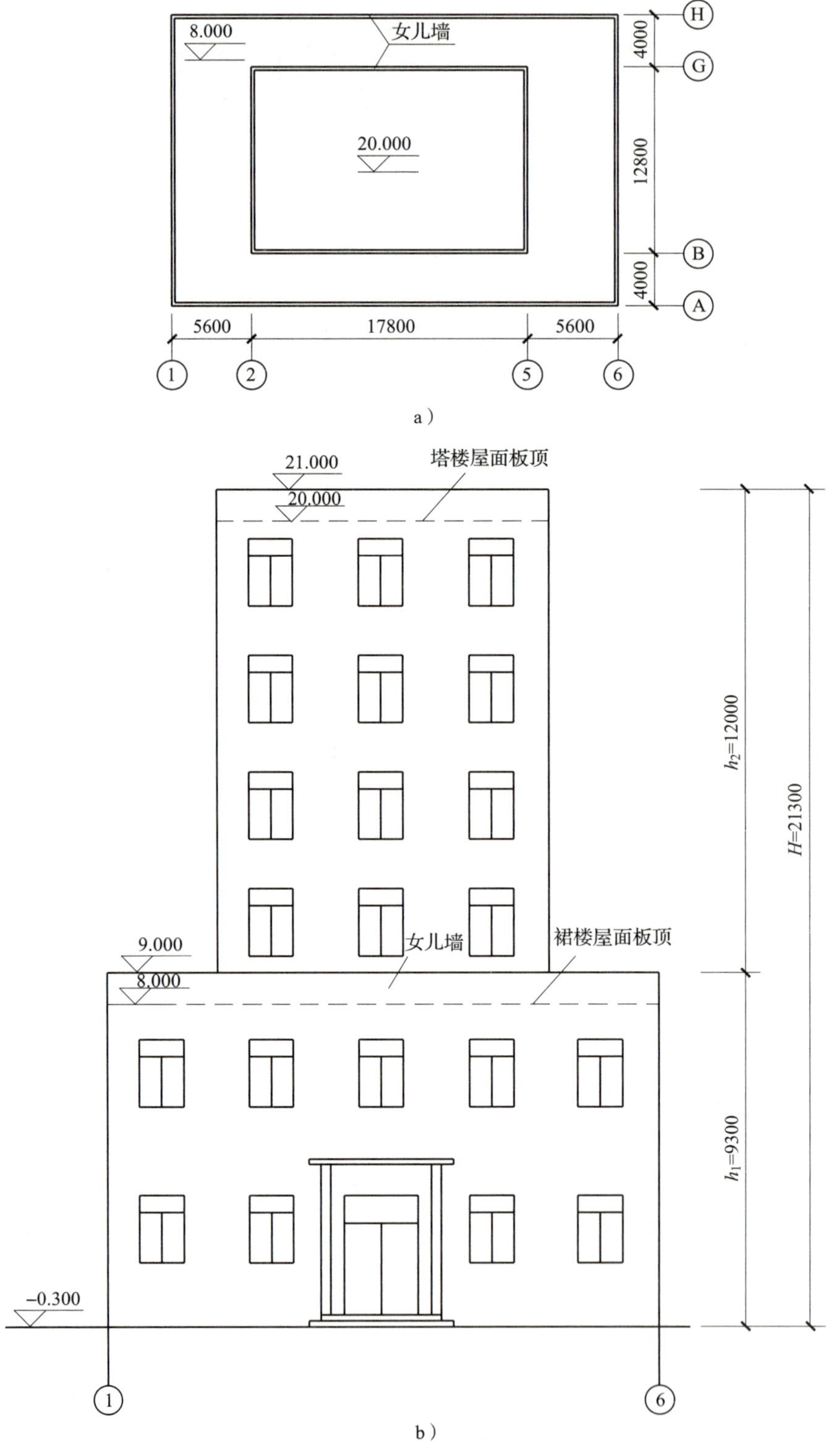


图 12-5 某现浇框架结构六屋商业大楼平面图及立面图

a）平面图 b）立面图

**解：**

该商业大楼裙楼部分外墙综合钢脚手架搭拆工程量计算高度和套价高度均按 $h_1$=9.3 m 计算，定额套 12.5 m 内综合钢脚手架；塔楼部分外墙综合钢脚手架搭拆工程量计算高度按塔楼部分高度 $h_2$+（9–8）=13 m 计算（脚手架高度从裙楼顶板面起计），但套价高度应按 $H$=21.3 m 计算，定额套 30.5 m 内综合钢脚手架。列项及工程量计算如下：

清单项目名称：综合钢脚手架

裙楼部分：

相应的定额子目名称：

12.5 m 内综合钢脚手架搭拆

$S$=（17.8+5.6×2+12.8+4×2）×2×9.3（$m^2$）=926.28（$m^2$）

塔楼部分：

相应的定额子目名称：

30.5 m 内综合钢脚手架搭拆

$S$=（17.8+12.8）×2×13（$m^2$）=795.60（$m^2$）

小计：926.28 +795.60（$m^2$）=1 721.88（$m^2$）

屋面上凸出的楼梯间、水池、电梯机房的综合钢脚手架搭拆

屋面上凸出的楼梯间、水池、电梯机房等（见图 12–6）的外墙脚手架搭拆工程量应并入主体工程量内计算，即其外墙脚手架搭拆工程量按实际搭设高度计算，但套价应并入主体工程，按主体工程高度套价。

如图 12–6 所示，二层办公楼屋顶有梯屋（楼梯间），梯屋外墙工程量计算高度按 $h_2$+（9–8）=3 m 计算，但套价高度应按主体工程高度 $h_1$=9.3 m 计算。

**［例 12–3］**某现浇框架结构二层办公楼平面图及立面图如图 12–6 所示，试列项并计算该建筑物外墙综合钢脚手架搭拆的工程量。

**解：**

该建筑物主体工程部分外墙综合钢脚手架搭拆工程量计算高度和套价高度均按 $h_1$=9.3 m 计算，套 12.5 m 内综合钢脚手架搭拆的定额子目；屋顶梯屋部分外墙综合钢脚手架搭拆工程量计算高度按实际搭设高度计算，但其套价应并入主体工程，即也应套 12.5 m 内综合钢脚手架搭拆的定额子目。列项及工程量计算如下：

清单项目名称：综合钢脚手架

相应的定额子目名称：12.5 m 内综合钢脚手架搭拆

主体部分外墙综合钢脚手架

$S_1$=（21+5.2+6+2.7）×2×9.3（$m^2$）=649.14（$m^2$）

梯屋部分外墙综合钢脚手架

$S_2$=（5.2+2.7）×（11–9）+（5.2+2.7）×（11–8）（$m^2$）=39.50（$m^2$）

小计：649.14 +39.50（$m^2$）=688.64（$m^2$）

（3）外墙综合钢脚手架使用费

外墙综合钢脚手架使用费工程量按脚手架搭设面积乘以脚手架在施工现场的有效使用天数以 100 $m^2$·10 天为单位计算。

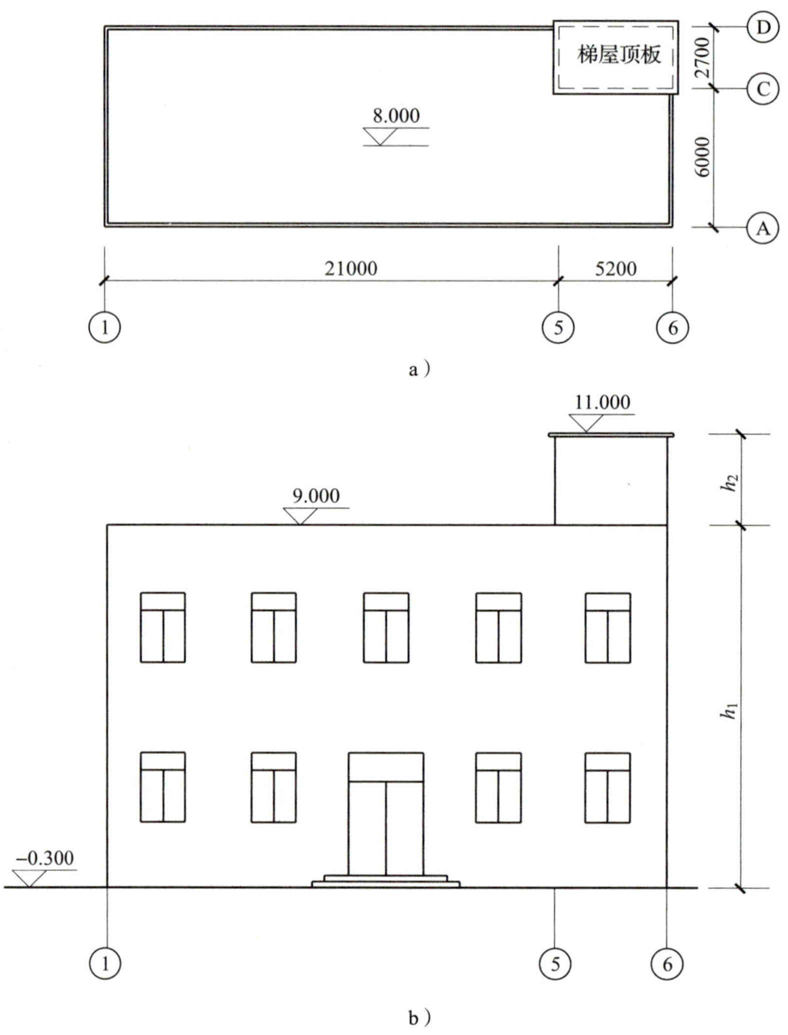


图 12-6　某现浇框架结构二层办公楼平面图及立面图

a）平面图　b）立面图

根据《关于印发广东省建设工程定额动态调整的通知》（粤标定函〔2023〕46 号），外墙脚手架的有效使用天数的计算规定如下：

1）± 0.00 以下工程脚手架有效使用天数 =（地下工程工期 – 基坑支护及基坑土方开挖工期）× 40%。

2）± 0.00 以上单项工程建筑与外立面装饰综合脚手架有效使用天数 = 地上工程工期 × 60%。

3）± 0.00 以上单项工程外立面装饰脚手架有效使用天数 = 地上单项工程外立面工期。

其中，工期按现行的建设工程施工标准工期定额计算。最新的工期定额为《广东省建设工程施工工期定额》（2022 年 1 月 1 日起执行）。

**［例 12-4］**试列项并计算上述例 12-1 ~例 12-3 的建筑物外墙综合钢脚手架使用费的工程量。

**解：**

例 12–1 的建筑物为现浇框架结构四层住宅楼，其建筑面积为（16.5×10+3.6×1.4×0.5×2）×4（$m^2$）=680.16 $m^2$，按《广东省建设工程施工工期定额》应套 A1–327 定额子目，工期为 154 天。

例 12–2 的建筑物为现浇框架结构六层商业大楼，其建筑面积为 29×20.8×2+17.8×12.8×4（$m^2$）=2 117.76（$m^2$），按《广东省建设工程施工工期定额》应套 A1–1625 定额子目，工期为 245 天。

例 12–3 的建筑物为现浇框架结构二层办公楼，其建筑面积为 26.2×8.7×2+5.2×2.7（$m^2$）=469.92（$m^2$），按《广东省建设工程施工工期定额》应套 A1–767 定额子目，工期为 150 天。

按 2018 年广东省定额规定，±0.00 以上工程建筑及装饰脚手架有效使用天数 = 地上工程工期 ×0.6。

则上述例 12–1 ~例 12–3 的建筑物外墙综合钢脚手架使用费的定额列项及工程量为：

例 12–1　建筑用综合钢脚手架使用费

有效使用天数 =154×0.6（天）=92.4（天），取 93 天

工程量 =720.78×93（$m^2$·天）=67 032.54（$m^2$·天）

例 12–2　建筑用综合钢脚手架使用费

有效使用天数 =245×0.6（天）=147（天），取 147 天

工程量 =1 721.88×147（$m^2$·天）=253 116.36（$m^2$·天）

例 12–3　建筑用综合钢脚手架使用费

有效使用天数 =150×0.6（天）=90（天），取 90 天

工程量 =688.64×90（$m^2$·天）=61 977.60（$m^2$·天）

### 2. 单排钢脚手架

单排钢脚手架是指为完成外墙局部的个别部位和个别构件、构筑物的施工及安全需要搭设的脚手架（见图 12–7a）。

这里的“个别部位和个别构件”指外墙中综合脚手架未搭设到的部位。例如，首层外墙缩入时，该缩入的外墙部分应搭设单排脚手架（见图 12–7b）。

单排钢脚手架清单项目仅包括单排钢脚手架搭拆定额子目费用，单排钢脚手架清单工程量与单排钢脚手架搭拆定额工程量计算方法相同，均按实际搭设面的垂直面积计算，不扣除门、窗、洞口及穿过建筑物通道的面积。

［例 12–5］某四层办公楼如图 12–8 所示，已知该办公楼每层层高为 4.0 m，墙体厚 180 mm，框架柱尺寸均为 500 mm×600 mm，试列项并计算该办公楼的外墙单排脚手架工程量。

**解：**

该办公楼首层缩入部分外墙需另搭设单排钢脚手架，工程量计算高度和套价高度均按 $h$=4.2 m 计算，定额套 10 m 内单排钢脚手架。列项及工程量计算如下：

清单项目名称：单排钢脚手架

$S$=18×4.2（$m^2$）=75.60（$m^2$）

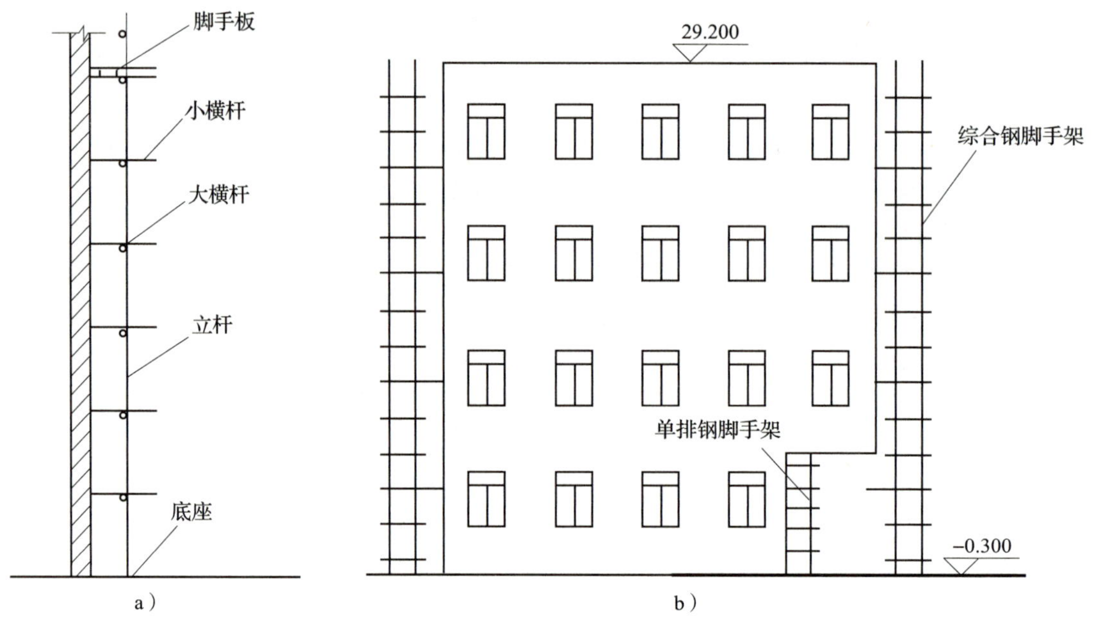


图 12-7　单排钢脚手架

a）单排钢脚手架示意图　b）单排钢脚手架搭设部位示意图

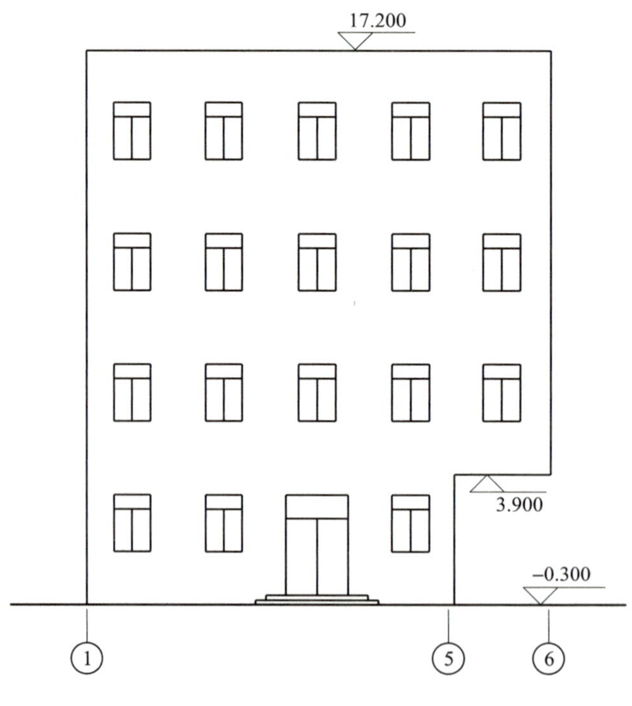


a）

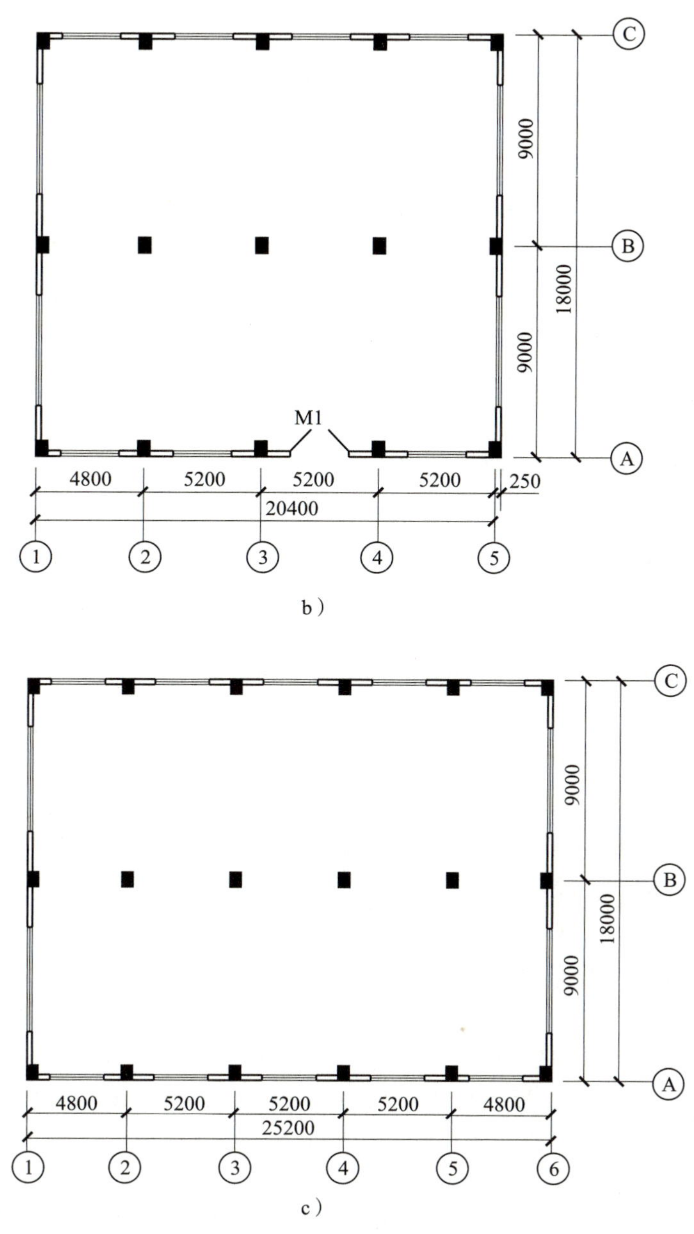


图 12-8　某四层办公楼

a）立面图　b）首层平面图　c）二~四层平面图

相应的定额子目名称：

10 m 内单排钢脚手架：75.60 $m^2$

需另计单排钢脚手架的其他情况：

（1）外轴线范围外（利用不到综合脚手架）、建筑面积计算范围外（没计算过里脚手架）的独立柱，柱高超过 1.2 m 时，应按柱身周长加 3.6 m 后再乘以高度，另计单排钢脚手架。

（2）围墙脚手架按设计外地坪至围墙顶高度乘以围墙长度以面积计算，套相应高度的单排钢脚手架，围墙双面抹灰的，增加一面单排钢脚手架。

（3）大型设备基础高度超过 2 m 时，按其外形周长乘以基础高度，以面积计算单排钢脚手架。

（4）凿桩头的高度超过 1.2 m 时，混凝土灌注桩、预制方桩、管桩每凿 1 $m^3$ 桩头，计算单排脚手架 16 $m^2$；钻（冲）孔桩按直径乘以 4 加 3.6 m 再乘以高度，以面积计算单排脚手架。

（5）宽度在 1.5 m 以上雨篷的檐口装饰，如果没有计算综合钢脚手架的，按单排钢脚手架计算（顶层雨篷不适用）。

（6）天面女儿墙高度超过 1.2 m 时，女儿墙内侧按单排钢脚手架计算。

### 3. 满堂脚手架

满堂脚手架是指为完成满堂基础和室内天棚的安装、装饰等施工而在整个工作范围内搭设的脚手架。室内天棚的装饰只有层高超过 3.6 m 时才需搭设满堂脚手架，层高在 3.6 m 以内的室内天棚装饰施工用脚手架已包含在里脚手架内，不另搭设满堂脚手架。

满堂脚手架工程量按室内净面积计算。

套价时层高在 3.6 m 至 5.2 m 之间，按满堂脚手架基本层计算；超过 5.2 m 时，每增加 1.2 m 按增加一层计算，不足 0.6 m 的不计。计算式表示如下：

满堂脚手架增加层 =（楼层高度 –5.2 m）/1.2 m。

**[ 例 12–6 ]** 试计算例 12–5 中某四层办公楼的满堂脚手架工程量。

**解：**

该办公楼每层层高为 4.0 m，超过 3.6 m，需搭设满堂脚手架，工程量按室内净面积计算，扣除墙体，附墙柱垛和内轴独立柱等所占面积不扣除。列项及工程量计算如下：

清单项目名称：满堂脚手架

相应的定额子目名称：满堂脚手架 4.0 m（基本层）

首层 1–5 × A–C：（20.4+0.25–0.18 × 2）×（18–0.18 × 2）（$m^2$）=357.92（$m^2$）

首层 5–6 × A–C：（4.8–0.25）× 18（$m^2$）=81.90（$m^2$）

二至四层 1–6 × A–C：（25.2–0.18 × 2）×（18–0.18 × 2）× 3（$m^2$）=1 314.53（$m^2$）

小计：357.92+81.90+1 314.53（$m^2$）=1 754.35（$m^2$）

关于满堂脚手架计算的其他规定：

（1）天棚面单独刷（喷）灰水时，楼层高度在 5.2 m 以下者，均不计算脚手架费用，高度在 5.2 m 至 10 m 则按满堂脚手架基本层子目的 50% 计算。

（2）整体满堂红钢筋混凝土基础、条形基础，凡其宽度超过 3 m，且深度（垫层顶至基础顶面）在 1.5 m 以上时，增加的工作平台按基础底板面积计算满堂基础脚手架。

满堂基础脚手架计价时套用满堂脚手架基本层定额子目的 50% 计算。

（3）满堂脚手架的套价高度按楼层高度计算，楼梯间高度按自然层计算。

### 4. 里脚手架

里脚手架是指沿室内墙面搭设的脚手架，包括外墙内面装饰脚手架、内墙砌筑及装饰用脚手架、外走廊及阳台的外墙砌筑与装饰脚手架、建筑面积计算范围内的混凝

土柱、混凝土墙的浇捣及装饰脚手架费用。

里脚手架工程量按建筑面积计算。层高超过 3.6 m 且已有满堂脚手架搭设的部分，里脚手架工程量应按该部分建筑面积的 50% 计算。不带装修的工程，里脚手架按建筑面积的 50% 计算。

套价时层高在 3.6 m 内，按里脚手架基本层计算；超过 3.6 m，每增加 1.2 m 按调整子目计算，不足 0.6 m 的不计。

**［例 12–7］**试计算例 12–5 中某四层办公楼的里脚手架工程量。

**解：**

该办公楼每层层高超过 3.6 m，已搭设满堂脚手架，里脚手架工程量应按总建筑面积的 50% 计算。列项及工程量计算如下：

清单项目名称：里脚手架

相应的定额子目名称：里脚手架 4.0 m（基本层）

建筑面积：

首层 1–5 × A–C：（20.4+0.25）× 18=20.65 × 18（$m^2$）=371.70（$m^2$）

二至四层 1–6 × A–C：25.2 × 18 × 3（$m^2$）=1 360.80（$m^2$）

建筑面积小计：371.70+1 360.80（$m^2$）=1 732.50（$m^2$）

里脚手架工程量 $S$=1 732.50 × 50%（$m^2$）=866.25（$m^2$）

### 5. 靠脚手架安全挡板、独立安全挡板

#### （1）靠脚手架安全挡板

靠脚手架安全挡板指在多层或高层建筑及装饰施工时为了施工操作安全及行人交通安全，以及立体交叉作业等要求而需沿外墙脚手架搭设的安全挡板。建筑物高度在三层以内或 9 m 以内时，不计安全挡板；高度在三至六层或 9 ~ 18 m 时，计算一层安全挡板；以后每增加三层或 9 m 时，计算一层安全挡板（最多按三层计算）。结算时除另有约定外，按实搭面积计算。

靠脚手架安全挡板工程量，每层安全挡板工程量按建筑物外墙的凹凸面（包括凸出阳台）的总长度加 16 m 乘以宽度 2 m 计算。

套价时，如果搭设一层，按综合脚手架高度套相应安全挡板步距；如果搭设二层及以上，按综合脚手架高度套低一级步距。

#### （2）独立安全挡板

独立安全挡板是指在脚手架以外单独搭设的，用于车辆通道、人行通道、临街防护和施工现场与其他危险场所隔离等防护用的安全挡板，分为水平挡板和垂直挡板。

计算独立安全挡板工程量时，水平挡板按水平投影面积计算，垂直挡板按自然地坪至最上一层横杆之间的搭设高度乘以实际搭设长度按面积计算。

**［例 12–8］**试计算例 12–5 中某四层办公楼的靠脚手架安全挡板工程量。

**解：**

该办公楼共 4 层，总高 17.5 m，需搭设一层靠脚手架安全挡板，其套价步距按综合脚手架高度 17.5 m 计算。列项及工程量计算如下：

清单项目名称：靠脚手架安全挡板

相应的定额子目名称：靠脚手架安全挡板 21.5 m 内

工程量 $S$=（25.2×2+18×2+16）×2（$m^2$）=204.80（$m^2$）

### 6. 电梯井脚手架、架空运输道、围尼龙编织布

（1）电梯井脚手架

电梯井脚手架指考虑电梯井内各种预埋件安装定位、内层施工处理及施工安全等因素而需搭设的脚手架。

电梯井脚手架工程量按井底板面至顶板底高度套相应定额子目以座计算。

如果 ±0.000 以上为不同施工单位施工时，上盖仍按座计算，高度步距从电梯井底起计；±0.000 以下则按井内净空周长乘以井底至 ±0.000 高度计算，套单排脚手架。

（2）架空运输道

架空运输道是两建筑物、构筑物之间用于高空运输的便道，适用于特殊施工环境，按施工组织设计计算。

架空运输脚手架按搭设长度以米计算。

套价时，定额以架宽 2 m 为准；架宽大于 2 m 时，应按相应子目乘以系数 1.20；架宽超过 3 m 时，按相应子目乘以系数 1.50。

（3）围尼龙编织布

围尼龙编织布按实搭面积计算。垂直防护挡板已包含尼龙编织布的搭设，无须另计。

## 三、脚手架清单项目的编制

上述例 12-1 ~例 12-8 中，脚手架清单项目编制见表 12-2。

表 12-2 脚手架清单项目编制

| 序号 | 项目编码 | 项目名称 | 项目特征 | 计量单位 | 工程数量 | 金额（元） | | |
|---|---|---|---|---|---|---|---|---|
| | | | | | | 综合单价 | 合价 | 暂估价 |
| 1 | 粤 011701008001 | 综合钢脚手架 | 搭设高度：12.5 m 内 | $m^2$ | 720.78 | | | |
| 2 | 粤 011701008002 | 综合钢脚手架 | 搭设高度：12.5 m 内、30.5 m 内 | $m^2$ | 1 721.88 | | | |
| 3 | 粤 011701008003 | 综合钢脚手架 | 搭设高度：12.5 m 内 | $m^2$ | 688.64 | | | |
| 4 | 粤 011701009001 | 单排钢脚手架 | 搭设高度：10 m 内 | $m^2$ | 75.60 | | | |
| 5 | 粤 011701010001 | 满堂脚手架 | 搭设高度：4 m | $m^2$ | 1 754.35 | | | |
| 6 | 粤 011701011001 | 里脚手架 | 搭设高度：4 m | $m^2$ | 866.25 | | | |
| 7 | 粤 011701013001 | 靠脚手架安全挡板 | 搭设高度：21.5 m 内 | $m^2$ | 204.80 | | | |

# 第二节　脚手架措施项目综合单价计算

脚手架措施项目清单综合单价的计算是以2018年广东省定额为依据，并根据工程实际情况确定具体的工程量清单项目组价内容。费用的计算以定额消耗量为依据，人工、材料、机械单价按指定计价时期的价格调整，并按项目实际情况计算利润。

**［例12–9］** 以表12–2中的脚手架清单工程量为依据，计算其措施项目清单综合单价，并汇总单价措施项目清单与计价表。已知人工费按定额人工费 ×108.76/100计算，管理费按（人工费 + 机具费）×15.42% 计算，利润按（人工费 + 机具费）×20% 计算，其余费用按2018年广东省定额的规定计算。

**解：**

（1）例12–1 ~例12–8中计算的脚手架清单工程量及定额工程量计算结果汇总见表12–3。

表12–3　　脚手架清单工程量及定额工程量计算结果汇总

| 序号 | 清单项目 | | | 定额项目 | | |
|---|---|---|---|---|---|---|
| | 项目名称 | 计量单位 | 工程量 | 项目名称 | 计量单位 | 工程量 |
| 1 | 综合钢脚手架 | $m^2$ | 720.78 | （1）12.5 m内综合钢脚手架搭拆 | $m^2$ | 720.78 |
| | | | | （2）建筑用综合脚手架使用费 | $m^2$·天 | 67 032.54 |
| 2 | 综合钢脚手架 | $m^2$ | 1 721.88 | （1）12.5 m内综合钢脚手架搭拆 | $m^2$ | 926.28 |
| | | | | （2）30.5 m内综合钢脚手架搭拆 | $m^2$ | 795.60 |
| | | | | （3）建筑用综合脚手架使用费 | $m^2$·天 | 253 116.36 |
| 3 | 综合钢脚手架 | $m^2$ | 688.64 | （1）12.5 m内综合钢脚手架搭拆 | $m^2$ | 688.64 |
| | | | | （2）建筑用综合脚手架使用费 | $m^2$·天 | 61 977.60 |
| 4 | 单排钢脚手架 | $m^2$ | 75.60 | 10 m内单排钢脚手架 | $m^2$ | 75.60 |
| 5 | 满堂脚手架 | $m^2$ | 1 754.35 | 满堂脚手架4.0 m（基本层） | $m^2$ | 1 754.35 |
| 6 | 里脚手架 | $m^2$ | 866.25 | 里脚手架4.0 m（基本层） | $m^2$ | 866.25 |
| 7 | 靠脚手架安全挡板 | $m^2$ | 204.80 | 靠脚手架安全挡板21.5 m内 | $m^2$ | 204.80 |

（2）以第1项综合钢脚手架（搭设高度12.5 m内）的综合单价计算为例，其清单综合单价计算过程见表12–4。

表 12-4

**综合钢脚手架清单综合单价计算过程**

<table>
<tr><td colspan="11">工程名称：× × 工程</td><td colspan="2">第　页，共　页</td><td></td></tr>
<tr><td colspan="2">项目编码</td><td colspan="2">粤 011701008001</td><td colspan="2">项目名称</td><td colspan="2">综合钢脚手架</td><td>计量单位</td><td>$m^2$</td><td colspan="2">清单工程量</td><td colspan="2">720.78</td></tr>
<tr><td colspan="14">清单综合单价组成明细</td></tr>
<tr><td rowspan="2">定额编号</td><td rowspan="2">定额子目名称</td><td rowspan="2">定额单位</td><td rowspan="2">工程数量</td><td colspan="5">单价（元）</td><td colspan="5">合价（元）</td></tr>
<tr><td>人工费</td><td>材料费</td><td>机具费</td><td>管理费</td><td>利润</td><td>人工费</td><td>材料费</td><td>机具费</td><td>管理费</td><td>利润</td></tr>
<tr><td>A1-21-2</td><td>综合钢脚手架（高度 12.5 m 以内）</td><td>100 $m^2$</td><td>0.01</td><td>1 348.50</td><td>366.63</td><td>165.83</td><td>233.51</td><td>302.87</td><td>13.49</td><td>3.67</td><td>1.66</td><td>2.34</td><td>3.03</td></tr>
<tr><td>A1-21-22</td><td>建筑用综合脚手架使用费</td><td>100 $m^2$·天</td><td>0.093</td><td>56.85</td><td>92.94</td><td>5.53</td><td>9.62</td><td>12.48</td><td>5.29</td><td>8.64</td><td>0.51</td><td>0.89</td><td>1.16</td></tr>
<tr><td colspan="2"></td><td colspan="7">小计</td><td>18.78</td><td>12.31</td><td>2.17</td><td>3.23</td><td>4.19</td></tr>
<tr><td colspan="2"></td><td colspan="7">未计价材料费</td><td colspan="5">0.00</td></tr>
<tr><td colspan="9">清单项目综合单价</td><td colspan="5">40.68</td></tr>
</table>

（3）其他脚手架工程量清单综合单价的计算过程略，计算的最后报价见表 12–5。

表 12–5　　单价措施项目清单与计价

| 序号 | 项目编码 | 项目名称 | 项目特征描述 | 计量单位 | 工程数量 | 金额（元） | | |
|---|---|---|---|---|---|---|---|---|
| | | | | | | 综合单价 | 合价 | 暂估价 |
| 1 | 粤 011701 008001 | 综合钢脚手架 | 搭设高度：12.5 m 内 | $m^2$ | 720.78 | 40.68 | 29 321.33 | |
| 2 | 粤 011701 008002 | 综合钢脚手架 | 搭设高度：12.5 m 内、30.5 m 内 | $m^2$ | 1 721.88 | 58.46 | 100 661.10 | |
| 3 | 粤 011701 008003 | 综合钢脚手架 | 搭设高度：12.5 m 内 | $m^2$ | 688.64 | 40.14 | 27 642.01 | |
| 4 | 粤 011701 009001 | 单排钢脚手架 | 搭设高度：10 m 内 | $m^2$ | 75.60 | 9.35 | 706.86 | |
| 5 | 粤 011701 010001 | 满堂脚手架 | 搭设高度：4 m | $m^2$ | 1 754.35 | 13.25 | 23 245.14 | |
| 6 | 粤 011701 011001 | 里脚手架 | 搭设高度：4 m | $m^2$ | 866.25 | 16.91 | 14 648.29 | |
| 7 | 粤 011701 013001 | 靠脚手架安全挡板 | 搭设高度：21.5 m 内 | $m^2$ | 204.80 | 17.82 | 3 649.54 | |
| | | | 小计 | | | | 199 874.27 | |

## 技能训练 10　某工程脚手架工程计量与计价

某现浇框架结构二层办公楼如图 12–9 所示，已知该建筑物每层层高为 3.8 m，外墙厚 180 mm，内墙厚 120 mm，试计算：

（1）该工程综合钢脚手架、满堂脚手架、里脚手架的工程量。

（2）上述脚手架措施项目清单综合单价，编制并汇总分部分项工程和单价措施项目清单与计价表。

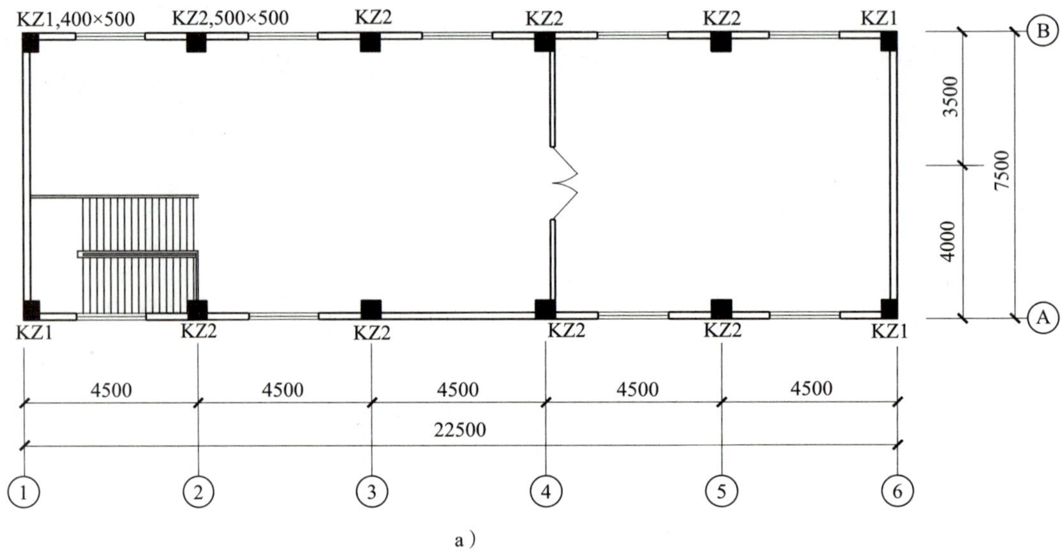


KZ1,400×500
KZ2,500×500
KZ2
KZ2
KZ2
KZ1
KZ1
KZ2
KZ2
KZ2
KZ2
KZ1
4500
4500
4500
4500
4500
22500
3500
4000
7500
A
B
1
2
3
4
5
6

KZ1,400×500
KZ2,500×500
KZ2
KZ2
KZ2
1：2水泥防水砂
浆，架空大阶砖
隔热天面
KZ1
KZ2
KZ2
KZ2
KZ2
4500
4500
4500
250
4250
250
4250
22500
500
3500
4000
7500
500
A
B
1
2
3
4
5
6

a）

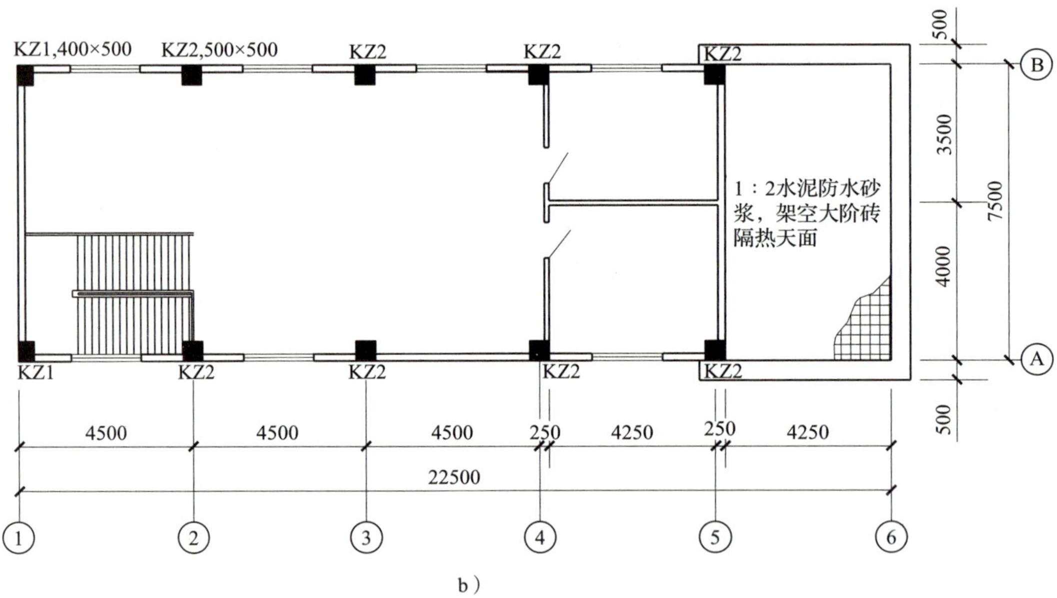


b）

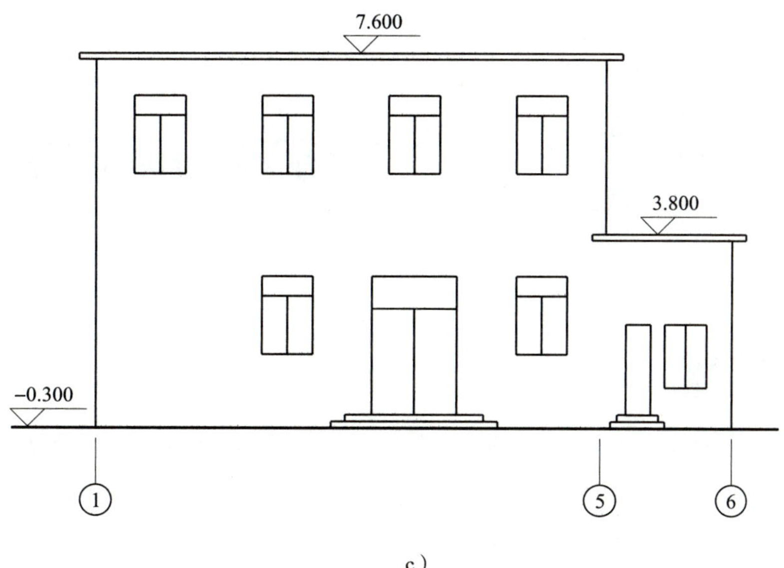


c）

图 12-9　某现浇框架结构二层办公楼

a）首层平面图　b）二层平面图　c）立面图

# 第十三章 措施项目费的计算

学习目标

掌握垂直运输等措施项目的列项、清单编制及费用的计算，正确区分安全文明施工措施费及措施其他项目费的列项及计费方法，并能根据有关文件的规定熟练汇总措施项目费。

## 第一节 措施项目工程量清单编制及费用计算

2013年清单计量规范中，措施清单项目设置按附录S中相应规定执行，其中S.1和S.2分别为脚手架、混凝土模板及支架（撑）工程，S.3至S.7为垂直运输、超高施工增加、大型机械设备进出场及安拆、施工排水降水、安全文明施工及其他措施费。

### 一、垂直运输工程量清单编制及费用计算

垂直运输指施工工程在合理工期内所需垂直运输机械，如卷扬机、塔式起重机、施工电梯等，不包括机械的场外往返运输、一次安拆和路基铺垫、轨道铺拆等费用。

#### 1. 垂直运输清单项目的设置

垂直运输工程量清单项目见表13–1。

表13–1　　表S.3 垂直运输（编码：粤011703）

| 项目编码 | 项目名称 | 项目特征 | 计量单位 | 工程量计算规则 | 工作内容 |
| --- | --- | --- | --- | --- | --- |
| 011703001 | 垂直运输 | 1. 建筑物建筑类型及结构形式<br>2. 地下室建筑面积 | 1. $m^2$<br>2. 天 | 1. 按建筑面积计算 | 1. 垂直运输机械的固定装置、基础制作、安装 |

续表

| 项目编码 | 项目名称 | 项目特征 | 计量单位 | 工程量计算规则 | 工作内容 |
| --- | --- | --- | --- | --- | --- |
| 011703001 | 垂直运输 | 3. 建筑物檐口高度、层数 | 1. $m^2$<br>2. 天 | 2. 按施工工期日历天数计算 | 2. 行走式垂直运输机械轨道的铺设、拆除、摊销 |

### 2. 垂直运输清单及定额工程量计算

#### （1）清单工程量计算

垂直运输清单工程量计算方法有两种：按建筑面积计算和按施工工期日历天数计算。编制清单时应注意：

1）建筑物的檐口高度是指设计室外地坪至檐口滴水的高度（平屋顶是指屋面板底高度），突出主体建筑物屋顶的电梯机房、楼梯出口间、水箱间、瞭望塔、排烟机房等不计入檐口高度。

2）同一建筑物有不同檐高时，按建筑物的不同檐高做纵向分割，分别计算建筑面积，以不同檐高分别编码列项。

#### （2）定额工程量

建筑物垂直运输定额工程量按建筑面积计算。构筑物垂直运输定额工程量以座计算。

不能计算建筑面积且高度超过 3.6 m 的工程（如围墙），垂直运输费按其除基础以外的人工费的 5% 计算。建筑物高度在 3.6 m 以内的单层建筑，不计算垂直运输费用。套用定额时应注意：

1）地下室部分的垂直运输高度由底板垫层底至设计室外地面标高计算，套相应高度的定额子目。

2）裙楼与塔楼工程的垂直运输套价高度，裙楼按设计室外地坪至裙楼檐口高度计算，塔楼按设计室外地坪至塔楼檐口高度计算。

### 3. 垂直运输措施项目综合单价的计算及措施项目清单与计价表的编制示例

**[例 13–1]** 试计算例 12–3 的二层办公楼（见图 12–6）的垂直运输工程量及措施项目清单综合单价，并编制分部分项工程和单价措施项目清单与计价表。已知人工费按定额人工费 ×108.76/100 计算，管理费按（人工费 + 机具费）×17.11% 计算，利润按（人工费 + 机具费）×20% 计算，其余费用按 2018 年广东省定额的规定计算。

**解：**

平屋顶檐口高度指设计室外地坪至屋面板底高度，女儿墙高度不算，即该办公楼垂直运输套价高度为 8+0.3–0.1（m）=8.2（m）。

（1）列项及工程量计算如下：

清单项目名称：垂直运输

相应的定额子目名称：建筑物 20 m 内垂直运输（现浇框架结构）

$S$=26.2 × 8.7 × 2+5.2 × 2.7（$m^2$）=469.92（$m^2$）

（2）垂直运输清单综合单价的计算过程见表 13–2。

表 13–2

## 垂直运输清单综合单价的计算过程

| 工程名称：× × 工程 | | | | | | | | | | 第　页，共　页 | | | |
|---|---|---|---|---|---|---|---|---|---|---|---|---|---|
| 项目编码 | | 011703001001 | | 项目名称 | | 垂直运输 | | 计量单位 | | $m^2$ | 清单工程量 | | 469.92 |
| 清单综合单价组成明细 | | | | | | | | | | | | | |
| 定额编号 | 定额子目名称 | 定额单位 | 工程数量 | 单价（元） | | | | | 合价（元） | | | | |
| | | | | 人工费 | 材料费 | 机具费 | 管理费 | 利润 | 人工费 | 材料费 | 机具费 | 管理费 | 利润 |
| A1–22–2 | 建筑物 20 m 以内的垂直运输现浇框架结构 | 100 $m^2$ | 0.01 | | | 2 939.44 | 502.94 | 587.89 | | | 29.39 | 5.03 | 5.88 |
| | | | | | | | | | 0.00 | 0.00 | 29.39 | 5.03 | 5.88 |
| | | 小计 | | | | | | | | | | | |
| | | 未计价材料费 | | | | | | | 0.00 | | | | |
| 清单项目综合单价 | | | | | | | | | 40.30 | | | | |

（3）垂直运输单价措施项目清单与计价见表 13-3。

表 13-3　　垂直运输单价措施项目清单与计价

| 项目编码 | 项目名称 | 项目特征 | 计量单位 | 工程数量 | 金额（元） | | |
|---|---|---|---|---|---|---|---|
| | | | | | 综合单价 | 合价 | 暂估价 |
| 011703001001 | 垂直运输 | 1. 建筑物建筑类型及结构形式：办公楼、现浇框架结构<br>2. 建筑物檐口高度、层数：8.2 m、二层 | $m^2$ | 469.92 | 40.30 | 18 937.78 | |
| | | 小计 | | | | 18 937.78 | |

## 二、超高施工增加清单编制及费用计算

超高施工增加指单层建筑物檐口高度超过 20 m、多层建筑物超过 6 层时，因建筑物超高引起的人工及机械降效而需增加的费用。计算层数时，地下室不计入。

### 1. 超高施工增加清单项目的设置

超高施工增加工程量清单项目见表 13-4。

表 13-4　　表 S.4 超高施工增加（编码：粤 011704）

| 项目编码 | 项目名称 | 项目特征 | 计量单位 | 工程量计算规则 | 工作内容 |
|---|---|---|---|---|---|
| 011704001 | 超高施工增加 | 1. 建筑物建筑类型及结构形式<br>2. 建筑物檐口高度、层数<br>3. 单层建筑物檐口高度超过 20 m、多层建筑物超过 6 层部分的建筑面积 | $m^2$ | 按建筑物超高部分的建筑面积计算 | 1. 建筑物超高引起的人工工效降低以及由于人工工效降低引起的机械降效<br>2. 高层施工用水加压水泵的安装、拆除及工作台班<br>3. 通信联络设备的使用及摊销 |

### 2. 超高施工增加清单及定额工程量计算

#### （1）清单工程量计算

超高施工增加清单工程量按建筑物超高部分的建筑面积计算。

同一建筑物有不同檐高时，可按不同高度的建筑面积分别计算，以不同檐高分别编码列项。

#### （2）定额费用的计算

按照 2018 年广东省定额，建筑物超高施工不计算工程量，其增加费用为人工降效和机具降效的费用之和，列入分部分项工程费内，不在措施项目费中单列。

具体计算方法为：人工降效和机具降效的费用分别以超高的建筑物 ±0.00 以上（包括首层面层、找平层）的全部工程项目的人工费和机械费为基础，乘以定额规定的系数计算。

注意：人工降效和机械降效的计算基础里不包括措施项目及各类构件的水平运输。

## 三、大型机械设备进出场及安拆工程量清单编制及费用计算

大型施工机械指自重 5 t 以上的施工机械，其进出场及安拆费用应按照实际情况另行计算。其他机械的安拆费及场外运费已包含在机械台班费单价里。

### 1. 大型机械设备进出场及安拆清单项目的设置

大型机械设备进出场及安拆工程量清单项目见表 13–5。

表 13–5　　表 S.5 大型机械设备进出场及安拆（编码：粤 011705）

| 项目编码 | 项目名称 | 项目特征 | 计量单位 | 工程量计算规则 | 工作内容 |
|---|---|---|---|---|---|
| 011705001 | 大型机械设备进出场及安拆 | 1. 机械设备名称<br>2. 机械设备规格型号 | 台次 | 按使用机械设备的数量计算 | 1. 安拆费包括施工机械、设备在现场进行安装拆卸所需的人工、机械和试运转费用，以及机械辅助设施的折旧、搭设、拆除等费用<br>2. 进出场费包括施工机械、设备整体或分体自停放地点运至施工现场或由一施工地点运至另一施工地点所发生的运输、装卸、辅助材料等费用 |

### 2. 大型机械设备进出场及安拆清单及定额工程量计算

大型机械设备进出场及安拆清单工程量按使用机械设备的数量计算。

各省市定额工程量及费用计算定额标准有所不同。按《广东省建设工程施工机具台班费用编制规则 2018》的规定，取消所有机械的场外运费，该部分费用已经作为管理费中的一部分，不另计算；大型机械设备的安拆费作为单独计算的费用，放在措施项目费中计算，包括混凝土搅拌站、施工电梯、塔式起重机、静力压桩机、潜水钻孔机等大型机械的安拆费，工程量按使用机械设备的数量计算。

### 3. 大型机械设备进出场及安拆措施项目综合单价的计算及措施项目清单与计价表的编制示例

［例 13–2］例 12–5 的四层办公楼（见图 12–8）中，已知其管桩基础施工需用一台静力压桩机（压力 1 600 kN），试计算该办公楼大型机械设备进出场及安拆工程量及措施项目清单综合单价，并编制单价措施项目清单与计价表。已知该工程人工费按定额人工费 ×108.76/100 计算，利润按（人工费 + 机具费）×20% 计算，无管理费，其余费用按 2018 年广东省定额的规定计算。

**解：**

（1）列项及工程量计算如下：

清单项目名称：大型机械设备进出场及安拆

相应的定额子目名称：静力压桩机每次安拆费 压力 1 600 kN

工程量 =1 台次

（2）大型机械设备进出场及安拆清单综合单价计算过程见表 13–6。

（3）大型机械设备进出场及安拆单价措施项目清单与计价见表 13–7。

## 四、施工排水、降水清单编制及费用计算

施工排水是排除施工场地或施工部位的地表水，采取截水沟、集水坑、人工清理等方式进行排水。施工降水为采取措施阻挡或降低地下的水位，形式可以为帷幕、降水井等。

施工排水、降水分为成井和排水、降水两项清单。

### 1. 施工排水、降水清单项目的设置

施工排水、降水工程量清单项目见表 13–8。

### 2. 施工排水、降水工程量及费用计算

（1）工程量计算

成井工程量按设计图示尺寸以钻孔深度计算，排水、降水工程量按排、降水日历天数计算。

（2）施工排水、降水费用计算

施工现场若需进行施工排水、降水时，费用按施工组织设计中施工排水、降水专项设计计算。相应专项设计不具备时，可按暂估量计算。

表 13–6　　**大型机械设备进出场及安拆清单综合单价计算过程**

| 工程名称：× × 工程 | | | | | | | | | | | 第　页，共　页 | | |
|---|---|---|---|---|---|---|---|---|---|---|---|---|---|
| 项目编码 | | 011705001001 | | 项目名称 | | 大型机械设备进出场及安拆 | | 计量单位 | | 台次 | 清单工程量 | | 1 |
| 清单综合单价组成明细 | | | | | | | | | | | | | |
| 定额编号 | 定额子目名称 | 定额单位 | 工程数量 | 单价（元） | | | | | 合价（元） | | | | |
| | | | | 人工费 | 材料费 | 机具费 | 管理费 | 利润 | 人工费 | 材料费 | 机具费 | 管理费 | 利润 |
| 991302003 | 静力压桩机每次安拆费 压力 1 600 kN | 台次 | 1 | 5 742.53 | 37.58 | 7 091.49 | | 2 566.80 | 5 742.53 | 37.58 | 7 091.49 | | 2 566.80 |
| | | | | | | | | | | | | | |
| | | 小计 | | | | | | | 5 742.53 | 37.58 | 7 091.49 | | 2 566.80 |
| | | 未计价材料费 | | | | | | | 0.00 | | | | |
| 清单项目综合单价 | | | | | | | | | 15 438.40 | | | | |

表 13-7　　大型机械设备进出场及安拆单价措施项目清单与计价

| 项目编码 | 项目名称 | 项目特征 | 计量单位 | 工程数量 | 金额（元） | | |
|---|---|---|---|---|---|---|---|
| | | | | | 综合单价 | 合价 | 暂估价 |
| 011705001001 | 大型机械设备进出场及安拆 | 1. 机械设备名称：静力压桩机<br>2. 机械设备规格型号：压力 1 600 kN | 台次 | 1 | 15 438.40 | 15 438.40 | |
| | | 小计 | | | | 15 438.40 | |

表 13-8　　表 S.6 施工排水、降水（编码：粤 011706）

| 项目编码 | 项目名称 | 项目特征 | 计量单位 | 工程量计算规则 | 工作内容 |
|---|---|---|---|---|---|
| 011706001 | 成井 | 1. 成井方式<br>2. 地层情况<br>3. 成井直径<br>4. 井（滤）管类型、直径 | m | 按设计图示尺寸以钻孔深度计算 | 1. 准备钻孔机械、埋设护筒、钻机就位；泥浆制作、固壁；成孔、出渣、清孔等<br>2. 对接上、下井（滤）管，焊接，安放，下滤料，洗井，连接试抽等 |
| 011706002 | 排水、降水 | 1. 机械规格、型号<br>2. 降排水管规格 | 昼夜 | 按排、降水日历天数计算 | 1. 管道安装、拆除，场内搬运等<br>2. 抽水、值班、降水设备维修等 |

## 五、安全文明施工及其他措施费清单编制及费用计算

安全文明施工费是承包人为保证安全施工、文明施工，保护现场内外环境和搭设临时设施等所采用的措施而发生的费用。

安全文明施工费应按国家或省级、行业建设主管部门的规定确定费用。承包人应对安全文明施工费专款专用，在财务账目中单独列项备查，不得挪作他用，否则发包

人有权责令其限期改正；逾期未改正的，可以责令其暂停施工，由此增加的费用和延误的工期由承包人承担。

### 1. 安全文明施工及其他措施费清单项目的设置

安全文明施工及其他措施费清单项目见表 13-9。

表 13-9　　表 S.7 安全文明施工及其他措施项目（编码：粤 011707）

| 项目编码 | 项目名称 | 工作内容及包含范围 |
| --- | --- | --- |
| 011707001 | 安全文明施工 | 1. 环境保护<br>2. 文明施工<br>3. 安全施工<br>4. 临时设施 |
| 011707002 | 夜间施工 | 1. 夜间固定照明灯具和临时可移动照明灯具的设置、拆除<br>2. 夜间施工时，施工现场交通标志、安全标牌、警示灯等的设置、移动、拆除<br>3. 包括夜间照明设备及照明用电、施工人员夜班补助、夜间施工劳动效率降低等 |
| 011707003 | 非夜间施工照明 | 为保证工程施工正常进行，在地下室等特殊施工部位施工时所采用的照明设备的安拆、维护及照明用电等 |
| 011707004 | 二次搬运 | 由于施工场地条件限制而发生的材料、成品、半成品等一次运输不能到达堆放地点，必须进行二次或多次搬运 |
| 011707005 | 冬雨季施工 | 1. 冬雨（风）季施工时增加的临时设施（防寒保温、防雨、防风设施）的搭设、拆除<br>2. 冬雨（风）季施工时，对砌体、混凝土等采用的特殊加温、保温和养护措施。<br>3. 冬雨（风）季施工时，施工现场的防滑处理、对影响施工的雨雪的清除<br>4. 冬雨（风）季施工时增加的临时设施、施工人员的劳动保护用品、冬雨（风）季施工劳动效率降低等 |
| 011707006 | 地上、地下设施，建筑物的临时保护设施 | 在工程施工过程中，对已建成的地上、地下设施和建筑物进行的遮盖、封闭、隔离等必要保护措施 |
| 011707007 | 已完工程及设备保护 | 对已完工程及设备采取的覆盖、包裹、保护、封闭、隔离等必要保护措施 |

### 2. 安全文明施工费及其他措施项目费用计算

安全文明施工费及其他措施项目费用计算汇总表见表 13-10。

各地应根据工程实际情况计算上述列出的清单项目费用。广东省具体计算方法在下节中详述。

表 13–10　　安全文明施工费及其他措施项目费用计算汇总表

| 序号 | 项目编码 | 项目名称 | 项目特征 | 计量单位 | 工程量 | 计算基数 | 费率（%） | 金额（元） | | 备注 |
|---|---|---|---|---|---|---|---|---|---|---|
| | | | | | | | | 综合单价 | 综合合价 | |
| 1 | | 安全文明施工费 | | | | | | | | |
| 1.1 | | 安全文明施工费（单价计价的措施费） | | | | | | | | |
| 1.1.1 | | 综合脚手架 | | | | | | | | |
| 1.1.2 | | 施工围墙 | | | | | | | | |
| 1.1.3 | | …… | | | | | | | | |
| 1.2 | | 安全文明施工费（总价计价的措施费） | | | | | | | | |
| 2 | | 其他单价计价的措施费 | | | | | | | | |
| 2.1 | | 模板工程 | | | | | | | | |
| 2.2 | | 垂直运输工程 | | | | | | | | |
| 2.3 | | 大型机械设备进出场及安拆 | | | | | | | | |
| 2.4 | | …… | | | | | | | | |
| 3 | | 其他总价计价的措施费 | | | | | | | | |
| 3.1 | | 夜间施工增加费 | | | | | | | | |
| 3.2 | | 文明工地增加费 | | | | | | | | |
| 3.3 | | …… | | | | | | | | |
| | | | | | | | | | | |
| | | 合计 | | | | | | | | |

# 第二节 措施项目费用汇总

## 一、广东省措施项目费用计算的有关规定

2018年广东省定额中将措施项目费用分为绿色施工安全防护措施费和其他措施项目费。

### 1. 绿色施工安全防护措施费

绿色施工安全防护措施费又分为按定额子目计算的绿色施工安全防护措施费和按系数计算的绿色施工安全防护措施费。其计算规定如下：

#### （1）按定额子目计算的绿色施工安全防护措施费

按定额子目计算的绿色施工安全防护措施费即可以计算工程量、有定额子目可以套用的项目，属于以单价计价的措施费。这些项目包括综合脚手架、靠脚手架安全挡板和独立安全防护挡板、密目式安全网、围尼龙编织布、模板的支架（即钢支撑）、施工现场围挡和临时占地围挡、施工围挡照明等。其中，现场围挡按施工图计算其搭建费用，其拆除费用已含在按费率计算的绿色施工安全防护费中，不另计算。

#### （2）按系数计算的绿色施工安全防护措施费

按系数计算的绿色施工安全防护措施费即不可以计算工程量、按“项”计价的项目，属于以总价计价的措施费。其工作内容包括绿色施工、临时设施、安全施工和用工实名管理四个方面。

按系数计算的绿色施工安全防护措施费的计算，建筑工程是以分部分项的人工费和施工机具费为基数，乘以系数19%。

### 2. 其他措施项目费

#### （1）文明工地增加费

文明工地增加费是指承包人按要求创建省、市级文明工地，加大投入、加强管理所增加的费用。获得省、市级文明工地的工程按照表13–11计取文明工地增加费。

表13–11 文明工地增加费标准

| 专业 | | 建筑工程 |
|---|---|---|
| 计算基础 | | 分部分项的（人工费＋施工机具费） |
| 其中 | 市级文明工地 | 1.2% |
| | 省级文明工地 | 2.1% |

#### （2）夜间施工增加费

除赶工和合理的施工作业要求（如浇筑混凝土的连续作业）外，因施工条件不允许在白日施工的工程，按其夜间施工项目人工费的20%计算夜间施工增加费。

#### （3）赶工措施费

对于招标工程，招标工期短于标准工期（即定额工期）的，招标工程量清单应开

列赶工措施费，最高投标限价应计算赶工措施费，投标人应计算赶工措施费；对于非招标工程，发包人要求的合同工期短于标准工期的，施工图预算应计算赶工措施费。

最高投标限价、施工图预算的赶工措施费按表 13–12 计算，工程结算按合同约定，合同对赶工措施费没有约定的，按表 13–12 确定。

表 13–12　赶工措施费标准

| 计算公式 | 备注 |
|---|---|
| 分部分项的（人工费 + 施工机具费）×（1–$\delta$）×0.3 | 1. $0.8 \leqslant \delta < 1$<br>2. 式中，$\delta$= 合同工期 / 定额工期 |

（4）模板工程

此措施项目的计算在第十一章已有详细讲解。

（5）垂直运输工程

此措施项目的计算在本章已有详细讲解。

（6）材料二次运输

材料二次运输指工程中使用的材料，因施工环境和场地的限制，汽车不能直接运到现场，必须再次运输所发生的装运卸工作，才能计收二次运输费用。

材料二次运输费用按不同材料以定额所示计量单位计算工程量，然后套定额价得出其费用总价。

（7）大型机械设备进出场及安拆

此措施项目的计算在本章已有详细讲解。

## 二、措施项目费用的汇总

措施项目费用的汇总按上述广东省的列项方法，将绿色施工安全防护措施费及其他措施项目费分别计算汇总。

［例 13–3］某工程分部分项工程费为 1 425 764.99 元，其中人工费为 91 214.42 元，施工机具费为 134 034.23 元。部分措施项目费用见表 13–13，按系数计算的绿色施工安全防护措施费按 2018 年广东省定额规定取定，其他措施项目费不计算，试汇总计算该工程的措施项目费。

表 13–13　部分措施项目费用

| 序号 | 项目 | 费用（元） | 备注 |
|---|---|---|---|
| 1 | 脚手架工程 | 199 874.27 | 例 12–9 |
| 2 | 混凝土模板工程（不包括钢支撑） | 16 894.81 | 例 11–7 |
| 3 | 模板的支架（钢支撑） | 273.54 | 例 11–7 |
| 4 | 垂直运输 | 18 937.78 | 例 13–1 |
| 5 | 大型机械设备安拆 | 15 438.40 | 例 13–2 |

**解：**

该工程的措施项目费汇总于表 13–14。

表 13–14　　该工程的措施项目费汇总表

| 序号 | 项目编码 | 项目名称 | 项目特征 | 计量单位 | 工程量 | 计算基数 | 费率（%） | 金额（元） | | 备注 |
|---|---|---|---|---|---|---|---|---|---|---|
| | | | | | | | | 综合单价 | 综合合价 | |
| 1 | | 绿色施工安全防护措施费 | | | | | | | 242 945.05 | |
| 1.1 | | 绿色施工安全防护措施费（单价计价的措施） | | | | | | | 200 147.81 | |
| 1.1.1 | | 脚手架 | | | | | | | 199 874.27 | 见例 12–9 |
| 1.1.2 | | 模板的支架（钢支撑） | | | | | | | 273.54 | 见例 11–7 |
| 1.1.3 | | …… | | | | | | | | |
| 1.2 | | 绿色施工安全防护措施费（总价计价的措施） | | | | 91 214.42+134 034.23=225 248.65 | 19 | | 42 797.24 | |
| 2 | | 其他单价计价的措施费 | | | | | | | 51 270.99 | |
| 2.1 | | 模板工程 | | | | | | | 16 894.81 | 见例 11–7 |
| 2.2 | | 垂直运输工程 | | | | | | | 18 937.78 | 见例 13–1 |
| 2.3 | | 大型机械设备安拆 | | | | | | | 15 438.40 | 见例 13–2 |
| 2.4 | | …… | | | | | | | | |
| 3 | | 其他总价计价的措施费 | | | | | | | | |

续表

| 序号 | 项目编码 | 项目名称 | 项目特征 | 计量单位 | 工程量 | 计算基数 | 费率（%） | 金额（元） | | 备注 |
|---|---|---|---|---|---|---|---|---|---|---|
| | | | | | | | | 综合单价 | 综合合价 | |
| 3.1 | | 夜间施工增加费 | | | | | | | | |
| 3.2 | | 文明工地增加费 | | | | | | | | |
| 3.3 | | …… | | | | | | | | |
| | | | | | | | | | | |
| | | 合计 | | | | | | | 294 216.04 | |

注：此表是依据 2018 年广东省定额计算，项目名称和内容与国家清单计量与计价规范有些不一致，各省份可根据地方实际情况填写。

## 技能训练 11　某工程措施项目费用的汇总计算

已知工程分部分项工程费为 6 898 334.56 元，其中，人工费为 1 043 157.48 元，施工机具费为 278 583.15 元。部分措施项目费用见表 13–15，安全文明施工措施费按本省份定额规定取定，除表 13–15 所列费用之外的其他措施项目费不计算，试汇总计算该工程的措施项目费。

表 13–15　部分措施项目费用

| 序号 | 项目 | 费用（元） | 备注 |
|---|---|---|---|
| 1 | 脚手架工程 | 247 853.90 | |
| 2 | 混凝土模板及支架工程（不包括钢支撑） | 739 418.98 | |
| 3 | 模板的支架（钢支撑） | 38 460.81 | |
| 4 | 垂直运输 | 180 364.14 | |
| 5 | 大型机械设备安拆 | 31 321.21 | |

# 第十四章 工程造价的计算

学习目标

掌握单位工程造价的各部分费用计算的有关规定，区分各项费用在预算及结算阶段的不同算法，并能根据有关文件的规定熟练汇总单位工程的工程造价。

## 第一节 工程造价费用计算有关规定

工程造价由分部分项工程费、措施项目费、其他项目费及增值税构成，下面介绍清单计价方式下工程造价各部分费用计算的有关规定。

### 一、分部分项工程费

分部分项工程费的计算在本书第二篇已有详尽的讲解。建筑工程分部分项工程费由土石方工程、桩基工程直至门窗工程等费用汇总而得出，为简化工程造价的计算，现将本书第二篇各分部分项工程实例计算结果中摘录部分清单项目在此汇总，作为后面计算工程造价的分部分项工程费用，见表 14–1。

表 14–1 分部分项工程项目清单

| 序号 | 项目编码 | 项目名称 | 项目特征 | 计量单位 | 工程数量 | 金额（元） | | |
|---|---|---|---|---|---|---|---|---|
| | | | | | | 综合单价 | 合价 | 暂估价 |
| 1 | 010101002001 | 挖一般土方 | 1. 土壤类别：二类土<br>2. 挖土深度：0.5 m<br>3. 弃土运距：100 m | $m^3$ | 115.25 | 11.55 | 1 331.14 | |
| 2 | 010101004001 | 挖基坑土方 | 1. 土壤类别：二类土<br>2. 挖土深度：1.3 m<br>3. 弃土运距：100 m | $m^3$ | 15.29 | 62 | 947.98 | |

续表

| 序号 | 项目编码 | 项目名称 | 项目特征 | 计量单位 | 工程数量 | 金额（元） | | |
|---|---|---|---|---|---|---|---|---|
| | | | | | | 综合单价 | 合价 | 暂估价 |
| 3 | 010301002001 | 预制钢筋混凝土管桩 | 1. 地层情况：详见岩土工程勘察报告<br>2. 送桩深度、桩长：送桩 1.7 m，桩长 15 m<br>3. 桩外径、壁厚：$\phi$500 mm × 10 mm<br>4. 沉桩方法：静力压桩<br>5. 桩尖类型：十字刀刃型钢桩尖<br>6. 混凝土强度等级：C80<br>7. 填充材料种类：C30 微膨胀混凝土 | m | 3 555 | 331.56 | 1 178 695.80 | |
| 4 | 010401001001 | 砖基础 | 1. 砖品种、规格、强度等级：240 mm × 115 mm × 53 mm 灰砂砖<br>2. 基础类型：墙基础<br>3. 砂浆强度等级：M7.5 水泥砂浆<br>4. 防潮层材料种类：20 mm 厚 1∶2 水泥防水砂浆 | $m^3$ | 9.95 | 598.78 | 5 957.86 | |
| 5 | 010401003001 | 实心砖墙 | 1. 砖品种、规格、强度等级：240 mm × 115 mm × 53 mm 灰砂砖<br>2. 墙体类型：3/4 砖外墙<br>3. 砂浆强度等级、配合比：M7.5 水泥石灰砂浆 | $m^3$ | 8.21 | 648.75 | 5 326.24 | |
| 6 | 010501005001 | 桩承台基础 | 1. 混凝土种类：普通预拌混凝土<br>2. 混凝土强度等级：C30 | $m^3$ | 52.27 | 692.28 | 36 185.48 | |

续表

| 序号 | 项目编码 | 项目名称 | 项目特征 | 计量单位 | 工程数量 | 金额（元） | | |
|---|---|---|---|---|---|---|---|---|
| | | | | | | 综合单价 | 合价 | 暂估价 |
| 7 | 010504003001 | 短肢剪力墙 | 1. 混凝土种类：泵送预拌混凝土<br>2. 混凝土强度等级：C30 | $m^3$ | 28.50 | 855.54 | 24 382.89 | |
| 8 | 010505001001 | 有梁板 | 1. 混凝土种类：泵送预拌混凝土<br>2. 混凝土强度等级：C30 | $m^3$ | 9.79 | 743.48 | 7 278.67 | |
| 9 | 010515001001 | 现浇构件钢筋 | 钢筋种类、规格：ϕ10 mm 内箍筋 | t | 0.097 | 7 141.44 | 692.72 | |
| 10 | 010515001004 | 现浇构件钢筋 | 钢筋种类、规格：ϕ25 mm 内带肋钢筋 | t | 1.043 | 5 733.70 | 5 980.25 | |
| 11 | 010902001001 | 屋面卷材防水 | 1. 卷材品种、规格、厚度：3 mm 厚 SBS 改性沥青防水卷材<br>2. 防水层数：1 层<br>3. 防水层做法：自贴满铺卷材 | $m^2$ | 110.60 | 56.76 | 6 277.66 | |
| 12 | 011001001001 | 保温隔热屋面 | 1. 保温隔热材料品种、规格、厚度：40 mm 厚挤塑聚苯乙烯泡沫塑料板，20 mm 厚水泥珍珠岩找坡层<br>2. 黏结材料种类、做法：干铺、无黏结材料 | $m^2$ | 79.29 | 60.12 | 4 766.91 | |
| 13 | 010801001001 | 木质门 | 门代号及洞口尺寸：M0721、M0921 | $m^2$ | 127.68 | 439.99 | 56 177.92 | |

续表

| 序号 | 项目编码 | 项目名称 | 项目特征 | 计量单位 | 工程数量 | 金额（元） | | |
|---|---|---|---|---|---|---|---|---|
| | | | | | | 综合单价 | 合价 | 暂估价 |
| 14 | 010807001001 | 金属窗 | 1. 窗代号及洞口尺寸：C1314<br>2. 框、扇材质：60系列铝塑共挤窗<br>3. 玻璃品种、厚度：5 mm厚钢化白玻璃+6A+5 mm厚钢化白玻璃 | $m^2$ | 94.64 | 773.47 | 73 201.20 | |
| | | | 合计 | | | | 1 407 202.71 | |

## 二、措施项目费

措施项目费的计算和汇总在本书第三篇第十一章到第十三章已有详尽的讲解。

## 三、其他项目费

### 1. 暂列金额

暂列金额是发包人在招标工程量清单中暂定并包括在合同价格中，用于工程施工合同签订时尚未确定或者不可预见的所需材料、服务采购，施工中可能发生的工程变更、价款调整因素出现时合同价格调整，以及发生的工程索赔等的费用。

暂列金额虽然列入预算工程造价，但它只是为将来的合同价调整而设定的一笔预留款项，并不属于中标人所有。只有按合同约定程序实际发生后，才能成为中标人的应得金额，纳入合同结算价款，剩余金额仍属于发包人所有。

在编制最高投标限价或投标价时，暂列金额应根据工程特点按招标人的要求列项并估算。

### 2. 专业工程暂估价

暂估价是指在招标工程量清单中提供的，用于支付在施工中必然发生，但在工程施工合同签订时暂不能确定价格的材料单价或专业工程金额，包括材料暂估单价和专业工程暂估单价。

材料暂估单价纳入分部分项工程量清单项目综合单价中，不在其他项目费中计算；专业工程暂估单价纳入其他项目费中，应分不同专业估算，列出明细表及包含内容等。

### 3. 计日工

计日工指承包人完成发包人提出的零星项目、零星工作时，依据发包人确认的实际消耗人工、材料、施工机具台班数量，按约定单价计价的一种方式。

在招标工程中，计日工费用是由招标人根据拟建工程的具体情况，列出人工、材料、施工机具台班的单价和暂定数量，投标时，单价由投标人自主报价，计入投标总价中。

非招标工程可参照上述规定计算计日工的费用。

竣工（过程）结算计日工明细表见表 14–2。

表 14–2　　竣工（过程）结算计日工明细表

1. 施工单位：
2. 施工部位：
3. 详细说明：

施工单位：（签字盖章）　　业主单位：（签字盖章）

| 编号 | 项目名称 | 单位 | 数量 | 单价（元） | 合价（元） |
|---|---|---|---|---|---|
| 一 | 人工 | | | | |
| 1 | | | | | |
| 2 | | | | | |
| … | | | | | |
| 人工小计 | | | | | |
| 二 | 材料 | | | | |
| 1 | | | | | |
| 2 | | | | | |
| … | | | | | |
| 材料小计 | | | | | |
| 三 | 施工机具 | | | | |
| 1 | | | | | |
| 2 | | | | | |
| … | | | | | |
| 施工机具小计 | | | | | |
| 四 | 企业管理费和利润 | | | | |
| 总计 | | | | | |

### 4. 总承包服务费

总承包服务费是对发包人自行采购的材料等进行保管、配合，协调发包人进行专业工程发包，以及对非发包范围工程提供配合协调、施工现场管理、已有临时设施使

用、竣工资料汇总整理等服务所需的费用。

投标时，总承包服务费应根据招标文件中列出的内容和提出的要求，结合工程特点，参照当地定额及有关计价规定计算。

#### 5. 增值税

增值税指当期销项税额，以税前工程造价为基数，乘以增值税销项税率。即：

当期销项税额 = 税前工程造价 × 增值税税率

其中，税前工程造价即建设工程销售额，为不包括进项税额和当期销项税额的分部分项工程费、措施项目费和其他项目费之和。

增值税应按政府有关主管部门的规定计算，目前建筑业增值税税率为 9%。

## 第二节 工程造价费用汇总

### 一、广东省关于工程造价费用计算的有关规定

2018 年广东省定额中工程造价的构成与清单计价规范大体相同，但具体各部分费用的构成及计算方法有一些不同。其中，分部分项工程费和措施项目费在前面已有详尽的讲解，下面介绍广东省其他项目费和增值税的具体计算规定。

#### 1. 其他项目费

广东省其他项目费包括如下费用：

（1）暂列金额

暂列金额具体金额由发包人根据工程特点（复杂程度、设计深度、环境条件）确定。发包人没有约定时，按分部分项工程费的 10% 计算。结算时按实际发生数额计算。

（2）暂估价

暂估价在第一节已有详尽的讲解。

（3）计日工

计日工在第一节已有详尽的讲解。

（4）总承包服务费

2018 年广东省定额对总承包服务费的具体计费标准规定如下：

1）仅要求对发包人发包的专业工程进行总承包管理和协调时，可按专业工程造价的 1.5% 计算。

2）要求对发包人发包的专业工程进行总承包管理和协调，并同时要求提供配合和服务时，按专业工程造价的 4% 计算，具体应根据配合服务的内容和要求确定。

3）配合发包人自行供应材料的，按供应材料价值的 1% 计算（不包含该部分材料的保管费）。

（5）预算包干费

预算包干费是甲乙双方协商的对工程未列出的其他费用的一种费用包干，具体内

容可由甲乙双方根据工程的情况在合同中约定。

预算包干费的内容可包括施工雨（污）水的排除、因地形影响造成的场内料具的二次运输、20 m 高度以下的工程用水加压措施、施工材料堆放场地的整理、机电安装后的补洞（槽）工料费、施工中的临时停水停电，以及完工清场后的垃圾外运等。

预算包干费按分部分项的人工费和施工机具费之和的 7% 计算。

#### （6）工程优质费

工程优质费是指发包人要求承包人创建优质工程、增加投入和管理发生的费用。

发包人要求承包人创建优质工程，经有关部门鉴定或评定达到合同要求的，工程结算时应按合同约定计算工程优质费；合同没有约定的，按定额标准计算。最高投标限价和预算应按定额标准计算。

定额工程优质费费用标准见表 14–3。

表 14–3　　定额工程优质费费用标准

| 工程质量 | 市级质量奖 | 省级质量奖 | 国家级质量奖 |
| --- | --- | --- | --- |
| 计算基础 | 分部分项的（人工费 + 施工机具费） | | |
| 费用标准（%） | 4.5 | 7.5 | 12 |

#### （7）概算幅度差

概算幅度差是指根据初步设计文件资料，按照预算（综合）定额编制项目概算，因设计深度原因造成的工程量偏差而应增补的费用。其计取方式见表 14–4。

表 14–4　　定额工程概算幅度差计取方式

| 工程类别 | 计算基数 | 计算费率（%） |
| --- | --- | --- |
| 建筑工程 | 分部分项工程费 | 3.00 |

#### （8）其他费用

其他费用是指除上述费用之外发生的其他应计入工程造价的费用，由编制人根据工程要求和施工现场实际情况，按实际发生或经批准的施工方案计算。

### 2. 增值税

增值税计算方法具体见本章第一节的内容。2018 年广东省定额已将增值税附加（城市维护建设税、教育费附加及地方教育费附加）纳入企业管理费。

## 二、工程造价费用的汇总

工程造价费用的汇总按 2018 年广东省定额的列项方法，将组成工程造价的四个部分（分部分项工程费、措施项目费、其他项目费、增值税）分别计算汇总。

[例 14–1] 某工程分部分项工程费为 1 407 202.71 元，其中人工费为 91 214.42 元，施工机具费为 134 034.23 元。措施项目费用按例 13–3 的计算结果 294 216.04 元计算，

其他项目费只计算暂列金额（按分部分项工程费的 10% 计）和预算包干费（按分部分项的人工费和施工机具费之和的 7% 计），增值税按（分部分项工程费 + 措施项目费 + 其他项目费）× 增值税销项税率计算，试汇总计算该工程的最高投标限价。

**解：**

（1）预算包干费计算基数=分部分项的人工费+施工机具费=91 214.42+134 034.23（元）=225 248.65（元），该工程的其他项目费汇总见表 14–5。

**表 14–5　　该工程的其他项目费用汇总**

| 序号 | 项目编码 | 项目名称 | 项目特征 | 计量单位 | 工程量 | 计算基数 | 费率（%） | 结算金额（元） | | 备注 |
|---|---|---|---|---|---|---|---|---|---|---|
| | | | | | | | | 综合单价 | 综合合价 | |
| 1 | | 暂列金额 | | | | 1 407 202.71 | 10 | | 140 720.27 | |
| 2 | | 专业工程暂估价 | | | | | | | | |
| 3 | | 计日工 | | | | | | | | |
| 4 | | 总承包服务费 | | | | | | | | |
| 5 | | 预算包干费 | | | | 225 248.65 | 7 | | 15 767.41 | |
| 6 | | 工程优质费 | | | | | | | | |
| 7 | | 概算幅度差 | | | | | | | | |
| 8 | | 其他费用 | | | | | | | | |
| | | | | | | | | | | |
| 合计 | | | | | | | | | 156 487.68 | |

（2）目前建筑业增值税的税率按 9% 计算，该工程的最高投标限价汇总见表 14–6。

**表 14–6　　该工程的最高投标限价汇总**

| 序号 | 项目内容 | 金额（元） | 材料暂估价（元） |
|---|---|---|---|
| 1 | 分部分项工程费 | 1 407 202.71 | |
| 2 | 措施项目费 | 294 216.04 | |
| 2.1 | 绿色施工安全防护措施费 | 242 945.05 | |

续表

| 序号 | 项目内容 | 金额（元） | 材料暂估价（元） |
|---|---|---|---|
| 2.2 | 其他措施项目费 | 51 270.88 | |
| 3 | 其他项目费 | 156 487.68 | |
| 3.1 | 暂列金额 | 140 720.27 | |
| 3.2 | 专业工程暂估价 | | |
| 3.3 | 计日工 | | |
| 3.4 | 总承包服务费 | | |
| 3.5 | 预算包干费 | 15 767.41 | |
| 3.6 | 工程优质费 | | |
| 3.7 | 概算幅度差 | | |
| 3.8 | 其他费用 | | |
| 4 | 增值税 | 167 211.58 | |
| | | | |
| 工程造价合计 | | 2 025 188.00 | |

## 技能训练 12 某工程工程造价费用的汇总计算

已知某工程分部分项工程费为 6 898 334.56 元，其中，人工费为 1 043 157.48 元，施工机具费为 278 583.15 元。措施项目费用按技能训练 11 的计算结果计算，其他项目费只计算暂列金额（按分部分项工程费的 10% 计）和预算包干费（按分部分项的人工费和施工机具费之和的 7% 计），增值税按（分部分项工程费 + 措施项目费 + 其他项目费）× 增值税销项税率计算，试汇总计算该工程的最高投标限价。